**Meinen Eltern**

# Vorwort

Die vorliegende Arbeit ist von der Juristischen Fakultät der Georg-August-Universität Göttingen im Wintersemester 2011/12 als Dissertation angenommen worden.
Nachdem ich meine Studie über „Die Strafbarkeit der Erforschung des menschlichen Embryos durch Klontechniken" erfolgreich abschließen konnte, möchte ich die Gelegenheit nutzen, Dank zu sagen:
An erster Stelle danke ich meinem Doktorvater, Herrn Prof. Dr. Dr. h.c. mult. Hans-Ludwig Schreiber. Neben der Betreuung meiner Dissertation hat er mir zahlreiche Gelegenheiten des offenen Gedankenaustauschs geboten und konstruktive Ideen vermittelt, die mir für die Anfertigung meiner Dissertation von großem Nutzen waren. Die Möglichkeit, diese Arbeit im räumlichen Umfeld seines Lehrstuhls anzufertigen, hat mich zusätzlich motiviert.
Herrn Prof. Dr. Andreas Spickhoff danke ich für die zügige Erstellung des Zweitgutachtens.
Herrn Prof. Dr. Dr. h.c. mult. Werner Lehfeldt danke ich für seine Mithilfe und seine wertvolle sprachliche und korrigierende Unterstützung.
Frau Ruth Lux danke ich für ihre innere Begleitung in Gebet und Gedanken während meines Aufenthalts in Deutschland.
Herrn Ekkehard Lux M.A. danke ich für seine Hilfestellung und seinen Beistand auf der sprachlichen Ebene bei der Anfertigung der Arbeit.
Frau Dr. des. Tae-Mi Kim danke ich für ihre umfangreiche Mithilfe bei der Erstellung der Druckvorlage.
Ganz besonderer Dank gebührt meiner Familie. Ihre auf eigenem Verzicht basierende Großzügigkeit gab mir das Fundament und den Rahmen dafür, diese Arbeit zu verfassen.
Den Mitarbeitern des Verlags Peter Lang danke ich für die Aufnahme meiner Arbeit in ihre Reihe „Recht und Medizin".

Incheon, September 2012

Chonghan Oh

# Inhaltsverzeichnis

# Abkürzungsverzeichnis

| | |
|---|---|
| a. A. | anderer Ansicht |
| a.a.O. | am angegebenen Ort |
| Abs. | Absatz |
| ACT | Advanced Cell Technology |
| a. M. | am Main |
| AöR | Archiv des öffentlichen Rechts |
| Art. | Artikel |
| Aufl. | Auflage |
| Bd. | Band |
| BGB | Bürgerliches Gesetzbuch |
| BGHZ | Entscheidungen des Bundesgerichtshofes in Zivilsachen |
| BioEG | Gesetz zur Bioethik bzw. zur Sicherstellung des Lebensschutzes |
| BMK | Biomedizinkonvention |
| BT-Drucks. | Bundestags-Drucksache |
| BVerfG | Bundesverfassungsgericht |
| BVerfGE | Entscheidungen des Bundesverfassungsgerichts |
| BverwGE | Entscheidungen des Bundesverwaltungsgerichts |
| bzgl. | bezüglich |
| bzw. | beziehungsweise |
| Dt. Ärzteblatt | Deutsches Ärzteblatt |
| dass. | dasselbe |
| ders. | derselbe |
| DFG | Deutsche Forschungsgemeinschaft |
| d. h. | das heißt |

| | |
|---|---|
| dies. | dieselbe |
| DNA | Desoxyribonukleinsäure |
| DÖV | Die Öffentliche Verwaltung |
| DRiZ | Deutsche Richterzeitung |
| DVBL | Deutsches Verwaltungsblatt |
| DvH | Deklaration von Helsinki |
| ebd. | ebenda |
| EG-Zellen | embryonale Keimzellen |
| EMEK | Erforschung des menschlichen Embryos durch Klontechniken |
| engl. | englisch |
| ESchG | Embryonenschutzgesetz |
| ES-Zellen | embryonale Stammzellen |
| ES-Zelllinien | embryonale Stammzelllinien |
| et al. | et alii |
| etc. | et cetera |
| Ethik Med | Ethik in der Medizin |
| EU | Europäische Union |
| EuGRZ | Europäische Grundrechte-Zeitschrift |
| FAZ | Frankfurter Allgemeine Zeitung |
| Feb. | Februar |
| f./ff. | die folgende |
| Fn. | Fußnote |
| FS | Festschrift |
| GA | Goltdammer's Archiv für Strafrecht |
| GG | Grundgesetz |
| HBdStR | Handbuch des Staatsrechts |
| HFEA | Human Fertilisation and Embryology Authority |

| | |
|---|---|
| IBC | International Bioethics Committe |
| Ibid. | ibidem |
| iPS | induzierte pluripotente Stammzellen |
| i. S. | im Sinne |
| IVF | In-vitro-Fertilisation |
| Jan. | Januar |
| JR | Juristische Rundschau |
| JuS | Juristische Schulung |
| JZ | Juristenzeitung |
| KJ | Kritische Justiz |
| KfEK | Klonen für die Erzeugung von Kindern |
| krit. | kritisch |
| KritV | Kritische Vierteljahresschrift für Gesetzgebung und Rechtswissenschaft |
| KT | Kerntransfer |
| KzET | Klonen zur Entwicklung von Therapie |
| MedR | Medizinrecht |
| m. w. N. | mit weiteren Nachweisen |
| MRB | Menschenrechtsübereinkommen zur Biomedizin |
| mtDNA | mitochondriale Desoxyribonukleinsäure |
| NBAC | National Bioethics Advisory Commission |
| ncDNA | nukleare Desoxyribonukleinsäure |
| NJW | Neue Juristische Wochenschrift |
| Nov. | November |
| Nr. | Nummer |
| NZZ | Neue Züricher Zeitung |
| Okt. | Oktober |
| p. c. | post conceptionem, |

| | |
|---|---|
| PID | Präimplantationsdiagnostik |
| p. m. | post Menstruationsblutung |
| PNAS | Proceedings of the National Academy of Sciences |
| PND | Pränataldiagnostik |
| PZ | Pharmazeutische Zeitung |
| Rn. | Randnummer |
| S. | Seite(n) |
| sog. | so genannt |
| StGB | Strafgesetzbuch |
| StZG | Stammzellgesetz |
| SZ | Süddeutsche Zeitung |
| SZKT | somatischer Zellkerntransfer |
| u. a. | und andere / unter anderem |
| UNESCO | United Nations Educational, Scientific and Cultural Organisation |
| UNO | United Nations Organization |
| Urt. | Urteil |
| USA | United States of America |
| v. | von/vom |
| vgl. | vergleiche |
| WHO | Weltgesundheitsorganisation |
| z. B. | zum Beispiel |
| ZBP | Zeitschrift für Biopolitik |
| ZaeFQ | Zeitschrift für ärztliche Fortbildung und Qualitätssicherung |
| ZfL | Zeitschrift für Lebensrecht |
| ZfmE | Zeitschrift für medizinische Ethik |
| ZKT | Zellkerntransfer |

| | |
|---|---|
| ZRP | Zeitschrift für Rechtspolitik |
| ZStW | Zeitschrift für die gesamte Strafrechtswissenschaft |
| ZVKL | Zusatzprotokoll zum Verbot des Klonens von menschlichen Lebewesen |

# Einleitung

## A. Problemstellung

Das einundzwanzigste Jahrhundert wird „Zeitalter der Biotechnologie" genannt. Durch die Entwicklung der modernen Biotechnologie sind neue Techniken zur Manipulation des Lebens entstanden, weshalb wir uns zurzeit mitten in einem Disput der Bioethik[1] befinden. Je bedeutender und weitreichender die Forscher in der Molekularbiologie und der regenerativen Medizin Erfolge erzielen und je stärker die aus ihnen folgende gesellschaftliche Resonanz ist, desto stärker verschärft sich die gegenwärtige ethische Problematik.

Die traditionelle Biotechnik der vormodernen Zeit, die im Bereich der Medizin, der Landwirtschaft, des Viehzuchtgewerbes usw. biologisch erforscht wurde, warf keine schwerwiegenden ethischen Probleme auf, weil sie das menschliche Leben und die menschliche Würde im Kern weder bedrohen noch

---

1 Der Begriff der Bioethik bzw. (engl.) bioethics taucht zum ersten Mal im Jahr 1971 in dem Buch „Bioethics. Bridge to the future" des Onkologen Van Renselar Potter auf. In dem genannten Werk hat er vor dem Hintergrund der sich abzeichnenden ökologischen Krise eine neue Wissenschaft gefordert, die die menschlichen Überlebensbedingungen definieren und auf der Basis eines ganzheitlichen Verständnisses von Mensch, Welt und Wissenschaft zum Erhalt der Menschheit beitragen solle. Diese globale Überlebenswissenschaft solle eine Synthese aus Moralphilosophie und Biologie darstellen, und damit war der akademische Diskurs angestoßen (Düwell/Steigleder, Bioethik, S. 21f.). Durch diesen dynamischen Diskurs entstand als erstes Nachschlagewerk zur Bioethik die „Encyclopedia of Bioethics", die 1978 von Warren Thomas Reich herausgegeben wurde (Braun, Menschenwürde und Biomedizin, S. 42). Im Jahr 1995 publizierte Reich eine stark erweiterte und überarbeitete Neuauflage. In der Einleitung legt er eine für die weitere Diskussion und Entwicklung des Diskurses maßgebliche und einflussreiche Definition der Bioethik dar. Reich definiert den Begriff „Bioethik" wie folgt: „the systematic study of the moral dimensions – including moral vision, decision, conduct and policies – of the life sciences and health care, employing a variety of ethical methodologies in an interdisciplinary setting." Das deutschsprachige Lexikon der Bioethik gibt diese Auffassung folgendermaßen wieder: "Unter Bioethik wird (...) die ethische Reflexion jener Sachverhalte verstanden, die den verantwortlichen Umgang des Menschen mit Leben betreffen." In der gegenwärtigen Diskussion steht diesem Begriffsverständnis ein enger gefasstes gegenüber, das von einer „medizinischen Ethik unter besonderer Berücksichtigung der neueren Entwicklungen und Möglichkeiten der biologisch-medizinischen Forschung und Therapie" ausgeht (Ach/Runtenberg, in: Kultur der Medizin Bd. 4, S. 14f.; vgl. Korff, in: Lexikon der Bioethik, Bd 1, S. 7).

verletzen konnte. Jedoch brachten nach der Entdeckung der DNA (Desoxyribonukleinsäure) als Träger der menschlichen Erbinformationen im Jahre 1944 durch Avery und der Entdeckung ihrer Doppelhelixstruktur durch Watson und Crick im Jahre 1953[2] die raschen Fortschritte der Biotechnik[3] ein neues, sich

2 Arndt, Biotechnologie in der Medizin, S. 1.

3 Der naturwissenschaftliche Begriff der Biotechnik umfasst das theoretische Wissen über die Struktur und Funktionsweise organischen Lebens, z. B. der DNA, von Zellen und Mikroorganismen, verbunden mit einer auf naturwissenschaftlichen Methoden basierenden und von diesen ausgehenden manipulativen Praxis mit dem Ziel der Nutzbarmachung der physiologischen Leistungen natürlicher biologischer Prozesse und Systeme, wodurch sich ein übergreifender Forschungsbereich und anwendungsorientierter Wissenschaftszweig konstituiert hat. So umschreibt die European Federation of Biotechnology den Begriff der Biotechnik „als integrierte Anwendung von Verfahrenstechnik, Biochemie und Mikrobiologie mit dem Ziel, das Potential von Mikroorganismen, Zell- und Gewebekulturen oder Teilen davon technisch zu nutzen" (Schreiber/Rosenau, in: Lexikon der Bioethik, Bd. 1, S. 395). Zur Verdeutlichung der ethischen Implikationen akzentuiert Gutmann vor allem den Aspekt der „gesetzten menschlichen Zwecken entsprechenden" Manipulation, deren Objekt Lebewesen sind. Er hebt die Biotechnik als Technikform von denjenigen Wissenschaften ab, deren Gegenstand er in der „Erarbeitung epistemischer Klärungen im Zusammenhang mit Lebewesen" sieht (Vgl. Gutmann, in: Lexikon der Bioethik, Bd. 1, S. 397). Manipulation von Lebewesen bedeutet heutzutage vorrangig Eingriff in die genetische Substanz von Organismen, „mit der Folge, dass künstlich neu kombinierte Lebewesen hervorgebracht werden" (Schreiber/Rosenau, in: Lexikon der Bioethik, Bd. 1, S. 395). Die Methoden der Fortpflanzungstechnologie und Reproduktionsmedizin, wie z. B. In-vitro-Fertilisation, Präimplantationsdiagnostik, Embryonentransfer und Pränataldiagnostik einschließlich des Klonens, veranschaulichen dies. Dadurch hat die moderne Biotechnik eine Tiefendimension und Verfahrensqualität erreicht, die sie von der traditionellen Biotechnik mit deren begrenzten Dimensionen wesentlich unterscheidet. Traditionelle biotechnische Verfahren „setzen voraus, dass die Identifizierung und Fermentierung eines bestimmten Organismus, in der Regel eines Mikroorganismus, [...] der über die natürliche Fähigkeit zur Produktion einer gewünschten Substanz verfügt", gelungen ist [Küster/Pühler, in: Lexikon der Bioethik, Bd. 1, S. 391]. Dementsprechend existierten biotechnische Verfahren bereits seit Beginn der Kulturgeschichte. Man denke etwa an die Züchtung und den Einsatz von Hefekulturen im Rahmen der Bierproduktion. Die in den letzten Jahren und Jahrzehnten erfolgten revolutionären Neuerungen auf dem Feld der Biotechnik markieren jedoch eine unübersehbare Kluft zwischen traditioneller und moderner Biotechnik.
Zusammenfassend lässt sich der moderne Begriff der Biotechnik wie folgt umschreiben: Bei der Biotechnik handelt es sich um ein spezielleres, neuartiges Verfahren, zu welchem der Eingriff in die genetische Substanz von Organismen gehört. Dieser Eingriff kann die künstliche Hervorbringung neu kombinierter Lebewesen zur Folge haben. Zum Beispiel gehören die Methoden der Fortpflanzungstechnologie oder der Reproduktionsmedizin – also die In-vitro-Fertilisation und der Embryonentransfer – so-

zunehmend entwickelndes Problembewusstsein hinsichtlich der ethischen Implikationen der Biotechnik, d.h., bezüglich der Frage nach dem Wesen menschlicher Würde und menschlichen Lebens und deren Verletzbarkeit durch Manipulation des Lebens auf der Ebene der Molekularbiologie und der regenerativen Medizin, hervor. Zuvor war dieser Bereich dem menschlichen Zugriff verschlossen geblieben und allein göttlicher Schöpferkraft vorbehalten, weshalb die Integrität und Konstanz menschlichen Lebens in seiner bekannten Form unveränderbar und garantiert schien. Aber die Entdeckung der DNA revolutionierte dieses Menschenbild, und der Status des Menschen wurde gleichzeitig objektiviert, d.h., der Mensch war nun nicht mehr nur Agens der Forschung, sondern wurde mehr und mehr zu ihrem Gegenstand. Die moderne Biotechnik zeigt nämlich eine wesentlich andere Tendenz als die traditionelle Biotechnik.

Die zentrale Frage, die sich hierbei stellt, ist die Frage nach dem Klonen von Menschen, nach dem Experimentieren mit aus In-vitro-Fertilisation (IVF) gewonnenen menschlichen Embryonen, nach der Xenotransplantation, nach der Gentherapie, nach dem Datenschutz von Erbinformation und nach dem Biotechnik-Patent usw. Unter all diesen Fragen handelt es sich bei der Frage nach der menschlichen Klonforschung, bei welcher der Mensch zu einem Objekt der Technik wird, um die für uns brisanteste Frage.

Im Jahre 1997 wurde ein epochemachendes Ergebnis im Bereich des Klonens von Lebewesen erzielt. Eine britische Forschergruppe um Ian Wilmut erzeugte das Klonschaf Dolly nicht durch Befruchtung zwischen Ei- und Samenzelle, sondern durch die Methode des Zellkerntransfers (ZKT)[4]: das heißt, dass, während sich die Forscher in der Vergangenheit nur mit der Erforschung des Wesens des menschlichen Lebens beschäftigten, sich durch das Klonen des Schafes Dolly Möglichkeiten der Erzeugung geklonter Menschen durch somatischen ZKT eröffneten.

Im Oktober des Jahres 2000 bekundete das von der religiösen Gruppe „Raelian“ gegründete US-amerikanische Unternehmen Clonaid seine Absicht, das Klonen von Menschen in die Tat umzusetzen, nachdem sich ein Elternpaar, dessen Tochter durch einen medizinischen Unfall ums Leben gekommen war, mit der Bitte, die Tochter zu klonen, an das Unternehmen gewandt hatte. Außerdem planten der Fortpflanzungsmediziner Professor Panos Zavos von der Kentucky University (USA) und der Facharzt für Insemination Severino Antinori (Italien)

---

wie das Klonen ebenfalls zur modernen Biotechnologie (Schreiber/Rosenau, in: Lexikon der Bioethik, Bd. 1, S. 395).

4 Unter Zellkerntransfer versteht man den Austausch des Zellkerns einer Zelle durch vorherige Explantation des Kerns und spätere Implantation einer somatischen Zelle oder eines Zellkerns. Zur detaillierteren Beschreibung der Technik des Zellkerntransfers siehe § 1, II., 2. „Zellkerntransfer“.

im Rahmen der Unfruchtbarkeitstherapie die Herstellung geklonter Menschen in Fällen, in denen Männer aufgrund von Zeugungsunfähigkeit keine Samenzellen produzieren können, und veröffentlichten ihren Plan am 28. Januar 2001; darauf meldeten sich 700 Ehepaare. Des Weiteren gelang es am 7. Januar 2008 einer Forschungsgruppe um Andrew French aus den USA, geklonte menschliche Embryonen ohne defektes Chromosom durch somatischen ZKT zu gewinnen.[5] Die geschilderten Fakten zeigen, dass die Menschen vor der großen Herausforderung der absoluten Verbotsmaßnahme bezüglich der Erzeugung des Klonmenschen stehen.

Zudem wird die Frage nach der Erforschung des durch ZKT erzeugten menschlichen Embryos auf dem Gebiet der Erforschung embryonaler Stammzellen, bei der die Technik des Klonens auf die regenerative Medizin und die Molekularbiologie angewendet wird – das so genannte therapeutische Klonen –, heftig debattiert. Im Bereich der Biomedizin verbindet sich nämlich die Klontechnik mit den Forschungsergebnissen zur Zelldifferenzierung von embryonalen Stammzellen (ES-Zellen), die über die Eigenschaft verfügen, alle Organe und Zellen produzieren zu können, und diese Verbindung wird als neue Möglichkeit zur Heilung unheilbarer und schwerer Krankheiten vorgeschlagen. Es handelt sich hierbei um eine Zelltherapie, die die wesentlichen Ursachen der Krankheit beseitigt, eine epochale Heilmethode, die durch die Herstellung von Organen für Kranke oder durch Einsetzung von totipotenten Zellen in die zu therapierenden Körperteile unheilbare und schwere Krankheiten sowie regressive Störungen heilen kann. Obwohl die Erforschung der ES-Zellen, die aus dem durch ZKT erzeugten menschlichen Embryo gewonnen werden, zur Therapie von Krankheiten des Menschen und zur Verlängerung des menschlichen Lebens beiträgt, umfasst sie andererseits sittliche, ethische Probleme, da der Embryo, der den Anfang des menschlichen Lebens bildet, zur Stammzellforschung als Material verbraucht wird. Während die Biotechniker und die mit der Biotechnik verbundenen Unternehmen die Nützlichkeit und die Wohltaten der embryonalen Stammzellforschung durch das Klonen hervorheben und sich für die Erlaubnis der Forschung vehement einsetzen, lehnen die Bioethiker und die religiöse Welt

5 Die Forscher haben eine Hautzelle eines Mannes in die entkernte menschliche Eizelle eingesetzt und geklonte Embryonen bis zur Blastozyste kultiviert. Am 13. Feb. 2004 gab eine Forschungsgruppe um Dr. Whang aus Korea die erfolgreiche Gewinnung von Stammzellen aus durch somatischen Zellkerentransfer gezeugten menschlichen Embryonen bekannt. Durch die Untersuchung des Überprüfungskomitees wurde jedoch ermittelt, dass es sich bei dieser Nachricht um eine Falschmeldung handelte. Der Forschungsgruppe war zufällig die Gewinnung von Stammzellen durch Parthenogenese gelungen; dennoch wurde der Bericht von ihr verfälscht, als ob sie die auf den Patienten passenden Stammzellen von solchen Embryonen tatsächlich erzeugt hätte.

die Embryonenforschung, die die Zerstörung der Embryonen bewirkt, ab und bezeichnen sie als Mord, da ihrer Meinung nach der menschliche Embryo Persönlichkeitsstatus besitzt. Das bedeutet, dass es sich bei diesem Disput um eine Frage des Werturteils handelt, um die Frage, inwiefern das Individuum und die Gesellschaft das Klonen von Menschen akzeptieren; dies ist keine Frage der wissenschaftlichen Technik, sondern ein Gegenstand, dem man sich aus ethischer Perspektive anzunähern hat.

Der Maßstab der ethischen Schätzung der menschlichen Klonforschung basiert auf dem Begriff der Menschenwürde. Zieht demnach diese Erforschung die Folge der Verneinung des Menschenwertes und der Menschenwürde nach sich, wird sie ethisch nicht erlaubt. Wenn jedoch die Klonforschung die Menschenwürde nicht verletzt und auch den Ansprüchen der Menschen genügt, könnte sie ethisch erlaubt werden. So gibt sie auf der einen Seite einem unfruchtbaren Ehepaar neue Hoffnung, und es entstehen neue Möglichkeiten der Krankheitstherapie; auf der anderen Seite könnten dadurch Nebenwirkungen, wie z. B. die Vernachlässigung bzw. Entfremdung von Menschen sowie die Verletzung der Menschenwürde, auftreten. Demnach vollziehen sich durch den erstaunlichen Fortschritt der Biotechnik, insbesondere durch die Entwicklung der Fortpflanzungsmedizin und der Regenerationsmedizin, große Veränderungen unserer Lebensformen; aber auch schwierige ethische Fragen kommen auf. Daher ist die Frage der menschlichen Klonforschung weder ein unbedeutender Disput noch eine Angelegenheit in der Zukunft, sondern eine aktuelle Aufgabe.

Aus diesem Grund sollen die meisten heutigen Biotechniken, darunter die menschliche Klonforschung, nicht nur unter dem Aspekt der Richtigkeit der Anwendung, sondern darüber hinaus auch unter dem Gesichtspunkt betrachtet werden, zu welchen Bedingungen diese Erforschung im Rahmen des ethisch Zulässigen erlaubt werden kann.

# B. Gang der Untersuchung

Im Bereich der biotechnischen Forschung bilden alle Lebewesen, nämlich Mensch, Tier, und Pflanze etc., den Forschungsgegenstand; zu diesem Bereich gehören: IVF, Klonen, Stammzellforschung, Keimbahntherapie, Genmanipulation, Gentherapie, Xenotransplantation etc. Jedoch ist es tatsächlich schwierig, alle Gegenstände zu behandeln, da der Bereich sehr umfangreich und verschiedenartig ist. Deswegen wird in dieser Arbeit nur der Embryo, der den Beginn des menschlichen Lebens verkörpert, als Forschungsgegenstand betrachtet, und der Umfang der Diskussion wird auf das Klonen beschränkt und auf die Fragen, die sich auf das Klonen beziehen.

Im ersten Kapitel wird die naturwissenschaftliche Aktualität der Erforschung des Klonens bzw. der sich auf das Klonen beziehenden Erforschung untersucht. Behandelt werden insbesondere die Verwendung von ES-Zellen, die als neue Methode der Heilung bisher unheilbarer Krankheiten, wie z. B. Alzheimer- und Parkinson-Krankheit, angesehen wird, sowie die medizinischen Möglichkeiten und die Problematik der Klonforschung, die schon oft Diskussionsgegenstand waren und über die noch diskutiert wird.

Die Erzeugung des geklonten menschlichen Embryos durch ZKT ist nicht nur für die Gewinnung von ES-Zellen ohne Abstoßungsreaktion, sondern auch für die Herstellung geklonter Menschen ein unvermeidlicher Vorgang. Jedoch wird der Embryo für die Gewinnung solcher ES-Zellen notwendigerweise zerstört, und auch bei der Erzeugung geklonter Menschen wird wegen der hohen Misserfolgsrate ein großer Verbrauch an Embryonen in Kauf genommen. Aus diesem Grund bringt die Frage über das Für und Wider der Verwendung des geklonten Embryos bei dieser Forschung eine große Menge ethischer und sozialer Kontroversen hervor. Falls die Erforschung eines solchen Embryos das Lebensrecht des Menschen verletzt und sich als Prozess der Instrumentalisierung des Menschen erweist, wird moralisch vorausgesetzt, dass diese Erforschung aufgrund des Schutzes der Menschenwürde nicht erlaubt sei. Ferner müssen ethisch erlaubte Dinge von verbotenen Dingen getrennt und sorgfältig überprüft werden, da für die Erreichung eines guten Ziels nicht alle Mittel legitimiert werden können.

Gilt der Embryo als Mensch, muss das Embryonenexperiment generell verboten werden; andernfalls könnte es erlaubt sein. Nun aber behaupten die Befürworter der Embryonenforschung, dass die Erforschung des menschlichen Embryos durch Klontechniken für die Therapie schwerer sowie unheilbarer Krankheiten auf jeden Fall erlaubt werden müsse, da der Embryo ihrer Ansicht nach kein Mensch ist. Obwohl die Erforschung des menschlichen Embryos grundsätzlich zugelassen werden kann, ist jedoch die Erforschung des menschlichen Embryos durch Klontechniken (EMEK) nicht selbstverständlich erlaubt. Denn würde eine solche Art der Klonforschung legitimiert, so würden ethisch schwierigere Probleme aufkommen, als es bei der bloßen Erlaubnis der Embryonenforschung der Fall wäre. Das heißt, dass obwohl die Embryonenforschung erlaubt werden könnte, das Ja oder Nein bezüglich der Erlaubnis einer solchen Klonforschung zusätzlich überprüft werden muss, da die Entscheidung über die Zulassung der Erforschung des menschlichen Embryos die Vorbedingung für die Entscheidung über die Erlaubnis der EMEK ist. Die Klärung der Frage, ob es sich bei dem Embryo um einen Menschen handelt oder nicht, muss demzufolge der Entscheidung über die Erlaubnis der EMEK vorangehen. Deshalb wird im zweiten Kapitel hauptsächlich das Ja oder Nein bezüglich des Menschseins des Embryos als Mittelpunkt des Spezies-, des Kontinuums-, des Identitäts- und des Potentialitätsarguments auf der Grundlage verschiedener Konzeptionen dargestellt. Des Weiteren wird der substantielle Sinn der EMEK unter dem Gesichtspunkt des ethischen Aspekts anhand einander widersprechender Behauptungen kontrastierend beleuchtet.

Hauptprämisse der demokratischen Gesellschaft ist die Tatsache, dass Recht und Freiheit des Menschen der Verfassung entstammen und durch die Verfassung garantiert sind, da die Verfassung praktisch eine Determinante des ethischen Konsens der Gesellschaft ist. Daher muss die EMEK daraufhin überprüft werden, ob sie gegen die Verfassung verstößt, damit man sich von ihr im rechtlichen Bereich Legitimität sichern kann. Aus diesem Grund bildet im dritten Kapitel zuerst das Ja oder Nein bezüglich der Erlaubnis der EMEK durch Überprüfung der sich auf diese Art der Erforschung beziehenden verfassungsrechtlichen Artikel den Untersuchungsgegenstand. Sodann werden die mit der Embryonenforschung – insbesondere die mit dem EMEK – verbundenen Vorschriften des Embryonenschutzgesetzes (ESchG) und des Stammzellgesetzes analysiert, und auch die Korrelation zwischen dem ESchG und dem § 218 StGB, Schwangerschaftsabbruch wird diskutiert. Des Weiteren wird die allgemeine universale Tendenz sowohl durch Analyse geltender Gesetze einzelner Länder als auch durch Analyse internationaler Regelungen über die Embryonenforschung – insbesondere die EMEK – erkundet.

Je stärker sich der Aspekt der Anwendung der EMEK erweist, desto schwieriger wird es, eine solche Erforschung völlig zu verbieten. Wenn es jedoch ein Mittel gibt, das den durch sie hervorgerufenen erhaltenden Nutzen ersetzen kann, kann ihr totales Verbot Überzeugungskraft erringen. Aus diesem Grund werden abschließend im vierten Kapitel Gegenvorschläge präsentiert, die die EMEK im Falle ihres Verbots ersetzen, und es werden auch Vorschläge für eine Neugestaltung des ESchG und des Stammzellgesetzes unterbreitet.

# 1. Kapitel: Naturwissenschaftlicher Hintergrund

## § 1 Naturwissenschaftliche Grundlagen der Erzeugung bzw. Erforschung des menschlichen Embryos durch Klontechniken

### I. Begriffsbestimmungen und Erläuterungen

#### 1. Klonen

Der Ursprung des Begriffs „Klon" liegt in dem griechischen Wort „κλών" für „Zweig" „Spross" und „Schössling".[6] Unter wissenschaftlichem Aspekt wird ein Klon definiert als ein Lebewesen, dessen Zellkerngenom identisch ist mit dem Genom eines anderen lebenden oder toten Wesens und das durch künstlich induzierte, ungeschlechtliche Fortpflanzung aus dem elterlichen Organismus erzeugt worden ist.[7]

Der Begriff „Klonen" bezeichnet eine künstlich herbeigeführte asexuelle Vermehrung erbgleicher Nachkommen aus einem anderen Embryo, einem Fötus, einem Menschen oder einem Verstorbenen.[8] Im Falle einer Einordnung nach dem Ziel werden unter dem Oberbegriff des Klonens zumeist zwei verschiedene Sachverhalte zusammengefasst: therapeutisches Klonen und reproduktives Klonen.[9] Während unter dem therapeutischen Klonen die Erzeugung von Embryo-

---

6 Vgl. Hetz, in: Eser/Seidler, Ethik und Recht in der Medizin, Bd. 40, S. 21; vgl. Nationaler Ethikrat, Klonen durch Zellkerntransfer, S. 11.

7 Vgl. Engels, in: Honnefelder/Lanzerath, Klonen in biomedizinischer Forschung und Reproduktion, S. 32; vgl. Niemann/Lukas-Hahn/Kues/Carnwath/Wrenzyki, in: Honnefelder/Lanzerath, Klonen in biomedizinischer Forschung und Reproduktion, S. 131; vgl. Nationaler Ethikrat, Klonen durch Zellkerntransfer, S. 11; Bei eineiigen Zwillingen, die durch eine frühe Teilung des Embryos entstehen, handelt es sich strenggenommen um Klone. Auch bei Bakterien und Pflanzen gibt es Klone, die auf natürliche Weise entstehen, wie zum Beispiel Kartoffeln, indem diese Ableger bilden.

8 Vgl. Graf, in: Beckmann/Löhr, Der Status des Embryos, S. 15; vgl. Prelle/Zakhartchenko/Wolf, in: ZaeFQ, S. 435; vgl. Taupitz, NJW 2001, S. 3433; vgl. Laufs, in: Lexikon des Arztrecht, S. 2900.

9 Graf, in: Beckmann/ Löhr, Der Status des Embryos, S. 19; Erich/Witteck, MedR 2003, S. 2; Diese Begriffe wurden von zwei britischen Kommissionen 1998 anlässlich einer

nen, Zellen oder Zellverbänden mit dem Ziel ihrer verbrauchenden Verwendung zu diagnostischen oder therapeutischen Zweck verstanden wird, bezeichnet das reproduktive Klonen die technische Erzeugung menschlicher Embryonen, Zellen oder Zellverbände mit dem Ziel, diese sich zu einem „vollständigen" Individuum, einem „ganzen" Menschen entwickeln zu lassen[10]; d.h., beim therapeutischen Klonen wird das Ziel verfolgt, ES-Zellen[11] zu produzieren, aus denen Zell- oder Gewebetransplantate für kranke Menschen entwickelt werden sollen. Das reproduktive Klonen dient dagegen der Übertragung der gezeugten Embryonen in den Uterus eines Lebewesens und der Geburt des geklonten Lebewesens.[12] Zu Beginn kann das „reproduktive Klonen" wegen der Identität der Methoden oder Verfahren nicht von dem „therapeutischen Klonen" unterschieden werden.[13] Der Unterschied zwischen den beiden Begriffen liegt nämlich nicht in der Klonmethode, sondern in dem Ziel, das mit dem Klonen verfolgt wird.[14]

Nun aber erweisen sich die Begriffe, welche in Verbindung mit dem Klonen verwendet werden, als problematisch.[15] Insbesondere der Begriff „therapeutisches Klonen" bereitet Probleme, von denen nachfolgend einige genannt werden.[16] Bei dem Klonen an sich handelt es sich nicht um eine Therapie, da ein therapeutischer Effekt allenfalls erst durch die Verwendung „geklonten Materials" erreicht werden kann. Das Klonen nützt auch ebenso wenig dem neu gewonnenen Klon, da im Umkehrschluss der neue Klon, beziehungsweise das aus ihm gewonnene Material, für die weitere Verwendung an einem Dritten bestimmt ist.[17] Das heißt, die Therapie wird nicht auf den Klon sondern bei einem

---

breit angelegten Konsultation über das Klonen geprägt; dadurch wurde ihre Verbreitung wesentlich gefördert.

10 Vgl. Hillebrand/Lanzerath, Klonen - Stand der Forschung, ethische Diskussion, rechtliche Aspekte, S. 25; Erich/Witteck, MedR 2003, S. 2.

11 Bei einer Stammzelle handelt es sich um jede noch nicht ausdifferenzierte Zelle, die imstande ist, sich unbegrenzt zu vermehren, und die über ein fast uneingeschränktes Differenzierungspotenzial verfügt.

12 Graf, in: Beckmann/Löhr, Der Status des Embryos, S. 19; vgl. Erich/Witteck, MedR 2003, S. 258; vgl. Taupitz, NJW 2001, S. 3433; vgl. Hetz, Schutzwürdigkeit menschlicher Klone?, S. 46ff.

13 Engels, in: Honnefelder/Lanzerath, Klonen in biomedizinischer Forschung und Reproduktion, S. 33; Erich/Witteck, MedR 2003, S. 258.

14 Graf, in: Beckmann/Löhr, Der Status des Embryos, S. 19; Engels, in: Honnefelder/Lanzerath, Klonen in biomedizinischer Forschung und Reproduktion, S. 33.

15 Ebd.

16 Engels, in: Honnefelder/Lanzerath, Klonen in biomedizinischer Forschung und Reproduktion, S. 33.

17 Hetz, Schutzwürdigkeit menschlicher Klone?, S. 46ff.

Patienten angewandt. Dabei wird der geklonte Embryo[18] vernichtet.[19] Das therapeutische Klonen erweist sich für die gezeugten Embryonen keineswegs als „therapeutisch“, sondern als tödlich.[20] Des Weiteren gibt es aufgrund biologischer und medizinischer Ursachen zurzeit keine therapeutischen Einsatzmöglichkeiten von ES-Zellen.[21] Bei der Konzentration auf das langfristige Ziel von Therapien gerät bei diesem Begriff der verwerfliche Weg, nämlich die Tötung der erzeugten Embryonen, aus dem Blickfeld.[22] Von den Befürwortern des so genannten therapeutischen Klonens wird der Begriff tendenziell zunehmend verschleiert.[23] Auf der einen Seite könnte außerdem durch den Begriff des „reproduktiven Klonens“ ein bereits funktionierendes, ausgereiftes Verfahren angedeutet werden, was jedoch bisher ergebnislos geblieben ist.[24] Je nach der Definition des Begriffes „Krankheit“ kann man auf der anderen Seite ganz unterschiedliche Handlungsweisen als „therapeutisch“ klassifizieren. Sieht man ungewollte Kinderlosigkeit als Krankheit an, kann man das Klonen mit dem Ziel, dieser Kinderlosigkeit abzuhelfen, als Therapie betrachten. Hierbei würde es sich dann um „reproduktives“ und um „therapeutisches“ Klonen zugleich handeln.[25]

Deswegen wird auch unter Berücksichtigung des gegenwärtigen naturwissenschaftlichen Erkenntnisstandes in zunehmendem Maße über eine Ersetzung des Begriffs des „therapeutischen Klonens“ durch Begriffe wie „Klonen zu nichtreproduktiven Zwecken“, „Forschungsklonen“, „Klonen für die biomedizinische Forschung“, „experimentelles Klonen mit therapeutischem Ziel“ oder „experimentelles Klonen zur Grundlagenforschung“ beziehungsweise „extrauterines Klonen“ und parallel dazu „reproduktives Klonen“ durch „Klonen, um

---

18 Wir müssen zwischen den Begriffen „geklonter Embryo“ und „embryonales Klonen“ unterscheiden. Unter dem Begriff „geklonter Embryo“ versteht man den durch Zellkerntransfer erzeugten Embryo. „Embryonales Klonen“ bedeutet „Klonen des Embryos durch Embryonensplitting“.

19 Engels, in: Honnefelder/Lanzerath, Klonen in biomedizinischer Forschung und Reproduktion, S. 33.

20 Graf, in: Beckmann/ Löhr, Der Status des Embryos, S. 19.

21 Ebd.; Engels, in: Honnefelder/Lanzerath, Klonen in biomedizinischer Forschung und Reproduktion, S. 33; Clausen, in: Dabrock/Ried, Therapeutisches Klonen als Herausforderung für die Statusbestimmung des menschlichen Embryos, S. 125.

22 Ebd.

23 Graf, in: Beckmann/Löhr, Der Status des Embryos, S. 19; Engels, in: Honnefelder/Lanzerath, Klonen in biomedizinischer Forschung und Reproduktion, S. 33.

24 Honnefelder/Dirk, Klonen in biomedizinischer Forschung und Reproduktion, S. 33; Clausen, in: Dabrock/Ried, Therapeutisches Klonen als Herausforderung für die Statusbestimmung des menschlichen Embryos, S. 125.

25 Clausen, in: Dabrock/Ried, Therapeutisches Klonen als Herausforderung für die Statusbestimmung des menschlichen Embryos, S. 125.

Kinder zu erzeugen" „experimentellen Klonen mit Fortpflanzungsabsicht" oder „Klonen für den Transfer in den Uterus" diskutiert.[26]

Es ist fraglich, ob es für die bislang verwendeten Begriffe besser geeignete Äquivalente gibt. Dennoch werden andere Begriffe in dieser Arbeit verwendet, um derartige Missverständnisse sowie sonstige Irritationen zu vermeiden. Meiner Meinung nach sind die Begriffe „Klonen zur Entwicklung von Therapie" (KzET) und „Klonen für die Erzeugung von Kindern" (KfEK) als Ersatz für die Begriffe „therapeutisches Klonen" und „reproduktives Klonen" vorzuschlagen.[27]

## 2. Embryo

### *a. Begriff*

Zunächst sollte die Frage erörtert werden, in welcher Entwicklungsphase der Mensch als Embryo zu bezeichnen ist. Im Rahmen der Debatte handelt es sich dabei um die befruchtete Eizelle[28] und das sich daraus entwickelnde menschliche Lebewesen einschließlich der 8. Woche post conceptionem.[29] Im Laufe dieses Zeitabschnittes entwickelt sich aus den drei Keimblättern der vollständige menschliche Körper, der über alle Organanlagen verfügt, welche in der nachfolgenden Fetalperiode (9. Woche bis zur Geburt) sowie nach der Geburt weiter

---

26 Vgl. Engels, in: Honnefelder/Lanzerath, Klonen in biomedizinischer Forschung und Reproduktion, S. 33; Clausen, in: Dabrock/Ried, Therapeutisches Klonen als Herausforderung für die Statusbestimmung des menschlichen Embryos, S. 126.

27 Vgl. Engels, in: Honnefelder/Lanzerath, Klonen in biomedizinischer Forschung und Reproduktion, S. 33.

28 Aus dem haploiden Zellkern der Samenzelle und dem haploiden Kern der Eizelle entstehen die so genannten Vorkerne, welche man in der Fachsprache auch als Pronuclei bezeichnet. Zu diesem Zeitpunkt ist im strengen Sinne die Eizelle noch nicht befruchtet. Hier spricht man von einer imprägnierten Eizelle bzw. imprägnierten Oozyte. Als nächstes durchlaufen im Rahmen der Vereinigung der Vorkerne von Ei- und Samenzelle beide Vorkerne eine DNA-Synthese-Phase. Die Befruchtung erfolgt im Sinne der Vereinigung der Vorkerne selbst innerhalb von etwa 24 Stunden. Bei der Befruchtung handelt es sich also nicht um ein Augenblicksereignis, sondern sie vollzieht sich als kontinuierlicher Prozess; Damschen/Schönecker, in: Damschen/Schönecker, Der moralische Status menschlicher Embryonen, S. 192; vgl. Knoepffler, Menschenwürde in der Bioethik, S. 51, 55.

29 Unter „conception" versteht man die Vereinigung von Ei- und Samenzelle. Damschen/Schönecker, in: Damschen/Schönecker, Der moralische Status menschlicher Embryonen, S. 192; vgl. Zetkin/Schaldach/Ludewig, Lexikon der Medizin. S 1088.

ausreifen und wachsen.[30] Nun aber werden für den Embryo bis zum 14. Tag seiner Entwicklung von einer großen Anzahl von Wissenschaftlern die abweichende Bezeichnung „pre-embryo“[31] und ab dem 15. Tag die Bezeichnung „proper-embryo“ verwendet.[32] Die Embryonalperiode besteht nämlich aus einer Präembryonal- und einer Embryonalphase. In Anlehnung an diese Auffassung versteht man unter „Embryo“ den menschlichen Keim von der Zeit der Einnistung in die Gebärmutter (Implantation) bis zum Ende der Organentwicklung (am Anfang der 3. Schwangerschaftswoche[33] bis zum Abschluss der Organentwicklung zu Beginn der 9. Schwangerschaftswoche).[34] Hierbei geht es um die Frage, ob durch Kerntransfer (KT) entstandene Embryonen als konventionell erzeugte Embryonen betrachtet werden können. Dieser Akt der Verschmelzung von Ei- und Samenzelle fehlt aber beim Transfer eines somatischen Zellkerns in die Eizelle, denn alle erforderlichen 46 Chromosomen entstammen dem Kern der Körperzelle. Daher kann über den klaren Wortlaut hinaus bei den Fällen eines

30 Korff, in: Lexikon der Bioethik, Bd. 1, S. 556.

31 Man versteht darunter die Entwicklung der befruchteten menschlichen Eizelle bis zur Ausbildung des Primitiv-Streifens am Beginn der dritten Woche. Der Begriff „Prä-Embryo“ trat in den 80er Jahren im Rahmen der britischen Diskussion über die Embryonenforschung zutage. In der deutschen Diskussion ist jedoch der Begriff nicht gebräuchlich. Vgl. Nationaler Ethikrat, Klonen durch Zellkerntransfer, S. 13; Oh, in: Schreiber/Lilie/Rosenau/Tadaki/Pak, Globalisierung der Biopolitik, des Biorechts und der Bioethik?, S. 113.

32 Die Präembryonalphase (1. und 2. Woche nach der Befruchtung) umfasst die aufeinanderfolgende Entstehung der Zygote, der Morula und der Blastozyste mit Ausbildung des Embryo- und des Throphoblasten und reicht bis zur Einnistung. Mit der Einnistung und der Ausbildung des Primitivstreifens setzt die Embryonalphase ein. Vgl. Paul, Möglichkeiten und Grenzen der Forschung an embryonalen Stammzellen und des therapeutischen Klonens, S. 25; Korff, in: Lexikon der Bioethik, Bd. 1, S. 553, 556.

33 Zwei Methoden, das Schwangerschaftsalter zu beschreiben, werden angewandt. Erstens kann man das Schwangerschaftsalter nach der Befruchtung (post conceptionem, p. c.) errechnen. Dies entspricht dem tatsächlichen Schwangerschaftsalter und ist in der Embryologie gebräuchlich. Zweitens besteht die Möglichkeit, das Schwangerschaftsalter nach der letzten Menstruationsblutung (post Menstruationsblutung, p. m.) zu errechnen. Diese Angaben zum Schwangerschaftsalter macht man aus praktischen Gründen in der klinischen Gynäkologie und Geburtshilfe und auch sonst im alltäglichen Gebrauch, weil der Konzeptionstermin in den meisten Fällen nicht bekannt ist. Soweit nicht anders angegeben, wird im Folgenden immer das Alter der Schwangerschaft vom Zeitpunkt der Befruchtung (p.c.) genannt; vgl. Zetkin/Schaldach/Ludewig, Lexikon der Medizin, S. 1816; Im embryologischen Sinne beginnt die Schwangerschaft mit der Befruchtung; vgl. Korff, in: Lexikon der Bioethik, Bd. 1, S. 554.

34 Korff, in: Lexikon der Bioethik, Bd. 1, S. 553, 556.

KT nicht von einer Befruchtung gesprochen werden.[35] In Anlehnung an die reine Intuition liegt es nahe, davon auszugehen, dass auch durch die KT-Methode Embryonen entstehen. Denn das Schaf Dolly – von dem niemand bezweifelt, dass es sich bei ihm um ein Schaf handelte – war vor seiner Geburt nichts anderes als ein Schafembryo bzw. –fötus. Diese Überzeugung wird allerdings gelegentlich in Frage gestellt.[36] Trotzdem werden die KT-Embryonen in dieser Arbeit als durch Befruchtug erzeugte Embryonen angesehen.

### *b. Entwicklung des menschlichen Embryos*

Mit der Befruchtung der Eizelle (Oozyte) durch das Spermium (Samenfaden) setzt die embryonale Entwicklung des Menschen ein.[37] Die Befruchtung beginnt mit dem Eindringen des Spermiums in die Eizelle und endet mit der vollständigen Verschmelzung der Kerne von Eizelle und Spermium.[38] Durch die Verschmelzung der männlichen und der weiblichen Vorkerne – die Konjugation – entsteht der für den Menschen typische Chromosomensatz von 46 Chromosomen.[39] Die Befruchtung erfolgt im Sinne der Vereinigung der Vorkerne selbst innerhalb von etwa 24 Stunden.[40] Mit dem ersten Entwicklungsstadium bildet sich die Zygote.[41] Die entstandene Zygote beginnt, sich zu teilen. Das 2-Zellstadium ist innerhalb von etwa 30 Stunden nach der Befruchtung erreicht und nach 40 Stunden das 4-Zellstadium,[42] in welchem der Embryo mit der Entwicklung eigener Genprodukte beginnt. An dieser Stelle bewirkt das neue Genom, also die mütterlichen und die väterlichen Gene, erstmals die Genexpression.[43] Das 8-

---

35 Paul, Möglichkeiten und Grenzen der Forschung an embryonalen Stammzellen und des therapeutischen Klonens, S. 99.

36 Hansen plädiert für die Benennung ‚transnuclear egg cell' der aus einem Kerntransfer hervorgehenden Entität. Auch ‚ovasome' und ‚somatom' sowie ‚clonote' stehen als neue Begriffskreationen zur Diskussion; vgl. Clausen, in: Dabrock/Ried, Therapeutisches Klonen als Herausforderung für die Statusbestimmung des menschlichen Embryos, S. 126.

37 Viebahn, in: Damschen/Schönecker, Der moralische Status menschlicher Embryonen, S. 269.

38 Paul, Möglichkeiten und Grenzen der Forschung an embryonalen Stammzellen und des therapeutischen Klonens, S. 24; Korff, in: Lexikon der Bioethik, Bd. 1, S. 555.

39 Korff, in: Lexikon der Bioethik, Bd. 1, S. 555.

40 Vgl. Knoepffler, Menschenwürde in der Bioethik, S. 51, 55.

41 Ebd., S. 55.

42 Viebahn, in: Damschen/Schönecker, Der moralische Status menschlicher Embryonen, S. 272.

43 Knoepffler, Menschenwürde in der Bioethik, S. 51.

Zellstadium beginnt etwa mit dem 3. Tag nach der Befruchtung.[44] Nach dem Achtzellstadium wird der Embryo als „Morula“ bezeichnet, welche in der Gebärmutterhöhle verbleibt.[45] Die einzelnen Zellen bezeichnet man als Blastomeren. Sie differenzieren sich zu Embryoblastzellen[46]; aus ihnen entwickelt sich später der Embryo. Des Weiteren differenzieren sich die äußeren Zellen der Blastomeren zu umhüllenden Trophoblastzellen, aus denen sich später zusammen mit mütterlichen Zellen die Plazenta bildet und sozusagen als Nahrung dient.[47] Die Embryoblastzellen und die Trophoblastzellen sind genidentisch.[48] Wenn eine Zelle aus dem inneren Zellverband in den äußeren übertragen wird, kommt es zur Entwicklung einer Trophoblastzelle aus der Embryoblastzelle. Umgekehrt ist dies genauso möglich. Eine Zelle differenziert sich also durch ihre Lage im Zellverband zur Embryo- oder zur Trophoblastzelle; dabei sind die einzelnen Zellen noch austauschbar.[49] Nach der Entstehung von etwa 32 Blastomeren erfolgt ein Aneinanderrücken der Zellen (Kompaktierung), und es entsteht ein Hohlraum innerhalb des Zellhaufens,[50] wodurch man eine innere Zellmasse von einer äußeren Zellschicht unterscheiden kann. Mit diesem Differenzierungsschritt vollzieht sich ein Übergang der Morula in die polarisierte Blastozyste.[51] Etwa am 4. Tag nach der Befruchtung wird das sog. Blastozystenstadium eingeleitet,[52] in welchem der Keim aus dem Eileiter in die Gebärmutter gelangt.[53] Aus den innen liegenden Zellen entsteht der Embryoblast, welcher sich später zum Fötus weiterentwickelt.[54] Die Entnahme der ES-Zellen, die nun

---

44 Ebd., S. 55.

45 Ebd., S. 52.

46 Die Embryoblastzellen besitzen die Fähigkeit der Differenzierung in jede beliebige Gewebeform, daher sind sie pluripotent, siehe hierzu: Berger, Embryonenschutz und Klonen beim Menschen, S. 22f.

47 Knoepffler, Menschenwürde in der Bioethik, S. 52; Korff, in: Lexikon der Bioethik, Bd. 1, S. 555.

48 Knoepffler, Menschenwürde in der Bioethik, S. 52; Morula: Eine erste Differenzierung in Embryo- und Trophoblasten erfolgt zwischen dem 8- und dem 16-Zellstadium (2. bis 3. Tag p.c.), siehe hierzu: Korff, in: Lexikon der Bioethik, Bd. 1, S. 555.

49 Korff, in: Lexikon der Bioethik, Bd. 1, S. 555.

50 Berger, Embryonenschutz und Klonen beim Menschen, S. 22.

51 Viebahn, in: Damschen/Schönecker, Der moralische Status menschlicher Embryonen, S. 269; Knoepffler, Menschenwürde in der Bioethik, S. 55.

52 Berger, Embryonenschutz und Klonen beim Menschen, S. 22.

53 Korff, in: Lexikon der Bioethik, Bd. 1, S. 555.

54 Berger, Embryonenschutz und Klonen beim Menschen, S. 22; Paul, Möglichkeiten und Grenzen der Forschung an embryonalen Stammzellen und des therapeutischen Klonens, S. 24.

nur noch pluripotent sind,[55] soll aus diesen inneren Zellen erfolgen, was zur Zerstörung der Blastozyste führen würde. Aus den außen liegenden Zellen wird der Trophoblast gebildet; bei ihm handelt es sich um die Kugelhülle, die die Versorgung und die Einnistung in die Gebärmutterschleimhaut gewährleistet.[56] Bis zur vollständigen Auflösung der Zona pellucida verbleibt die Blastozyste etwa 2 Tage frei im Sekret der Gebärmutterhöhle, danach setzt die Einnistung in die Gebärmutterschleimhaut ein.[57] In der zweiten Woche nach der Befruchtung differenziert sich der Embryoblast zu einer sog. zweiblättrige Keimscheibe; diese besteht aus dem äußeren und dem inneren Keimblatt.[58] Hierbei kann eine spontane Teilung des Zellgebildes auch noch eine Zwillingsbildung nach sich ziehen.[59] Diese Fähigkeit entstammt jedoch nicht mehr dem Potential einer einzelnen Zelle, sondern gehört zu dem gesamten Zellverband.[60] Am 11.-13. Tag p.c. ist die Nidation beendet.[61] Im weiteren Verlauf nimmt von nun an die Fähigkeit des Zellverbandes, verloren gegangenes Gewebe zu reproduzieren, kontinuierlich ab.[62] Daher ist die Bildung eineiiger Zwillinge nicht mehr möglich.[63] Bis zur Einnistung (Nidation oder Implantation) in die Gebärmutterschleimhaut ist die Verlustrate außerordentlich hoch.[64]

---

55 Mit pluripotent bezeichnet man die Fähigkeit der Entwicklung in alle Gewebearten, nicht aber in ein vollständiges Individuum, siehe hierzu: Paul, Möglichkeiten und Grenzen der Forschung an embryonalen Stammzellen und des therapeutischen Klonens, S. 24; Berger, Embryonenschutz und Klonen beim Menschen, S. 20.

56 Paul, Möglichkeiten und Grenzen der Forschung an embryonalen Stammzellen und des therapeutischen Klonens, S. 24.

57 Korff, in: Lexikon der Bioethik, Bd. 1, S. 556; Das Anheften der Blastozyste an der mütterlichen Uterusschleimhaut erfolgt etwa am sechsten Tag nach der Befruchtung, siehe hierzu: Knoepffler, Menschenwürde in der Bioethik, S. 53.

58 Korff, in: Lexikon der Bioethik, Bd. 1, S. 556; Berger, Embryonenschutz und Klonen beim Menschen, S. 23.

59 Denn während dieser Phase ist das embryonale Zellgewebe der Keimscheibe noch in der Lage, verlorenes Gewebe zu reproduzieren. Die Totipotenz ist bei der Teilung der Keimscheibe nur im harmonischen Zusammenwirken einer Vielzahl von Zellen noch gegeben, siehe hierzu: Berger, Embryonenschutz und Klonen beim Menschen, S. 23.

60 Ebd.

61 Vgl. Ebd.

62 Ebd.

63 Vgl. Ebd.; Korff, in: Lexikon der Bioethik, Bd. 1, S. 556; Paul, Möglichkeiten und Grenzen der Forschung an embryonalen Stammzellen und des therapeutischen Klonens, S. 24.

64 Blastozyste: Als häufigste Ursache kann eine chromosomale Störung der Keimzellen angenommen werden. Um andere Ursachen für eine fehlende oder ungenügende Einnistung handelt es sich bei Störungen der hormonellen oder immunologischen Reakti-

Zu Beginn der 3. Schwangerschaftswoche erscheint auf dem äußeren Keimblatt eine embryonale Längsachse, der Primitivstreifen. Von ihm aus schieben sich die Zellen für das dritte, das mittlere Keimblatt zwischen das äußere und das innere Keimblatt.[65] Um den 47. Entwicklungstag lassen sich Hirnströme nachweisen.[66] Als „Embryonalperiode" bezeichnet man den Zeitraum von der Befruchtung bis zur 8. Woche nach der Befruchtung. Nur etwa 20-30% der befruchteten Eizellen entwickeln sich über das Embryonalstadium hinaus in das Fetalstadium.[67] Die Fetalperiode setzt ab der 9. Woche nach der Befruchtung (p.c.) bzw. ab der 11. Woche nach dem ersten Tag der letzten Menstruation (p.m.) ein und endet mit der Geburt.[68] Ungefähr ab der 25. Schwangerschaftswoche p.m. besteht für ein Kind die Chance, mit Hilfe von perinatologischer Intensivmedizin auch außerhalb der Gebärmutter zu überleben. Nach der 36. Schwangerschaftswoche p.m. kann von der Lungenreife des Kindes ausgegangen werden; das Kind benötigt dann in der Regel keine intensivmedizinische Betreuung mehr.[69] In der Fetalperiode erfolgt das Wachstum und die Reifung des Fetus.[70]

## 3. Embryonale Stammzellen

### *a. Der Begriff Stammzelle*

Als „Stammzellen" werden von der Medizin alle undifferenzierten Zellen eines Embryos, eines Fötus oder eines geborenen Menschen bezeichnet. Zum einen teilen sie sich nahezu unbegrenzt und erneuern sich somit selbst,[71] zum anderen teilen sie sich aber auch, um sich zu einzelnen, zu mehreren oder zu allen Zell-

---

on der Mutter auf die Frühschwangerschaft, siehe hierzu: Korff, in: Lexikon der Bioethik, Bd. 1, S. 555.

65 Ebd., S. 556; Knoepffler, Menschenwürde in der Bioethik, S. 54.

66 Paul, Möglichkeiten und Grenzen der Forschung an embryonalen Stammzellen und des therapeutischen Klonens, S. 24.

67 Korff, in: Lexikon der Bioethik, Bd. 1, S. 557.

68 Ebd.

69 Ebd., S. 558.

70 Ebd., S. 557; Knoepffler, Menschenwürde in der Bioethik, S. 54.

71 Paul, Möglichkeiten und Grenzen der Forschung an embryonalen Stammzellen und des therapeutischen Klonens, S. 25.

typen des Körpers „differenzieren" zu können.[72] Stammzellen sind in verschiedenen Gewebetypen und Entwicklungsstufen beim Menschen zu finden und können auch isoliert werden.[73] Aufgrund dieser Eigenschaften besitzen sie ein therapeutisches Potenzial.[74] Man unterscheidet sie auf der begrifflichen Ebene nach ihrer Herkunft: ES-Zellen entstammen Embryonen, embryonale Keimzellen (EG-Zellen) den Embryonen nach erfolgtem Schwangerschaftsabbruch, neonatale Stammzellen dem Nabelschnurblut,[75] und adulte Stammzellen sind im erwachsenen Organismus vorzufinden.[76]

*b. Erzeugung von ES-Zellen bzw. Stammzelllinien*

Bis heute existiert noch keine einheitliche Definition des Begriffes der ES-Zelle. Man versteht hierunter in erster Linie die aus dem Embryoblast, also dem Inneren der Zellmasse der Blastozyste, entnommenen und in vitro konservierbaren Zellen.[77] Die Bezeichnung „embryonal" bedeutet nicht, dass es sich dabei selbst um einen Embryo handele, sondern bezieht sich auf die Herkunft der Stammzellen.[78] Zur Herstellung permanenter Zellkulturen entnimmt man ES-Zellen der inneren Zellmasse der Blastozyste und vermehrt sie in einer speziellen Nährlösung.[79] Durch die bisher angewandten Verfahren wird der Embryo zerstört.[80]

---

72 Kersten, Das Klonen von Menschen, S. 21; Berger, Embryonenschutz und Klonen beim Menschen, S. 19; Hetz, Schutzwürdigkeit menschlicher Klone?, S. 49; Schwarz, KritV, 2001, S. 185.

73 Berger, Embryonenschutz und Klonen beim Menschen, S. 20.

74 Kersten, Das Klonen von Menschen, S. 21.

75 Vgl. Wilsm, FAZ, 2000, S. 15; Lücke, FAZ, 2000, S. 11; Hueter, FAZ, 2000, S. 50 Wandtner, FAZ, 2001, S. 9; DFG, Empfehlungen der Deutschen Forschungsgemeinschaft zur Forschung mit Stammzellen, S. 10; Bethge et al., Der Spiegel, S. 248.

76 Hetz, Schutzwürdigkeit menschlicher Klone?, S. 49; Kersten, Das Klonen von Menschen, S. 21; Diese Zellen lassen sich sogar in bestimmten Tumoren finden, siehe hierzu: Berger, Embryonenschutz und Klonen beim Menschen, S. 20.

77 Hetz, Schutzwürdigkeit menschlicher Klone?, S. 51; Berger, Embryonenschutz und Klonen beim Menschen, S. 24; Thomson et al., Science 1998, 1145ff.; „ES-Zellen" können für sich nicht zu einem eigenen Lebewesen heranreifen; sie sind jedoch pluripotent, d.h., sie können zu jedem Zelltypus des menschlichen Körpers differenzieren.

78 Hetz, Schutzwürdigkeit menschlicher Klone?, S. 51.

79 Dabei vollzieht sich eine Zusammenlagerung zu sogenannten Embryoidkörpern, die Derivate aus allen drei Keimblättern enthalten können; Hetz, Schutzwürdigkeit menschlicher Klone?, S. 51; DFG, Stammzellforschung in Deutschland, S. 16.

1998 wurden erstmals menschliche ES-Zellen isoliert.[81] Für die Einleitung der Ausreifung zu gewebespezifischen Zelltypen kultiviert man ES-Zellen z. B. für einige Tage in Form von Zellverbänden, welche man auch als „Embryoid-Körper“ (embryoid bodies) oder embryonale Stammzelllinien (ES-Zelllinien)[82] bezeichnet.[83] Damit man über längere Zeit mit identischen Zellen experimentieren kann, werden diese Zelllinien – Zellen, die die Eigenschaft besitzen, sich in Kulturen unbegrenzt zu vermehren – benutzt.[84] ES-Zellen gewinnt man durch Anwendung dreier Verfahren[85]: Bei dem ersten Verfahren handelt es sich um die Entnahme von Embryonen, die im Rahmen einer IVF erzeugt, aber nicht transferiert werden[86]; bei dem zweiten Verfahren gewinnt man ES-Zellen aus den Keimzellen von Embryonen im Rahmen eines Schwangerschaftsabbruchs zwischen der fünften und der elften Schwangerschaftswoche,[87] und das dritte Verfahren besteht aus der Entnahme von Embryonen, die man durch somatischen ZKT eigens dafür erzeugt.[88]

### *c. Fähigkeit von ES-Zellen*

ES-Zellen können alle Gewebearten bilden, aus denen der Mensch besteht. Weil ES-Zellen jedoch bereits einen gewissen Differenzierungsgrad erreicht haben, kommt es nicht mehr zur Entwicklung eines gesamten Organismus aus den ES-

---

80 DFG, Stammzellforschung in Deutschland, S. 16; Berger, Embryonenschutz und Klonen beim Menschen, S. 24; Denker, Jahrbuch für Wissenschaft und Ethik 5, S. 291, 296.

81 Thomson et al., Science 1998, S. 1145ff.

82 Die Entnahme von Zellen aus der Blastozyste zur in vitro Kultivierung von ES-Zelllinien erfolgt dabei beim Menschen ausschließlich zwischen dem 4.und dem 6. Tag p.c, siehe hierzu: Berger, Embryonenschutz und Klonen beim Menschen, S. 24.

83 Ebd., S. 25; DFG, Stammzellforschung in Deutschland, S. 16.

84 Hetz, Schutzwürdigkeit menschlicher Klone?, S. 51.

85 Kersten, Das Klonen von Menschen, S. 22; Engels, Das Magazin Wissenschaftszentrum Nordrhein- Westfalen 2001, S. 15.

86 Kersten, Das Klonen von Menschen, S. 22; vgl. Thomson et al., Science 1998, 1145ff.; DFG, in: Humanforschung, S.5; Department of Health, Stem Cell Research 2000, S. 21f.

87 Kersten, Das Klonen von Menschen, S. 22; vgl. DFG, in: Humanforschung, S. 5; DFG, Empfehlungen der Deutschen Forschungsgemeinschaft zur Forschung mit Stammzellen, 03.05.2001, S.7f. m. w. N.

88 Kersten, Das Klonen von Menschen, S. 22; Beim KT-Verfahren können embryonale Stammzellen erzeugt werden, bei denen eine genetische Identität mit dem zu behandelnden Patienten zu verzeichnen ist.

Zellen.[89] Während der Kultivierung dieser ES-Zellen zeigte sich zusätzlich, dass in vitro gehaltene ES-Zellen ihr Differenzierungspotential beibehalten.[90] Bei den ES-Zellen hat sich auch herausgestellt, dass sogar Konservierungen über mehrere Jahre hinweg möglich sind.[91]

## II. Techniken des Klonens

Nach dem gegenwärtigen naturwissenschaftlichen Kenntnisstand lassen sich hauptsächlich zwei Klontechniken unterscheiden: zum einen die Embryoteilung, das sog. Embryosplitting, und zum anderen der somatische Nukleustransfer, der sog. Zellkerntransfer.[92]

### 1. Embryonensplitting

Das Verfahren kann wieder in zwei Arten unterteilt werden. Ein Verfahren beruht auf der Abspaltung von totipotenten Zellen des frühen Embryos[93]. Diese Abspaltung darf nicht später als in dem Achtzell-Stadium erfolgen, da nur bis zu diesem Zeitpunkt Zellen vorliegen, welche sich noch zu einem kompletten Individuum entwickeln können. Isoliert man einzelne Zellen bis zu diesem Zeitpunkt, so können sich alle abgetrennten Zellen zu eigenständigen Organismen entwickeln[94]. Damit sind rein rechnerisch auch höchstens acht identische Mehrlinge denkbar. Bei den durch Abspaltung erzeugten totipotenten Zellen liegt untereinander sowie im Vergleich mit dem ursprünglichen Embryo genetische Identität vor – eine Übereinstimmung sowohl der ncDNA als auch der mtDNA und damit des gesamten Genoms.[95] Eine zweite Technik besteht in der Teilung des Zellverbands eines Embryos im Blastozystenstadium[96]. Die künstliche Er-

---

89 Sie sind nicht mehr totipotent, siehe hierzu: Berger, Embryonenschutz und Klonen beim Menschen, S. 24.

90 Berger, Embryonenschutz und Klonen beim Menschen, S. 24.

91 Ebd.

92 Hetz, Schutzwürdigkeit menschlicher Klone?, S. 42; Kersten, Das Klonen von Menschen, S. 8.

93 Kollek, in: Ach/Brudermüller/Runtenberg, Hello Dolly?, S. 23.

94 Sadler, Medizinische Embryologie, S. 25.

95 Kersten, Das Klonen von Menschen, S. 8.

96 Hetz, Schutzwürdigkeit menschlicher Klone?, S. 42.

zeugung von Mehrlingen ist in diesen Stadien noch möglich, da der frühe Embryo in der Lage ist, verlorenes Gewebe nachzubilden[97].

## 2. Zellkerntransfer

Für die Durchführung eines ZKT gibt es zwei Methoden. Die erste Methode besteht in der Fusion der Spenderzelle insgesamt, das heißt auch mit deren Zytoplasma, mit einer entkernten unbefruchteten Eizelle.[98] Die zweite Methode besteht in der Entnahme des diploiden Zellkerns aus der Zelle; dieser wird in eine entkernte Eizelle transferiert. In beiden Fällen ist jedoch das Resultat gleich.[99] Dieses Verfahren beginnt mit der Entkernung einer nicht befruchteten Eizelle; darauf wird eine diploide Zelle, nämlich die Spenderzelle insgesamt, oder ein fremder Zellkern, in diese entkernte Eizelle eingeführt.[100] Dieser Zellkern kann sowohl aus einer totipotenten Blastomere als auch aus einer embryonalen, einer fetalen oder einer differenzierten Körperzelle gewonnen werden.[101] Durch einen Elektroimpuls wird die Eizelle anschließend zur Teilung angeregt.[102] Im Fall von Dolly gelang erstmalig die „Reprogrammierung" einer gesamten ausdifferenzierten, somatischen Zelle (Körperzelle) durch Fusion mit einer entkernten, unbefruchteten Eizelle. Dieser erste gelungene somatische ZKT erwies sich als Paradigmenwechsel in der Entwicklungsbiologie. Vor Dolly hatte man die Unumkehrbarkeit der Zelldifferenzierung vorausgesetzt. Durch das Dolly-Experiment wurde jedoch bewiesen, dass die genetische Information des Zellkerns einer ausdifferenzierten Zelle in Verbindung mit dem Zytoplasma einer entkernten Eizelle über die Fähigkeit der Bildung einer neuen totipotenten Zelle verfügt, bei

97 Sadler, Medizinische Embryologie, S. 25.

98 Das Schaf „Dolly" war die berühmteste – jedoch nicht die erste – durch ZKT erzeugte Lebengeburt, siehe hierzu: Kersten, Das Klonen von Menschen, S. 10; Dolly wurde durch den Transfer einer gesamten Spenderzelle geklont. Die Auswirkungen äußerten sich dadurch, dass dann in der Eizelle auch Faktoren wie etwa Mitochondrien der Spenderzelle vorhanden waren. Des Weiteren würde in diesem Fall nicht nur das Kerngenom, sondern auch das Zytoplasma übereinstimmen, siehe hierzu: Hetz, Schutzwürdigkeit menschlicher Klone?, S. 44f.

99 Kersten, Das Klonen von Menschen, S. 10.

100 Vgl. Hillebrand/Lanzerath, Klonen - Stand der Forschung, ethische Diskussion, rechtliche Aspekte, S. 13; Hetz, Schutzwürdigkeit menschlicher Klone?, S. 43.

101 Hetz, Schutzwürdigkeit menschlicher Klone?, S. 43.

102 Ebd.

der es sich um den Ausgangspunkt für die Ausdifferenzierung eines eigenständigen Organismus handelt.[103]

## 3. Unterschied der beiden Techniken

Die beiden Techniken unterscheiden sich in fünf Punkten.

a) Beim Embryonensplitting muss die Verschmelzung von Ei- und Samenzelle bereits stattgefunden haben. Der hierbei entstandene Embryo kann zu Klonzwecken eingesetzt werden. Beim ZKT ohne Befruchtung kann der Forscher auf asexuellem Wege mit der adulten Zelle klonen.[104]

b) Beim Embryonensplitting ist die Erbinformation völlig identisch, während bei dem ZKT etwa 99,8% der Erbinformation übertragen werden. Das Mitrochondrium der entkernten Eizelle enthält etwa 0,1 bis 0,2% der Erbinformation.[105]

c) Die Methode des ZKT erlaubt eine Erzeugung von beliebig vielen Klonen, wogegen beim Embryonensplitting die Anzahl begrenzt ist.

d) Das Embryonensplitting erlaubt keine Vorhersage über die späteren Eigenschaften des Klons, da es sich hierbei noch um Embryonen handelt, die als Ausgangsmaterial dienen, während sich beim ZKT die Eigenschaften von außen steuern und beeinflussen lassen[106].

e) Beim ZKT ist ein Verbrauch von Embryonen unvermeidlich, wogegen das Klonen durch Embryonensplitting wahrscheinlich ohne Verbrauch von Embryonen angewendet werden könnte[107].

---

103 Kersten, Das Klonen von Menschen, S. 11.

104 Hetz, Schutzwürdigkeit menschlicher Klone?, S. 43ff.

105 Ebd., S. 45; Kersten, Das Klonen von Menschen, S. 10.

106 Rendtorff et al., in: Knoepffler/Haniel, Menschenwürde und medizinethische Konfliktfälle, S. 12.

107 Ebd., S.15.

# III. Verfahren des Klonens

## 1. Verfahren des KzET

Im Falle der Anwendung dieses Klonverfahrens bei einem Menschen würde dem Patienten als erstes eine Körperzelle entnommen und deren Zellkern dann in eine entkernte menschliche Eizelle übertragen.[108] Anschließend wird die Teilung der Eizelle durch einen Elektroimpuls in Gang gesetzt. Durch Reprogrammierung gewönne der somatische Zellkern in der Eizelle wieder Totipotenz,[109] wodurch eine neue embryonale Entwicklung ihren Lauf nehmen würde.[110] Zwischen dem daraus hervorgehenden Embryo und dem Patienten würde im Zellkern eine genetische Identität vorliegen, weil der Embryo ein Klon des Patienten ist.[111] Im Blastozystenstadium würden diesem Embryo ES-Zellen entnommen; die hierzu vorgenommene Öffnung der Blastozyste würde regelmäßig zum Absterben des Embryos führen.[112] Darauf würden die entnommenen ES-Zellen in vitro in diejenigen Zelltypen ausdifferenziert, die man speziell für die Zell- oder Gewebetransplantation benötigen würde.[113]

## 2. Verfahren des KfEK

Diese Art des Klonens wird entweder durch ZKT oder durch Embryonensplitting realisiert. Das Embryonensplitting – oder auch künstliche Mehrlingsbildung genannt – erfolgt durch Trennung der Blastomeren, d.h. durch Trennung der Zellen zwischen dem Zwei- und dem Achtzellstadium der Embryonentwicklung.[114] Diese Zellen sind noch totipotent; unter geeigneten Bedingungen besteht die Möglichkeit ihrer Entwicklung zu ursprünglichen vollständigen Embryonen.[115] Durch diese Technik wird die Erzeugung mehrerer Nachkommen aus

108 Dederer, AöR 2002, S. 2.
109 Ebd.
110 Ebd.
111 Ebd., S. 3.
112 Ebd.
113 Ebd.
114 Hilgendorf, in: Staat, Kirche, Verwaltung - Festschrift für Hartmut Maurer zum 70. Geburtstag, S. 1148.
115 Ebd.; Hillebrand/Lanzerath, Klonen - Stand der Forschung, ethische Diskussion, rechtliche Aspekte, S. 33.

einer befruchteten Eizelle ermöglicht. Diese Nachkommen entsprechen eineiigen Geschwistern und besitzen das neu kombinierte Erbgut der Eltern. Die neue Alternative des KfEK mittels ZKT erfordert den Zellkern einer Körperzelle oder eine Spenderzelle insgesamt, das heißt auch mit deren Zytoplasma.[116] Dieses Klonverfahren beginnt mit der Entfernung des Zellkerns einer menschlichen Eizelle. Danach überträgt man den Zellkern der Somazelle oder eine ganze Spenderzelle in die entkernte menschliche Eizelle.[117] Durch einen Elektroimpuls wird eine Befruchtung vorgetäuscht; anschließend werden die Spendereizelle und der Zellkern vereinigt.[118] Das Verfahren des KfEK durch ZKT ist mit dem Verfahren des KzET identisch, nur dass es in diesem Fall zu einer vollständigen Entwicklung des Embryos kommt. Bei operativer Implantation des Embryos in eine Frau zur Erreichung des Heranwachsens eines Babys[119] könnte somit die Entstehung eines mit dem Zellkernspender genetisch identischen Menschen erfolgen. Zu seiner Erzeugung braucht der Klon nicht das Erbmaterial von einem Mann und einer Frau, sondern nur von einem Mann oder einer Frau.[120] Auf diese Weise bestünde die Möglichkeit, dass auch unfruchtbare, gemischt- oder gleichgeschlechtliche Paare sowie Einzelpersonen Nachwuchs bekommen.[121]

## IV. Geschichte des Klonens

Die medizinischen Grundlagen des Klonens haben sich in einer über 100jährigen Geschichte herausgebildet. Aus der Fülle von Errungenschaften sollen an dieser Stelle nur die bedeutsamsten und folgenreichsten Leistungen hervorgehoben werden.[122] Bereits 1892 führte Hans Adolf Eduard Driesch das erste Embryosplitting an Seeigelembryonen und damit das erste Tierklonexperiment durch, indem er ihre Zellen im Vier-Zell-Stadium separierte und sich zu einem eigenständigen Embryo weiterentwickeln ließ.[123] Aufgrund der Identität ihres Erbgutes waren die separierten Seeigelembryonen Klone des ursprünglichen

116 v. Bülow, Dt. Ärzteblatt 1997, S. 718, 725; Wormer, SZ 14/15.2, 2004, S. 5.

117 Dederer, AöR 02, S. 2.

118 v. Bülow, Dt. Ärzteblatt 1997, S. 718, 724.

119 Brohm, JuS 1998, S. 97.

120 Hillebrand/Lanzerath, Klonen - Stand der Forschung, ethische Diskussion, rechtliche Aspekte, S. 23.

121 Ebd.

122 Eine geraffte Übersicht gibt Regine Schreiner in: Klonen durch Zellkerntransfer – Stand der Forschung.

123 Hillebrand/Lanzerath, Klonen - Stand der Forschung, ethische Diskussion, rechtliche Aspekte, S. 51.

Embryos.[124] Hans Spemann gelang 1928 die Erzeugung des ersten (Wirbeltier-) Klons durch Einschnürung der Zygote eines Wassermolchs (Triton taeniatus) mit einem Babyhaar. Einer der Zellkerne wanderte im 16-Zell-Stadium in den abgeschnürten kernlosen Teil über. Danach wurden die beiden Teile von Spemann endgültig voneinander getrennt. Daraufhin entwickelten sich aus beiden Teilen Molchembryonen. Bereits 1902 klonte er Wassermolchembryonen (Triton taeniatus) durch Embryosplitting im Zwei-Zell-Stadium.[125] 1951/52 klonten Robert Briggs und Thomas J. King Froschembryonen (Rana pipiens), indem sie deren Zellkerne extrahierten und in entkernte Eizellen transplantierten. Dabei entwickelten sich zwar einige dieser Zellen zu Kaulquappen, allerdings starben die daraus entstanden Jungfrösche rasch.[126] John B. Gordon vollbrachte 1961/62 erstmals die Herstellung von Krallenfroschembryonen (Xenopus laevis), die sich bis zur Geschlechtsreife entwickelten. Dazu bediente er sich der gleichen Technik, wie sie Briggs und King (1951/52) angewendet hatten.[127] 1974/75 führte wiederum Gordon den ersten KT mit differenzierten Hautzellen von Krallenfröschen durch. Aus den geklonten Zellen entwickelten sich einige Kaulquappen; sie erreichten jedoch nicht das Stadium der Geschlechtsreife. 1986 stellte dann Steen M. Willadsen durch KT mittels ES-Zellen erstmals an landwirtschaftlichen Nutztieren, genauer gesagt: an Schafen, genetisch identische Nachkommen her.[128] 1993 gelang es Jerry Hall und Robert Stillman am George Washington Medical Centre, menschliche Embryonen durch Teilung zu klonen.[129] Die aus der Teilung von Zwei-Zell-Embryonen entstandenen Embryonen konnten im Ergebnis bis in das Morula-Stadium kultiviert werden. Die aus den Vier-Zell-Embryonen gewonnenen Blastomeren teilten sich bis zum Sechzehn-Zell-Stadium. Keiner der aus den Acht-Zell-Embryonen hervorgegangen Blastomeren entwickelte sich über das Acht-Zell-Stadium hinaus. Hall et al. schlussfolgerten daraus, dass das menschliche Klonen durch Embryonenteilung grundsätzlich möglich sei.[130] 1997 endlich glückte Ian Wilmut et al. die Herstellung des Schafes Dolly; dazu entnahmen sie eine Euterzelle von einem Schaf und fusionierten diese mit einer entkernten Eizelle eines weiteren Schafs. Nachdem die so

124 Rendtorff et al., in: Knoepffler/Haniel, Menschenwürde und medizinethische Konfliktfälle, S. 11.

125 Hillebrand/Lanzerath, Klonen - Stand der Forschung, ethische Diskussion, rechtliche Aspekte, S. 51.

126 Ebd.

127 Ebd., S. 52.

128 Vgl. Ebd.; Willadsen, Nature 320 (1986), S. 63, 65.

129 Hilgendorf, in: Staat, Kirche, Verwaltung - Festschrift für Hartmut Maurer zum 70. Geburtstag, S. 1150; Kersten, Das Klonen von Menschen, S. 9.

130 Kersten, Das Klonen von Menschen, S. 9, 10.

entstandene Zelle in ein gebärfähiges drittes Schaf übertragen worden war, wuchs aus der Eizelle ein Tier heran, welches mit dem Spender der Euterzelle genetisch identisch war.[131] Am 25. November 2001 klonten Forscher der Advanced Cell Technology (ACT) erstmals einen menschlichen Embryo, nicht für reproduktive, sondern für therapeutische Zwecke. Sie verwendeten dazu den KT, wobei der Zellkern einer menschlichen Eizelle durch Hautzellkerne ersetzt wurde. Die präsentierten Ergebnisse bewegen sich auf dem Niveau reiner Embryonenforschung. Da sich die Embryonen lediglich bis zum Sechszellstadium entwickelten, konnten noch keine Stammzellen entnommen werden.[132] Dazu hätte das Blastozystenstadium erreicht werden müssen. Am 12. November 2007 gelang es Wissenschaftlern am Oregon National Primate Research Centre, geklonten Embryonen eines zehnjährigen Rhesusaffen ES-Zellen zu entnehmen und weiter zu entwickeln. Aus diesen ES-Zellen wurden Herzmuskelzellen und Neuronen gezüchtet. Außerdem wurden ca. 100 geklonte Embryonen in 50 Rhesusaffenleihmütter transferiert, jedoch kam es zu keiner Geburt eines geklonten Affenbabys. Des Weiteren ist nicht bekannt, welche Komplikationen und Missbildungen bei geklonten Feten aufgetreten sind bzw. wie weit die Entwicklung der Embryos überhaupt fortgeschritten war.[133] Im Januar 2008 behaupteten Forscher der Firma ACT und StemLifeLine im Rahmen einer Publikation in der Fachzeitschrift Cell Stem Cell, dass sie ES-Zelllinien erzeugen könnten, ohne menschliche Embryonen vernichten zu müssen. Die Forscher tauten tiefgefrorene befruchtete Eizellen auf und entwickelten sie bis ins Achtzellstadium. Dem Embryo wurde eine einzelne Zelle – eine Blastomere – entnommen, welche nicht für eine Diagnose verwendet, sondern bis ins Blastozystenstadium weiter kultiviert wurde. Bei dem Verfahren handelte es sich somit um einen Klonvorgang durch „Embryosplitting". Aus der Blastozyste wurde, wie auch sonst bei der Gewinnung von ES-Zellen üblich, die innere Zellmasse entnommen und dann zu einer Stammzelllinie kultiviert. Demnach wurde aus einem Embryo

131 Wilmut et al., Nature 385 (1997), S. 769ff.; Schnieke et al., Science 278 (1997), S. 2130, 2133.

132 Vgl. FAZ., 26/27. 11. 2001, Nr. 275/276, S. 1.

133 Mitalipov et al., Producing primate embryonic stem cells by somatic cell nuclear transfer. Nature 450, 497-502 (22 Nov. 2007), Doi:10.1038/nature06357, abrufbar unter: http://www.nature.com/nature/journal/v450/n7169/full/nature06357.html; Wilmut & Taylor, Primates join the club. Nature 450, 485-486 (22 Nov. 2007), Doi:10.1038/450485a, abrufbar unter: http://www.nature.com/nature/journal/v450/n7169/full/450485a.html; Kathrin, Die Klonprüfung, DIE ZEIT 46/2007, abrufbar unter: http://www.zeit.de/online/2007/46/affen-klone-stammzellen; Steve, Cloning: a giant Step, The Independent, abrufbar unter: http://www.independent.co.uk/news/science/cloning-a-giant-step-399961.html.

durch „Embryosplitting" ein Klon erzeugt, der aber zur Gewinnung der ES-Zelllinie vernichtet wurde. Mithin ist die Aussage falsch, es gebe keine Embryonenvernichtung.[134] Andrew Frech et al. berichteten im Januar 2008, dass sie eine Hautzelle eines Mannes in die entkernte menschliche Eizelle eingesetzt und bis zur Blastozyste kultiviert hätten. Jedoch hatte die Forschergruppe keine Stammzellen von menschlichen geklonten Embryonen durch ZKT im Blastozysten-Stadium gewonnen.[135] Am 23. März 2008 gelang es einer amerikanischen Forschungsgruppe des „Sloan-Kettering-Institut", Mäuse so zu behandeln, dass sie den Neurotransmitter Dopamin nicht mehr produzieren konnten. Den Mäusen wurden Hautzellen entnommen und deren Zellkerne in entkernte Mauseizellen transferiert. Die Forscher gewannen die Stammzelllinien aus geklonten Embryonen. Nach ihren Aussagen verfügten die behandelten Mäuse mit diesen geklonten ES-Zellen über eine signifikant verbesserte Motorik.[136]

## § 2 Der medizinische Sachverhalt der Erforschung des durch Klontechniken erzeugten menschlichen Embryos

Führt man eine Transplantation von Spenderzellen durch, die aus ES-Zellen abgeleitet und nicht körpereigen sind, könnte dies allerdings immunologische Abstoßungsreaktionen nach sich ziehen, zu deren Beherrschung die gleiche medikamentöse Behandlung mit allen ihren Nebenwirkungen notwendig sein würde,

---

134 Lanza et al., Human Embryonic Stem cell Lines Generated without Embryo Destruction, Cell Stem Cell, Vol. 2, Issue 2, 113-117, 7 February 2008, Doi:10.1016/j.stem .2007.12.013, abrufbar unter: http://www.cell.com/cell-stem-cell/abstract/S1934-5909(07)00330-X.

135 Bei diesen Versuchen wurden insgesamt 29 Embryonen geklont; davon entwickelten sich 5 Blastozysten. Diese Embryonen wurden zu Forschungszwecken gezeugt, um für die Stammzellengewinnung verwendet zu werden, dazu ausführlich in; Wood et al., Development of Human cloned Blastocysts Following Somatic Cell Nuclear Transfer with Adult Fibroblasts, Stem Cells 17. Jan. 2008, abrufbar unter: http://stemcells.alphamedpress.org/cgi/content/abstract/2007-0252v1.

136 Von 24 Mäusen wurden durch Entkernung von 5099 Eizellen 187 Stammzelllinien erzeugt, was zu 2355 Embryonen, 552 Blastozsten sowie 187 Stammzelllinien führte. Nur sechs Mäuse wurden so behandelt. Der Grund, warum die Produktion der Dopamine nur medikamentös unterdrückt wurde und keine transgenen Parkinsonmäuse verwendet wurden, ist unklar; Aldhouse P., Nature Medicine 14, 2008, S. 379, 381, abrufbar unter: http://www.nature.com/nm/journal/vaop/ncurrent/abs/nm1732.html.

wie man sie heutzutage üblicherweise bei Organtransplantationen anwendet.[137] Ziel des KzET ist es also, dem frühen Embryo ES-Zellen ohne Immunabstoßung zu entnehmen, um diese zur Forschung für die regenerative Medizin zu nutzen und möglicherweise in der Zukunft zu therapeutischen Zwecken beim Menschen einzusetzen[138]. Demzufolge wird hauptsächlich die Anwendbarkeit der ES-Zellen bei der Beschreibung der Anwendbarkeit des KzET erwähnt, da die Nützlichkeit dieses Klonens zum größten Teil mit der Nützlichkeit der ES-Zellen übereinstimmt. Das Ziel dieses Klonens liegt nämlich darin, das Problem der Immunabstoßung zu überwinden.[139] Dagegen ist das Ziel des Klonens zur Erzeugung von Kindern die Erzeugung eines Individuums mit dem gleichen Erbgut eines anderen bereits gezeugten, schon lebenden oder bereits verstorbenen Menschen.[140]

In diesem Absatz wird geschildert, wie die Klontechniken am Embryo angewendet werden und welche medizinischen Probleme daraus folgen.

## I. Verwendung des durch Klontechniken erzeugten menschlichen Embryos

### 1. Klonen zur Entwicklung von Therapie

#### *a. Transplantationstherapie*

##### aa. Die Transplantation von Stammzellen

Es bestünde die Möglichkeit, aus durch ZKT erzeugten Embryonen ES-Zelllinien für die Bildung von Cardiomyozyten, Nervenzellen, Knochenzellen oder hämatopoetischen Stammzellen zu produzieren.[141] Dies würde einen entscheidenden Fortschritt bedeuten, welcher zur Erforschung und damit möglicherweise zur Heilung von schweren Krankheiten ohne Abstoßungsreaktion einen Beitrag leisten könnte.

---

137 DFG, Stammzellforschung in Deutschland, S. 17.

138 Berger, Embryonenschutz und Klonen beim Menschen, S. 18; Schreiner, Klonen durch Zellkerntransfer, S. 17.

139 Schreiber, MedR 2003, S. 367, 371.

140 Berger, Embryonenschutz und Klonen beim Menschen, S. 29.

141 Beier, Nova Acta Leopoldina, S. 37.

In der Forschung erhofft man sich durch die Transplantation von Stammzellen die Heilung unheilbarer Krankheiten wie z. B. Alzheimer, Morbus Parkinson, Diabetes invenalis, Chorea Huntington, Multiple Sklerose, Schlaganfall, Leukämie, Krebs, Osteoporose, Muskeldystrophie, Hepatitis, Leber- und Herzmuskelschäden.[142]

bb. Die Transplantation von Organen

Bei den derzeitigen Verfahren der Transplantation eines fremden Organs ist das Leben eines Organtransplantierten aufgrund der zur Abstoßungsunterdrückung notwendigen lebenslangen immunsuppressiven Therapie ständig in Gefahr.[143] Des Weiteren bildet die Knappheit an Spenderorganen das größte Problem des derzeitigen Transplantationsverfahrens. Beim KzET durch ZKT rechnet man jedoch mit der Überwindung der Defizite der herkömmlichen Transplantationsmedizin, d.h. der Abstoßungsgefahr und der Verfügbarkeitsproblematik.[144] Wenn durch dieses Klonen ein übereinstimmendes Gewebe oder Organ, welches keiner Abstoßung unterliegt, mit dem Patienten produziert und übertragen werden könnte, so bestünde die Möglichkeit, die Immunabstoßung zu verhindern.[145] Daher ist das KzET für die Weiterentwicklung der Organtransplantation durch Transplantation ganzer Organe oder Frühstadien derselben zu nutzen. Die Erzeugung von Embryonen, die für diesen Vorgang benötigt würden, könnte aus einer entkernten Eizelle und einer Körperzelle des zu behandelnden Patienten erfolgen. Aus dadurch gewonnenen embryonalen Stammzellen könnten Gewebe oder Organe ohne Abstoßungsreaktion durch Züchtung von Stammzellen mit Hilfe der Methode des ZKT hergestellt werden. Das Ziel dieses Klonens liegt nämlich in der Züchtung von menschlichem Gewebe oder einem menschlichen Organ als Ersatz für kranke Organe sowie in der Überwindung des bei bisherigen Transplantationen fremder Organe bestehenden Problems der Immunabstoßung.

---

142 Bormann, ZfmE 2004, S. 133, 132; Mieth, Ethik Med 2001, S. 160, 162.

143 Haverich, in: Schreiber/Elsner, Was ist der Mensch?, S. 83.

144 Dederer, AöR 2002, S. 2.

145 Schreiber, in: Schreiber/Elsner, Was ist der Mensch?, S. 244.

*b. Organspender*

Außerdem ist es denkbar, nach künstlicher Befruchtung durch Embryonensplitting zwei identische Embryonen zu erzeugen und dann einen von ihnen in einem bestimmten Entwicklungsstadium einzufrieren, so dass er eine Organbank darstellt, während der andere sich zu einem vollständigen Menschen entwickeln und bei Organbedarf auf seinen Zwilling zurückgreifen kann. Eine andere Methode der Organgewinnung besteht darin, einen lebensfähigen Menschen durch ZKT aus erwachsenen Zellen zu klonen. Hierzu würde dem von Organversagen betroffenen Patienten eine Körperzelle entnommen und daraus ein Klon erzeugt, der – wie oben erwähnt – als Organspender in Frage kommt.

*c. Vermeidung von Erbkrankheiten der Nachkommen*

Des Weiteren kann zur Vermeidung einer Erbkrankheit der Nachkommen die ZKT-Methode eingesetzt werden. Mit dem somatischen ZKT wird eine Methode der gezielten Veränderung von Spenderzellen vor dem KT durch so genanntes gene targeting ermöglicht.[146] Die Übertragung von genetischen Erkrankungen auf das Kind lassen sich somit – im Gegensatz zur natürlichen Zeugung – ausschließen.

*d. Grundlagenforschung*

Zur Vervielfältigung von Embryonen, die in der Forschung eingesetzt werden sollen, kann das Embryonensplitting angewendet werden. Gesplittete Embryonen können für die Grundlagenforschung eingesetzt werden, um z. B. die Wirkung genetischer Defekte zu klären.

Außerdem veröffentlichte Rideout et al. die erste Kombination aus dem KzET und der Gentherapie.[147] Als Zellkernspender für den somatischen ZKT wurden Mäuse genutzt, die aufgrund eines genetischen Defekts immundefizient waren. Daraus resultierten Embryonen, aus denen eine Stammzelllinie etabliert wurde, welche den ererbten Defekt trug.[148] Dieser Defekt wurde in der Zellkultur durch homologe Rekombination korrigiert. Die dadurch entwickelten, ge-

146 Schreiner, Klonen durch Zellkerntransfer, S. 48.

147 Ebd., S. 44.

148 Ebd.

sunden ES-Zellen differenzierten sich in vitro zu hämatopoietischen Vorläuferzellen, und schließlich transplantierte man sie erfolgreich in die Mäuse zurück.[149] Auch für den Menschen ist die Anwendung eines ähnlichen Verfahrens denkbar, seit erstmals eine homologe Rekombination in humanen ES-Zellen erfolgreich durchgeführt und beschrieben wurde.[150] Auf diese Weise könnten genetische Krankheiten vermieden werden. Des Weiteren erwächst die einzigartige Möglichkeit der Erforschung des Vorgangs der epigenetischen Reprogrammierung von Erbmaterial aus der Erforschung der Entwicklungsstadien des durch somatischen ZKT erzeugten geklonten Embryos. Dadurch eröffnen sich Möglichkeiten für die Grundlagenforschung, die die Bestimmung von Gensequenzen weit übersteigen.[151]

## 2. Klonen für die Erzeugung von Kinderns

Das Klonen nach der Methode des Embryonensplittings kann die Vervielfältigung des Nachwuchses zum Ziel haben: z. B. lassen sich auf diese Art und Weise Zwillinge erzeugen.[152] Das Klonen durch ZKT kann auch zur Abhilfe bei Unfruchtbarkeit eingesetzt werden.[153] Außerdem ist es denkbar, mit Hilfe des ZKT für ein totes Kind bzw. eine wichtige Persönlichkeit „Ersatz“ zu schaffen.[154] Biologisch würde das Klon-Ergebnis dem jeweiligen Menschen völlig entsprechen, wogegen bei Wesen und Charakter mit großen Unterschieden gerechnet werden muss. Des Weiteren kann die Erzeugung von für bestimmte Zwecke vorgesehenen Mannschaften durch ZKT möglich werden.[155]

---

149 Ebd.

150 Ebd.

151 Ebd., S. 47.

152 Rendtorff/Winnacker/Hepp/Hofschneider/Korff/Knoepffler/Jupatt/Haniel, in: Knoepffler/ Haniel, Menschenwürde und medizinethische Konfliktfalle, S. 16f.

153 Ebd. S. 17.

154 Ebd. S. 17f.

155 Ebd. S. 18

## II. Unsicherheit und medizinische Erfolge der Anwendung des durch Klontechniken erzeugten menschlichen Embryos

### 1. Risiken des Klonens

#### *a. Risiken des KzET*

Im Bereich der Zellersatztherapie mit jeder Art von pluripotenten Stammzellen handelt es sich bei der Bildung von Teratomen oder Teratokarzinomen nach der Transplantation um ein Risiko.[156] Desgleichen ist bei der alles-in-allem-Bewertung des KzET zu bedenken, dass Patienten, die man mit aus Klonstammzellen erzeugten Transplantaten behandeln würde, Schädigungen erleiden könnten.[157] Der Grund hierfür liegt darin, dass bei diesen Transplantaten Funktionsstörungen auftreten könnten, und in den Transplantaten könnten nichtausdifferenzierte Zellen enthalten sein, bei denen die Gefahr der Tumorbildung besteht.[158]

#### *b. Nebenwirkungen des KfEK*

Zurzeit ist das KfEK aufgrund der insgesamt niedrigen Effizienz der Prozedur durch ein hohes Risiko für Aborte, Missbildungen und lebensschwache Nachkommen gekennzeichnet.[159] Der somatische ZKT verursacht zahlreiche Spätfol-

---

156 Schreiner, Klonen durch Zellkerntransfer, S. 53; Denker, Jahrbuch für Wissenschaft und Ethik 5, S. 291, 296; Berger, Embryonenschutz und Klonen beim Menschen, S. 20f.

157 Krohmer, in: Dabrock/Ried, Therapeutisches Klonen als Herausforderung für die Statusbestimmung des menschlichen Embryos, S. 148.

158 Krohmer, in: Dabrock/Ried, Therapeutisches Klonen als Herausforderung für die Statusbestimmung des menschlichen Embryos, S. 148; Es muss eine vollständige Differenzierung aller transplantierten Zellen vorliegen, denn andernfalls besteht die Gefahr von Teratom- oder Teratokarzinombildung, siehe hierzu: Schreiner, Klonen durch Zellkerntransfer, S. 42.

159 Schreiner, Klonen durch Zellkerntransfer, S. 50; z. B. reichte die Kopie des Schafes „Dolly“ nicht an ihr Original heran. Sie litt unter Übergewicht und unterstand einem Diätprogramm. Im Alter von 5 Jahren erkrankte sie an entzündlichem Rheuma und al-

gen und Schäden: Mangelhafte Funktionsfähigkeit der Organe, Immundefekte[160], schwere Pneumonie oder Blutarmut[161] kommen bei den Tieren häufig vor. Oft werden übergroße Tiere geboren; in der Forschung bezeichnet man dieses Phänomen als „Large Offspring Syndrome" (LOS).[162] Die Lebenserwartung von Klontieren ist im Vergleich zu ihren natürlich gezeugten Artgenossen wesentlich niedriger, und sie erkranken häufiger an Leberschäden[163] oder an Krebs. Wissenschaftler befürchten, dass durch solche Nebenwirkungen sowie in Anlehnung an die bisherigen Erfahrungen mit Tierversuchen viele menschliche Klone tot oder mit schweren Missbildungen, Gesundheitsschäden oder Krankheitssyndromen geboren werden könnten. [164]

## 2. Allgemeine Gründe für die niedrige Effizienz des Klonens

Die Ursache für die niedrige Effizienz des KT mit somatischen Zellen wird in einer unvollständigen oder abnormen epigenetischen Reprogrammierung der Spenderzellkerne nach dem Transfer in die Eizelle gesehen.[165] Unter dem Begriff „epigenetische Programmierung" – oder „Genregulation" – versteht man ein Zusammenwirken von Mechanismen, durch welche über die Anordnung der DNA im Zellkern (Chromatinstruktur) festgelegt wird, welche Gene aktiv werden und zu welchem Zeitpunkt und an welchem Ort diese Aktivität einsetzt.[166] Beim SOMATISCHEN ZKT erfolgt eine Revision der festgelegten, differenzierten Genexpression im Spenderzellkern; diese Genexpression ist mit epigenetischen Modifikationen des Chromatins verbunden. Im Zuge der epigenetischen Programmierung des Spenderzellkerns nach dem Einsetzen in die Eizelle spielen

---

terte außerordentlich schnell. Schließlich musste man sie im Februar 2003 im Alter von 6 Jahren wegen einer Lungenentzündung einschläfern.

160 Ebd.

161 Abrufbar unter: http://www.sueddeutsche.de/wissen/artikel/327/6321

162 Niemann et al., in: Honnefelder/Lanzerath, Klonen in biomedizinischer Forschung und Reproduktion, S. 134, 138; Jaenisch, in: Honnefelder/Lanzerath, Klonen in biomedizinischer Forschung und Reproduktion, S. 222.

163 Schreiner, Klonen durch Zellkerntransfer, S. 50; Renard, in: Honnefelder/Lanzerath, Klonen in biomedizinischer Forschung und Reproduktion , S. 43.

164 So auch: Nationaler Ethikrat, Klonen durch Zellkerntransfer, S. 24; Griffin, in: Honnefelder/Lanzerath, Klonen in biomedizinischer Forschung und Reproduktion, S. 113, 114.

165 Man spricht in diesen Zusammenhang von „Epimutationen" bzw. „Epimutanten".

166 Schreiner, Klonen durch Zellkerntransfer, S. 27.

Mechanismen eine Rolle,[167] durch welche man sich um das Verständnis derjenigen molekularen Phänomene bemüht, die die Erfolge oder die Misserfolge des KT bewirken. Diese Mechanismen werden nachfolgend genannt:

### *a. DNA-Methylierung*

Unter DNA-Methylierung versteht man die Bindung von Methylresten an Cytosine, wodurch die Expression von Genen beeinflusst wird.[168] Bei den meisten Genen zieht die DNA-Methylierung eine Unterdrückung der Expression nach sich. Im Anschluss an den Transfer differenzierter, stark methylierter Zellkerne aus somatischen Zellen in Eizellen kann aberrante De- und Remethylierung im frühen Embryo auftreten, welche weitreichende Folgen für dessen Entwicklung verursacht.[169] Die Erfolgsrate der DNA-Methylierung durch somatischen ZKT erweist sich somit als relativ gering, was bei empirischen Untersuchungen nachgewiesen wurde.[170]

### *b. Modifizierung der Histone*

Im Rahmen von Untersuchungen zur Acetylierung der Histone von Spenderzellkernen wurden Fibroblasten und Kumuluszellen benutzt. Beide Zelltypen kommen besonders häufig beim somatischen ZKT zum Einsatz.[171] Sowohl bei Fibroblasten als auch bei Kumuluszellen erfolgt mit Verlängerung der Zellkultur (15 Passagen) eine verstärkte Acetylierung der Histone, also der Abbau epigenetischer Modifikationen.[172] In der Regel wird die Bindung von Acetylresten an die in den Nukleosomen vorkommenden Histonproteine H3 und H4 mit der Expression von Genen in Zusammenhang gesetzt.[173] Deacetylierung und Methylierung der Histone assoziiert man wiederum generell mit der Repression von Genen.[174]

---

167 Ebd.
168 Ebd., S. 28.
169 Ebd.
170 Vgl. Ebd., S. 31.
171 Ebd.
172 Ebd., S. 32.
173 Ebd., S. 28.
174 Ebd.

*c. Imprinting von Genen*

Vom imprinting sind im Säugetiergenom 0,1-1% aller Gene betroffen. Mit imprinting bezeichnet man einen epigenetischen Effekt, durch welchen während der Ontogenese eines Organismus die Genexpression von der Herkunft der Gene abhängig gemacht wird.[175] Bei imprintierten Genen kommt es in verschiedenen Entwicklungsabschnitten zu einer Inaktivierung des Allels, das entweder von der Mutter oder vom Vater vererbt wurde; dies führt zu einer mono-allelischen Genexpression (Surani et al., 1984).[176] Ungeachtet der globalen De- und Remethylierungswelle wird die Erhaltung der imprints während der frühen embryonalen Entwicklung im embryonalen Genom vorausgesetzt.[177] In den Bereichen Reproduktion, Plazentation, Homöostase des Energiestoffwechsels, Laktation und Verhalten spielen imprintierte Gene eine Rolle.[178] Ihre korrekte Exprimierung in geklonten Embryonen wird im Rahmen von zahlreichen Untersuchungen erforscht. Auch die Aktivität des richtigen Allels ist bei der Expression imprintierter Gene maßgeblich.

*d. Inaktivierung des X-Chromosoms*

Bei der Inaktivierung eines X-Chromosoms handelt es sich um einen Prozess, der bei weiblichen Säugetieren erfolgt; hierbei soll eine Überproduktion X-Chromosom-spezifischer Genprodukte vermieden werden. Epigenetische Modifikationen der DNA wie DNA-Methylierung und H3/H4-Hypoacetylierung stellen Merkmale des inaktivierten X-Chromosoms (Xi) dar.[179] Vor der Implantation bzw. Nidation sind bei weiblichen Embryonen aus natürlicher Befruchtung beide X-Chromosomen aktiv. Im Verlauf der Differenzierung wird dann ein Chromosom ausgewählt und inaktiviert. Der weibliche Embryo bekommt jedoch beim somatischen ZKT ein aktives (Xa)- und ein inaktiviertes (Xi)-Chromosom.[180] Im Rahmen der Untersuchung von weiblichen, nicht lebensfähigen Käl-

175 Ebd.
176 Ebd., S. 28f.
177 Ebd., S. 29.
178 Ebd.
179 Ebd.
180 Ebd., S. 34.

bern aus KT entdeckte man bei neun von zehn untersuchten Genen der X-Chromosomen eine aberrante Expression (Xue et al.,2002).[181]

*e. Remodellierung des Chromatins*

Bei Chromatin handelt es sich um die räumliche Struktur, durch welche die genomische DNA in Verbindung mit Histon- und mit Nicht-Histon-Proteinen gebildet wird.[182] Diese Struktur ist in jeder Zelle in Abhängigkeit von deren Zyklusstadium und ihrer Differenzierung Veränderungen unterworfen.[183] Die Remodellierung von Chromatin in der weiteren Entwicklung des KT-Embryos ist unter verschiedenen Gesichtspunkten zu betrachten.[184] Im Jahre 2003 wurde erstmals die Entdeckung einer veränderten räumlichen Anordnung von genomischer DNA in KT-Embryonen bei Primaten veröffentlicht.[185] Von den Forschern wurde eine fehlerhafte Positionierung von Chromosomen während der Mitose bei KT-Primatenembryonen festgestellt, die durch das Fehlen von Spindelproteinen erklärt werden konnte (Simerly et al., 2003).[186] Bei KT-Embryonen der Spezies Maus trat eine abnorme Spindelmorphogenese auf (Nguyen et al., 2004).[187]

*f. Erhalt der Telomere*

Bei Telomeren handelt es sich um repetitive DNA-Sequenzen am Ende von Chromosomen der Eukaryonten; sie spielen bei der Aufrechterhaltung der Integrität des Genoms eine dominante Rolle.[188] Durch eine Verkürzung der Telomere

---

181 Ebd.; Bei Kerntransferembryonen der Spezies Maus verursacht diese epigenetische Markierung der Gonosomen offensichtlich keine Probleme (Eggan et al., 2000). Dies bedeutet, dass je nach Spezies andere Folgen auftreten, siehe hierzu: Schreiner, Klonen durch Zellkerntransfer, S. 34.

182 Ebd., S. 29.

183 Ebd.

184 Ebd.

185 Ebd., S. 35.

186 Schreiner, Klonen durch Zellkerntransfer, S. 35f.

187 Ebd., S. 36.

188 Niemann et al., in: Honnefelder/Lanzerath, Klonen in biomedizinischer Forschung und Reproduktion, S. 134, 136; Bei der Aufrechterhaltung einer normalen Telomerlänge spielt das Enzym Telomerase eine entscheidende Rolle.

geht bei somatischen Zellen die Zellteilungskapazität verloren.[189] Änderungen der Telomerlänge hat man mit Alterung und Krebs in Zusammenhang gesetzt.[190] Verwendet man somatische Zellen als Spender beim KT, so entsteht die Frage, ob die verkürzten Telomerlängen des Spenderzellkerns nach dem Einsetzen in die Oozyte beibehalten oder ob die Telomere im Verlauf der Reprogrammierung des Zellkerns wieder verlängert werden.[191] Daraus schlussfolgern die Autoren, dass der Vorgang des KT im Allgemeinen eine Verlängerung der Telomere verursache, die absolute Telomerlänge der Klone aber vom Spenderzelltyp abhängig sei.[192] Von einigen Autoren wurde eine Verlängerung der Telomere während der embryonalen Entwicklung des somatischen ZKT-Embryos als Verjüngung des Spenderzellkerns interpretiert (Miyashita et al., 2002).[193] Jedoch reichen die Daten für die Belegung einer direkten Korrelation zwischen verkürzter Telomerlänge und frühzeitiger Alterung oder verlängerten Telomeren und Anfälligkeit für Tumoren in Tieren aus somatischem ZKT nicht aus (Sedivy, 2003).[194] Man nahm einen Zusammenhang zwischen der Arthritis und dem fortgeschrittenen genetischen Alter von Dolly an, postuliert aufgrund einer festgestellten Verkürzung der Telomere (Shiels et al., 1999).[195]

### *g. Vererbung von epigenetischen Strukturen*

Von den beschriebenen Modifikationen der DNA verfügen einige über die Fähigkeit der Weitervererbung (oder der Vererbung).[196] Dabei entsteht die Frage, ob auch epigenetische Mutationen weitervererbt werden, deren häufiges Vorkommen bei Tieren aus somatischem ZKT nachgewiesen werden kann (Transgenerationen-Effekte).[197] In Studien von Tamashiro et al. (2000) wird von Fettleibigkeit berichtet, die durch veränderten Metabolismus bei Mäusen aus somatischem ZKT ab einem Alter von acht bis zehn Wochen bedingt werde.[198] Als die Zucht der besagten Mäuse fortgesetzt wurde, erhielt man jedoch Nachkom-

---

189 Schreiner, Klonen durch Zellkerntransfer, S. 30, 35.

190 Niemann et al., in: Honnefelder/Lanzerath, Klonen in biomedizinischer Forschung und Reproduktion, S. 136; Schreiner, Klonen durch Zellkerntransfer, S. 35, 136.

191 Schreiner, Klonen durch Zellkerntransfer, S. 35.

192 Ebd.

193 Ebd.

194 Ebd., S. 30.

195 Ebd., S. 35.

196 Ebd., S. 30.

197 Ebd.

198 Ebd., S. 36.

men mit normalem Körpergewicht (Tamashiro et al., 2002).[199] Diese Störung des Metabolismus wurde weder von der maternalen noch von der paternalen Seite weitervererbt; dies weist darauf hin, dass der Grund dafür in epigenetischen Modifikationen liegt, die noch während der Gametogenese in den Klonen eliminiert oder korrigiert wurden (Tamashiro et al., 2002 ).[200] Auch Alexander et al. (2004) bemerkten, dass bei Schafen aus KT keine verkürzten Telomerlängen an die nächste Generation weitervererbt wurden.[201] Durch diese Beobachtungen wird die allgemein geäußerte Ansicht veranschaulicht, dass Nachkommen von geklonten Tieren in der Regel normal seien (The Lancet Editorial, 2003).[202] Im Unterschied zu manchen epigenetischen Modifikationen der DNA kommt es bei epigenetischen Mutationen offensichtlich nicht zur Vererbung.[203] Bei klinisch unauffälligen Nachkommen aus somatischem ZKT wurden jedoch bereits mehrmals epigenetische Mutationen und deren Folgen beschrieben, so z. B. veränderte Expressionsmuster einiger imprintierter Gene in Niere, Herz und Leber von neugeborenen Mäusen aus somatischem ZKT.[204] Die Autoren vermuten auch Fälle von abnormer Genexpression bei augenscheinlich gesunden Nachkommen aus KT, weil sich die Tiere trotz der beschriebenen Dysregulationen der Gene unauffällig entwickelten (Humpherys et al., 2001).[205]

## 3. Weitere Gründe für die niedrige Effizienz des Klonens

### *a. Verseuchung im Prozess des KzET*

Um ein exklusives Problem von therapeutisch geklonten ES-Zellen handelt es sich bei der Gefahr, dass in den transferierten Zellkernen durch Manipulation bereits Erbgutschädigungen, z. B. durch UV-Strahlung, enthalten sind.[206] Dadurch könnte nach der Transplantation der Zellen in einen Patienten eine Krebserkrankung verursacht werden.[207]

---

199 Ebd.
200 Ebd.
201 Ebd.
202 Ebd.; Vgl. Renard, in: Honnefelder/Lanzerath, Klonen in biomedizinischer Forschung und Reproduktion, S. 42, 43.
203 Schreiner, Klonen durch Zellkerntransfer, S. 36.
204 Ebd.
205 Ebd.
206 Ebd., S. 54.
207 Ebd.

*b. Defekte in der Plazentaentwicklung beim KfEK*

Derzeit werden Defekte in der Plazentaentwicklung von KT-Embryonen als eine bedeutende Ursache für die Mortalität von Klonen angesehen.[208] Das erste Organ, das während der Embryogenese entsteht, ist die Plazenta, und von ihr wird die Ontogenie mehrerer fötaler Schlüsselfunktionen, wie etwa die Gefäßbildung, gesteuert.[209] Bei Planzentas, die von lebenden neugeborenen Mäusen durch somatischen ZKT gewonnen wurden, beobachtete man eine anormale Expression mehrerer Familien von Genen.[210] Bei adulten Klonen stammen die langfristigen Beschwerden hauptsächlich aus plazentaren Anomalien, weil durch die fötale Anpassung an plazentare Fehlfunktionen und fehlerhafte Nährmediumversorgung die Stoffwechselaktivität von Organen im Erwachsenenstadium eingeschränkt werden kann.[211] Diese Syndrome kommen bei Mäusen häufiger vor, und ihre Ausprägung ist stärker als bei anderen Spezies, was sich durch Speziesunterschiede im Plazentabildungsprozess im Zusammenhang mit der fötalen Entwicklung erklären ließ.[212]

## 4. Zu dem hohen Bedarf an Eizellen als Folge der niedrigen Effizienz

Wegen der niedrigen Effizienz bei der Gewinnung von Stammzellen aus KT-Embryonen wird für das KzET ein großer Bedarf an Eizellen pro Patient, der sich der Therapie unterziehen soll, impliziert.[213] Das heißt, dass für Studien und für spätere Therapien große Mengen an unbefruchteten weiblichen Eizellen gebraucht werden. Durch hormonelle Stimulation der Eierstöcke gewinnt man menschliche Eizellen bei der IVF.[214] Im Durchschnitt werden pro Hormonbehandlung 10, im Einzelfall über 30 Eizellen gewonnen. Es können diejenigen Eizellen befruchtet werden, die den richtigen Reifegrad aufweisen.[215] Unbe-

---

208 Renard, in: Honnefelder/Lanzerath, Klonen in biomedizinischer Forschung und Reproduktion, S. 43; Jaenisch, in: Honnefelder/Lanzerath, Klonen in biomedizinischer Forschung und Reproduktion, S. 222.

209 Renard, in: Honnefelder/Lanzerath, Klonen in biomedizinischer Forschung und Reproduktion, S. 43.

210 Ebd.

211 Ebd.

212 Ebd.

213 Schreiner, Klonen durch Zellkerntransfer, S. 39.

214 Ebd.

215 Ebd.

fruchtete Eizellen, die überzählig sind, überleben bei Kryokonservierung nur zu einem geringen Prozentsatz einen Einfrier-Auftau-Zyklus.[216] Weil die unbefruchteten Eizellen aus einer starken Hormontherapie für eine sog. Superovulation und aus einem riskanten medizinischen Eingriff entstehen,[217] sind die Spenderinnen großen gesundheitlichen Gefahren ausgesetzt.[218]

## 5. Zu den medizinischen Problemen des KzET und ihrer erfolgreichen Lösung

### *a. Die Steuerung der Differenzierung*

Wie bei der Differenzierung der ES-Zellen, die aus dem durch die herkömmliche Methode gezeugten Embryo hergestellt werden, gilt es zu ermitteln, wie und unter welchen Bedingungen die Entwicklung der durch den ZKT gewonnenen ES-Zellen zu bestimmten spezialisierten Zelltypen verläuft.[219] Denn schon aus geringsten Mengen an noch unreifen embryonalen Zellen können sich nach der Transplantation unerwünschte Zellen bilden.[220] Darüber hinaus ist es notwendig, dass man den Grad der Differenzierung kontrolliert, weil sich die ES-Zellen wie Tumorzellen nahezu unbegrenzt teilen.[221] Die Steuerung der Differenzierung erweist sich nämlich als Problem.[222] Es lässt sich auch nur schwer vorhersagen, wie groß die Menge der verabreichten Zellen ist, welche sich nach einer Transplantation tatsächlich am erforderlichen Ort ansiedeln.[223] Im November 2007 entdeckte jedoch eine Forschungsgruppe um Dr. Christian Helin vom Biotech Research Innovation Centre der Kopenhagener Universität die Gene „UTX-JMJD3", welche die Gen-Expression regulieren und den Differenzierungsprozess von ES-Zellen kontrollieren.[224] Außerdem fand im März 2008 eine gemeinsame Forschungsgruppe um H. E. Broxmeyer von der Indiana University School of Medicine (USA) und M.-K. Han von der Chonbuk National University Medi-

216 Ebd.
217 Berger, Embryonenschutz und Klonen beim Menschen, S. 72.
218 Ebd., S. 69.
219 DFG, Stammzellforschung in Deutschland, S. 17.
220 Hetz, Schutzwürdigkeit menschlicher Klone?, S. 51.
221 Paul, Möglichkeiten und Grenzen der Forschung an embryonalen Stammzellen und des therapeutischen Klonens, S. 25.
222 Schreiner, Klonen durch Zellkerntransfer, S. 42.
223 Ebd.
224 Nature 449, 11. Okt. 2007, S. 731, 734.

cal School (Süd-Korea) heraus, dass SIRT1 die Apoptose und die Nanog-Expression in ES-Zellen von Mäusen durch Kontrolle des Nuclear Tumor-Supressor-Gens p53 reguliert.[225] Aufgrund dieser Forschungsergebnisse sieht die Forschungsgruppe die Möglichkeit voraus, dass man nicht nur ES-Zellen ohne Schäden der Gene durch die Kontrolle der Apoptose sicher gewinnen, sondern auch die Differenzierung der ES-Zellen regulieren kann.[226] Auch hat im Mai 2008 eine Forschungsgruppe um S.-H. Kim von der University of California Berkeley, Institut für Chemie (USA), und um K-Ch. Hwang von der Yonsei Universität, College of Medicine (Süd-Korea), herausgefunden, dass die Inhibitoren von Protein-Kinasen den Differenzierungsprozess modulieren. Die Proteinkinasen lassen die Stammzellen sich zu bestimmten Zellen entwickeln. Während dieses Prozesses kontrollieren die Inhibitoren, dass sich die Proteinkinasen die ES nach einem festgesetzten Mechanismus differenzieren lassen.[227] Des Weiteren hat im Oktober 2008 eine südkoreanische Forschungsgruppe um V. Narry Kim von der National Universität Seoul, Institut für Biologie, zum ersten Mal entdeckt den Mechanismus der Regulierung von miRNA, der aufgrund seiner Kontrolle der Gen-Expression eine wichtige Rolle bei der Embryo-Entwicklung, der Tumorentstehung und dem Stammzellen-Programmierung spielt.[228]

*b. Virusinfektion*

Man verwendet für die Differenzierung in bestimmte Zellen durch Gen-Injektion ein Retorvirus als Überträgersubstanz der Gene.[229] Allerdings hat das Virus den Nachteil, dass es im Prozess der Stammzelltherapie in dem Patienten die Gefahr der Virusinfektion auslösen kann und dass dadurch bei der Kultur der Stammzellen die Gene verschwinden können.[230] Jedoch ist es einer südkoreani-

---

225 Es ist unklar, wie SIRT1 diese p53-Multifunktionen reguliert, siehe hierzu: Cell Stem Cell, 2(3), 6. März 2008, S. 241, 251.

226 Ebd.

227 Hwang, et al., PNAS 14.05.2008, S. 7467, 7471, abrufbar unter: http://www.pnas.org/cgi/doi/10.1073/pnas.0802825105.

228 Nach dem Forschungsergebnis dieser Forschungsgruppe spielen die Proteine Lin28 hauptsächlich im Zytoplasma eine wichtige Rolle für die Regulierung von ‚let-7' miRNA.

229 abrufbar unter: http://edoc.hu-berlin.de/dissertationen/buescher-kristina-2006-09-20/HTML/chapter 2.html.

230 Vgl. Ebd.

schen Forschungsgruppe um S.-P. Park von der Cheju National Universität, Zentrum für Stammzellforschung, im Februar 2008 gelungen, die Differenzierung von ES-Zellen in eine spezifische Zelle durch Injektion von Genen in ES-Zellen ohne Gefahr der Virusinfektion mit Hilfe von Magnetofektion[231] in Gang zu setzen, welche die Nanotechnik und die Biotechnik miteinander kombiniert.[232] Durch diese Technik kann man einfach und schnell Gene in Stammzellen injizieren, und Nano-Partikel sind als wasserlösliches Eisenoxyd in den ES-Zellen nicht toxisch.[233] Dies ist der erste Transfektions-Bericht[234] über die Anwendung von Magnetofektion in ES-Zellen.

### *c. Kultivierung von humanen ES-Zellen*

Die Kultivierung von humanen ES-Zellen in vitro muss in der Regel auf einer Schicht aus Helferzellen, so genannten feeder-Zellen, erfolgen.[235] Feeder-Zellen sind embryonale Maus-Fibroblasten, die verschiedene Wachstumsstoffe absondern; durch diese werden die ES-Zellen im undifferenzierten Zustand gehalten.[236] Zur Verhinderung der Zellteilung werden die Fibroblasten vor ihrem Einsatz als feeder-Zellen mit Mitomycin C behandelt.[237] Aufgrund der Verwendung

---

231 Bei Magnetofektion handelt es sich um Gentransfer, der unter dem Einfluss eines magnetischen Gradientenfeldes auf Genvektoren steht, die mit magnetischen Nanopartikeln verbunden sind. Mit Hilfe von Magnetofektion kann man Gentransfer lokalisieren, und die Gentransfereffizienz sowie die Transfektionskinetik werden erheblich verbessert.

232 Ein Erfolg der Forschungsgruppe liegt in der mit Hilfe magnetischer Nanopartikel durchgeführten Injektion bestimmter Gene in die Stammzelle; dadurch haben die Forscher die Differenzierung der ES-Zellen in Nervenzellen, Muskelzellen und Leberzellen in Gang gesetzt.

233 Stem Cell and Development, 17(1), 01. Feb. 2208, S. 133, 142.

234 Unter dem Begriff „Transfektion“ versteht man in der Zellbiologie das Einbringen von Fremd-DNA in eukaryotische Zellen.

235 Schreiner, Klonen durch Zellkerntransfer, S. 42; Peter, Differenzierung von popdc2-defizienten embryonalenStammzellen zu Kardiomyozyten und mesothelialen Zellen, abrufbar unter: http://katrin.bierkandt.org/Bierkandt_Studienarbeit.pdf.

236 Ebd; Skottman/Hovatta, Focus on Stem Cells - Culture conditions for human embryonic stem cells, abrufbar unter: http://www.reproduction-online.org/cgi/reprint/132/5/691.pdf.

237 Peter, Differenzierung von popdc2-defizienten embryonalenStammzellen zu Kardiomyozyten und mesothelialen Zellen, abrufbar unter: http://katrin.bierkandt.org/Bierkandt_Studienarbeit.pdf

von tierischen feeder-Zellen kommt es zur spontanen Ausbildung von Teratomen oder Teratokarzinomen, d. h. gut- oder bösartigen Tumoren, in denen Zelltypen aller drei Keimblätter enthalten sind (Prelle et al., 2002).[238] Ebenso befürchtete man vor der Entwicklung feeder-unabhängiger Kulturbedingungen, dass tierische Krankheitserreger sich während der Zellkultur auf die humanen ES-Zellen übertragen.[239] Jedoch fand eine Forschungsgruppe um Gautam Dravid von der Johns Hopkins Universität heraus, dass Knochenmark-Stromazellen[240] aus menschlichem Knochenmark als Feeder-Zellen für die Kultivierung von menschlichen ES-Zellen verwendet werden können.[241]

# § 3 Fazit

Das KzET verfolgt das Ziel, die Defizite der herkömmlichen Transplantationsmedizin zu überwinden, nämlich die Abstoßungsgefahr.[242] Allerdings verfügen aus KT hervorgegangene Tiere über Variationen der Genexpression und der Methylierungsmuster.[243] Gerade beim Klonverfahren ist von Verursachungen epigenetischer Modifikationen auszugehen.[244] Daher ist zu vermuten, dass menschliche KT-Embryonen durch hohe epigenetische Variabilität gekennzeichnet sind.[245] Sogar die Kulturmethode und die Zusammensetzung des Kulturmediums von ES-Zellen bewirken signifikante Abweichungen von der normalen embryo-

238 Schreiner, Klonen durch Zellkerntransfer, S. 42.

239 Ebd., S. 53.

240 Knochenmark Stromazellen koexistieren im Knochenmark mit blutbildenden Stammzellen und unterstützen ihr Wachstum. Sie sind auch bekannt als mesenchymale Stammzellen.

241 Gautam Dravid et al., Human Adult Marrow Cells Support Prolonged Expansion of Human Embryonic Stem Cells in Culture, Stem Cells 2003;21, S. 131-142, abrufbar unter:
http://www.jhu.edu/~gazette/2003/24mar03/24stems.html;
http://www.hopkinsmedicine.org/press/2003/MARCH/030318.HTM;Yoon et al., Establishment and Maintenance of Human Embryonic Stem Cell Lines on Human Feeder Cells Derived from Uterine Endometrium under Serum-Free Condition, Biology of Reproduction 72(1), 2005, S. 42, 49.

242 Dedere, AöR 2002, S. 2.

243 Man kann ihnen genetische Identität weder mit dem Spendergenom noch untereinander zuschreiben.

244 Vgl. Wolf/Schönfeld/Zakhartchenko, in: Honnefelder/Lanzerath, Klonen in biomedizinischer Forschung und Reproduktion, S. 117, 120; Niemann et al., in: Honnefelder/Lanzerath, Klonen in biomedizinischer Forschung und Reproduktion, S. 135.

245 Schreiner, Klonen durch Zellkerntransfer, S. 54.

nalen Genexpression und können sowohl ein erhöhtes Vorkommen von übergroßen Nachkommen als auch die spontane Ausbildung von Teratomen oder Teratokarzinomen nach sich ziehen.[246] Jedoch können die medizinischen Probleme des KzET, wie oben erwähnt, durch die Intensivierung der Forschungsexperimente und durch verstärkte Beobachtung schrittweise und erfolgreich gelöst werden.

In Anlehnung an den Report von NBAC ist auch das KfEK von Unsicherheit gekennzeichnet, und bei seiner Anwendung gibt es einige Probleme.[247] Allerdings kann man im Rahmen der tiefer gehenden Beschäftigung mit diesen Problemen ein anderes Ergebnis erhalten. Beispielweise war das Klon-Schaf „Dolly" aufgrund der naturgegebenen Verkürzung des „telomere" bereits bei seiner Geburt mit entsprechenden zytologischen Gegebenheiten ausgestattet, durch welche es sechs Jahre älter als seine neugeborenen Artgenossen war. Jedoch hat eine Forschungsgruppe um R. P. Lanza von der amerikanischen Firma ACT eine Klonzelle entdeckt, die über die Eigenschaft der Jugendlichkeit verfügt.[248] Bei einem Klonversuch mit Kälber-Klonzellen war das „telomere" in den Zellen des geklonten Kalbes länger als bei gleichaltrigen und bei neugeborenen Artgenossen. Bei fortlaufender Forschung kann mit der Überwindung des Problems der „telomere"-Verkürzung gerechnet werden.

Das bedeutet, dass mit der Zeit technische Probleme auf dem Gebiet des Klonens durch biologische und wissenschaftliche Nachweise und Erfolge gelöst werden können. Somit hat das Vorhaben, ein Klonverbot aufgrund dieser Probleme zu erlassen, keine Überzeugungskraft mehr. Deshalb sollen die ethischen Gründe im weiteren Verlauf dieser Untersuchung analysiert werden.

---

246 Ebd., S. 42; Niemann et al., in: Honnefelder/Lanzerath, Klonen in biomedizinischer Forschung und Reproduktion, S. 135.

247 Natoinal Bioethics Advisory Commission, „Executive Summary", S. 22ff.

248 Lanza et al., Science 288 (5466), 28. April 2000, S. 665, 669; Heinemann, Klonieren beim Menschen, S. 193, abrufbar unter: http://books.google.de/books?id=IOzDFCYQbFwC&pg=PA193&lpg=PA193&dq=R.+P.+Laza+telomere&source=bl&ots=rVmdkxweX4&sig=DjlLTzciBFAlijt5kyQz5TZO0Us&hl=de&ei=R1qfSZqfG4SQ0AX2yYyWDQ&sa=X&oi=book_result&resnum=1&ct=result.

# 2. Kapitel: Moralphilosophische Aspekte

Wie oben erwähnt, hat das KfEK die Geburt des Klons zum Ziel, während das KzET den Zweck der Entwicklung einer Therapie für den Patienten verfolgt. Dadurch wird der geklonte Embryo unvermeidlich vernichtet.[249] Hierbei entsteht die Frage, ob der durch KT erzeugte Embryo über einen besonderen moralischen Status verfügt, oder ob sonst ein moralischer Status eines geklonten Embryos mit dem Status eines konventionell erzeugten Embryos gleichgesetzt werden kann. Aus diesem Grund muss die Klärung der Frage vorangehen, ob der geklonte Embryo als konventionell erzeugter Embryo angesehen werden kann. Hat der geklonte Embryo moralisch einen Sonderstatus, der anders ist als beim konventionell erzeugten Embryo, so muss zuerst erforscht werden, welchen Sonderstatus der geklonte Embryo besitzt; andernfalls kann auch der Status des geklonten Embryos durch den Beweis des moralischen Status des konventionell erzeugten Embryos beleuchtet werden.

Es geht auch um die Frage, ob dem menschlichen Embryo ein grundsätzlicher Subjektstatus und grundsätzliche Gleichheit, also Menschenwürde wie beim geborenen Menschen zukommt. Dieser Befund wird unterschiedlich interpretiert; zu dieser Interpretation zieht man acht Argumente[250] heran. Übrigens steht die Frage nach dem Beginn menschlichen Lebens in enger Verbindung zu allen Argumenten, die für einen Würde- bzw. Lebensschutz menschlicher Embryonen plädieren. In Bezug auf diese Frage werden im Bereich der Naturwissenschaften verschiedene Meinungen vertreten. Allein aus rein biologischen Fakten kann man jedoch den Beginn des Menschen nicht ableiten.[251] Es lässt sich durchaus der Einwand des naturalistischen Fehlschlusses, d.h. die logisch unmögliche Ableitung einer normativen Bewertung aus einem empirischen Faktum vorbringen. Aber auf der anderen Seite stellt sich die Frage, wie man überhaupt die Frage des Lebensschutzes diskutieren kann, ohne auf biologische Fakten Bezug zu nehmen.[252] Denn diese Fakten ließen sich folgerichtig auch auf alle ver-

---

249 Engels, in: Honnefelder/Lanzerath, Klonen in biomedizinischer Forschung und Reproduktion, S. 33.

250 Später werden sie hauptsächlich als Mittelpunkt des Spezies-, des Kontinuums-, des Identitäts- und des Potentialitätsarguments geschildert. Zusätzlich werden das semantische Argument, das Vorsichtsargument, das Argument der schiefen Ebene und das gradualistische Argument beschrieben.

251 Es geht stets auch um die normative Bewertung dieser biologischen Fakten, siehe hierzu: Schreiber, in: Schreiber/Elsner, Was ist der Mensch?, S. 240.

252 Ebd.

schiedenen Vorschläge für den Lebensbeginn beziehen. Daher wird die Untersuchung über den Beginn menschlichen Lebens, ausgehend von naturwissenschaftlichen Fakten, Argumente zum moralischen Status des menschlichen Embryos analysieren. Des Weiteren wird untersucht, welche ethischen Probleme die Erforschung des durch Klontechniken erzeugten menschlichen Embryos verursacht.

# § 4 Zum moralischen Sonderstatus für KT-Embryonen

Mit geklonten Embryonen verhält es sich nämlich anders als mit konventionell erzeugten Embryonen. Denn ob geklonte Embryonen überhaupt die Fähigkeit besitzen, sich vollständig zu menschlichen Organismen zu entwickeln, ist noch vollkommen ungewiss.[253] Auch kann die Zugehörigkeit von geklonten Embryonen zur menschlichen Gemeinschaft im Hinblick auf ihre Entstehungsbedingungen also in stärkerem Maße in Frage gestellt werden als die Zugehörigkeit konventionell erzeugter Embryonen.[254]

Die Entstehungsbedingungen von KT-Embryonen weichen unter mehreren Aspekten von denen anderer Embryonen ab.[255] Für die KT-Embryonen bedingen die ‚grundlegend anderen Umstände‘ zwar eine Art Sondersituation, bei der man sich jedoch nicht einig ist, ob es durch sie auch zur Implikation eines moralischen Sonderstatus kommt.[256] Unter mindestens drei Gesichtspunkten lassen sich KT-Embryonen von anderen Embryonen unterscheiden.[257] Zum ersten sind dies die Unterschiede in der Entstehungsart der Embryonen, zum zweiten kann deren Aufenthaltsort differieren, und zum dritten sind verschiedene Intentionen denkbar, die zu ihrer Entstehung geführt haben.[258]

Im Folgenden wird daher insbesondere der Frage nachgegangen, ob man KT-Embryonen einen Sonderstatus zukommen lassen sollte und in welchem

---

253 Krohmer, in: Dabrock/ Ried, Therapeutisches Klonen als Herausforderung für die Statusbestimmung des menschlichen Embryos, S. 147; Von den konventionell erzeugten Embryonen ist uns bekannt, dass sie prinzipiell über die Fähigkeit zur vollständigen Entwicklung zu menschlichen Organismen verfügen.

254 Ebd.

255 Clausen, in: Dabrock/Ried, Therapeutisches Klonen als Herausforderung für die Statusbestimmung des menschlichen Embryos, S. 129.

256 Ebd.

257 Ebd.

258 Ebd.

Maße der moralische Status geklonter Embryonen durch die Aspekte Intentionalität, Extrakorporalität und Entstehungsart beeinflusst werden kann.[259]

# I. Intentionalität

Die klassische Frage, die sich in diesem Zusammenhang stellt, lautet, ob die gute Absicht, ein guter Zweck den Einsatz fragwürdiger Mittel rechtfertigen können; bei dieser Frage setzt man die negative Bewertung der Mittel und die positive Bewertung des Zwecks als gegeben voraus.[260] Durch diese Überlegungen verdeutlicht sich, dass der normative Einfluss einer Intention Bewertungen bereits voraussetzt.[261] Deswegen lässt sich der moralische Status von Embryonen auch nicht durch Intentionen begründen, sondern es ist die Klärung des moralischen Status für die Beeinflussung einer Bewertung vorauszusetzen.[262]

Des Weiteren führt die Tatsache, dass durch das deutsche ESchG die Erzeugung menschlicher Embryonen für Fortpflanzungszwecke unter bestimmten Voraussetzungen für vertretbar gehalten, die Erzeugung zu Forschungszwecken dagegen unter Strafe gestellt wird, nicht zu einer Differenzierung einer Bewertung der beiden Arten von Embryonen durch unterschiedliche Intentionen, sondern zu der Einschätzung, dass diese dadurch gleich bewertet werden.[263] Denn für diese Regelung setzt man die in seinem moralischen Status gründende Schutzwürdigkeit des menschlichen Embryos voraus.[264] Also kann dabei als generelle Tendenz beobachtet werden, dass die absichtliche Herbeiführung eines Zustandes die Bewertung verstärkt, während Unabsichtlichkeit eine Abschwächung verursacht.[265] Es kann nämlich je nach Intention noch zu einer Verstärkung oder zu einer Abschwächung der Bewertung kommen.[266] Das heißt, dass sich der moralische Status nicht durch die unterschiedlichen Intentionen begrün-

---

259 Dabei muss beachtet werden, dass sowohl Intentionalität als auch Extrakorporalität für geklonte Embryonen wie auch bei Embryonen, die im Rahmen einer IVF-Behandlung entstehen, spezifisch sind, siehe hierzu: Ebd., S. 130.

260 Ebd.

261 Ebd.

262 Ebd.

263 Ebd., S. 131.

264 Ebd.

265 Ebd., S. 130.

266 Ebd.

den lässt. Deswegen kann die Verschiedenartigkeit der Absicht seiner Erzeuger keine Begründung eines Sonderstatus geklonter Embryonen nach sich ziehen.[267]

## II. Extrakorporalität

Um eines der charakteristischen Merkmale von KT-Embryonen handelt es sich bei der notwendigen Extrakorporalität. In Anlehnung an deren Entstehungsart kann man sie nur im Labor erzeugen, und sie würden daher in vitro vorliegen.[268] Hierbei stellt sich die Frage, ob auf die Extrakorporalität eines geklonten Embryos verwiesen wird, um dessen besonderen moralischen Status zu begründen.[269] Wenn unter dem Gesichtspunkt der stark begrenzten Entwicklungsfähigkeit eine Zulässigkeit der verbrauchenden Embryonenforschung verkündet werden soll, ist die Voraussetzung eines geklärten Status unabdingbar.[270] Denn ein Embryo wird niemals aus sich heraus den in-vitro-Status einnehmen. Die Voraussetzung für die Extrakorporalität eines Embryos liegt nämlich in intentionalem menschlichen Handeln.[271] Soweit man für alle eigenen absichtlichen Handlungen die Verantwortung übernimmt, wird eine solche durch die Herstellung von In-vitro-Embryonen impliziert.[272] Dies zeigt, dass aus der Extrakorporalität eines geklonten Embryos kein Sonderstatus abgeleitet werden kann, sondern die Beantwortung der normativen Fragen nur in Abhängigkeit von der vorigen Klärung des moralischen Status zu erfolgen hat.[273]

## III. Entstehungsart

Im Anschluss steht das für KT-Embryonen spezifische Kriterium ihrer besonderen Entstehungsart im Mittelpunkt des Interesses. Die besondere Art ihrer Entstehung wird unter dem Aspekt von zwei unterschiedlichen Argumentationslinien betrachtet, damit einem geklonten Embryo ein Sonderstatus zukommen kann. Eine der beiden Argumentationslinien basiert auf dem Phänomen, dass die

---

267 Ebd., S. 131.
268 Ebd., S. 130.
269 Ebd., S. 131.
270 Ebd., S. 132.
271 Ebd.
272 Ebd.
273 Ebd.

natürliche Fortpflanzung bei Säugetieren geschlechtlich verläuft und es in der Natur keine Klone von Säugetieren gibt. Eine zweite Argumentationslinie bezieht sich dagegen auf den Begriff ‚Entwicklungsfähigkeit'.[274]

## 1. Natürlichkeit

Ob durch die Tatsache, dass der KT ein artifizieller Akt ist, den es in der Natur nicht gibt, ein moralischer Sonderstatus der auf diese Weise entstehenden Entitäten begründet werden kann, bleibt fraglich. Es ist allerdings richtig, dass ein solches Biofaktum in der Natur nicht zu finden ist. Dieses Faktum kann jedoch keine normativen Schlussfolgerungen verursachen. Denn selbst wenn man die Natur uneingeschränkt positiv bewerten würde, geht daraus nicht hervor, dass man alles, was in der Natur nicht existiert, negativ bewerten müsse.[275] Nur wenn ausschließlich dasjenige, was es in der Natur gibt, positiv bewertet werden kann, könnte man den Schluss auf die negative Bewertung des Artifiziellen zulassen. Diese Voraussetzung lässt sich allerdings nicht aufrechterhalten, weil die Bewertung der Natur durch eine notorische Ambivalenz gekennzeichnet ist.[276] Die Unnatürlichkeit ihrer Entstehungsweise begründet daher keinen moralischen Sonderstatus von KT-Embryonen.

## 2. Entwicklungsfähigkeit

Soweit man die Entwicklungsfähigkeit als hinreichendes Kriterium für die Schutzwürdigkeit menschlicher Embryonen betrachtet, ist dadurch die Annahme dieser Schutzwürdigkeit auch für KT-Embryonen begründet. Durch den Analogieschluss von tierexperimentellen Ergebnissen in Klonversuchen werden starke Evidenzen dafür geliefert, dass die Entstehung von entwicklungsfähigen Embryonen durch KT möglich ist.[277] Ein Analogieschluss ist selbstverständlich kein Beweis im strikten Sinn. Jedoch lässt er zumindest aus den Ergebnissen der Klonexperimente im Tiermodell die Möglichkeit der Annahme zu, dass menschliche Klonembryonen entwicklungsfähig sein können. Daher scheint es ange-

274 Ebd.
275 Ebd., S. 133.
276 Ebd.
277 Ebd., S. 134.

bracht, sie zumindest zu respektieren.[278] Dies zeigt, dass aus der Entwicklungsfähigkeit kein Sonderstatus eines geklonten Embryos abgeleitet werden kann.

### IV. Zwischenergebnis

Wenn KT-Embryonen kein moralischer Sonderstatus zukommt, müssen diese hinsichtlich der Sonderfrage so wie alle anderen Embryonen auch behandelt werden.[279] KT-Embryonen können von in vivo erzeugten Embryonen in drei Hinsichten – Intentionalität, Extrakorporalität und Entstehungsart – unterschieden werden. Jedoch können, wie oben erwähnt, die dreifachen Aspekte den Status geklonter Embryonen nicht beeinflussen. Es wird nämlich kein Sonderstatus des geklonten Embryos durch die drei Aspekte anerkannt, bei welchen KT-Embryonen von konventionell erzeugten Embryonen differenziert werden. Aus diesem Grund wird in dieser Arbeit der Status der KT-Embryonen mit dem Status der in vivo erzeugten Embryonen gleichgesetzt.

## § 5 Debatte über den Beginn menschlichen Lebens, ausgehend von naturwissenschaftlichen Fakten

Im Bereich der Naturwissenschaften gibt es bezüglich des Beginns menschlichen Lebens unterschiedliche Ansichten. Auf der Grundlage biologischer Kenntnis werden bei der Diskussion der Frage nach dem Beginn des menschlichen Lebens hauptsächlich die Kernverschmelzungstheorie, die Nidationstheorie, die Hirntätigkeitstheorie und die Geburtstheorie erörtert. Während die Konservativen die Auffassung vertreten, dass die Verschmelzung von Ei- und Samenzelle bereits den Beginn menschlichen Lebens markiere, erklären die Liberalisten, dass das ungeborene Wesen nicht als Mensch anzusehen sei. Die Eklektiker wiederum gestehen dem Embryo ab einem bestimmten Zeitpunkt, der zwischen der Befruchtung und der Geburt liegt, den Beginn menschlichen Lebens zu. Wann genau menschliches Leben einsetzt – ob zum Zeitpunkt der Nidation, beispielsweise 14 Tage nach der Befruchtung oder später – ist jedoch unter den Eklektikern umstritten.

---

278 Ebd.

279 Ebd., S. 128.

# I. Kernverschmelzungstheorie

Bei der Befruchtung verkörpert sich erstmals ein neues genetische Programm, welches den Menschen zusammen mit seiner Umwelt bestimmt.[280] Befruchtung wird durch das Eindringen des Spermiums in das Plasma der Eizelle, die sog. Imprägnation, in Gang gesetzt und mit der Vereinigung des männlichen und des weiblichen Vorkerns, der sog. Konjugation, abgeschlossen.[281] Die Konjugation begründet das neue genetische Programm, durch welches die gesamte Entwicklung des Menschen, soweit diese genetisch determiniert ist, bis zum Tode bestimmt wird.[282] Daher besagt die herrschende Meinung, dass das Leben eines Menschen bereits mit der Konjugation, d.h., ab der Kernverschmelzung beginne.[283] Ab diesem Zeitpunkt bleibe das Individuum nicht nur mit sich eins hinsichtlich seiner genetischen Identität, sondern es entstehe auch das Bild eines geschlossenen Entwicklungskontinuums von der Kernverschmelzung an bis zum Tod des Individuums in zeitlicher Perspektive, nur das äußere Erscheinungsbild ändere sich.[284] In Anlehnung an diese Auffassung ist also für die Bestimmung

---

280 Giwer, Rechtsfragen der Präimplantationsdiagnostik, S. 62.

281 Den Zeitraum zwischen Imprägnation und Konjugation bezeichnet man generell als „Keimbahnstadium“. Gemäß der allgemeinen Ansicht liegt hier noch kein Mensch vor, siehe hierzu: Fink, Jura 2000, S. 210, 215; In Fällen der Krykonservierung – Gefrierkonservierung – von schon befruchteten Eizellen beobachtet man eine starke Überlebensfähigkeit beim Auftauen aus der Praxis; dies gilt gerade nicht bei noch unbefruchteten Eizellen, siehe hierzu: Graf, Ethik in der medizinischen Forschung rund um den Beginn des menschlichen Lebens, S. 79.

282 Zu dem Zeitpunkt der Konjugation, welche die Imprägnation abschließt, existiert ein neues Programm; vgl. Giwer, Rechtsfragen der Präimplantationsdiagnostik, S. 63.

283 In dem Moment der Verschmelzung der Kernzellen kommt es zu einer Verbindung der Chromosomensätze miteinander, so dass sich eindeutig festgelegtes, neues Genmaterial bildet; v. Mangoldt/Klein/Starck: Das Bonner GG - Kommentar, Bd. 1, Art. 1 Rn. 18, 24; Haßmann, Embryonenschutz im Spannungsfeld internationaler Menschenrechte, staatlicher Grundrechte und nationaler Regelungsmodelle zur Embryonenforschung, S. 90; Zypries, Vom Zeugen zum Erzeugen? Verfassungsrechtliche und rechtspolitische Fragen zur Bioethik, S. 4; Ostendorf, JZ 1984, S. 595, 597; Pap, MedR 1986, S. 229; Eser, Neuartige Bedrohungen menschlichen Lebens, S. 33; Schwägerlm, FAZ 31.01.2002, S. 3; Sockel, JuS 1989, S. 773; Eichnorn, Wann beginnt menschliches Leben?, S. 1; Schlingensiepen-Brysch, ZRP 1992, S. 418; Claasen, DVBL 2002, S. 141, 142; Fechner, JZ 1986, S. 253, 258; BVerfGE 39, 1, 42; 88, 203, 251f.

284 Bei der befruchteten Eizelle handelt es sich um eine artspezifische Lebensform, die genetisch insofern abgeschlossen ist, als ihre Anlagen bereits vorhanden sind und nur noch zur Entfaltung zu kommen brauchen; Knoepffler, Forschung an menschlichen Embryonen, S. 13; vgl. Eser. Neuartige Bedrohungen ungeborenen Lebens, S. 41.

des Lebensschutzes des Embryos das genetische Programm des Menschen maßgeblich. Damit sei der Menschstatus mit der Kernschmelzung begründet, der einen vollständigen Schutz des Lebens und der Würde beinhaltet.[285] Das Hauptargument für diese Auffassung besteht darin, dass die genetische Identität des werdenden Menschen ab der Kernverschmelzung unveränderlich festgelegt sei.

Nun aber sei diese Ansicht nicht schlüssig begründbar, denn es gebe keinen klaren Zäsuren im Entwicklungsprozess. Die Tatsache, dass kein Zwischenschritt oder Übergang einen scharfen Einschnitt darstelle, widerlege nicht die Möglichkeit und die Notwendigkeit differenzierender Abgrenzung, wie das Beispiel der Entstehung eines Sandhaufens zeige, bei dem nie gesagt werden könne, welches Sandkorn den Sandhaufen zu einem solchen werden lasse[286]. Jedoch entwickele sich das „genetische Programm", welches im Moment der Kernverschmelzung entstehe, von diesem Zeitpunkt an in einem natürlichen Vorgang, kontinuierlich – ohne weitere Zäsuren, so dass eine normative Festlegung bei der Gewährung des Lebensbeginns erst von einer bestimmten Entwicklungsstufe an in Anspruch genommen werde.[287]

## II. Menschlicher Lebensbeginn bei Ausschluss der Mehrlingsbildung

Im Zeitpunkt des Abschlusses der Omnipotenz[288] ist nach Ansicht von Vertretern der so genannten Individuumstheorie die Unteilbarkeit der Zellen in alle

285 Dreier, GG – Kommentar, Art.1 Rn. 85.

286 Heun, JZ 2002, S. 517. 520.

287 Pap, MedR 1986, S. 229, 233; Losch, NJW 1992, S. 2926f.; Heuermann/Kröger, JuS 1989, S. 773.

288 Vgl. Hirschmüller, Internationales Verbot des Humanklonens, S. 34; Der Ursprung des Begriffs „Omnipotenz" liegt im lateinischen „omnis" für „ganz", „alles" und „potentia" für „Macht", „Kraft", „Fähigkeit". Einerseits wurde Omnipotenz in der älteren Literatur hin und wieder als Synonym für Totipotenz verwendet, andererseits schlägt man allerdings vor, mit diesem Terminus die Fähigkeit der Entwicklung einer Zelle zu allen Gewebearten zu bezeichnen, also dass die Zelle zwar nicht gewebespezifisch ist, jedoch kein Individuum aus sich heraus bilden kann. Omnipotenz lässt sich damit mit dem Begriff der Totipotenz und dem Begriff der Pluripotenz verwechseln. Aus diesem Grund soll sie als Vereinheitlichungsbegriff der Totipotenz und Pluripotenz bzw. als Bezeichnung für die Fähigkeit einer Zelle in Gebrauch genommen werden. Mit Omnipotenz soll nämlich die Fähigkeit der Zelle bezeichnet werden, sich zu allen bestimmten Zellen oder Geweben, insbesondere zu einem kompletten Organismus, zu entwickeln, abrufbar unter:

Zelltypen und damit die Individuation gewährleistet – hierbei handele es sich um „ein klares biologisches Schicksal", was für einige Ethiker zur Bestätigung des personalen Menschseins ausschlaggebend ist.[289] Diese Annahme besagt, dass vor der Individuation[290] nicht von einem menschlichen Individuum[291] gesprochen werden könne. Somit setze individuelles menschliches Leben erst nach dem Ende der Teilbarkeit des Embryos ein. Hier werde der Beginn des Menschseins zu demjenigen Zeitpunkt angesetzt, an dem eine Mehrlingsbildung ausgeschlossen sei.[292] In Anlehnung an diese Position setzt der Zeitpunkt der Menschwerdung mit der Ausbildung des Primitivstreifens etwa 13 bis 14 Tage nach der Befruchtung ein, weil dann mit Ausschluss der Mehrlingsbildung die Individuation abgeschlossen sei und von einem menschlichen Individuum gesprochen werden könne. Die herschende Meinung (h. M.) hält dieser These entgegen, dass es sich bei der Mehrlingsbildung um absolute Ausnahmefälle von 1-2% handele. Aus dieser Beobachtung müsse der Schluss gezogen werden, dass es in den meisten Fällen zur Entstehung eines Kindes komme und somit ein Ausschluss der Mehrlingsbildung gegeben sei[293]. Jedoch entstehen immerhin, wenn auch nur in 1-2% der Fälle, Mehrlinge. Somit kann dieses Argument keine Überzeugungskraft erringen.

Bei dem Zeitpunkt, an dem der Embryo individuiert ist, handelt es sich jedoch ohnehin um einen Prozess und nicht um einen plötzlichen „Einschnitt". Hier tritt das Problem des Verlustes der Omnipotenz der Zellen in einem Zeitraum zwischen 4 und 14 Tagen nach der Befruchtung auf; damit ist eine Festlegung des genauen Zeitpunktes ausgeschlossen.[294] Außerdem ist nicht ersichtlich, bei welchen Zellbereichen des frühen Embryos es zur Einbeziehung in das Individuum kommt und bei welchen nicht, weil vor diesem Zeitpunkt eine Zwillingsbildung und die Herausbildung von mehreren Einzelmenschen auch mög-

---

http://de.wikipedia.org/wiki/Omnipotenz; http://de.wikipedia.org/wiki/Allmacht

289 Graf, Ethik in der medizinischen Forschung rund um den Beginn des menschlichen Lebens, S. 76; Lanz-Zumstein, Die Rechtsstellung des unbefruchteten und des befruchteten menschlichen Keimguts, S. 278.

290 Hierbei bedeutet Individuation Verlust der orthischen Teilbarkeit, d.h. der Möglichkeit der eineiigen Mehrlingsbildung.

291 Im Lateinischen steht „individuum" für den kleinsten, also unteilbaren Baustein der Materie, das Atom (im antiken Sinne).

292 Nach dieser Theorie stellt die Blatozyste noch kein Individuum, noch kein Unteilbares dar, denn diese Zellansammlung verfügt bis zur Einnistung in die Gebärmutter immer noch über die Möglichkeit der Teilung und somit der Mehrlingsbildung; Langer-Rock, Der strafrechtliche Schutz des überzähligen in-vitro-gezeugten Embryos, S. 29.

293 Beckmann, Zeitschrift für Biopolitik 2003, S. 9, 12.

294 Lanz-Zumstein, Die Rechtsstellung des unbefruchteten und des befruchteten menschlichen Keimguts, S. 279.

lich ist.[295] Durch KfEK, also die Erzeugung von genetischen Kopien eines Tieres, wird weiterhin deutlich, dass durch die Teilung des Ausgangsorganismus die Individualität nicht berührt wird. Ein individueller Organismus verliert folglich durch die Teilung, bei der er sich vermehren kann, nicht seine Individualität.[296]

Es ist auch fraglich, ob der Lebensschutz bis zum Abschluss des natürlichen Prozesses der Individualisierung zu warten hat. Des Weiteren muss das biologische Verständnis eines Organismus – also einer individualisierten biologischen Substanz – von dem philosophischen Begriff der Substanz im Sinne eines „Wesens" separiert werden.[297] Nach einer Ansicht ist diese Ausformung des Arguments der Individuation abzulehnen, da es nicht einzusehen sei, warum die Tatsache, dass aus den Zellen unter Umständen auch mehrere Embryonen entstehen können[298], die Festlegung eines geringeren Schutzanspruches rechtfertige.[299] Im Falle, dass noch die Möglichkeit mehrfachen Lebens mit dem Embryo einhergeht, ist der Embryo genauso schutzbedürftig wie im Falle der Reduktion auf ein einziges Leben und der damit verbundenen Individualisierung.[300] Selbst wenn es die Ausnahme ist, führt der Embryo nach diesem Zeitpunkt noch nicht zu einem Ausschluss der Embryonenteilung und besitzt demzufolge keine Individualität im Sinne von Unteilbarkeit. Damit kann der Beginn des grundrechtlich geschützten Lebens erst bei Ausschluss der Mehrlingsbildung nicht überzeugend begründet werden.

---

295 Haßmann, Embryonenschutz im Spannungsfeld internationaler Menschenrechte, staatlicher Grundrechte und nationaler Regelungsmodelle zur Embryonenforschung, S. 101, 102.

296 Honnefelder, in: Damschen/Schönecker, Der moralische Status menschlicher Embryonen, S. 72; Beckmann, Zeitschrift für Biopolitik 2003, S. 9, 13.

297 Breuer, Person von Anfang an?, S. 116.

298 Es ist offen, ob sich das Genom in einem oder in mehreren Lebewesen verkörpere; Isensee, in: Gentechnik und Menschenwürde, S. 59.

299 Herdegen, JZ 2001, S. 773, 777; Lanz-Zumstein, Die Rechtsstellung des unbefruchteten und des befruchteten menschlichen Keimguts, S. 280.

300 Isensee, in: Gentechnik und Menschenwürde, S. 59.

## III. Menschlicher Lebensbeginn nach Abschluss der Nidation

Ähnlich wie der Ansatz des Verlusts der Omnipotenz – nur im Gegensatz hierzu zeitlich genauer zu bestimmen – verläuft die Argumentation der Vertreter der „Nidationstheorie“. Nach dieser Theorie wird nicht nur die „Individuation“ erst mit der Nidation angesetzt[301], sondern der Embryo erlange auch erst mit der Nidation das volle Entwicklungsprogramm und werde erst hier zum Menschen.[302] Diese Ansicht besagt, dass die Nidation ein wichtiger Einschnitt sei und das menschliche Leben mit ihr einsetze, da der Embryo von diesem Zeitpunkt an die entscheidende mütterliche Prägung erlange und sich so zu einem unverwechselbaren Menschen entwickle.[303] Ohne Einnistung in die Gebärmutter und ohne die Beiträge des mütterlichen Organismus erhielte der Embryo niemals die Möglichkeit, sich zu einem fertigen Menschen zu entwickeln. Durch das genetische „Programm“ – welches zweifelsohne mit der Verschmelzung entsteht – könne nicht eigenständig ein Mensch hervorgebracht werden, sondern es werde dazu die Symbiose mit dem Mutterkörper benötigt und damit die Steuerungsimpulse, die von ihm ausgehen.[304] Eine solche intensive Wechselwirkung müsse zum vollständigen genetischen Code hinzutreten, sie sei unersetzlich. Das bedeutet, auch wenn im Rahmen der Entwicklung von Technik und Medizin derartige Fortschritte erzielt werden sollten, dass die Züchtung eines Embryos zu einem Menschen gänzlich im Reagenzglas erfolgen kann, muss eine Struktur erzeugt werden, die mit der Gebärmutter äquivalent ist.[305] Daraus sei der Schluss zu zie-

301 Ostendorf, JZ 1984, S. 595, 596; Hoffmann, JZ 1986, S. 253, 258; Pap, MedR 1986, S. 229, 233.

302 Taupitz, NJW 2001, S. 3438; Nüsslein-Volhard, FAZ 2001, S. 55.

303 Schulz, MedR 2002, S. 404.

304 Nüsslein-Volhard, FAZ 2001, S. 55; zitiert von Rosenau, in: Schreiber/Rosenau/Ishizuka/Kim, Recht und Ethik im Zeitalter der Gentechnik, S. 146; Die Kernverschmelzung setze das genetische Programm zusammen, jedoch ohne die Nidation entstehe daraus niemals ein Mensch. Die Nidation stelle somit eine Vervollständigung des Entwicklungsprogrammes zur Menschwerdung dar, siehe hierzu: Nüsslein-Volhard, Wann ist der Mensch ein Mensch?, S. 24.

305 Ganz gleich, ob man sich auf den Embryo in utero oder in vitro bezieht, es bliebe also die Abhängigkeit von einem „uterus-vergleichbaren Medium“ bestehen, um zum Menschen heranzuwachsen, siehe hierzu: Rosenau, in: Schreiber/Rosenau/Ishizuka/Kim, Recht und Ethik im Zeitalter der Gentechnik, S. 147. Selbst wenn die Embryonen über das Potential der Entwicklung in der in-vitro-Kultur verfügten, könnte es aber zur weiteren Entwicklung in der Realität erst nach der Einnistung in die Gebärmutter kommen.

hen, dass die selbstständige Entwicklung des Embryos erst ab der Nidation wirklich beginnen könne[306] und die Menschenwürde somit erst gleichzeitig mit der Nidation einsetze.

Die Gegner der Nidationstheorie erkennen auch die Einnistung als eine notwendige Bedingung an; jedoch seien auch andere Vorgänge wie etwa die Befruchtung, das Einsetzen der Herztätigkeit, die Gehirnentwicklung, die Lungenreifung, die Geburt usw. notwendig. Entfällt eine der genannten Bedingungen, so sei ein Weiterleben ausgeschlossen. Außerdem brauchen auch die geborenen Menschen immer das passende äußerliche Milieu (z. B. Luft, Wasser etc.) zur Erhaltung ihres Lebens. Aus diesem Grund ist die Festlegung auf die Nidation als entscheidenden Entwicklungsschritt willkürlich. Der Embryo ist von der Gebärmutter abhängig, allerdings ist er eine selbständige Substanz.

Auch gebe es eine große Zahl von Fällen, in denen es natürlicherweise gar nicht zur Nidation komme. Die Nidation sei einem gewissen Zufall unterworfen, da ca. 70% der befruchteten Einzellen im Zeitraum zwischen Befruchtung und Nidation abgestoßen werden.[307] Vor der Nidation gehe die Natur also selbst so verschwenderisch mit den Embryonen um, dass es nicht plausibel erscheine, schon für sie den Lebensschutz anzusetzen.[308] Daher könne man erst nach Abschluss der Nidation von einem Beginn menschlichen Lebens sprechen.[309] Jedoch bildet der natürliche Verlust von Embryonen im Zeitraum vor der Nidation kein Argument für die Zulässigkeit von Handlungen, bei denen Embryonen verbraucht würden, weil diese auch nach der Nidation absterben könnten, wenn auch viel weniger als vorher. Die Selektion durch die Natur dient außerdem nicht als moralische Orientierung für eine Selektion durch den Menschen und auch keineswegs als Rechtfertigungsgrund.[310] Die Berufung auf die Natur kann niemals das menschliche Verhalten rechtfertigen[311], so dass dieser Ansatz kein

---

306 Bei der Nidation handele es sich um den letzten Entwicklungsschritt, welcher conditio sine qua non von Gewicht für die Realisierung der menschlichen Potentiale, für die Festlegung des Individuums, kurz für die Menschwerdung darstelle.

307 Ca. 70% der auf natürlichem Weg erzeugten Embryonen nidieren nicht, sondern werden aus dem Uterus mit der Monatsblutung ausgeschwemmt. Hierfür sind die Ursachen verschiedenartig, z. B. sind Embryonen defekt, oder es kann eine Ausschwemmung von völlig intakten Embryonen durch Funktionsstörungen des weiblichen Uterus ausgelöst werden, siehe hierzu: Rosenau, in: Schreiber/Rosenau/Ishizuka/Kim, Recht und Ethik im Zeitalter der Gentechnik, S. 135, 159.

308 Pap, MedR 1986, S. 229, 233; Lanz-Zumstein, Die Rechtsstellung des unbefruchteten und des befruchteten menschlichen Keimguts, S. 281; Graf, Ethik in der medizinischen Forschung rund um den Beginn des menschlichen Lebens, S. 81.

309 Weck, Vom Mensch zur Sache? Der Schutz des Lebens an seinen Grenzen, S. 65.

310 Isensee, in: Gentechnik und Menschenwürde, S. 60.

311 Pap, MedR 1986, S. 229, 233.

geeignetes Kriterium darstellt. Wenn das Recht auf Leben allen befruchten Eizellen vor der Nidation ferner entzogen wird, weil viele befruchtete Eizellen vor der Nidation sterben, kann das Recht auf Leben von befruchteten Eizellen, die die Nidation erreichen können[312], verletzt werden.

Nach einer Ansicht wird des Weiteren für die Annahme, dass der frühestmögliche Zeitpunkt des Lebensschutzes mit der Nidation einsetze und nicht schon allein die Kernverschmelzung genügen könne, ein Vergleich angestellt. Hiernach sei das „volle Programm“ nicht nur in den verschmolzenen Zellen, sondern auch schon in jeder einzelnen Körperzelle vorzufinden. Werden diese geklont, dann könne es auch auf diese Weise zur Entstehung eines Menschen kommen; trotzdem bezeichne man die Vernichtung von Körperzellen nicht als Menschtötung[313] – es handele sich ebenso nicht bei dem Töten eines Embryos, bei dem die Kerne verschmolzen werden, um eine Tötung eines Menschen. Jedoch gibt es einen deutlichen Unterschied zwischen den Körperzellen und den verschmolzenen Zellen. Während die Embryonen selbst zum Menschen in der Gebärmutter heranwachsen, könnten sie sich zum Menschen in vivo erst nach dem Klonverfahren entwickeln, obgleich die Körperzellen das volle genetische Program wie die Embryonen besitzen. Also ist es ein großer Unterschied, ob die Embryonen sich natürlich in vivo ohne künstliche Manipulation zum Mensch entwickeln können, die Körperzellen jedoch nicht. Deshalb sollten die Embryonen und die Körperzellen nicht gleich eingeschätzt werden.

Ferner beginne menschliches Leben erst nach Abschluss der Nidation, da die Zellen vor der Nidation vor allem auch noch die Möglichkeit der Entstehung von Mehrlingen besäßen.[314] Jedoch kann diese Ansicht, wie schon erwähnt, nicht überzeugen.

---

312 Vor der Nidation kann man auch nicht wissen, welche der befruchteten Eizellen von der Nidation betroffen sein wird.

313 Zippelius, JuS 1983, S. 65, 66.

314 Herdegen, JZ 2001, S. 773, 777; Breuer, Person von Anfang an?, S. 115; Anhang IV Erläuterung des Fachbegriffs „Artspezifisch“, Bundesminister für Forschung und Technologie, In-vitro-Fertilisation, Genomanalyse und Gentherapie, S. 66; Taupitz, NJW 2001, S. 3438; Merkel, DIE ZEIT 2001, S. 38.

## IV. Menschlicher Lebensbeginn ab dem 14. Tag nach der Befruchtung

Nach einer Ansicht wird der Embryo ab dem 14. Tag nach der Befruchtung für menschliches Leben gehalten,[315] weil zu diesem Zeitpunkt der Primitivstreifen, der zum ersten Mal die Körperachsen festlegt, herausgebildet wird[316] und daher eine aktive, gerichtete Zellwanderung beginnt, die einen ersten Schritt hin zur Körpergestalt herbeiführt. Jedoch ist diese Ansicht nicht logisch, da man den Zeitpunkt der Ausbildung des Primitivstreifens ab dem 14. Tag nach der Befruchtung medizinisch nicht festsetzen kann.[317] Tatsächlich wird die Herausbildung des Primitivstreifens nicht leicht erkannt, so dass man seine Herausbildung nur unter dem Mikroskop bestimmen kann. Meiner Meinung nach ist dieser Zeitpunkt für den Nutzen der Forschung willkürlich festgelegt worden. Darüber hinaus bleibt die Frage nach dem Schicksal derjenigen Embryonen offen, welche vollkommen in vitro befruchtet werden und weiter dort bleiben und bei denen nicht nur keine Nidation mehr stattfinden, sondern sich daher auch keine Primitivstreifen herausbilden. Es bleibt fraglich, ob diese in vitro-bleibenden Embryonen ab dem 14. Tag nach der Befruchtung in den Status des geschützten Menschen übergehen sollen oder nicht.

## V. Menschlicher Lebensbeginn mit Einsetzen der Hirntätigkeit

Weiterhin wird die Ansicht vertreten, dass für die Bestimmung des Lebensbeginns der Anfang des Hirnlebens – analog zum Konzept des Hirntodes für das Ende menschlichen Lebens – maßgeblich sei.[318] Zur Hirntodkonzeption wurde die Idee eines Lebensbeginns nach dieser Ansicht mit dem Einsetzen der Hirntätigkeit formuliert. Daher schließe man von dem Ende des Menschen, welches sich durch den Hirntod definiert, auf den Anfangszeitpunkt, der den Beginn der

---

315 Im Jahr 1984 wird diese Ansicht erstmalig in „Warnock report“ aus Großbritannien erwähnt; Claasen, DVBL 2002, S. 141, 142.

316 Weck, Vom Mensch zur Sache? Der Schutz des Lebens an seinen Grenzen, S. 65.

317 Denn es könnte sich der Primitivstreifen je nach dem Individuum im Zeitraum nach 14 Tagen oder vor 14 Tagen nach der Befruchtung herausbilden.

318 Weck, Vom Mensch zur Sache? Der Schutz des Lebens an seinen Grenzen, S. 65.

Hirnentwicklung darstellen solle.[319] Erst durch das Gehirn werde ein subjektives Bewusstsein vom eigenen, identischen Ich möglich, und das Gehirn erweise sich als Grundlage von Selbstbestimmungsfähigkeit und Vernunft, die das Menschsein ausmache.[320] Als Beginn des Lebens werde ein Zeitpunkt ab dem 57. Tag markiert; andere nehmen auch den 30., den 35. oder den 50. Tag nach der Empfängnis an, denn zu diesem Zeitpunkt habe sich das Neuralrohr entwickelt und damit die Voraussetzung für den Beginn der Hirntätigkeit.[321]

Die Theorie zum Lebensbeginn ab der Hirnbildung wird ebenfalls heftig kritisiert.[322] Nach dieser Ansicht müsste im Ergebnis geistig schwer behinderten Menschen, komatösen Patienten und Anenzephalen – Menschen, denen von Geburt an ein großer Teil ihres Gehirns fehlt – sowie selbst Säuglingen bis zum Alter des Beginns des Ich- Bewusstseins das Lebensrecht aberkannt werden.[323] Ich-Bewusstsein und Selbstbestimmungsfähigkeit würden sich somit nicht als notwendige Bedingungen für die Zuschreibung des Menschseins erweisen.[324] Nach dieser Theorie wird weiterhin außer Acht gelassen, dass ein grundsätzlicher Unterschied in der Tatsache liegt, dass der Tod starr, der Lebensbeginn aber fließend und in Bewegung ist.[325] Der Hirnlebensbeginn ist kein unverrückbarer Anfangspunkt so wie der Hirntod. Diese Konzeption des Lebensbeginns bezieht sich auf variierende Zeitpunkte. Deshalb kann man keinen bestimmten Zeitpunkt als Lebensbeginn feststellen, er ist ebenso sehr willkürlich. Außerdem

---

319 Werde mit dem Absterben sämtlicher Hirnfunktionen das menschliche Leben beendet, so sei es nur konsequent, auch dessen Beginn mit der Gehirnfunktion in Verbindung zu bringen, siehe hierzu: Sass, Hirntod und Heinleben, S.160f. Einige streben an, diesen Zeitpunkt als spiegelbildliche Entsprechung zum Hirntod für den Lebensschutz festzusetzen, siehe hierzu: Pap, MedR 1986, S. 229, 233; Schlingensiepen-Brysch, ZRP 1992, S. 418, 419.

320 Das Gehirn sei das unabdingbare biologische Substrat für Entscheidungswillen, Selbstbewusstsein und Präferenzen, die Basiseigenschaften für eine personale Moralfähigkeit; Merkel, Früheuthanasie, S.503f.

321 Sass, Hirntod und Heinleben, S.160, 172f.; Rosenau, in: Schreiber/Rosenau/Ishizuka/Kim, Recht und Ethik im Zeitalter der Gentechnik, S. 135, 148; v. Mangoldt/Klein/Starck, Das Bonner GG - Kommentar, Bd. 1, Art. 1 Rn. 18; Elsner, in: Schreiber/Elsner, Was ist der Mensch?, S. 40.

322 Starck, Das Bonner GG Kommentar, Art. 1 Rn.18.

323 Vgl. Lanz-Zumstein, Die Rechtsstellung des unbefruchteten und des befruchteten menschlichen Keimguts, S. 284; Beckmann, ZRP 1987, S. 80, 83.

324 Rosenau, in: Schreiber/Rosenau/Ishizuka/Kim, Recht und Ethik im Zeitalter der Gentechnik, S. 144.

325 Pap, MedR1986, S. 229, 232; Lanz-Zumstein, Die Rechtsstellung des unbefruchteten und des befruchteten menschlichen Keimguts, S. 284; Graf, Ethik in der medizinischen Forschung rund um den Beginn des menschlichen Lebens, S. 74, 75.

entsteht hier die Frage, ob das Gehirn nicht potentiell auch schon in der Zygote enthalten ist und somit ein früherer Zeitpunkt doch gerechtfertigt wäre.[326]

## VI. Menschliches Leben von Geburt an

Um Mensch zu sein, müssen nach dieser Auffassung bestimmte Eigenschaften wie Einsichtsfähigkeit und Wertebewusstsein vorhanden sein. Diese Ansicht erscheint jedoch bereits als problematisch, wenn man an geborene Menschen denkt, die über diese Eigenschaften nicht verfügen, z. B. Kleinkinder und geistig schwer Behinderte.[327] Sofern dem werdenden Mensch außerdem der Schutzwert mangelt, weil er nur als Zellhaufen vor der Geburt gewertet wird, scheint diese Ansicht nicht den Kern des Problems zu treffen, da es sich beim erwachsenen Menschen auch bloß um eine Ansammlung von chemischen Substanzen handelt und er trotzdem über Rechte verfügt[328].

## VII. Weitere Ansicht

Nach einer weiteren Ansicht wird der Lebensschutz mit der Bildung eines Nervenzell- sowie eines Kreislaufsystems in Zusammenhang gesetzt.[329] Von diesem Moment an sei es zur Bildung eines Organismus gekommen, welcher über „ein Leben" verfügt, vorher dagegen existierten nur Zellen, die zwar lebten, doch sei zwischen „Leben" und „einem Leben" zu unterscheiden.[330] Auch knüpfen manche Wissenschaftler den Lebensschutz an den Gesichtspunkt der extrakorporalen Überlebensfähigkeit. Die Anhänger dieser Auffassung haben sich jedoch dem Einwand zu stellen, dass der Zeitpunkt der extrakorporalen Überlebensfähigkeit dem Wandel und dem Fortschritt der Forschung untergeordnet ist; damit kann kein genauer Zeitpunkt angegeben werden, und die Tauglichkeit dieser Argumentation ist somit in Frage zu stellen.[331]

---

326 Elsner, in: Schreiber/Elsner, Was ist der Mensch?, S. 40.

327 Werner, ZfmE 46 (2000), S. 259, 265; Langer-Rock, Der strafrechtliche Schutz des überzähligen in-vitro-gezeugten Embryos, S. 32.

328 Beckmann, ZRP 1987, S. 80, 82.

329 Mejias, FAZ 2001, S. 43.

330 Ebd.

331 Lanz-Zumstein, Die Rechtsstellung des unbefruchteten und des befruchteten menschlichen Keimguts, S. 286.

# VIII. Beginn des menschlichen Lebens beim geklonten Embryo

Des Weiteren soll untersucht werden, wann beim ohne Befruchtung hergestellten geklonten Embryo menschliches Leben beginnt. Der Mensch entwickelt sich aus einem Embryo. Er wird durch die Befruchtung hergestellt, bei welcher es sich selber um einen Prozess handelt, der mit dem Eindringen eines Spermiums in die Eizelle einsetzt und mit der Fusion der Zellkerne endet. Beim Klonen durch ZKT erfolgt jedoch keine Befruchtung und damit auch keine Kernverschmelzung.[332] Wie in § 4 erwähnt, kann man nun aber einen geklonten Embryo für einen konventionell erzeugten Embryo halten. Deshalb entsteht dann die Frage, von welchem Zeitpunkt an ein geklonter Embryo für einen konventionell erzeugten Embryo zu gelten hat. Der konventionell erzeugte Embryo setzt das neue genetische Program nach der Kernverschmelzung in Gang und entwickelt sich danach durch die Zellteilung zum vollständigen Individuum. Daher kann auch der geklonte Embryo für den konventionell erzeugten Embryo ab dem Zeitpunkt angesehen werden, an dem die genetische Reprogrammierung einsetzt.[333] Bei dem durch ZKT geklonten Embryo beginnt diese Reprogrammierung mit dem Elektroimpuls,[334] nachdem die Spenderzelle insgesamt oder ein fremder Zellkern in die entkernte Eizelle eingeführt worden ist[335]. Aus diesem Grund soll er für den konventionell erzeugten Embryo ab dem Zeitpunkt gehalten werden, an dem die Reprogrammierung zum Embryo anfängt, und dieser Zeitpunkt könnte sogar als der Zeitpunkt gelten, an dem die Kernverschmelzung beim konventionell erzeugten Embryo abschließt. Auf alle Fälle ist zuerst zu untersuchen, von welchem Zeitpunkt an der konventionell erzeugte Embryo als ein Mensch betrachtet wird, damit der Lebensbeginn des geklonten Embryos bestätigt wird.

332 Beck, in: Dabrock/ Ried, Therapeutisches Klonen als Herausforderung für die Statusbestimmung des menschlichen Embryos, S. 209.

333 Vgl. Ebd., S. 210.

334 Hetz, Schutzwürdigkeit menschlicher Klone? S. 43.

335 Vgl. Ebd.; Hillebrand/Lanzerath, Klonen - Stand der Forschung, ethische Diskussion, rechtliche Aspekte, S. 13.

# IX. Fazit

Naturwissenschaftler unterteilen unter dem Gesichtspunkt des zeitlichen Verlauf den menschlichen Entwicklungsprozess in Zygote, Präembryo, Embryo und Fötus etc.. Dabei schreiben sie jedem Zeitraum ein differenzierendes Merkmal zu. Jedoch wird die Wahl des Zeitpunktes der Menschwerdung nicht schlüssig begründet, auch wenn einzelne Entwicklungsphasen des Embryos mehr oder weniger nachvollziehbar gegeneinander abgegrenzt werden können. Nach der naturwissenschaftlichen Untersuchung ist die befruchtete Eizelle eine Substanz, die nicht zu einer Eizelle und einer Samenzelle reduziert werden könne.[336] Außerdem sei die befruchtete Eizelle ein völlig neues Lebewesen, und in ihr seien bereits alle Erbinformationen ganz neu und einzigartig vorhanden[337], dadurch entwickele sie sich zum vollständigen Menschen. Nach der Kernverschmelzung beginne beim Säugetier weiterhin das Programm für die Körperentwicklung. Also werde nach einigen Minuten oder Stunden nach der Kernverschmelzung zwischen der Eizelle und der Samenzelle entschieden, wo Kopf, Hand, Bein und Rücken u.s.w. entstehen.[338] Darum gilt der Zeitpunkt der Vereinigung von Ei- und Samenzelle als der geeignetste biologische Anküpfungspunkt für den Beginn der vollen Schutzwürdigkeit des individuellen Menschenlebens.[339] Andere Anknüpfungspunkte mögen zwar aus biologischer Sicht ebenso geeignet sein, jedoch kann ihr Zeitpunkt nicht definitiv festgelegt werden, und darüber hinaus lässt sich nicht überzeugend begründen, warum denn gerade jene Argumente eine Schutzwürdigkeit des Embryos auslösen sollen.

Bei dem konventionell erzeugten Embryo gilt nur die Kernverschmelzung als der Zeitpunkt, ab dem sie nachweisbar voll entwicklungsfähig ist.[340] Also kann man sagen, dass das menschliche Leben biologisch mit dem Zeitpunkt einsetzt, von dem an die Zelle voll entwicklungsfähig ist.[341] Diese Potenzialität ist bei einem Klon genauso gewährleistet wie bei einer befruchteten Eizelle.[342] Bei

336 Hong, A study of Bioethics on the basis of Personalism, S. 137.

337 Jeder Mensch hat ein einzigartiges Genom. Jedoch kann das Vorliegen des menschlichen Lebensschutzes nicht durch die Einzigartigkeit des Genoms begründet werden, denn diese Einzigartigkeit liegt auch bei anderen Lebewesen vor.

338 Hong, A study of Bioethics on the basis of Personalism, S. 137.

339 Schockenhoff, in: Damschen/Schönecker, Der moralische Status menschlicher Embryonen, S. 11.

340 Vgl. Beck, in: Dabrock/Ried, Therapeutisches Klonen als Herausforderung für die Statusbestimmung des menschlichen Embryos, S. 210.

341 Vgl. Ebd.

342 Ebd.

dem durch ZKT erzeugten Embryo könnte der Zeitpunkt, an dem die Zelle voll entwicklungsfähig ist, jener Zeitpunkt sein, zu welchem die Reprogrammierung der Zelle beginnt. Daher könnte man den Zeitpunkt, an dem die neuen Erbimformationen durch Zelltransfer gebildet werden und die Reprogrammierung durch Elektroimpuls einsetzt, als den Zeitpunkt des Lebensbeginns bei dem geklonten Embryo betrachten.

# § 6 Ontologischer, moralischer Status des menschlichen Embryos

Um sich dem überaus umfänglichen Problemkomplex anzunähern, in dessen Zentrum die Frage nach dem ontologischem moralischen Status menschlicher Embryonen steht, soll zuerst die Frage untersucht werden, ob es wesentlich für die menschliche Natur ist, Person zu sein – ein Prädikat, das für einige Autoren die Basis aller moralischen rechtlichen Statuszuschreibungen darstellt. Auch muss das Problem einer prinzipiellen Statusgleichheit zwischen dem geborenen und dem ungeborenen Menschen[343] geprüft werden. Folgende vier Argumente für ein Grundrecht auf Schutz des Lebens und der Menschenwürde des frühen Embryos sind hierbei denkbar und wurden bzw. werden in der aktuellen internationalen bioethischen Debatte intensiv erörtert:

1. das **S**peziesargument,
2. das **K**ontinuumsargument,
3. das **I**dentitätsargument,
4. das **P**otentialitätsargument.

Wesentlich für alle vier SKIP-Argumente ist gewissermaßen ein Grundprinzip, dessen erfolgreiche Anwendung entscheidend für die Überzeugungskraft des jeweiligen Arguments ist: der Nachweis bestimmter Eigenschaften, die für das zur Debatte stehende Wesen der Menschen einen Würdestatus begründen

343 Darauf weist z. B. Merkel, in: Damschen/Schönecker, Der moralische Status menschlicher Embryonen, S. 37, hin: „Den Einbezug des Embryo in die Sphäre unserer moralischen Schutznormen kann es daher erst dann gebieten, wenn zuvor dessen Status als der eines normativ Gleichen feststeht. Dieser Status müsste also zunächst begründet werden.“.

und dadurch den Lebensschutz garantieren sollen. Da dieser Würdeschutz bei erwachsenen Menschen fraglos vorausgesetzt wird, besteht die Leistung jedes Arguments darin, den Würdestatus vom erwachsenen Menschen auf menschliche Embryonen zu übertragen.[344] Die Übertragung erfolgt gemäß dem Qualifizierungskriterium, das für das jeweilige Argument spezifisch ist: im Falle des Speziesarguments ist dies die Zugehörigkeit zur selben Spezies; das Identitätsargument betont die Identität zwischen dem geborenen Menschen und dem Embryo in moralrelevanter Hinsicht; das Kontinuitätsargument behauptet eine kontinuierliche Entwicklung ohne moralrelevante Einschnitte, und das Potentialitätsargument zielt ab auf den Schutz des menschlichen Entwicklungspotentials schon des frühesten Embryos.[345] Daher wird in diesem Absatz durch Analyse der vier Hauptargumente[346] eine eigenständige Position des frühen Embryos innerhalb der Embryonendebatte synthetisch untersucht.[347]

# I. Zentrale Grundprinzipien der bioethischen Debatte

Im Rahmen der folgenden Darlegung soll gezeigt werden, dass einige Autoren versuchen, die Komplexität der Embryonendebatte und die heiklen Komplikationen der Klärung von deren Grundfragen zu minimieren, indem sie gewisse ar-

---

344 Die Frage ist also essentiell, welchen Schutzstatus erwachsene Menschen haben.

345 Potentialität bedeutet, dass prinzipiell die Möglichkeit bestehen muss, dass sich aus dem Embryo ein vollwertiger Mensch entwickelt. Das Individualitätsargument stellt auf die genetische Eindeutigkeit des Embryos ab, die dessen Individualität und damit dessen Schutzanspruch begründen soll. Kontinuität meint, dass es keine entscheidenden, trennbaren Abschnitte in der Entwicklung gibt, die eine Änderung der Rechtssituation rechtfertigen würden. Bisweilen wird auch ein Argument der Spezieszugehörigkeit angenommen und die Gesamtdebatte daher als „SKIP“-Debatte bezeichnet.

346 Der von Damschen und Schönecker herausgegebene Sammelband leistet mit seinen Aufsätzen für die begriffliche Trennschärfe, argumentative Tiefe und Plausibilitätsprüfung der im Rahmen der Embryonendebatte eingesetzten Argumente und Argumentationen einen sehr wertvollen Beitrag und wird aufgrund seiner Umfänglichkeit und Differenziertheit auch in der vorliegenden Arbeit als wichtige Quelle benutzt, dazu ausführlich in: Damschen und Schönecker, Der moralische Status menschlicher Embryonen.

347 Da die Komplexität des Problems mit diesen wenigen Worten nur andeutungsweise umrissen werden kann, wird sie im Rahmen dieser Dissertation bzw. im Rahmen dieses Kapitels mit Sicherheit nicht in einer für alle an der Debatte Beteiligten befriedigenden und abschließenden Weise behandelt werden können – dies ist auch nicht beabsichtigt. Hierbei wird keine definitive Position bezogen, sondern nur eine Orientierung in Diskussion und Lektüre gegeben.

gumentative Umgehungstaktiken anwenden. Dies gilt insbesondere für die Einbeziehung des Würdebegriffs in die jeweilige Argumentation. Würde ist ein unentbehrlicher Begriff der Ethik. Ebenso ist der Würdeschutz das wichtigste Verfassungsprinzip; aus ihm könnten sich ein starker Schutzstatus bzw. starke Garantien ableiten lassen. Jedoch ist der Würdebegriff gleichzeitig auch enorm facettenreich und dadurch notorisch ungenau, da „weder über die Extension noch über die Intension des Begriffs Einigkeit herrscht."[348] Ebenfalls kann man die menschliche Eigenschaft nicht zu einem bestimmten Etwas festsetzen, da sie wie der Begriff der Menschenwürde vielfältig ist. Deswegen werden der Begriff der Menschenwürde und die Merkmale der menschlichen Eigenschaft, die zentrale Grundprinzipien der bioethischen Debatte sind, vor der Diskussion über den Status des Embryos, skizziert.

## 1. Zur Frage des Begriffs der Menschenwürde

Menschenwürde als oberster Wert der freiheitlichen Demokratie[349] ist ein äußerst problematischer, zumindest generell letztlich kaum exakt bestimmbarer Begriff[350]. Die Menschenwürde scheint stets eben diejenige Bedeutung anzunehmen, die den Zwecken des jeweiligen Sprechers zuträglich ist[351]. Zurzeit stehen sich normalerweise drei hauptsächliche grundlegende Menschenbilder und damit drei Auffassungen von der Menschenwürde gegenüber.

Die erste Ansicht, die sog. Mitgifttheorie, versucht eine positive Annäherung, indem sie die Würde als den von Gott oder der Natur mitgegebenen Eigenwert des Menschen ansieht.[352] Diese Auffassung ist vornehmlich aus der Tradition der christlichen Naturrechtslehre erwachsen und wird von vielen Ethikern und Theologen vertreten[353] und geht auf die Philosophie Kants zurück, der davon ausgeht, dass jeder Mensch Würde als einen festen, nicht absprechbaren, absoluten inneren Eigenwert besitze und deshalb nicht als Mittel zum Zweck anderer gebraucht werden dürfe, sondern nur als Zweck an sich gesehen werden

348 Damschen/Schönecker, in: Damschen/Schönecker, Der moralische Status menschlicher Embryonen, S. 190f.

349 BVerfGE 5, S. 85, 204; 30, S. 1, 25; 32, S. 98, 108; 50, S. 166, 175.

350 BVerfGE 30, S. 1, 25.

351 Hilgendorf, in: Staat, Kirche, Verwaltung – Festschrift für Hartmut Maurer zum 70. Geburtstag, S. 1150.

352 Sacksofsky, Der verfassungsrechtliche Status des Embryo in vitro, S. 42; Dreier, DÖV 1995, S. 1036, 2038.

353 Hauskeller, Beilage zu der Wochenzeitschrift „Das Parlament" 29.06.2001, S. 12; Hofmann, AöR 1993, S. 357.

solle.[354] Diese Theorie geht davon aus, dass die Würde für alle Menschen in allen „Seins-Formen“ gelte und somit umfassend gewährleistet sei.[355] Diesem komme daher unabhängig von irgendwelchen Eigenschaften eine unverletzliche Würde zu; damit gelte sie für alle Menschen, auch den ungeborenen[356].

Die zweite Ansicht, die sog. Leistungstheorie, setzt die Würde über die Leistung der Identitätsbildung gegenüber: der Mensch habe seine Würde aufgrund seines eigenen selbstbestimmten Verhaltens.[357] Das bedeutet, dass die Menschenwürde abhängig sein soll von bestimmten Fähigkeiten des einzelnen, wie Bewusstsein, Vernunft,[358] oder der „Fähigkeit zur Selbstachtung“[359]. Danach kann dem Embryo keine Menschenwürde zuteil werden.[360]

Nach der dritten Ansicht, der sog. Ensembletheorie, setzt sich die Menschenwürde aus mehreren Bestandteilen zusammen, z. B. aus dem Recht auf ein materielles Existenzminimum, auf autonome Selbstentfaltung, auf Schmerzfreiheit, auf Wahrung der Privatsphäre, auf geistige und seelisch Integrität, auf grundsätzliche Rechtsgleichheit sowie aus dem Recht auf minimale Achtung. Betrachtet man den Begriff der Menschenwürde gemäß der Ensembletheorie inhaltlich, kann man durch die Embryonenforschung keinen Verstoß gegen die Menschenwürde feststellen. Allein das Recht auf minimale Achtung eines Embryos könnte im Falle eines Missbrauchs des Embryos angetastet werden.[361]

---

354 Fechner, JZ 1986, S. 653; Fink, Jura 2000, S. 210, 212; Hofmann, AöR 1993, S. 353, 354; Brohm, JuS 1998, S. 197, 198; Vitzthum, JZ 1985, S. 206; Kant, Kritik der praktischen Vernunft, S. 141.

355 Hauskeller, Beilage zu der Wochenzeitschrift „Das Parlament“ 29.06.2001, S. 12; Starck, JZ 1993, S. 816.

356 Deutsche Bischofskonferenz, Der Mensch – sein eigener Schöpfer? 2001; vgl. Pieroth/Schlink, Grundrechte - Staatsrecht II, S. 354; Bei der Schaffung des Art. 1 I GG ging der Parlamentarische Rat von dieser Mitgifttheorie aus, siehe hierzu: Hofmann, AöR 1993, S. 361.

357 Vgl. Luhmann, Grundrechte als Institution, S. 53ff.

358 Dreier, DÖV 1995, S. 1036, 1038.

359 Benda, NJW 2001, S. 2147, 2148.

360 Allerdings muss man bedenken, dass man über diesen Begriff auch leicht zu der Folgerung kommen kann, auch Komapatienten seien von der Menschenwürde auszuschließen.

361 Hilgendorf, in: Staat, Kirche, Verwaltung - Festschrift für Hartmut Maurer zum 70. Geburtstag, S. 1154.

### 2. Die Merkmale der menschlichen Eigenschaften

Manche Autoren versuchen, die Gruppe der Anspruchsberechtigten über die Merkmale bestimmter Eigenschaften bzw. Kriterien zu bestimmen, die in der früheren philosophischen Diskussion unter dem Begriff der Person subsumiert wurden. Dazu können etwa Empfindungsfähigkeit, Selbstbewusstsein, Selbstkontrolle, Autonomie, Sinn für die Zukunft, Sinn für Vergangenheit, Reflexionsfähigkeit, subjektive Interessen, Leidensfähigkeit bzw. Schmerzempfindlichkeit, Kommunikation, Neugier und die Fähigkeit gezählt werden, mit anderen Beziehungen zu knüpfen, sich um andere zu kümmern, eine Wahl zu treffen, eine Handlung nach eigener Entscheidung zu vollziehen etc., und diese Eigenschaften werden für Menschen als wesentlich angesehen.[362] Nur die Menschen, die aktual über diejenigen moralisch relevanten Eigenschaften verfügen, die für das Personsein als konstitutiv angesehen werden können, fallen unter den Begriff der Person.[363] Es fällt jedoch schwer, sowohl gemeinsame Eigenschaften aller Menschen festzusetzen, die in dem Begriff der Person enthalten sind, als auch nur die Eigenschaften der Menschen, durch die diese sich von anderen Lebewesen unterscheiden.

## II. Die Hauptargumente zum Status des menschlichen Embryos

### 1. Zur Plausibilität des Speziesarguments

Das Speziesargument besagt, dass sich die Menschenwürde des Embryos aus dessen biologischer Zugehörigkeit zur Menschheitsfamilie ergebe[364]. Daher definieren die Befürworter des Speziesarguments das Menschsein als einen Organismus, der der Spezies homo sapiens sapiens angehöre und erklären, dass alle Angehörigen dieser Spezies schutzwürdige Lebewesen seien. Das heißt, sie betrachten die Zugehörigkeit menschlicher Lebewesen zur Spezies homo sapiens

---

362 Vgl. Schockenhoff, in: Damschen/Schönecker, Der moralische Status menschlicher Embryonen, S. 15; Braun, Menschenwürde und Biomedizin, S. 112f.; Singer, Praktische Ethik, S. 118, 120, 134, 197; Singer, Practical ethics, S. 84, 85, 90.

363 Schockenhoff, in: Damschen/Schönecker, Der moralische Status menschlicher Embryonen, S. 15.

364 Spaemann, DIE ZEIT 04/2001, S. 38; Jonas, DIE ZEIT 08/2001, S. 38.

sapiens als fundamentale würdestiftende Eigenschaft. Von dieser Zugehörigkeit des Embryos wird also auf die Zuerkennung des Würde- und des Lebensschutzes geschlossen. Gehöre der Embryo deswegen biologisch der menschlichen Gattung an, so genieße er nach dem Prinzip der Gleichbehandlung, welches seine uneingeschränkte Anwendung auf das Verhältnis zwischen geborenem und ungeborenem Leben findet, den Lebensschutz.[365] Anders formuliert, es wird bewusst auf eine Differenzierung zwischen den Spezifika einer bestimmten Lebensphase des Individuums bzw. seines Aufenthalts innerhalb eines bestimmten Entwicklungsstadiums verzichtet, und es wird auch von den tatsächlichen aktualen Eigenschaften des zur Debatte stehenden Wesens gänzlich abgesehen. Daher stellt sich im Zusammenhang mit diesen Eigenschaften die Frage, wo sich diese lokalisieren lassen, ob man sie unter dem Personenbegriff zu subsumieren oder ob man sie als typische Eigenschaften kategorisch der Spezies Mensch zuzuschreiben hat. Gerade in der Auseinandersetzung mit dem Speziesargument soll sich zunächst ein Ansatz bioethischen Argumentierens etablieren, der die Trennung der Kategorien „Person“ und „Mensch“ anstrebt.

### *a. Menschsein und Personsein*

Es geht um die Frage, ob der Embryo wegen seiner natürlichen Zugehörigkeit zur Spezies Mensch als Mitglied der Menschheitsfamilie akzeptiert wird oder ob ein Lebewesen ansonsten aufgrund besonderer Kategorien und Fähigkeiten, d.h. Eigenschaften, als Gegenstand des Lebens- und des Würdeschutzes anerkannt wird. Während der Personalismus das Menschsein infolge der Zugehörigkeit des Embryos mit dem Personsein identifiziert, trennt der Unpersonalismus Menschsein und Personsein aufgrund bestimmter Eigenschaften. Dabei wird das Verhältnis zwischen Menschsein und Personsein als Mittelpunkt der Theorie von Spaemann untersucht, der den Personalismus repräsentiert, und der Theorie von Singer, der den Unpersonalismus vertritt.

#### aa. Unpersonalismus: Peter Singers Personen

Ein hervorragendes Merkmal der Bioethik im Rahmen des Unpersonalismus ist die Tatsache, dass die Identität zwischen dem Menschsein und dem Personsein

---

365 Also wird nach diesem Argument das Tötungsverbot geschützt. Voraussetzung dieses Argumentes ist, dass Rechtsträger ein individueller Angehöriger der Gattung ist.

abgelehnt wird.[366] Der Unpersonalismus hält nicht jeden Menschen für eine Person, sondern nur das Lebewesen, das über bestimmte Eigenschaften und Fähigkeiten verfügt. Nach Singer, einem der Verfechter des Unpersonalismus, kann sich der Ausdruck „menschliches Wesen“ auf zwei verschiedene Begriffe beziehen. Die erste Verwendung des Begriffs „menschlich“ stelle die biologische Bedeutung „Mitglied der Spezies Homo sapiens“ dar, und die zweite Verwendung umfasse den Begriff „Person“. [367] Bei der ersteren bestehe kein Zweifel, dass ein von menschlichen Eltern gezeugter Embryo vom ersten Moment seiner Existenz an ein menschliches Wesen sei; und ebenso treffe dies für den schwerst und unheilbar geistig behinderten Menschen und sogar für einen anenzephalischen Säuling zu.[368] Die letztere bedeute das menschliche Wesen, das die moralisch relevanten Eigenschaften besitzt.[369] Weiterhin will Singer den Lebenswert der Person von dem Lebenswert des Mitglieds der Spezies Homo sapiens unterscheiden. Er vertritt den Standpunkt, dass das Leben eines Fötus (und natürlich erst recht das eines Embryos) nicht mehr wert sei als das Leben eines nichtmenschlichen Lebewesens auf einem ähnlichen Stand der Rationalität, des Selbstbewusstseins, der Bewusstheit, der Empfindungsfähigkeit usw. Da ein Fötus keine Person sei, habe er nicht denselben Anspruch auf Leben wie eine Person.[370] Nach Singers Auffassung liegen die entscheidenden Gründe dafür, jemandem ein Lebensrecht zuzusprechen, in der Eigenschaft, eine Person zu sein, nicht aber in der Zugehörigkeit zur Gattung Mensch.[371] Daher schlägt Singer vor, den Ausdruck „Person“ in der Bedeutung eines rationalen und selbstbewussten Wesens zu gebrauchen.[372] Auch Tooley behauptet, dass die Zugehörigkeit zur Gattung Mensch moralisch nicht relevant sei. Ein moralischer Unterschied zwischen einem Menschen und einem Tier würde nur dann bestehen, wenn eine moralisch relevante Eigenschaft aufgezeigt werden könnte, über die der Mensch verfügt, das Tier aber nicht. [373] Für Tooley besitzen Föten und Säug-

---

366 Die Bedeutung des Personenbegriffs liegt in der Überwindung des Begründungsdefizits des Speziesismus. Dabei werden die Begriffe „Mensch“ und „Person“ nicht als deckungsgleich angesehen.

367 Singer, Praktische Ethik, S. 118, 119, 120; Singer, Practical ethics, S. 84, 86, 87; Nach dem Oxford Dictionary lautet eine der gegenwärtig gebräuchlichen Bedeutung des Begriffs Person: „ein selbstbewußtes oder rationales Wesen“.

368 Singer, Praktische Ethik, S. 118; Singer, Practical ethics, S. 85.

369 Singer, Praktische Ethik, S. 120; Singer, Practical ethics, S. 87.

370 Singer, Praktische Ethik, S. 197, 219; Singer, Practical ethics, S. 151, 169.

371 Hegselmann/Merkel, Zur Debatte über Euthanasie, S. 7.

372 Singer, Praktische Ethik, S. 120; Singer, Practical ethics, S. 87.

373 Braun, Menschenwürde und Biomedizin, S. 110.

linge kein Lebensrecht, weil sie nicht über die „Bedingung des Selbstbewusstseins“ verfügen.[374]

### bb. Personalismus: Robert Spaemanns Personen

Dieses empiristische Personenkriterium wird insbesondere von Vertretern des Speziesarguments kritisiert.[375] Spaemann – einer der Verfechter des Personalismus – sagt, dass „Menschsein“ und „Personsein“ miteinander identisch seien und dem Menschsein als Personsein absolute Würde verliehen werden solle. Spaemann bedient sich einer genealogischen Theorie, um die These zu begründen, dass es sich bei dem Embryo vom Zeitpunkt der Verschmelzung der Vorkerne an um eine Person handele. Nach seiner Ansicht kann und darf nur ein einziges Kriterium für Personalität existieren, nämlich die biologische Zugehörigkeit zum Menschengeschlecht. Daher könne man auch Anfang und Ende der Existenz der Person nicht vom Anfang und vom Ende des menschlichen Lebens trennen.[376]

Spaemann äußert auch, dass es sich bei dem Wort „Person“ nicht um einen sortalen Ausdruck handele, mit dem etwas als ein „So-und-so“ gekennzeichnet und dadurch identifizierbar gemacht wird.[377] Die Frage „Was ist das?“ werde normalerweise nicht mit „Das ist eine Person“ beantwortet, wie wenn man sagen würde: „Das ist ein Mensch“ oder „Das ist eine Lampe“.[378] Der Personenbegriff erweise sich nicht als Mittel zur Identifikation von etwas als etwas, sondern es werde mit ihm eine Aussage über ein bereits als ein So-und-so Bestimmtes getroffen.[379] Als Personen bezeichneten wir nur Wesen aufgrund von bestimmten Eigenschaften, welche wir vorher identifiziert hätten.[380] Also existiere die Eigenschaft „Personsein“ nicht.[381] Es müsse vielmehr schon vorher bekannt sein, ob dies ein Mensch oder eine Lampe ist, um wissen zu können, ob es eine Person ist.[382] Nach Spaemann bezeichnet das „Personsein“ schließlich Wesenszüge des Menschseins, so dass alle Menschen unmittelbar Personen seien. „Person“

374 Ebd., S. 109.
375 Vgl. Schockenhoff, in: Damschen/Schönecker, Der moralische Status menschlicher Embryonen, S. 14, 19.
376 Knoepffler, Forschung an menschlichen Embryonen, S. 91.
377 Spaemann, Personen, S. 14.
378 Ebd.
379 Ebd.
380 Ebd.
381 Ebd.
382 Ebd.

sei kein Artbegriff, sondern die Weise, wie Individuen dieser Art „Menschen" sind.[383] Außerdem würden Personrechte nicht verliehen und nicht zuerkannt, sondern von jedem mit gleichem Recht in Anspruch genommen. Hierbei verstehe man unter „jeder" alle Menschen.[384]

Des Weiteren geht er davon aus, dass die Personalität erst durch bestimmte Eigenschaften wie Selbstbewusstsein als Fähigkeit zur Reflexion und Selbsttranszendenz ermöglicht wird.[385] Jedoch handele es sich bei dem zu einem bestimmten Zeitpunkt bei einem Menschen empirisch feststellbaren Fehlen dieser Eigenschaften nicht um das Fehlen der Personalität.[386] Aus diesem Grund spiele für seine Anerkennung als Person nicht das individuelle Auftreten bestimmter Artmerkmale eine Rolle, sondern nur die Zugehörigkeit zur Art.[387] So sollen nach Spaemann die Eigenschaften wie z. B. das Selbstbewusstsein, durch die Menschen zu Personen würden, als Artmerkmale auch für denjenigen Menschen Achtung einfordern, der nicht über sie verfügt, indem die Eigenschaften als arttypisch klassifiziert werden.[388] Und selbst wenn dieses Wesen wegen einer Behinderung niemals imstande ist, „ich" zu sagen, handele es sich als Sohn oder Tochter, als Bruder oder Schwester um ein Mitglied einer menschlichen Familie und somit der Menschheitsfamilie, die eine Personengemeinschaft sei.[389] Für menschliche Personalität existiere nur e i n zulässiges Kriterium: die biologische Zugehörigkeit zur Menschheitsfamilie.[390] Schließlich solle doch das Kriterium des Personseins die Artzugehörigkeit zu *homo sapiens sapiens* sein.[391]

### cc. Beurteilung beider Gesichtspunkte

Der Unpersonalismus begreift die Existenz des Menschseins nicht als ontologisches Prinzip, sondern als empiristische Betrachtung über die Handlung eines bestimmten Typs. Deshalb definiert er die Person als eine bestimmte Eigenschaft oder Funktion, so dass ein nichtmenschliches Wesen Person sein könnte,

---

383 Ebd., S.263

384 Ebd.

385 Zunke, Das Subjekt der Würde, S. 55.

386 Ebd.

387 Ebd., S.55, 56; Spaemann, Personen, S. 11.

388 Zunke, Das Subjekt der Würde, S. 56.

389 Ebd.

390 Ebd.

391 Ebd.; Im Gegensatz zum Personenbegriff der positivistischen Definition vertritt Spaemann einen Begriff von Person, von welchem notwendigerweise alle Menschen umfasst werden, siehe hierzu: Zunke, Das Subjekt der Würde, S. 55.

aber ein menschliches Wesen nicht. Sowohl der Embryo als auch der Fötus, das geistig schwerst behinderte Kind sowie das neugeborene Kind und der Komapatient gehören allesamt zweifellos zur Spezies Homo Sapiens. Jedoch verfügt niemand von ihnen über Rationalität, Selbstbewusstsein, Bewusstheit, Sinn für die Zukunft oder über die Fähigkeit, mit anderen Beziehungen zu knüpfen; demnach haben sie keine Person.[392] Ebenso gibt es zahlreiche nichtmenschliche Lebewesen wie den Schimpansen, den Gorilla, den Affen und den lernfähigen Hund, deren Fähigkeiten diejenigen eines eine Woche oder einen Monat alten menschlichen Säuglings übertreffen.[393] Wenn sie eine bestimmte Eigenschaft haben, so könnte ihnen der Status als Person gewährt werden. Aus diesem Grund hat das Leben eines nichtmenschlichen Lebewesens, das über bestimmte Eigenschaften verfügt, nach der Auffassung der Liberalisten mehr Wert als das Leben eines Neugeborenen. Weiterhin könnte ein Infantizid in bestimmten Fällen gerechtfertigt werden, weil z. B. ein sieben Tage altes Baby keine vernunftbegabte und selbstbestimmte Existenz darstellt.

Jedoch vertragen sich die Implikationen dieser Auffassung über den Status des neugeborenen Lebens nicht mit der praktisch unbestrittenen Annahme, dass das Leben eines neugeborenen Babys ebenso sakrosankt sei wie das eines Erwachsenen.[394] Manche Menschen meinen sogar, das Leben eines Babys sei kostbarer als das eines Erwachsenen.[395] Nach der Auffassung des Unpersonalismus ist auch der Komapatient keine Person, da er die dafür erforderliche Eigenschaft nicht besitzt. Deshalb habe er keinen Schutzwert. Jedoch besitzt er doch noch immer jene personalen Eigenschaften, die ihn bereits vor Beginn des Komas auszeichneten, auch wenn dem Komapatienten momentan, d. h. für die Dauer seines Komas, die Bewusstseinsqualität fehlt. Gemäß dem Unpersonalismus fällt der Embryo nicht unter die Personen-Definition, weshalb sich für ihn auch kein schutzwürdiger Status ableiten lasse. Aber der Embryo und der Komapatient unterscheiden sich nur insofern, als der Komapatient eine zeitweise verlorene Eigenschaft zurückgewinnen kann, während der Embryo diese erst erwerben muss. Das bedeutet, dass der Embryo dieses zeitlich begrenzte Defizit mit dem Komapatient gemein hat. Aus diesem Grund besteht auch kein signifikanter Unterschied hinsichtlich der Tötung eines Embryos und der eines Komapatienten. Wenn man die Person vom Gesichtspunkt der Epistemologie definiert, liegt der Fehler darin, dass der Begriff der Person auf eine eingeschränkte Eigenschaft reduziert wird. Problematisch ist diese Argumentation deshalb, weil

---

392 Singer, Praktische Ethik, S. 119, 219; Singer, Practical ethics, S. 86, 169.

393 Singer, Praktische Ethik, S. 219; Singer, Practical ethics, S. 169.

394 Ebd.

395 Ebd.

z. B. auch Neugeborene, geistig Behinderte oder Komapatienten in die Kategorie anzweifelbarer Personalität fallen. Außerdem bleibt die Frage offen, wer über die Art, die Qualität, die Stärke und die Grenze der Eigenschaft entscheidet, die das Lebewesen zu Person macht. Der Unpersonalismus begründet auch nicht deutlich, warum bestimmte Fähigkeiten oder Eigenschaften würdestiftend sein sollen.[396]

Die Entscheidung über die Qualität Mensch ist nicht nur nach dessen Bewusstsein, Interessen und subjektiver Wahrnehmungsfähigkeit zu treffen.[397] Das heißt, dass die Personwürde des Lebewesens nicht von dessen Bewusstseinsstand abhängt.[398] Der Unbegabte, Unkultivierte, der Schlafende, der Kranke, und auch das Kind – immer sind sie Person, selbst wenn die physischen und die psychischen Voraussetzungen für ihre Aktuierung im Bewusstsein und Handeln gestört sind.[399] Menschsein ist also Personsein, daher ist jeder Mensch Person.[400] Der Mensch wird nicht dadurch Person, indem er eine Fähigkeit oder eine Eigenschaft erwirbt, sondern er besitzt den Status einer Person ab dem Moment seines Existenzbeginns. Wenn ein Mensch eine Fähigkeit oder eine Eigenschaft erlangt oder verliert, verändert er sich, aber er bleibt immer ein Mensch. Wenn jemand kein Mensch mehr ist, bedeutet das nicht, dass er eine Eigenschaft verloren hat, sondern dass er nicht mehr existiert; vielmehr unterbricht er seine Existenz. Nicht weil ich über eine bestimmte Eigenschaft und Fähigkeit verfüge oder verfügen kann, bin ich Mensch, sondern weil ich Mensch bin, besitze ich sie oder kann sie besitzen. Um Person zu werden, ist Menschsein eine hinreichende, aber keine notwendige Bedingung. Daher ist jeder Mensch Person, und auch ein nichtmenschliches Lebewesen kann Person werden.

### *b. Zur Kritik des Speziesbegriffs*

Nach den Vertretern des Speziesarguments hat jeder menschliche Embryo, der von Anfang an Mitglied der Spezies *Homo sapiens sapiens* ist, Würde und daher

396 Damschen/Schönecker, in: Damschen/Schönecker, Der moralische Status menschlicher Embryonen, S. 204.

397 Schreiber, in: Schreiber/Elsner, Was ist der Mensch?, S. 240.

398 Lehmann, Romano Guardinis Erbe für die Kirche der Gegenwart, 14. Okt. 1998, abrufbar unter: http://www.bistummainz.de/bistum/bistum/kardinal/texte/texte_1998/text_141098.html

399 Guardini, Die Existenz des Christen, S. 469.

400 Ebd., S. 468.

ein Recht auf Leben aufgrund seiner natürlichen Artzugehörigkeit.[401] Sie leiten aus der biologischen Zugehörigkeit des Embryos zur menschlichen Spezies dessen Status als Inhaber der speziestypischen Grundrechte ab.[402] Nun aber ist der Speziesbegriff im Rahmen der biologischen Systematik – wenn auch unvermeidbar und allgegenwärtig – dennoch nicht eindeutig definiert.[403] Angesichts seiner Bedeutung ist diese Tatsache als conditio sine qua non für die Anerkennung eines absoluten, unantastbaren Lebensschutzes brisant. In der Biologie und ihren Teildisziplinen ist nicht klar, wie Spezies voneinander genau unterschieden werden können und wie genau die Zugehörigkeit eines Individuums zu einer Spezies bestimmt werden kann.[404] Dieses Problem soll im Folgenden im Zusammenhang mit dem Kriterium der Spezieszugehörigkeit unter dem Stichwort „Speziesismus" eingehender erörtert werden.

### *c. Differenzierung von drei Typen des Speziesarguments*

Zur Klärung der Implikationen, Voraussetzungen und logischen Konsequenzen des Speziesarguments nehmen Damschen und Schönecker die sehr sinnvolle Unterscheidung dreier Typen bzw. – präziser – Interpretationsweisen des Speziesarguments vor.

---

401 Damschen/Schönecker, in: Damschen/Schönecker, Der moralische Status menschlicher Embryonen, S. 3, 200; Schockenhoff, in: Damschen/Schönecker, Der moralische Status menschlicher Embryonen, S. 11; Merkel, in: Damschen/Schönecker, Der moralische Status menschlicher Embryonen, S. 36; Knoepffler, Menschenwürde in der Bioethik, S. 56.

402 Merkel, in: Damschen/Schönecker, Der moralische Status menschlicher Embryonen, S. 35.

403 Damschen/Schönecker, in: Damschen/Schönecker, Der moralische Status menschlicher Embryonen, S. 203f.; Knoepffler, Menschenwürde in der Bioethik, S. 56.

404 Also ist der Homo sapiens sapiens (vermutlich) keine Art, sondern eine Unterart. Mit „Homo" wird die Gattung, mit „sapiens" die Art und mit dem an die Artbezeichnung angehängten erneuten „sapiens" die Unterart bezeichnet. Es scheint offensichtlich, dass in der Debatte um das Speziesargument stets die Spezies bzw. die Subspezies gemeint ist, nicht aber die Gattung. Tatsächlich werden diese Begriffe bei den meisten Autoren verwechselt, siehe hierzu: Damschen/Schönecker, in: Damschen/Schönecker, Der moralische Status menschlicher Embryonen, S. 203, 204.

### aa. Das „speziesistisch-kausale Speziesargument"

Unter diesem Argument versteht man die These, dass ein Wesen Würde habe, wenn es ein Mitglied der Spezies Mensch ist.[405] Das Speziesargument lässt sich damit in der Weise interpretieren, dass nur dann, wenn ein Wesen Mitglied der Spezies Mensch ist, es „unter normalen Umständen nicht getötet werden darf".[406] Das Argument hat den Charakter einer Implikation, der eine Äquivalenzbeziehung zwischen dem biologischen Status, Mensch zu sein, und dem moralischen Status, Würde zu besitzen, zugrunde liegt.[407] Daher behauptet der Speziesismus nicht nur, dass die Mitgliedschaft zur Spezies Mensch eine hinreichende Bedingung dafür sei, Würde zu besitzen, sondern zugleich, dass ein Wesen, das sich nicht als Mitglied der Spezies Mensch erweist, auch über keine Würde verfüge und verfügen könne.[408] Allein das Faktum der biologischen Zugehörigkeit zur Spezies Homo sapiens sapiens erweise sich demnach sowohl als kausal hinreichend wie auch als notwendig dafür, Würde zu besitzen.[409] Die Mitgliedschaft zur Spezies Mensch sei also eine notwendige und hinreichende Bedingung dafür, Würde zu besitzen.[410] Jedoch wird durch diesen Speziesismus nicht positiv begründet, warum die bloße Spezieszugehörigkeit ethisch bzw. moralisch relevant sein soll.[411]

### bb. Das „nichtspeziesistisch-kausale Speziesargument"

Man kann auf das „speziesistisch-kausale Speziesargument" verzichten und dennoch ein Argument vortragen, das als nichtspeziesistisch kausales Speziesargument bezeichnet wird.[412] Darunter wird die These verstanden, dass es für die nichtspeziesistische Variante des Speziesarguments eine Kausalrelation gebe zwischen der Eigenschaft, Mitglied der Spezies Mensch zu sein, und der Eigen-

---

405 Ebd., S. 200.

406 Diese besondere Formulierung „unter normalen Umständen nicht getötet werden dürfen" haben Damschen und Schönecker gewählt, um die Komplexität und Uneindeutigkeit des Würdebegriffs und die aus ihnen resultierenden Komplikationen für die Embryonendebatte zu verringern, indem sie die primäre Relevanz des Würdeschutzes für den Embryo als Lebensschutz auffassen, dazu ausführlich in: Ebd., S. 200.

407 Ebd., 201.

408 Ebd.

409 Ebd.

410 Ebd.

411 Ebd., S. 204.

412 Ebd., S. 202.

schaft, Würde zu besitzen.[413] Beim nichtspeziesistisch-kausalen Speziesismus – anders als beim speziesistisch-kausalen Speziesismus – wird die Mitgliedschaft zur Spezies Mensch dabei aber nur als hinreichende, nicht aber notwendige Bedingung verstanden: Handelt es sich bei einem Wesen um ein Mitglied der Spezies Mensch, so verfügt es über Würde. Gehört ein Wesen nicht zur Spezies Mensch, so lässt sich daraus nicht ableiten, dass ein solches Wesen keine Würde hat; für seine Würde könnte es andere Gründe geben.[414] Dieser Speziesismus behauptet also, dass die Mitgliedschaft in der Spezies Mensch eine hinreichende Bedingung dafür sei, Würde zu besitzen. Das bedeutet zugleich, dass auch ein Wesen, das kein Mitglied der Spezies Mensch ist, Würde haben kann.

#### cc. Das „nicht speziesistisch-kriterielle Speziesargument“

Die dritte Variante des Speziesarguments bzw. Interpretation des aufgeführten Obersatzes – dass jedes Mitglied der Spezies Mensch Würde habe – versteht die Relation zwischen Spezieszugehörigkeit und Würde nicht als kausale, sondern als „epistemologisch-kriterielle“ Relation.[415] Daher versteht man den Status eines Wesens, Mitglied der Spezies Mensch zu sein, nicht als kausale Ursache dafür, dass ein solches Wesen Würde besitzt.[416] Vielmehr legt man die Spezieszugehörigkeit als epistemologische, und zwar als kriterielle Bedingung für die Erkenntnis aus, dass ein solches Wesen Würde besitzt.[417] Weiß ein epistemisches Subjekt S, dass ein Wesen Würde besitzt, soweit es der Spezies Mensch angehört, und weiß S auch, dass ein Wesen zur Spezies Mensch gehört, dann ist S ebenso bekannt, dass dieses Wesen über Würde verfügt.[418] In Anlehnung an das nicht speziesistisch-kriterielle Argument verdeutlicht uns also die Mitgliedschaft eines Wesens zur Spezies Mensch, dass dieses Wesen über Würde verfügt. Daraus lässt sich jedoch nicht ableiten, dass der Grund, weshalb dieses Wesen Würde besitzt, in der Mitgliedschaft zur Spezies Mensch zu finden ist, und es folgt daraus auch nicht, dass nur Mitglieder der Spezies Mensch Würde besitzen.[419]

---

413 Ebd.
414 Ebd.
415 Ebd.
416 Ebd.
417 Ebd., S. 203.
418 Ebd.
419 Ebd.

*d. Zur Kritik am Speziesismus*

Nicht ohne Grund behaupten die Kritiker des Speziesarguments, dass dieses mit seiner diskriminierenden Tendenz und Struktur eine Analogie zu Sexismus und Rassismus herzustellen erlaube,[420] daher auch der pejorative Neologismus „Speziesismus".[421] Nach Singer erhielten wir kein Recht zur Ausbeutung von Menschen durch die Tatsache, dass manche Menschen nicht unserer Rasse angehören. Auch das Vorhandensein eines Intelligenzgefälles zwischen den Menschen berechtige uns nicht, die Interessen von weniger intelligenten Menschen zu missachten.[422] Das Prinzip beinhalte auch Folgendes: Die Zugehörigkeit bestimmter Wesen zu einer anderen Gattung verleihe uns nicht das Recht zur Ausbeutung dieser Wesen, Ebenso berechtige uns ein Intelligenzgefälle zwischen Lebewesen nicht, die Interessen von weniger intelligenten Lebewesen zu missachten.[423] Daher behauptet Singer, dass wir, wenn wir das Prinzip der Gleichheit als eine vernünftige moralische Basis für unsere Beziehungen zu den Mitgliedern unserer Gattung akzeptieren, dann auch verpflichtet sind, es als eine vernünftige moralische Basis für unsere Beziehungen zu den Wesen außerhalb unserer Gattung anzuerkennen – zu den nichtmenschlichen Lebewesen.[424] Die biologischen Fakten, an die unsere Spezies gebunden ist, hätten weiterhin keine moralische Bedeutung. Dem Leben eines Wesens bloß deshalb den Vorzug zu geben, weil das Lebewesen unserer Spezies angehört, bringe uns in dieselbe Position wie die Rassisten, die denen den Vorzug geben, die zu ihrer Rasse gehören.[425] Unterschieden wir außerdem Tiere und die Menschen voneinander, so sei das nur möglich, weil wir den Angehörigen unserer eigenen Spezies in moralisch unvertretbarer Weise den Vorzug gäben.[426] Das Leben eines Neugeborenen habe deshalb für dieses weniger Wert als das Leben eines Schweins, eines Hun-

420 Merkel, in: Damschen/Schönecker, Der moralische Status menschlicher Embryonen, S. 39.

421 Damschen/Schönecker, in: Damschen/Schönecker, Der moralische Status menschlicher Embryonen, S. 204; vgl. Schockenhoff, in: Damschen/Schönecker, Der moralische Status menschlicher Embryonen, S. 16f.

422 Singer, Praktische Ethik, S. 83.

423 Ebd.

424 Ebd., S. 82; Singer, Practical ethics, S. 55

425 Singer, Praktische Ethik, S. 121; Singer, Practical ethics, S. 88; Rassisten missachteten das Gleichheitsprinzip, indem sie bei Abweichungen ihrer eigenen Interessen von denen einer anderen Rasse den Interessen von Mitgliedern ihrer eigenen Rasse den Vorzug gäben, siehe hierzu: Singer, Praktische Ethik, S. 85.

426 Ebd., S. 88.

des oder eines Schimpansen für das nichtmenschliche Tier.[427] Nun aber mäßen die Speziezisten wie die Rassisten da, wo es zu Abweichungen ihrer Interessen von denen von Angehörigen einer anderen Spezies kommt, den Interessen der eigenen Spezies größeres Gewicht bei.[428]. Merkel bewertet diesen Speziesismus als Ansatz zu einer „biologistischen Degradierung“ der Ethik.[429]

Gegenkritik äußert jedoch Schockenhoff, der diesen Einwand als unkorrekten Gebrauch logischer Klassifikationsregeln charakterisiert, der einen Kategorienfehler verursache.[430] Die Parallelisierung von Speziesismus, Rassismus und Sexismus, welche zunächst frappant erscheine, basiere auf einem Kategoriefehler, weil durch menschliche Rassen- und Geschlechtsmerkmale keine spezifischen Unterschiede, sondern eine innerartliche Differenzierung bezeichnet werde.[431] Weil das Verbot jeder intraspezifischen Diskriminierung sich mit der Annahme einer interspezifischen Differenzierung logisch durchaus vereinen lasse, handele es sich bei dem Hinweis auf die Verwerflichkeit rassistischer Denk- und Verhaltensweisen nicht um einen rationalen Einwand gegen die Sonderstellung des Menschen innerhalb der Gattung aller Lebewesen.[432]

In allen Rechtsordnungen der Welt, einschließlich der Erklärung der Menschenrechte durch die Vereinten Nationen, werden den Menschen fundamentale Rechte zugesichert, die andere Lebewesen nicht für sich in Anspruch nehmen können. Ebenso verhält es sich mit dem Grundgesetz. Auf der Basis des geltenden Verfassungstextes hat allein der Mensch Anspruch auf Achtung seiner Würde. Weitergehende Bedingungen für die Teilhabe an der Menschenwürde, etwa im Sinne des Personseins, wie es von manchen Philosophen vertreten wird, sieht das Grundgesetz nicht vor. Art. 1 GG stellt sich gewissermaßen als manifestierten Speziesismus dar – was nicht heißen soll, dass die Bevorzugung des Menschen als Träger fundamentaler Rechte unberechtigt wäre.

### *e. Zur Kritik des naturalistischen Fehlschlusses*

Insbesondere in Verbindung mit Speziesargumenten wird deren Vertretern sehr häufig der Sein-Sollen-Fehlschluss bzw. der naturalistische Fehlschluss vorge-

---

427 Ebd., S. 219; Singer, Practical ethics, S. 169.

428 Singer, Praktische Ethik, S. 85.

429 Merkel, in: Damschen/Schönecker, Der moralische Status menschlicher Embryonen, S. 37f.

430 Vgl. Schockenhoff, in: Damschen/Schönecker, Der moralische Status menschlicher Embryonen, S. 16, 17.

431 Ebd., S. 17.

432 Ebd.

worfen.[433] Merkel äußert, dass durch das Speziesargument demonstriert werde, was seit David Hume ein „Sein-Sollen"- und seit George Edward Moore oftmals auch als „naturalistischer Fehlschluss" bezeichnet werde: der unzulässige direkte Schluss von einem Faktum der Welt auf eine Norm.[434] Der Status des Embryos als Inhaber der speziestypischen Grundrechte werde also durch das Speziesargument aus der biologischen Zugehörigkeit des Embryos zur menschlichen Spezies abgeleitet, womit das Speziesargument einen Sein-Sollen-Fehlschluss impliziere und deshalb seine Gültigkeit verliere.[435] Spaemanns Argumentation müsse insbesondere wegen dessen Argumentes der biologischen Zugehörigkeit zur menschlichen Art angefochten werden: Auf der philosophischen Ebene spreche man von einem naturalistischen Fehlschluss, wenn man aus einem „Faktum" – der Zugehörigkeit zur menschlichen Spezies – auf eine „Norm" wie etwa Lebensrecht schließe.[436]

Hier äußern Damschen und Schönecker eine sehr sinnvolle Auffassung. Es sei nicht möglich, eine normative Aussage – also eine Aussage, die etwas gebietet oder als moralisch wertvoll behauptet – aus einer Prämissenmenge abzuleiten, die nicht bereits über eine normative Aussage verfügt.[437] Jedoch könne dieser Mangel behoben werden, wenn man eine normative Aussage in die Prämissenmenge aufnimmt, was dann wiederum ein eigenes Begründungsproblem eröffne; aber an der Folgerichtigkeit wäre dann nichts mehr zu beanstanden.[438] Alles Wertvolle sei schützenswert, und daraus könnten dann bestimmte Normen abgeleitet werden. Der Umstand, dass Menschen Selbstbewusstsein besitzen, Lebensinteressen haben können oder subjektiv verletzbar sind, sei daher moralisch relevant.[439] Jedoch lasse sich die Tatsache, dass ein Wesen Bewusstsein und Präferenzen besitzt, weitgehend naturalistisch beschreiben. Vertreter eines physikalistisch-biologistischen Ansatzes behaupteten sogar, dass sich die Begriffe „Bewusstsein", „Präferenz" oder auch „Verletzbarkeit" in der naturwissenschaftlichen Fachsprache definieren ließen.[440] Infolgedessen sei die Eigenschaft, Mitglied der Spezies Mensch zu sein, weder weniger noch mehr als „naturalis-

433 Damschen/Schönecker, in: Damschen/Schönecker, Der moralische Status menschlicher Embryonen, S. 205.

434 Merkel, in: Damschen/Schönecker, Der moralische Status menschlicher Embryonen, S. 37.

435 Ebd., S. 35.

436 Schreiber, in: Schreiber/Elsner, Was ist der Mensch?, S. 238.

437 Damschen/Schönecker, in: Damschen/Schönecker, Der moralische Status menschlicher Embryonen, S. 205.

438 Ebd., S. 205, 206.

439 Ebd., S. 207.

440 Ebd., S.207, 208.

tisch" zu betrachten als etwa die Eigenschaft, Präferenzen zu haben.[441] Immerhin liege das Problem des Speziesismus nicht darin, dass er aus einem biologischen Sein auf ein Sollen schließe. Das Problem äußere sich darin, dass er von einem falschen Sein auf ein Sollen schließe. Dieser Irrtum wiederum erweise sich darin, dass er ethisch kontraintuitive Konsequenzen nach sich ziehe.[442]

### *f. Zur Frage der Gattungssolidarität*

Im Kontext von Speziesargumenten wird oft für die Behebung des Fehlers im logisch interpretierten Sein-Sollen-Fehlschluss ein Prinzip der ‚Speziessolidarität' eingeführt.[443] Falls das Speziesargument nicht stark genug ist, um den Embryo in die Schutzsphäre der Grundrechtsnormen einzubeziehen, so lässt sich also ein Schutz doch noch aus dem Prinzip der Gattungssolidarität ableiten.

Merkel macht jedoch unmissverständlich klar, dass sich ein aus der Gattungssolidarität abgeleiteter Schutzanspruch erneut der Güterabwägung unterwerfen muss. Während durch die Gattungssolidarität im konfliktfreien Normalfall sicherlich eine prima-facie-Pflicht des Einbezugs von Embryonen in die ethische Normensphäre des Lebensschutzes begründet werde, sei dieser Schutzreflex in jedem halbwegs gewichtigen Sonderfall gegen kollidierende andere Interessen abwägbar – ein großer Gegensatz zu einem echten Recht auf Leben.[444] Gemäß der Meinung der Anhänger der These „Der Embryo verfügt über keine Menschenwürde aufgrund der These des Personenbegriffs" lasse sich die Selbstachtung eines menschlichen Embryos auch nicht beschädigen, da nur diejenigen Personen Würde besitzen sollten, die sich dieser Würde bewusst seien.[445] Der Embryo besitze daher höchstens eine abgeschwächte Form der Würde i. S. einer Art Gattungssolidarität.[446]

„Menschheit" ist aber nicht wie „Tierheit" bloß ein abstrakter Begriff zur Bezeichnung einer Gattung, sondern ist gleichzeitig der Name einer konkreten Personengemeinschaft, zu welcher jemand nicht auf der Basis bestimmter fak-

---

441 Ebd., S.208.

442 Ebd.

443 Ebd., S. 209.

444 Merkel, in: Damschen/Schönecker, Der moralische Status menschlicher Embryonen, S. 44ff, 47.

445 Dreier, GG - Kommentar, Art.1 Rn. 50ff.; Nida-Rümelin, Tagesspiegel 03.01.2001.

446 Taupitz, NJW 2001, S.3438; Merkel, DIE ZEIT 05/2001, S. 38.

tisch feststellbarer Eigenschaften gezählt wird, sondern auf der Basis des genealogischen Zusammenhangs mit der „Menschheitsfamilie“.[447]

### *g. Ergebnis des Speziesarguments*

Guardini legt dar, dass der Begriff der Person sich im Wesentlichen als demokratisch erweise, weil jeder Mensch eine Person sei, ganz gleich, ob er will oder nicht.[448] Hierauf basiere die wahrhaftige „Gleichheit“ der Menschen. Unter ihr sei nicht die Gleichheit in Begabung, Werk, Wert, sachlicher Verantwortung zu verstehen, denn darin gebe es große Unterschiede. Vielmehr sei, was unmittelbar der Person entstammt, Recht auf Leben und Freiheit, Recht auf Achtung, Recht vor dem Gesetz usw.[449]

Daher sind Unbegabte, Unkultivierte, Kinder, Kranke sowie Schlafende immer Personen, auch wenn Störungen in den physischen und den psychischen Voraussetzungen für ihre Aktuierung im Bewusstsein und Handeln vorliegen. Der Speziesismus stellt eine Äquivalenzbeziehung zwischen Menschsein und dem entsprechenden Schutzstatus her, was bedeutet, dass ein Wesen allein deshalb Würde besitzt, weil es Mitglied der Spezies Mensch ist.[450] Dies impliziert im Umkehrschluss, dass Würde und Lebensrecht auf nur eine Spezies, nämlich die des Menschen, beschränkt wäre. Das wird sehr deutlich, wenn man es umgekehrt formuliert: Keine Würde und damit keine Schutzrechte genieße, wer nicht zur Spezies Homo sapiens sapiens gehört[451]. Jedoch erscheint diese Aussage außerordentlich kontraintuitiv. In dem Experiment spielt eine noch unbekannte außerirdische Spezies, die über alle moralisch relevanten Qualitäten verfügen würde, aber gleichwohl nicht denselben Würdeschutz erfahren würde wie die Menschheit, eine prominente Rolle. Der Unbedingtheitsanspruch, der im Speziesargument impliziert ist, ist verwandt mit dem Unbedingtheitsanspruch des Begriffs der Menschenwürde. Das Argument kann damit als nicht stichhaltig bezeichnet werden, selbst wenn das Speziesargument auf bedenkenswerte Umstände hinweist. Unter Ausschluss der diskriminierenden Tendenz und des Plausibilitätsdefizits lässt sich jedoch anhand des nichtspeziesistisch-kausalen Speziesarguments mit derselben argumentativen Kraft für einen Lebensschutz des Embryos argumentieren. Durch die leiblich-seelische Einheit des Menschen sind

447 Vgl. Braun, Menschenwürde und Biomedizin, S. 141.

448 Guardini, Die Existenz des Christen, S. 468.

449 Ebd., S. 469.

450 Damschen/Schönecker, in: Damschen/Schönecker, Der moralische Status menschlicher Embryonen, S. 200f.

451 Vgl. Ebd., S. 201.

Ich und Leib, Subjekt und Natur immer nur als untrennbare Substanzen gegeben. Daher werden durch die Zugehörigkeit eines Individuums zur menschlichen Art seine unantastbare Würde und die aus ihr hervorgehende Schutzwürdigkeit anerkannt.[452] Deswegen gilt im nichtspeziesistisch-kausalen Speziesargument: Menschliche Embryonen gehören zur Spezies Mensch, und da alle Mitglieder dieser Spezies aufgrund ihrer Mitgliedschaft Würde besitzen, verfügen auch Embryonen über Würde.[453]

## 2. Zur Plausibilität des Kontinuumsarguments

Biologische Wesen sind als Kontinua dadurch charakterisiert, dass sie sich durch Zellteilung entwickeln oder zumindest über die Fähigkeit der Entwicklung durch Zellteilung verfügen.[454] Nach dieser Tatsache beruht das Kontinuumsargument auf der Prämisse, dass jeder Versuch willkürlich wäre, in der Entwicklung eines Embryos bis hin zum geborenen und später zum erwachsenen Menschen einen Einschnitt zu setzen, der moralisch relevant sein soll. Es versucht also, die Übertragung des moralischen Status vom geborenen Menschen auf den ungeborenen Menschen insbesondere aufgrund der Identität und der Kontinuität der Entwicklung zu begründen. Die Vertreter des Kontinuumsarguments sind deshalb der Ansicht, dass bei Betrachtung der Entwicklung eines Embryos ein kontinuierlicher Prozess angenommen werden müsse, der jeden Einschnitt verbiete, so dass Schutzwürdigkeit vom Beginn der Entwicklung des Embryos an vorliege.[455] In der Diskussion um das Kontinuumsargument erschöpft sich der Begriff des Kontinuums nicht in dem, was an späterer Stelle als genetische Identität Relevanz erlangt.[456] Er geht über eine nichtethische Interpretation offen-

452 Schockenhoff, in: Damschen/Schönecker, Der moralische Status menschlicher Embryonen, S. 11.

453 Damschen/Schönecker, in: Damschen/Schönecker, Der moralische Status menschlicher Embryonen, S. 202.

454 Ebd., S. 211.

455 Es handele sich bei dem menschlichen Entwicklungsprozess um einen kontinuierlichen Vorgang, der über keine scharfen „natürlichen" Entwicklungseinschnitte verfüge.

456 Damschen/Schönecker, in: Damschen/Schönecker, Der moralische Status menschlicher Embryonen, S. 211.

sichtlich deutlich hinaus.[457] „Kontinuierlich“ wird also interpretiert als „ohne moralrelevante Einschnitte“.[458]

Das Kontinuumsargument unterscheidet sich wiederum in zwei Ansichten: zum einen beginnt das Kontinuum des Lebens ab der Verschmelzung der Gameten[459], und zum anderen wird auch die Anerkennung eines kontinuierlichen Entwicklungsprozesses mit der Nidation von der Gegenposition bestätigt[460]. Von den Verfechtern der ersteren Ansicht wird die These aufgestellt, dass sich ein spezifisch menschliches Erbprogramm ab der Kernverschmelzung entwickele.[461] Nach ihrer Ansicht besteht die Gefahr in der willkürlichen Bemessung nach Sichtweise und Interessen Dritter sowie in der entsprechenden willkürlichen Ausdehnung bei jeder Definition, die später angewandt werde.[462] Wenn die Nidation der Eizelle im Uterus nach der letzteren Ansicht jedoch hinzutritt, könne sich die Kontinuität nur entfalten,[463] da sich die befruchtete Eizelle nicht zu einem Menschen ohne die Symbiose mit der Mutter entwickele[464]. Somit sei die Nidation als ein sehr relevanter Einschnitt zu bezeichnen, der willkürfrei eine rechtliche Differenzierung der Phasen vor und nach der Nidation ermögliche.

---

457 Bei der Tatsache, dass in Bezug auf eine kontinuierliche Entwicklung keine moralrelevanten Einschnitte vorgenommen werden könnten, handelt es sich um die eigentlich problematische Prämisse des Kontinuumsarguments, siehe hierzu: Ebd.

458 Dies ist eine ohne Zweifel höchst voraussetzungsvolle und darum erst zu diskutierende Interpretation, siehe hierzu: Ebd.

459 Anhang IV Erläuterung des Fachbegriffs „Artspezifisch“, Bundesminister für Forschung und Technologie, In-vitro-Fertilisation, Genomanalyse und Gentherapie, S. 7; Lanz-Zumstein, Die Rechtsstellung des unbefruchteten und des befruchteten menschlichen Keimguts, S. 256; Keller, in: Fortpflanzungsmedizin und Humangenetik, S. 115; Losch, NJW 1992, S. 2926, 2927; Pap, MedR 1986, S. 229; Heuermann/Kröger, JuS 1989, S. 773.

460 Schreiber, in: Klaus, Bochumer Beiträge zu aktuellen Strafrechtsthemen, S. 157, 163f.; Isensee, in: Höffe, Gentechnik und Menschenwürde, S. 59; Schreiber, in: Schreiber/Elsner, Was ist der Mensch?, S. 239; Taupitz, NJW 2001, S. 3438.

461 Anhang IV Erläuterung des Fachbegriffs „Artspezifisch“, Bundesminister für Forschung und Technologie, In-vitro-Fertilisation, Genomanalyse und Gentherapie, S. 7; Lanz-Zumstein, Die Rechtsstellung des unbefruchteten und des befruchteten menschlichen Keimguts, S. 256.

462 Fischer/Renesse, FAZ 2001, S. 11.

463 Schreiber, in: Klaus, Bochumer Beiträge zu aktuellen Strafrechtsthemen, S. 157, 163f.; Isensee, in: Höffe, Gentechnik und Menschenwürde, S. 59.

464 Denn erst die Symbiose mit der Mutter gibt den Befehl zur Embryogenese und eröffnet überhaupt den Weg zur weiteren Entwicklung.

Merkel vertritt die Ansicht, dass das Kontinuumsargument in dem vom BVerfG 39, S. 1ff.[465] formulierten Argument auf einem klassischen Fehlschluss beruhe.[466] Es sei daher sowohl zur Begründung von irgendetwas völlig ungeeignet als auch zur Beantwortung der Frage, ob ein Embryo über ein subjektiv moralisches Lebensgrundrecht verfüge.[467] Auch wenn das behauptete Kontinuum der menschlichen Entwicklung der Realität entspreche, sei der daraus vom BVerfG abgeleitete Schluss nicht notwendigerweise zutreffend.[468] Denn aus der Tatsache, dass sich etwas als ein „Kontinuum" darstellt und von sich aus keine natürlichen „Einschnitte" aufweist, lasse sich nicht schlussfolgern, dass es für solche von außen gelegten Einschnitte keine guten Gründe geben könne oder – wie das BVerfG meint – diese Einschnitte willkürlich sein müssten.[469]

Die Tatsache, dass kein Zwischenschritt oder Übergang einen scharfen Einschnitt darstellt, widerlege außerdem nicht die Möglichkeit und die Notwendigkeit differenzierender Abgrenzung, wie das Beispiel der Entstehung eines Sandhaufens zeige, bei dem nie gesagt werden könne, welches Sandkorn den Sandhaufen zu einem solchen werden lasse[470]. Denn wir seien imstande, ganz ohne Willkür zwischen einem Sandkorn und einem Sandhaufen zu unterscheiden.[471] Ebenso erweise sich die menschliche Existenz als natürliches Kontinuum, welches nach der Geburt über zahlreiche bedeutsame Einschnitte – über die Strafmündigkeit, das Wahlfähigkeits- und das Wählbarkeitsalter bis zum Tod – verfüge.[472] Nach Ansicht von Merkel sind diese Einschnitte keinesfalls willkür-

---

465 „Der [menschliche] Entwicklungsprozess ist ein kontinuierlicher Vorgang, der keine scharfen Einschnitte aufweist und eine genaue Abgrenzung der verschiedenen Entwicklungsstufen des menschlichen Lebens nicht zulässt. Deshalb kann der Schutz des Art. 2 II 1 des Grundgesetzes weder auf den >fertigen< Menschen nach der Geburt, noch auf den selbständig lebensfähigen Nasciturus beschränkt werden. Das Recht auf Leben wird jedem gewährleistet, der >lebt<; zwischen den einzelnen Abschnitten des sich entwickelnden Lebens vor der Geburt oder zwischen ungeborenem und geborenem Leben kann hier kein Unterschied gemacht werden." , BVerfGE 39, S. 1ff.

466 Merkel, Forschungsobjekt Embryo, S. 157.

467 Ebd., S. 160.

468 Ebd., S. 157.

469 Ebd., S. 157, 158.

470 Dieser Fehlschluss wird als Sorites-Paradoxon bezeichnen und ist seit der Antike bekannt; Heun, JZ 2002, S. 517, 520; Lockwood, Moral dilemmas in modern medicine, S. 126ff.

471 Vgl. Merkel, Forschungsobjekt Embryo, S.158.

472 Ebd., S. 158, 159.

lich[473], sondern wurden und werden begründet bzw. sind Gegenstand gesellschaftlicher Diskussion.

Hoerster widerlegt gleichfalls den Kontinuitätsgesichtspunkt, denn er vertritt die Meinung, dass dieser allein nicht ausreiche, um bereits in diesem frühen Stadium von einem Schutz des Embryos auszugehen, und dass der Embryo auch nicht imstande sei, sich allein zu einem Menschen zu entwickeln. Trotzdem bestreitet er nicht, dass das menschliche Potential hier bereits vorhanden ist.[474] Weiterhin erheben Damschen und Schönecker gegenüber dem Kontinuumsargument den Vorwurf, dass es sich bei ihm nicht um ein Argument, sondern selbst nur um eine bloße Behauptung handele – nämlich um die Behauptung, dass der Prozess der Entwicklung eines menschlichen Embryos von dessen Existenz als imprägnierter Eizelle bis hin zu einem menschlichen Wesen mit Würde ohne moralrelevante Einschnitte ablaufe und daher – gewissermaßen rückwirkend – auch schon diese Eizelle Würde besitze.[475]

Des Weiteren könnte von den Gegnern des Kontinuumsarguments die Ansicht vertreten werden, dass die These, wonach das Menschsein nach der Verschmelzung oder mit der Nidation beginne, nicht schlüssig begründbar sei, da es keine klaren Zäsuren im Entwicklungsprozess gebe. Es würde auch entgegengehalten, dass die Festlegung des Lebensbeginns nach der Verschmelzung oder mit der Nidation eine normative Festlegung sei. Diese Festlegung des Schnittes soll jedoch auf einer normative Entscheidung beruhen, weil sich das Kontinuum der natürlichen Vorgänge mit und in unserem Körper selbstverständlich auch nach dem Tod fortsetzt, bis zum endgültigen physischen Zerfall.[476]

Gegen die Kritik der Kontinuumsargumentsgegner ist folgendes einzuwenden: Es gibt beispielsweise zwischen dem Neugeborenen und dem Fötus kurz vor der Geburt keinen wichtigen, moralisch zu rechtfertigenden Unterschied. In dem allmählichen Entwicklungsprozess des menschlichen Lebens gibt es also keinen objektiven Maßstab, der eine Grenzlinie zwischen dem nichtmenschlichen und dem menschlichen Leben festsetzt. In diesem Prozess bildet jedes Stadium die notwendige Voraussetzung für das nachfolgende Stadium, und in keinem Augenblick ist ein Stadium wichtiger, entscheidender oder wesentlicher als ein anderes.[477] Der Prozess der Bildung des Menschen muss als ein kontinuierlicher Prozess verstanden werden, so wie auch die psychische oder die soziale

473 Ebd., S. 159; Gegen das Kontinuitätsargument wird eingewandt, dass sehr wohl gewisse Stadien definitiv existieren, eine gewisse Kategorisierung also durchaus möglich ist.

474 Hoerster, JuS 1989, S. 172, 173; Eberbach, ZRP 1990, S. 217, 218.

475 Damschen/Schönecker, in: Damschen/Schönecker, Der moralische Status menschlicher Embryonen, S. 214, 215.

476 Merkel, Forschungsobjekt Embryo, S. 157.

477 McCormick, How Brave a New World?, S. 134.

Selbstidentität von Erwachsenen einen kontinuierlichen Prozess darstellt. Daher kann keine objektive Grenzlinie innerhalb der Menschwerdung festgehalten werden.[478] Jede Form der Abgrenzung innerhalb des Kontinuums erwiese sich als willkürlich, so dass der Grundrechtsschutz auf alle Stadien, auch auf die der embryonalen Entwicklung, ausgedehnt werden muss.[479] Jedoch ist im Gegensatz zu diesem Kontinuum der Abschluss der Befruchtung das einzige Stadium einer vollständigen Diskontinuität bzw. einer Variante in dem Entwicklungsprozess.[480] Denn vor der Befruchtung gibt es zwei Existenzen, d.i. Eizelle und Samenzelle, aber mit dem Abschluss der Befruchtung entsteht eine neue Existenz mit neuen einzigartigen Erbinformationen. Dem Embryo werden demnach ab dem Zeitpunkt des Abschlusses der Befruchtung Lebensrecht und Würdeschutz zuerkannt.[481]

Dieses Kontinuitätsargumentes bediente sich das Bundesverfassungsgericht, um den Status des Embryos nach der Nidation zu begründen:[482] bei dem menschlichen Entwicklungsprozess handele es sich um einen kontinuierlichen „Vorgang, der keine scharfen Einschnitte aufweist". Markiert man dennoch einen solchen Einschnitt, geschehe dies lediglich aufgrund von Willkür. Aufgrund dieser Kontinuität müsse auch der Würdeschutz schon mit dem Anfang der embryonalen Entwicklung einsetzen. Daher muss er auf alle Stadien dieser kontinuierlichen Entwicklung ausgedehnt werden, also auch auf den Präembryo. Damit muss der Geltungsbereich dieses Argumentes mit denselben Worten des Gerichtes auf die Stadien ab der Kernverschmelzung erweitert werden.[483] Zum Schluss kann die Qualität „Mensch" jedenfalls dem Embryo bei allen möglichen Zäsuren nach der Kernverschmelzung in einem Kontinuum der Entwicklung nicht abgesprochen werden,[484] und daher entwickelt der Embryo sich kontinuierlich, d.h. ohne moralische relevante Einschnitte, zu einem erwachsenen Menschen[485].

---

478 Vgl. Ebd.

479 Böckenförde, JZ 2003, S. 809, 812f.; Rosenau, in: Schreiber/Rosenau/Ishizuka/Kim, Recht und Ethik im Zeitalter der Gentechnik, S. 135, 143.

480 Nimmt man jedoch die Gameten von diesem Würdeschutz aus, würde man dem Kontinuumsargument selbst widersprechen. Gleichzeitig scheint es aber mit unseren Intuitionen nicht in Einklang zu bringen sein, dass sich der Grundrechtsschutz auch auf die unbefruchtete Ei- bzw. die Samenzelle erstrecken soll.

481 Fechner, JZ 1986, S. 653, 660.

482 BVerfGE 39,1,37.

483 Starck, Das Bonner GG Kommentar, Art. 1 Rn. 17f.

484 Vgl. Schreiber, in: Schreiber/Elsner, Was ist der Mensch?, S. 240.

485 Langer-Rock, Der strafrechtliche Status des überzähligen in-vitro gezeugten Embryos, S. 61.

## 3. Zur Plausibilität des Identitätsarguments

Der Lebens- und Würdeschutz des Embryos wird auch mit dem sog. Identitätsargument begründet. Nach den Verfechtern dieses Arguments sind aktuale alle Erwachsene, die über Menschenwürde verfügen, mit Embryonen in moralrelevanter Hinsicht identisch, so dass Embryonen Menschenwürde hätten.[486] Der Kerngedanke des Identitätsarguments besteht darin, dass Embryonen deshalb Würde besäßen, weil sie in moralrelevanter Hinsicht mit nichtembryonalen, d.h. in erster Linie mit geborenen Würdeträgern identisch seien; diese Identität sei würdestiftend. Also ergebe die Würde des Embryos sich aus der Identität des Erwachsenen mit dem Embryo, aus dem er sich entwickelt hat, und der Tatsache, dass der Erwachsene eine Menschenwürde habe.[487]

Häufig wird bei dieser Identitätsbeziehung auf die Übereinstimmung der genetischen Identität hingewiesen, welche bei dem Embryo und dem geborenen Menschen deckungsgleich sind. Die genetische Identität ist jene Größe, die wie die numerische, anders als die persönliche bzw. die psychische oder die soziale Identität, über die gesamte Individualentwicklung des Menschen hin konstant bleibt. Hierunter versteht man, dass ab der Kernverschmelzung die Entstehung der genetischen Informationen eines neuen einmaligen Menschen existiert.[488] An dieser Stelle wird das Wesen des Menschen mit der Codierung seiner Anlagen im Genom gleichgesetzt.[489] Es wird jedoch angezweifelt, dass nur aus der genetischen Identität der Lebens- und Würdeschutz des Embryos folgt. Es ist problematisch, dass eine Identitätsbeziehung zwischen einem Vier- bzw. einem Achtzellwesen, das man bloß unter dem Mikroskop erkennen kann, und einem geborenen Menschen nur durch die DNA des individuellen Genoms festgestellt wird.[490] Weiterhin verfügt ein menschliches Genom über nur 715 Megabyte an Information, welche nicht ausreichend sind für alle synaptischen Verbindungen

486 Enskat, in: Damschen/Schönecker, Der moralische Status menschlicher Embryonen, S. 101; Stoecker, in: Damschen/Schönecker, Der moralische Status menschlicher Embryonen, S. 129, 131.

487 Merkel, Forschungsobjekt Embryo, S. 178; Der Embryo bleibe gewöhnlich in seiner Entwicklung von der befruchteten Eizelle bis zur Geburt ein und dasselbe Wesen. Deshalb habe der Embryo im Hinblick auf den geborenen Menschen, der daraus entstehen kann, dessen Identität, siehe hierzu: Stoecker, in: Damschen/Schönecker, Der moralische Status menschlicher Embryonen, S. 132.

488 Damschen/Schönecker, in: Damschen/Schönecker, Der moralische Status menschlicher Embryonen, S. 220.

489 Hinrichsen/Beier, Humanembryologie, S. 4.

490 Merkel, Forschungsobjekt Embryo, S. 179; Stoecker, in: Damschen/Schönecker, Der moralische Status menschlicher Embryonen, S. 135; Heun, JZ 2002, S. 517, 521.

zur Kodierung unserer Gehirnzellen und zur Schaffung unserer Persönlichkeit.[491] Würde man auch dieser rein genetischen Identität Schutzwürdigkeit zusprechen, wären eineiige Zwillinge zum Beispiel keine verschiedenen Individuen und Grundrechtsträger.[492] Außerdem ist klar, dass die genetische Einzigartigkeit, für sich betrachtet, nicht würdestiftend sein kann, da auch die meisten Tiere ein einzigartiges Genom besitzen.[493] Also kann es sich bei der genetischen Identität nicht um ein ausreichendes Kriterium für die Zuschreibung menschlicher Qualität handeln, weil das Wesen Mensch über die Summe der Gene des Menschen hinausgeht.[494]

Unter dem Begriff der Identität versteht man sprachlogisch die Negation einer Differenzbehauptung für den Gegenstand, auf den dieser Begriff Anwendung findet.[495] Dieser Identitätsbegriff bereitet innerhalb der theoretischen Philosophie große Probleme. Beispielsweise lässt sich zwischen absoluter Identität und Identität bezüglich einer Hinsicht unterscheiden.[496] Die absolute Identität, die sich durch das so genannte Leibnizprinzip[497] ausdrückt, wird so verstanden, dass ein Gegenstand nur mit sich selbst absolut identisch – das heißt identisch in allen Hinsichten – sei.[498] Die Identität bezüglich einer Hinsicht bedeutet dagegen numerische und qualitative Identität, dann wiederum werden die beiden unterschieden.[499] Es liegt auf der Hand, dass beim Identitätsargument die mögliche Identitätsbeziehung zwischen Embryo und geborenem Würdeträger nicht absolut sein kann; vielmehr kann es nur um Identität bezüglich einer Hinsicht gehen.[500] Denn zwischen einem Embryo und einem ausgewachsenen Menschen gibt es auf zahlreichen Ebenen beträchtliche Unterschiede, so dass der Embryo

---

491 Bauer, Klone zu Discountpreisen, S, 16.

492 Heun, JZ 2002, S. 517, 521.

493 Damschen/Schönecker, in: Damschen/Schönecker, Der moralische Status menschlicher Embryonen, S. 220.

494 Heun, JZ 2002, S. 517, 521.

495 Vgl. Hügli/Lübcke, Phänomenologie, Hermeneutik, Existenzphilosophie und kritische Theorie, S. 135.

496 Damschen/Schönecker, in: Damschen/Schönecker, Der moralische Status menschlicher Embryonen, S. 215.

497 http://de.wikipedia.org/wiki/Identit%C3%A4t_(Logik); in logischen Systemen führt man Identität über Ununterscheidbarkeit ein: Das Identitätsprinzip drückt aus, dass ein Gegenstand A genau dann mit einem Gegenstand B identisch ist, wenn zwischen A und B kein Unterschied zu finden ist. Oft wird dieses Identitätsprinzip Gottfried Wilhelm Leibniz zugeschrieben und daher auch Leibniz-Gesetz (Leibniz' law) genannt.

498 Damschen/Schönecker, in: Damschen/Schönecker, Der moralische Status menschlicher Embryonen, S. 215f.

499 Ebd., S. 216.

500 Ebd.

nur mit sich selbst absolut identisch ist, jedoch selbstverständlich nicht mit einem Erwachsenen.[501] Hier taucht jedoch die Frage auf, ob Embryonen und Erwachsene auf der numerischen oder auf der qualitativen Ebene identisch sein können.[502]

Ein Kritikpunkt gegen das Identitätsargument berührt eher die biologische Identität zwischen Embryo und Erwachsenem. Gegen das Individualitätsargument besteht beim Embryo die Möglichkeit der Mehrlingsbildung bis zur Nidation, wobei eineiige Zwillinge genetisch identisch sind.[503] Es erscheint jedoch als fraglich, den Lebensschutz allein an diese Identität anzuknüpfen, weil ohne Zweifel das Lebensrecht beiden Zwillingsgeschwistern getrennt voneinander zusteht und nicht das Zwillingspaar im Verbund geschützt wird, sondern das individuelle und identisch bleibende Leben. Behauptet man nun, dass jeder der beiden Embryonen mit dem frühen Embryo identisch sei, folgt daraus, dass auch die Geschwister identisch seien, was natürlich absurd ist.[504] Wenn bei einem Zwillingspaar jedem der beiden Zwillinge ein eigenes Individuum zugestanden wird, könnte dies zu dem Identitätsargument im Widerspruch stehen, und außerdem könnte ein Individuum erst mit dem Ende der Teilungsmöglichkeit festgelegt werden[505]. Dabei könnte der frühe Embryo nicht als menschliches Individuum, sondern als Zellhaufen angesehen werden. Aber es ist fraglich, ob diese Tatsache zu einer entscheidenden Begründung dafür werden kann, dass die Embryonenforschung bis zu 14 Tagen nach der Befruchtung erlaubt werden solle.

---

501 Ebd.

502 Ebd.; Bezüglich der Identität könnte man jedoch mehrere Kandidaten benennen, die unplausibel wären. Das wäre zunächst die Seele nach der klassischen Konzeption, welche die Debatte mit metaphysischen Spekulationen befrachten würde. Diese Psyche in modernen Sinne scheint ebenso wenig geeignet, weil die relevanten Eigenschaften bei Embryonen noch nicht realisiert sind. Merkel bringt auch den Vorschlag ein, Personeneigenschaften als Identitätsmerkmal zu betrachten, insofern die diachrone Identität der Person Embryo und Erwachsenen verbinde.

503 Haßmann, Embryonenschutz im Spannungsfeld internationaler Menschenrechte, staatlicher Grundrechte und nationaler Regelungsmodelle zur Embryonenforschung, S. 96. Man nimmt diese Überlegungen gelegentlich zum Anlass, einen Unterschied zwischen Präembryonen bis zur Einnistung (etwa zeitgleich mit der Bildung des Primitivstreifens) und den eigentlichen Embryonen zu treffen, siehe hierzu: Stoecker, in: Damschen/Schönecker, Der moralische Status menschlicher Embryonen, S. 138.

504 Stoecker, in: Damschen/Schönecker, Der moralische Status menschlicher Embryonen, S. 137.

505 Rosenau, in: Schreiber/Rosenau/Ishizuka/Kim, Recht und Ethik im Zeitalter der Gentechnik, S.135, 143; Schulz, MedR 2002, S. 404.

Dem Identitätsargument kann entgegengehalten werden, dass unter Identität keine Individualität im Sinne von numerischer Singularität verstanden werden soll.[506] Also wird die Individualität des menschlichen Embryos durch das Phänomen der sehr seltenen eineiigen Zwillinge nicht verneint. Denn ein Individuum teilt sich nicht durch dieses Phänomen in zwei Individuen, sondern ein geplantes Lebewesen lässt auch ein anderes geplantes Lebewesen existieren.[507] Dies ist deshalb eine Vermehrung, die in dem schon existierenden Individuum ein neues Individuum nachträgt, aber keine Teilung. Das bedeutet, dass ein Lebewesen sich nicht in zwei halbe Lebewesen teilt; vielmehr ist ein neues individuelles Lebewesen aus einem Lebewesen entstanden.[508] Daher wird der Embryo, der sich zu eineiigen Zwillingen aufteilt, die miteinander unabhängige Individuen sind, als menschliches Individuum ausgelegt, und ein Embryo, der sich durch Teilung zu Zwillingen entwickelt, ist auch vor seiner Teilung mit dem Embryo identisch. Das Klonen für die Erzeugung von Kindern — also die Erzeugung von genetischen Kopien — verdeutlicht ebenso, dass durch die Teilung des Ausgangsorganismus die Individualität nicht berührt wird. Folglich kommt die Individualität eines individuellen Organismus nicht durch die Teilung abhanden, mit der er sich vermehren kann.[509]

Handelt es sich bei dem Embryo bereits um eine Person und haben Personen Würde, so besitzt der Embryo nicht deswegen Würde, weil er mit bereits geborenen Personen oder mit sich selbst als zukünftig geborenem Wesen in dieser moralrelevanten Hinsicht identisch ist, sondern er verfügt über Würde, weil er eine Person ist.[510] Der Embryo besitzt also die Eigenschaft Φ[511] nicht wegen seiner Identität mit demjenigen Wesen, das die Eigenschaft Φ hat, sondern weil der Embryo die Eigenschaft Φ besitzt, lässt sich behaupten, dass er in moralrelevanter Hinsicht mit einem Wesen identisch sei, welches ebenfalls über diese Eigenschaft Φ verfügt.[512] Wenn der Embryo die Eigenschaft Φ und demzufolge Würde besitzt, liegt der Grund dafür nicht in seiner Identität mit einem anderen We-

506 Hierzu: Starck, JZ 2002, S. 1065ff, 1069; insofern auch einschränkend Rosenau, in: Schreiber/Rosenau/Ishizuka/Kim, Recht und Ethik im Zeitalter der Gentechnik, S. 143.

507 Hong, A study of Bioethics on the basis of Personalism, S. 138.

508 Ebd.

509 Honnefelder, in: Damschen/Schönecker, Der moralische Status menschlicher Embryonen, S. 72; Beckmann, Zeitschrift für Biopolitik 2003, S. 9, 12.

510 Damschen/Schönecker, in: Damschen/Schönecker, Der moralische Status menschlicher Embryonen, S. 221.

511 Unter „φ“ werden diejenigen Eigenschaften oder Fähigkeiten verstanden, bei denen normalerweise davon ausgegangen wird, dass auf ihnen die Würde eines Menschen oder überhaupt eines Lebewesens basiert, siehe hierzu: Ebd., S. 191.

512 Damschen/Schönecker, in: Damschen/Schönecker, Der moralische Status menschlicher Embryonen, S. 217.

sen, das Würde hat. Er besitzt also Würde, weil er die Eigenschaft Φ hat, unabhängig davon, ob er mit einem anderen Wesen identisch ist oder nicht.[513] Dies bedeutet auch, dass die Identität selbst nicht würdestiftend ist, sondern sich höchstens als würdeanzeigender Indikator erweist.[514] Nur aus unserer Identität mit dem Embryo in moralischer Hinsicht darf man sozusagen nicht darauf schließen, dass der Embryo Menschenwürde habe. Wenn man nun aber das Personenkriterium zur Basis der Argumentation eben in dieser speziellen Hinsicht macht, bei der Embryo und Erwachsener beide Person sind, würde Identität zwischen einem Embryo und einem erwachsenen Menschen bestehen. Weil in diesem Fall auch die Feststellung einer Identität in moralrelevanter Hinsicht dem Embryo die Existenz der gesuchten Φ-Eigenschaft aus dem geborenen Erwachsenen bereits voraussetzen würde, soll das Argument sich ein weiteres Mal zu einem verdeckten Potentialitätsargument verlagern.

## 4. Zur Plausibilität des Potentialitätsargument

Alle Wesen verfügen mindestens über eine Eigenschaft Φ, demnach gilt: Ist ein Wesen aktual Φ, dann besitzt es Würde.[515] Damit wird offenkundig, dass das aktuale Vorliegen der Eigenschaft Φ eine hinreichende, jedoch keine notwendige Bedingung für die Zuschreibung dieser Würde darstellt.[516] Dem Potentialitätsargument wird hier die These entgegengehalten, dass der absolute Lebensschutz nur denjenigen Menschen zukommt, die aktual über Φ-Eigenschaften verfügen. Nach dem Potentialitätsargument hat jedes Wesen, das über die potentielle Eigenschaft Φ verfügt, Würde, und jeder menschliche Embryo hat Würde, da jeder menschliche Embryo ein Wesen ist, das die potentielle Eigenschaft Φ besitzt.[517] Unter dem Potentialitätsargument versteht man, mit anderen Worten, die Begründung des moralischen Status von Embryonen über deren Potential,

513 Ebd.

514 Ebd.

515 Wieland, in: Damschen/Schönecker, Der moralische Status menschlicher Embryonen, S. 152.

516 Ebd.

517 Ebd., S.149; Damschen/Schönecker, in: Der moralische Status menschlicher Embryonen, S. 222; Da die Prämisse der Würdeinhaberschaft von Wesen mit aktualer Eigenschaft Φ unproblematisch ist, besteht der kritische Punkt im Übergang von der Aktualität zur Potentialität und in der Frage, warum die reine Potentialität die selbe Begründungskraft haben soll wie die Aktualität.

sich zu Wesen mit der aktualen Eigenschaft Φ zu entwickeln.[518] Auch ihm müsse der Grundrechtsstatus verliehen werden, welcher ihm auch später als Mensch zusteht, weil vom Status ad quem auf den Status quo zurück zu schließen sei.[519] Die Kernthese des Potentialitätsarguments wird also auf den Übergang von der Prämisse „Alle Wesen mit aktualen Φ-Eigenschaften haben Würde" zu der Prämisse „Alle Wesen mit potentiellen Φ-Eigenschaften haben Würde" festgelegt. Deshalb muss eine würdebegründende Argumentation über den Schutz eines Entwicklungspotentials vollzogen werden, das sich auf eine moralisch relevante Identität zwischen dem Embryo und dem geborenen Würdeträger bezieht. Daher würde eine tragfähige Argumentation auf die Trennschärfe zwischen der Aktualität und der Potentialität angewiesen sein. Das Potentialitätsargument werde auch ab dem Abschluss der Befruchtung die Potenz zum Kind, zum Erwachsenen als gegeben angesehen, die sich nur noch zu entfalten habe, da mit dem Abschluss der Kernverschmelzung die genetische Identität bereits feststehe. Also müsse der Embryo an der Befruchtung Grundrechte besitzen, weil von diesem Zeitpunkt an jeder Embryo an über das grundsätzliche, beachtliche Potenzial verfüge, sich zu einem Menschen zu entwickeln.[520]

Gegen dieses Potentialitätsargument wird von Singer eingewandt, dass Potentialität auch schon der Ei- und der Samenzelle vor dem Befruchtungsvorgang, den Vorkernen sowie den somatischen Zellen vor dem Klonierungsprozess zukomme.[521] Die Frage, warum nicht auch ihnen ein voller Grundrechtsschutz zugesprochen werden soll, werde von dem Potentialitätsargument nicht beantwortet, deshalb könne es abgelehnt werden. Diese Ansicht hätte zur Folge, dass bereits Eizelle, Samenzelle, Vorkerne und somatische Zellen über die potentielle Person verfügen.[522] Infolgedessen könne zwischen dem Wegwerfen der Keimzellen und der verbrauchenden Embryonenforschung kein Unterschied gemacht werden, und somit liege das menschliche Leben nach dieser Theorie schon in Eizelle, Samenzelle, Vorkernen und somatischen Zellen vor.[523] Außerdem könne

518 Der Grundgedanke des P-Arguments liegt darin, dass potentielle Φ-Eigenschaften hinreichend würdestiftend sind, auf jeden Fall in dem Maße, dass ein Wesen, welches über potentielle Φ-Eigenschaften verfügt, unter normalen Umständen nicht getötet werden darf, siehe hierzu: Damschen/Schönecker, in: Damschen/Schönecker, Der moralische Status menschlicher Embryonen, S. 263.

519 Heun, JZ 2002, S. 517, 520.

520 Hösle, DIE ZEIT 10/2001, 01.03.2001, S. 36; Eberbach, ZRP 1990, S. 218; Ewig, Dt. Ärzteblatt 2000, S. A-3268.

521 Vgl. Breuer, Person von Anfang an?, S. 106; vgl. Heun, JZ 2002, S. 517ff., 520; Rosenau, in: Schreiber/Rosenau/Ishizuka/Kim, Recht und Ethik im Zeitalter der Gentechnik, S. 142.

522 Vgl. Breuer, Person von Anfang an?, S. 106.

523 Vgl. Ebd., S. 104.

von verstärkter Potentialität bei dem Abschluss der Befruchtung nicht gesprochen werden, weil sich bei ungestörter Entwicklung ein Embryo ohne weiteres gebildet hätte.[524]

Jedoch entwickelt der Embryo sich selbst, wohingegen weder eine Eizelle noch eine Samenzelle noch eine ausdifferenzierte Körperzelle aus sich heraus zu einem entwicklungsfähigen Keim werden können, so dass sie im Gegensatz zum Embryo für sich allein genommen nicht zur Entwicklung zum Menschen imstande sind. Die Potentialität zwischen Embryo und Keimzelle sowie diejenige zwischen Embryo und somatischer Zelle ist insofern verschieden, und daher besteht ein großer Unterschied zwischen ihnen in dem Schutzwert.[525] Des Weiteren wird, wie bereits erwähnt, durch den Abschluss der Kernverschmelzung das neue genetische Programm begründet.[526] Von da an behält das Individuum seine genetische Identität, und es entsteht das Bild eines geschlossenen Entwicklungskontinuums vom Zeitpunkt ab der Kernverschmelzung bis zum Tod des Individuums in zeitlicher Abfolge, allein das äußere Erscheinungsbild ist von Änderungen betroffen.[527] Es erscheint sehr kontraintuitiv, dass aufgrund dessen der Schutz als potentiales menschliches Leben bis hin zur Eizelle, zur Samenzelle, zur somatischen Zelle sowie zu den Vorkernen ausgedehnt wird.

Ein weiteres Gegenargument, das eine noch größere Aussagekraft besitzt, besagt, dass es zur Entfaltung der Potentialität des Embryos nicht kommen könne, wenn keine anderen notwendigen Rahmenbedingungen hinzutreten, ohne die sie eine rein fiktive Potentialität bleibe. Das heißt, dass der Embryo in der Zellkultur keine reale Chance habe, die ihm zugeschriebene Potentialität des Menschseins einzulösen, sofern es nicht zu einer Verbindung zwischen ihm und dem Mutterleib kommt. Nach Schlink lebt der Embryo vor der Einnistung lediglich in seiner Potentialität und erst danach in seiner Aktualität, d.h., dass sich erst nach der Nidation aus der Fiktion ein reales Potential entwickele, durch welches sich aufgrund der Entstehung des künftigen Status die Zuschreibung des Lebensgrundrechts rechtfertigen lasse.[528]

Jedoch sind auch andere Prozesse, z. B. die Befruchtung, das Einsetzen der Herztätigkeit, die Gehirnentwicklung, die Lungenreifung, die Geburt usw., abso-

---

524 Rosenau, in: Schreiber/Rosenau/Ishizuka/Kim, Recht und Ethik im Zeitalter der Gentechnik, S. 135, 142.

525 Breuer, Person von Anfang an?, S. 106; Korff/Beck/Mikat, Lexikon der Bioethik I, S. 555; Neidert, Dt. Ärzteblatt 2000, S. A-3484.

526 Giwer, Rechtsfragen der Präimplantationsdiagnostik, Schriftentum zum öffentlichen Recht, S. 63.

527 Knoepffler, Forschung an menschlichen Embryonen, S. 13; vgl. Eser, Neuartige Bedrohungen ungeborenen Lebens, S. 41.

528 Schlink, Aktuelle Fragen des pränatalen Lebensschutzes, S. 17.

lut erforderlich, damit ein erwachsener Mensch entstehen kann. Deswegen hat die Nidation kein größeres Gewicht als andere Prozesse, weil ein Weiterleben ausgeschlossen ist, wenn auch nur eine der genannten Bedingungen wegfällt. Unter bestimmten notwendigen Rahmenbedingungen, die Zäsuren im Schutz des Menschen sein könnten, kann sich Potentialität auch natürlich nur entfalten, da diese Bedingungen, die unabdingbar sind, um das Potential des Menschen zu entwickeln, bei einem Embryo nicht zwingend vorliegen.[529]

Singer führt weiterhin gegen das Potentialitätsargument die These an, dass keine Regel existiere, die besage, dass ein potentielles X denselben Wert oder alle Rechte von X besitze; wie z. B. Prinz Charles potentiell der König von England sei, aber über keine Rechte eines Königs verfüge.[530] Deswegen könne ein gegenwärtig vorhandener Embryo oder Fötus nicht über das identische Lebensrecht, das das menschliche Wesen als zukünftige Person besitzt, verfügen.[531] Der Kronprinz genießt allerdings nicht alle gleichen gesetzlichen Rechte wie der Monarch, aber er hat die potentiellen Rechte wie der potentielle Monarch, und daher ist sein Status gewährleistet, und er wird als potentieller Monarch geschützt. Ebenso kann der Embryo zwar nicht alle Rechte, die der Erwachsene besitzt, ausüben, aber man sollte aufgrund der Potentialität, die er hat, den ihm zukommenden Status und Schutz garantieren. Außerdem verfügen Schlafende oder komatöse Patienten, ähnlich wie Embryonen, auch nicht aktual über ihre Φ-Eigenschaften, dennoch wird ihnen der absolute Lebensschutz nicht verwehrt.

Hierbei kann eine Argumentationsfigur als Orientierung dienen, die man häufig im Umkreis von Erörterungen antrifft, bei denen es inhaltlich um den Begriff und den Status der Person geht.[532] Nach den Personkriterien, die sich an bestimmten Tatsachen des Bewusstseins orientieren, können diese Kriterien einem Menschen, streng genommen, bereits dann nicht mehr zuerkannt werden, wenn er schläft.[533] Wenn man diese extrem kontraintuitive Konsequenz umgehen will, muss das Konzept so modifiziert werden, dass einem Menschen diese Rechte nicht schon dann aberkannt werden müssen, wenn er sich gerade nicht

529 Schreiber, in: Schreiber/Elsner, Was ist der Mensch?, S. 239.

530 Singer, Praktische Ethik, S. 199.

531 Nach Birnbacher beinhaltet das Potentialitätsargument anders als bei Spaemanns Theorie nicht, dass es sich bei dem nasciturus bereits um eine Person handele, sondern potentielle Person bedeute, dass ein Wesen sich zur Person entwickele, siehe hierzu: L'hoste, Ambivalenz der Medizin am Beginn des Lebens, S. 115; Birnbacher, in: Humangenetik, S. 40.

532 Wieland, in: Damschen/Schönecker, Der moralische Status menschlicher Embryonen, S. 153.

533 Ebd.

im Zustand des Wachseins befindet.[534] Dies kann man erreichen, wenn man sie auch jedem zugesteht, dem diejenigen Eigenschaften, die den Status einer Person markieren, nicht aktual, sondern – vorübergehend – nur potentiell zuerkannt werden.[535]

So kann durch den Potentialitätsbegriff der Schläfer, als ein nur potentiell seiner selbst bewusstes Individuum, den Status einer Person sowie die an diesen Status gebundenen Rechte besitzen.[536] Ebenso steht es außer Frage, dass man Menschen, die sich in einem reversiblen Koma befinden oder die in ein solches versetzt worden sind, nicht töten darf, obwohl sie – und das ist der entscheidende Punkt – die üblichen Φ-Eigenschaften (also die Personeigenschaften) aktual nicht besitzen.[537] Jeder Versuch, diesbezüglich einen Unterschied zwischen einem komatösen Patienten sowie dem Schläfer einerseits und einem Embryo andererseits zu machen, würde sich als willkürlich erweisen, d. h., der Embryo könnte wegen seiner Potentialität mindestens ebenso Schutzrechte genießen wie der Komatöse und der Schlafende in Anlehnung an ihre Potentialität.[538] Besitzt der Embryo nämlich potentiell die Eigenschaften, über die der Erwachsene verfügt, muss er auch gegenwärtig geschützt werden. Wenn es einen Unterschied zwischen dem Embryo und dem Erwachsenen gibt, würde nur die Zeit der Fürsorge in Anspruch genommen, bis die Eigenschaften und die Fähigkeiten des Embryos zutage treten. Da keine primäre Voraussetzung für die Anerkennung als Person davon abhängig ist, dass ein Wesen über bestimmte Eigenschaften aktual verfügt, ist der Lebensschutz jedem zuzuerkennen, der die Eigenschaft, die den Status einer Person ausmacht, nur potentiell besitzt. Für den Status als Person reicht die potentielle Fähigkeit aus, weil auch der Status ad quem schon im Status quo zur Rechtezuschreibung führt.[539]

Ein noch größeres Problem könnte unter der Voraussetzung des Potentialitätsarguments die Frage darstellen, wie dann die Menschenwürde von Menschen begründet werden kann, die gerade nicht über die aktive Potentialität zur Vernunft- und zur Moralfähigkeit verfügen, zum Beispiel Menschen, die auf Grund

---

534 Ebd.; Von der allgemein anerkannten Prämisse, dass reversibel Komatöse und Neugeborene nicht getötet werden dürfen, ist auszugehen; siehe hierzu: Damschen/ Schönecker, in: Ebd., S. 263.

535 Wieland, in: Damschen/Schönecker, Der moralische Status menschlicher Embryone, S. 153.

536 Ebd., S. 154.

537 Damschen/Schönecker, in: Damschen/Schönecker, Der moralische Status menschlicher Embryonen, S. 231.

538 Ebd.

539 Somit fallen auch solche „Embryonen“ unter diesen Begriff, die nicht durch Kernverschmelzung entstehen.

einer genetischen Veränderung an einer schweren geistigen Behinderung leiden.[540] Denn soweit das Potentialitätsargument nur eine hinreichende Bedingung dafür darstellt, dass menschlichen Lebewesen, die über diese aktive Potentialität verfügen, Menschenwürde zusteht, könnte es erforderlich sein, für Menschen mit schwerer geistiger Behinderung ein anderes Argument anzuführen.[541] Damit könnte die Frage entstehen, ob das Potentialitätsargument außer Kraft tritt, da es sich bei bloßen Potentialitäten noch nicht um ausreichende Bedingungen zur Begründung des Grundrechtsstatus handeln könnte.[542] Jedoch wird der Embryo oder wird das menschlichen Wesen als menschliches Leben nicht nur dann geschützt, falls sie die Potentialität für alle Eigenschaften besitzen, über die der Mensch verfügen kann, besitzen, und es ist auch unklar, welche Eigenschaft unter verschiedenen Eigenschaften die Menschwerdung maßgeblich ausmacht. Außerdem können auch Menschen mit schwerster geistiger Behinderung auf Grund einer genetischen Veränderung eine andere Eigenschaft besitzen, etwa die Fähigkeit, zu leiden[543], also eine von der Eigenschaft zur Vernunft- und Moralfähigkeit verschiedene menschliche Eigenschaften, weshalb das Potentialitätsargument zu verneinen ist / abzulehnen ist.

Wenn ebenso einzelne Zellen des Präembryos bis zum Achtzellstadium isoliert werden, so kann dies zur Entwicklung aller abgetrennten Zellen zu jeweils eigenständigen Organismen führen. Wird jede einzelne Zelle jedoch nicht getrennt, so entwickelt sie sich nicht zu einem vollständigen Individuum; nur wenn sie getrennt wird, wächst sie zu einem vollständigen Organismus heran. Dieses biologische Faktum weist klar darauf hin, dass es eine Wechselwirkung zwischen der einzelnen Zelle in der Zona pellucida gibt. Hier ist auch festzuhalten, dass ein Entwicklungspotential, das man biologisch auffassen kann, ohne Frage normativ relevant ist.

---

540 Knoepffler, Menschenwürde in der Bioethik, S. 70.

541 Ebd.

542 Zu diesem Punkt hat man humorvoll angemerkt, dass alle Menschen unweigerlich stürben; jedoch sei dieses Faktum bestimmt kein guter Grund, die Menschen bereits jetzt schon als Tote zu behandeln, siehe hierzu: Dreier, GG - Kommentar, Art.1 Rn. 85. Aber die Evidenzen können für formalkorrekte Schlussfolgerungen nicht erschüttert werden.

543 Singer, Praktische Ethik, S. 84f.

# III. Schlussbetrachtung

Der Mensch hat Rechte und die Würde als Mensch auf Grund seiner Existenz. Die Tatsache, dass der Embryo in seinem Status zur menschlichen Spezies, Homo sapiens sapiens, gehört, ist deshalb ein maßgeblicher Grund für seinen Lebensschutz, und daher verfügt er mit dem Abschluss der Kernverschmelzung über eine eigene Persönlichkeit. Also gilt, dass der Grund für den Schutz des Lebens auf dem Menschsein beruht, das die entscheidend würde-verleihende Eigenschaft ist, und von den tatsächlichen aktualen Eigenschaften, über die ein Individuum verfügt, wie speziellen Fähigkeiten, Charaktereigenschaften oder Errungenschaften, unabhängig ist. Daher hat das würdefundierende Speziesargument als kriterielles Argument eine gewisse Plausibilität.[544] Dieses Argument zeigt gleichzeitig im Rahmen unserer Reihenfolge das enge inhaltliche Aufeinanderbezogensein der zu diskutierenden Argumente – dies gilt für das Kontinuums-, das Identitäts- und das Potentialitätsargument.[545] Es erscheint daher sinnlos, wenn man die sogenannten SKIP-Argumente voneinander trennt und einzeln betrachtet.[546] Mit Rücksicht auf diesen Umstand scheint es aussichtsreicher, die Begründung eines moralischen Status menschlicher Embryonen, die deren Schutz und damit die Einhaltung des unbedingten Tötungsverbotes einschließt, in einem synthetischen Gesamtentwurf zu suchen, der sie jeweils mit dem ihrer Überzeugungskraft entsprechenden Gewicht in eine Gesamtargumentation einbettet. Obwohl die Einbettung nicht vollständig gelingen kann, werden zumindest einzelne Aspekte des jeweiligen Arguments in sinnvoller Weise mit denen anderer kombiniert. An dieser Stelle zeigt sich, dass es sich bei der Zugehörigkeit zur menschlichen Spezies, bei Identität, Kontinuität und Potentialität um Aspekte handelt, durch die, in wechselseitig sich bedingender Weise und deshalb voneinander nicht trennbar, die embryonale Entwicklung eines Lebewesens gekennzeichnet ist.[547] Aus diesem Grund sollte der Embryo als menschli-

544 In Anlehnung an eine von Kant eingeführte ambivalente Menschheitsgrammatik lässt dies sich auch so ausdrücken, dass das empirische Faktum der Zugehörigkeit eines Embryos zur biologischen Spezies der Menschheit der einzigartige empirische Indikator für die Ausstattung dieses Embryos mit dem moralischen Attribut der Menschheit ist, siehe hierzu: Enskat, in: Damschen/Schönecker, Der moralische Status menschlicher Embryonen, S. 125.

545 Vgl. Ebd., S. 214f. Insbesondere führt Honnefelder aus, man setze voraus, dass sowohl das Kontinuumsargument als auch das Identitätsargument im Prinzip die gleiche Aussage träfen und sich in einem unmittelbaren Zusammenhang mit dem so genannten Potentialitätsargument befänden, siehe hierzu: Honnefelder, in: Ebd., S. 61.

546 Honnefelder, in: Ebd., S. 68.

547 Ebd.

ches Leben angesehen und als Person geschützt werden, da er mit dem Abschluss der Kernverschmelzung zur menschlichen Spezies, Homo sapiens sapiens, gehört und damit die Potentialität besitzt, durch kontinuierliche Entwicklung zu einem Erwachsenen heranzuwachsen, wobei er sich als eine eigene Individualität und Identität auszeichnet.

# § 7 Ethische Probleme der Erforschung des menschlichen Embryos durch Klontechniken

Der ethische Disput um die menschliche Embryonenforschung durch Klontechniken ist ein Gegenstand des Werturteils, das die Frage enthält, ob die Gesellschaft die Erforschung des menschlichen Embryos durch die Klontechnik annehmen kann. Die Aufgabe der Ethik ist es, zur Überprüfung der Fragen beizutragen, ob die Klontechnik am Menschen praktisch angewendet werden darf, also ob die praktische Anwendung der Klontechnik befürwortet werden kann und welche Richtung dabei eingeschlagen werden soll, oder ob dies zu verwerfen sei. Im Rahmen der folgenden Diskussion sollen die ethischen Aspekte des Klonens von Menschen durch eine Gegenüberstellung der das Klonen befürwortenden Gründe und der ihm entgegengesetzten Gründe untersucht werden.

## I. Für eine Zulässigkeit des Klonens von Menschen

### 1. Argumentation der Befürworter des KzET

Beim KzET wird der Embryo allein zu dem Zweck erzeugt, um aus ihm Stammzellen zu gewinnen. Die Zielsetzung der Erzeugung eines Embryos besteht dabei also nicht darin, dass dieser sich vollständig zu einem menschlichen Organismus entwickeln soll.[548] Präziser formuliert, strebt man bei der Erzeugung von Embryonen grundsätzlich nicht das Ziel an, deren Fähigkeit zur vollständigen Entwicklung zu menschlichen Organismen zu ermitteln. Denn die Befürworter des therapeutischen Einsatzes des KT-Verfahrens bzw. diejenigen, die sich mit der Erforschung und der Durchführung des therapeutischen Einsatzes dieser Methode befassen möchten, setzen sich grundsätzlich nicht für die reproduktive Nutzung dieser Methode ein bzw. lehnen sie sogar explizit ab.[549] Die Befürworter des KzET argumentieren zunächst, dahingehend, dass der Vorgang des KzET in einem völlig anderen Kontext vonstatten gehe als die Erzeugung von Nachkommen.[550] Ebenso unterscheide sich auch das Ergebnis des KzET von „normalen" Embryos dadurch, dass nicht zwei verschiedene Chromosomensätze zu-

548 Krohmer, in: Dabrock/Ried, Therapeutisches Klonen als Herausforderung für die Statusbestimmung des menschlichen Embryos, S. 146.

549 Ebd.

550 Taupitz, ZaeFQ 2002, S. 453.

sammengetreten seien – was für viele den Beginn individuellen und deshalb besonders schützenswerten menschlichen Lebens darstelle –, sondern nur der eine schon vorhandene Chromosomensatz des Zellkernlieferanten zur Wirkung gelange.[551] Darüber hinaus wird aufgezeigt, dass man das Stadium der künstlich erzeugten Totipotenz lediglich eine kurze Zeit lang in Kauf nehme, wogegen der gesamte Vorgang die Erzeugung bestimmter Gewebestrukturen zum Ziel habe.[552] Insgesamt bestehe ohnehin weiter die Hoffnung, dass der Weg über die Gewinnung von embryonalen Stammzellen nur eine Zwischenetappe auf dem Weg zur die Totipotenz vermeidenden Reprogrammierung von körpereigenen Zellen von Kranken darstellen werde.[553]

## 2. Argumentation der Befürworter des KfEK

In Anbetracht dieser allgemeinen Einschätzung des KfEK und der überwältigenden Argumente gegen seine Zulassung erscheint es nahezu unmöglich, Argumente für die Zulassung des KfEK zu äußern.[554] Allein die Erzeugung von Nachkommen für Paare, die andernfalls kinderlos bleiben würden, kann als Argument für das KfEK vorgebracht werden.[555] Gemäß den Befürwortern des KfEK ermöglicht die von außen gesteuerte Festlegung der genetischen Identität eines Individuums weiterhin den Zugang zu einer positiven Eugenik durch die Anwendung des ZKT. Denn es werde bei der IVF durch die spezifische Auswahl von Ei- und Samenzelle gegebenenfalls eine bestimmte DNA zugewiesen oder könne zugewiesen werden[556]; es würden sozusagen nur noch Spenderzellen zur Weitergabe ausgesucht, welche über besonders „wertvolles“ Erbgut verfügten.[557] In Anlehnung an diese Ansicht stehen für die Isolierung spezieller genetischer Eigenschaften bereits andere und besser geeignete Möglichkeiten zur Verfügung; somit könne der ZKT zur Unterstützung besonderer Fähigkeiten im Rahmen der weiteren Evolution nicht zwangsläufig als das am Besten geeignete Verfahren zur Verfolgung dieses Zieles betrachtet werden.[558]

---

551 Ebd.
552 Ebd.
553 Taupitz, PZ 2001, S. 2908.
554 Erich/Witteck, MedR 2003, S. 5.
555 Ebd.
556 Vgl. Taupitz, ZaeFQ 2002, S. 449, 452.
557 Ebd.; Berger, Embryonenschutz und Klonen beim Menschen, S. 76.
558 Berger, Embryonenschutz und Klonen beim Menschen, S. 76.

Von den Befürwortern des KfEK wird auch die Ansicht vertreten, dass es beim Klonen mittels ZKT keineswegs zur Entstehung eines identischen Menschen komme,[559] da die Persönlichkeitsbildung durch Tausende von Interessen und Erfahrungen beeinflusst werde; dazu komme das Bestreben des Menschen, sich von anderen abzuheben[560]. Außerdem bestehe zwischen der genetischen Konstitution eines Klons und der des Spenderorganismus keine vollkommene Identität.[561] Deshalb sei auch die Erwartung irrig, dass man durch das Klonen eines geliebten oder eines aufgrund gewisser Eigenschaften besonderes geschätzten Menschen, auch dessen Eigenschaften 1:1: neu erzeugen könne[562]. Somit sei die menschliche Individualität unabhängig von der genetischen Individualität[563], und daher finde keine Verletzung der Menschenwürde des Klons durch diese Argumente statt.

Des Weiteren habe der Klon nicht zwangsläufig das vorgelebte Leben nachzuleben[564], weil auch im natürlichen Entwicklungsprozess Mehrlinge mit dem gleichen Erbprogramm zustande kommen könnten[565]. Ein menschlicher Klon stelle weder ein minderwertiges Duplikat eines Menschen noch eine 1:1-Kopie dar. Ebenso handele es sich bei einem menschlichen Klon, wie bei jedem Menschen, um ein selbständig denkendes und handelndes Individuum, welches dieselben Grundrechte besitze wie jeder andere Mensch. So wie jeder Mensch durchlebe auch der Klon im Laufe seines Erwachsenwerdens einen persönlichen Reifungsprozess, durch den seine Persönlichkeit und Individualität geprägt werde.[566] Seine genetische Identität mit einem anderen Menschen übe allerdings auf diesen Prozess einen gewissen Einfluss aus, jedoch sei dieser nicht größer, als es bei eineiigen Zwillingen der Fall sei, um deren Identität man sich aufgrund des Fehlens genetischer Einzigartigkeit auch keine Sorgen mache.[567] Dies gehe auch aus der Entwicklung zahlreicher Zwillinge hervor, die völlig unterschiedlich verliefen.[568] Denn gleichgültig wie gleichartig auch die genetische Ausstattung zweier Exemplare sein mag, ihr Weg durch Raum und Zeit und ihre Lebensge-

559 Taupitz, ZaeFQ 2002, S. 449, 452.

560 Brohm, JuS 1998, S. 197, 204.

561 Hillebrand/Lanzerath, Klonen, S. 28; vgl. Taupitz, ZaeFQ 2002, S. 452.

562 Hillebrand/Lanzerath, Klonen, S. 29.

563 Ebd.

564 Rosenau, in: Strafrecht, Biorecht, Rechtsphilosophie, S. 761, 766; Hilgendorf, in: Staat, Kirche, Verwaltung - Festschrift für Hartmut Maurer zum 70. Geburtstag, S. 1156.

565 Losch, NJW 1992, S. 2926, 2931.

566 Frankenberg, KJ 2000, S. 325, 330.

567 Ebd.

568 Rosenau, in: Schreiber, Recht und Ethik im Zeitalter der Gentechnik, S. 141.

schichte sei doch immer verschieden. Somit erschöpfe sich die Identität des Menschen nicht in der Summe von dessen Genen[569]; anderenfalls könnten eineiige Zwillinge nicht verschiedene Individuen und Grundrechtsträger sein.[570] Aus dieser Sicht wird die Entwicklung einer eigenen personalen Individualität des Klons durch das Vorhandensein eines genetischen Vorbilds nicht verhindert. Auch wenn der Klon bereits geboren ist, liege der einzige Unterschied zwischen ihm und den sonstigen Menschen ausschließlich in dem Umstand, dass für ihn ein lebendes Vorbild mit der gleichen genetischen Ausstattung existiert. Allein durch diesen Umstand könne eine Verweigerung seines Anspruches auf Achtung seiner menschlichen Würde nicht gerechtfertigt werden. Denn der Mensch werde nicht nur durch seine Erbanlagen, sondern auch durch seine Umwelt beeinflusst.[571] Daher könne das Argument, dass der Klon nur zu einer bloßen Kopie herabgewürdigt werde, nicht unbedingt zutreffend sein, da die individuelle Entwicklung eines Klons gewährleistet sein könne und müsse[572]. Aus diesem Grund behaupten die Befürworter des Klonens von Menschen, dass die Erzeugung eines Klons zugelassen werden solle.

Jedoch verfehlt das Argument der Vergleichbarkeit eines Klons mit eineiigen Zwillingen den wesentlichen Unterschied zwischen dem Klon und dem eineiigen Zwilling. Eine genetische Einmaligkeit ist selbstverständlich auch bei eineiigen Zwillingen nicht vorhanden, jedoch ist die Existenz des Zwillings nicht das Produkt eines zweckgerichteten Eingriffs.[573] Die Existenz des Zwillings als eines genetischen Doubles ist nicht das Ergebnis der Realisierung eines vorgefassten Plans und geht auch nicht auf einen zweckgerichteten fremden Willen zurück.[574] Den Eigenschaften und den Anlagen liegt außerdem der Zufall zugrunde.[575] Beim Klon handelt es sich jedoch um kein solches Objekt, weil hinter seinen Eigenschaften und Anlagen nicht der Zufall steht; vielmehr erweist sich das, was er in seiner Person vorfindet, als das Ergebnis fremder Absicht.[576] Das heißt, dass es sich bei geklonten Kindern entweder um das Produkt einer

569 Steinvorth, in: Ach/Brudermüller/Runtenberg, Hello Dolly?, S. 90.

570 Heun, JZ 2002, S. 517, 521; Taupitz, ZaeFQ 2002, S. 449, 452.

571 Hilgendorf, in: Staat, Kirche, Verwaltung - Festschrift für Hartmut Maurer zum 70. Geburtstag, S. 1156.

572 Ebd., S. 1157.

573 Braun, KJ 2000, S. 332, 339.

574 Ebd.

575 Weder bei der Partnerwahl noch beim Geschlechtsverkehr haben die Menschen den Plan der Erzeugung eines Kindes mit bestimmten Merkmalen und Eigenschaften im Kopf, auf dessen Realisierung ihre Tätigkeit allein gerichtet wäre; siehe hierzu: Braun, KJ 2000, S. 332, 337.

576 Rosenau, in: Strafrecht, Biorecht, Rechtsphilosophie, S. 761, 766.

zweckgerichteten menschlichen Tätigkeit oder um deren „Fehlprodukt" handelt.[577] Bei einer gezielten Zuweisung einer bestimmten genetischen Ausstattung wird also die Menschenwürde des so geschaffenen Lebewesens verletzt, indem dieses Lebewesen zum „Produkt" sowohl im Sinne eines gezielten „Daseins" als auch eines „So-Seins" oder gar „Serien-Seins" wird.[578]

Gegen das Argument der Schaffung zu einem gezielten Zweck könnte aber eingewandt werden, dass es auch im Rahmen der natürlichen Befruchtung jeden Tag zur Zeugung von Kindern komme, da mit der Zeugung außerhalb des natürlichen Willens zur Fortpflanzung eigene Ziele verbunden seien.[579] Mit anderen Worten, es stellt sich die Frage, ob es sich bei der Klonierung eines Wunschkindes nicht ebenso sehr bzw. ebenso wenig um einen reinen Selbstzweck wie die natürliche Zeugung eines Wunschkindes handelt.[580] Tatsächlich aber wird bei der natürlichen Zeugung von Kindern häufig ein bestimmtes Ziel verfolgt (z. B. als Bruder oder Schwester für das erstgeborene Kind; als Erbe für ein Familienunternehmen; als Lebenssinn). Bis zum Erwachsenwerden eines Kindes treffen außerdem die Eltern immer wieder für ihr Kind Entscheidungen und üben damit ganz alltäglich Macht aus. Also könnte auch der natürlich geborene Mensch aus bestimmten Absichten seiner Eltern entstanden sein. Mit dem KfEK müsste demnach nicht automatisch eine Instrumentalisierung einhergehen. Deshalb könnte man mit dem Argument der Instrumentalisierung kein totales Verbot des KfEK rechtfertigen.

Jedoch bleibt bei der natürlichen Zeugung ein Rest an Unwägbarkeit und Unbestimmtheit, der den normal gezeugten Menschen vom geklonten Menschen abhebt.[581] Schließlich verliert die Argumentation der Befürworter des KfEK dadurch an Überzeugungskraft, da das KfEK auf eine Stufe mit einem direkten Durchgriff auf die Subjektivität der Person gestellt werden kann und dadurch ein Verstoß gegen die Menschenwürde des Klons begründet wird.

## II. Gegen die Zulässigkeit des Klonens von Menschen

Bei der nachfolgenden Betrachtung des Klonens von Menschen soll der Versuch unternommen werden zu klären, ob und ggf. worin genau die Menschenwürde-

577 Braun, KJ 2000, S. 332, 337.

578 Taupitz, ZaeFQ 2002, S. 449, 452.

579 Ebd.

580 Gutmann, in: Roxin/Schroth, Medizinstrafrecht, S. 374.

581 Rosenau, in: Schreiber, Recht und Ethik im Zeitalter der Gentechnik, S. 141.

verletzung besteht und wer ggf. durch den Vorgang des Klonens in seiner Würde verletzt wird.

## 1. Gemeinsame Probleme zwischen KzET und KfEK

### *a. Instrumentalisierung*

Beim KzET wird ein Embryo allein zu dem Zweck hergestellt, um ihn hinterher zu töten und seine Stammzellen für Zellkulturen und Gewebezüchtungen zu verwenden, die zur Heilung des Zellkernspenders dienen sollen. Im Rahmen dieses Klonens würde durch die Instrumentalisierung fremden Lebens zur verbrauchenden Forschung am Embryo allein für die Zwecke anderer, nämlich für die Heilung, ein Verstoß gegen die Menschenwürde unternommen.[582] Hierbei wird ein menschlicher Embryo sozusagen als Duplikat erzeugt, aus dem für die Reparatur des Originals Material gewonnen werden soll.[583]

Gegen diese Auffassung wird die These vertreten, dass beim KzET fremdes menschliches Leben nicht zugunsten des Patienten instrumentalisiert werde, da es zwischen Embryo und Kernspender eine genetische Identität gebe. Somit handele es sich hierbei nicht um einen Verbrauch fremden Lebens, sondern vielmehr um einen Akt der Selbsthilfe des Kernspenders.[584] Allerdings werde die soeben geäußerte Ansicht durch die Forderung nach Einführung eines Schutzmodells in Form eines staatlichen Genehmigungverfahrens für das jeweilige Projekt zum KzET eingeschränkt.[585] Daher bilde das KzET keinen Verstoß gegen die Menschenwürde, weil hierbei menschliches Leben nicht für andere instrumentalisiert werde.

Jedoch trifft das Argument von der genetischen Identität, dass es sich also beim KzET also um Selbsthilfe handele, nicht zu. Denn zwar ist bei eineiigen Zwillingen genetische Identität gegeben, dennoch bezweifelt niemand, dass es sich bei ihnen um zwei selbstständige Menschen handelt. Aus diesem Grund kann beim KzET der Embryo durch seine Inanspruchnahme für Dritte sehr wohl instrumentalisiert werden, und dadurch kann die Menschenwürde verletzt werden. Außerdem könnte die entwicklungsfähige Eizelle zum Einsatz für kommerzielle Zwecke instrumentalisiert werden, da für die Gewinnung einer Stammzel-

---

582 Taupitz, ZaeFQ 2002, S. 453; Starck, NZZ 14/15, April 2001.

583 Schreiber, in: Schreiber/Elsner, Was ist der Mensch?, S. 244.

584 Schwarz, KritV 2001, S. 182, 201, 208.

585 Ebd., S. 209.

le durch ZKT viele Embryonen benötigt werden,[586] denn jede Frau besitzt im Laufe ihres Lebens nur eine begrenzte Zahl an Eizellen.[587]

Des Weiteren gibt es das Risiko, dass der Klon nicht um seiner eigenen Zweckhaftigkeit willen zur Welt gebracht wird, sondern dass er durch Zuweisung seiner genetischen Identität von fremder Seite zum bloßen Objekt eigener Pläne herabgewürdigt bzw. instrumentalisiert wird,[588] indem er beim KfEK als Mittel zum Zweck hergestellt wird, der er nicht selbst ist[589]. Der wahre Grund für das Klonen liegt in der Verfolgung bestimmter Absichten, z. B. in dem Wunsch nach einem schönen, perfekten Kind, in dem Wunsch nach Schaffung einer Armee von Klonkriegern, die aus Tausenden von gleichartigen, gehorsamen, ersetzbaren Menschen besteht, oder in dem Wunsch, einen geliebten verstorbenen Menschen zurückzubekommen etc.. Auch zu kommerziellen Zwecken könnte eine bestimmte Gruppe von Menschen (z. B. eine Sportmannschaft, Arbeiter) geklont werden[590]; ebenso könnte der Klon zum Ersatz für seine Kernspender, für Organ- oder Gewebespender, zur genetischen Wiederholung oder zu eugenischen Zwecken instrumentalisiert werden[591]. Hierbei betrachtet man das Verhältnis zwischen Erzeuger und Erzeugtem teilweise unter dem Aspekt illegitimer Machtausübung. Dem Klon wird dadurch seine Persönlichkeit geraubt, und er wird zur bloßen Kopie herabgewürdigt.

### *b. Die Veränderung der sozialen Strukturen*

Das Sozialargument äußert die Befürchtung vor sozialen Ungerechtigkeiten, wenn etwa nur reiche Leute in den Genuss der Anwendung des Klonens kämen und die Klassenbildung sich aus diesem Grund in eine andere Richtung entwi-

---

586 Berger, Embryonenschutz und Klonen beim Menschen, S. 56.

587 Ebd.

588 Witteck/Erich, MedR 2003, S. 261; Brohm, JuS 1998, S. 197, 204; er erkennt eine Würdeverletzung des Klons in dem Umstand, dass ihm allein aufgrund seiner spezifischen genetischen Ausstattung ein Lebensrecht zuerkannt wird. Diese Ansicht würde allerdings dazu führen, dass eine Würdeverletzung auch bei solchen Kindern anzunehmen wäre, denen – etwa in asiatischen oder in islamischen Kulturkreisen – lediglich aufgrund ihres (männlichen) Geschlechts das Überleben gewährt wird; Stiftung Weltbevölkerung, abrufbar unter: http://www.dswonline.de/kopf1/newsletter00/b_n1002_10.html (Stand:07/2002).

589 Dederer, AöR 2002, S. 5; Hilgendorf, in: Staat, Kirche, Verwaltung - Festschrift für Hartmut Maurer zum 70. Geburtstag, S. 1153.

590 Berger, Embryonenschutz und Klonen beim Menschen, S. 56.

591 Eser et al., in: Ach/Brudermüller/Runtenberg, Hello Dolly?, S. 234.

ckeln würde, als es sonst der Fall wäre.[592] Eine wichtige Rolle könne ebenso der mit dem Klonen verbundene Einfluss auf die sozialen Strukturen des menschlichen Zusammenlebens spielen.[593] So sei zu befürchten, dass Klontechniken als Mittel einer Menschenzüchtung bzw. einer Therapie eingesetzt werden könnten und dadurch auch die Solidarität mit kranken und mit behinderten Menschen in der Gemeinschaft Schaden erleiden könne.[594] Krankheiten und Behinderungen würden dann als etwas Vermeidbares und damit Verantwortbares betrachtet. Dies könne zur Folge haben, dass öffentliche Unterstützungen für Maßnahmen der sozialen Integration und zur Förderung von kranken und behinderten Menschen zurückgenommen werden; auch könnten Frauen einem hohen Druck ausgesetzt werden, alle verfügbaren Methoden der Prävention durch Selektion anzuwenden.[595]

*c. Gesundheitliche Risiken für die Eizell-Spenderinnen*

Für die Zeugung des geklonten Embryos beim KzET und KfEK werden große Mengen unbefruchteter weiblicher Eizellen gebraucht. Jedoch lässt sich dieser Bedarf an Eizellen nicht durch Eizellspenden decken. Deswegen ist die Frage zu klären, ob und wie sich der enorme Bedarf an Eizellen decken lässt, der beim KzET und KfEK auftritt.[596] Man bedient sich bei der Gewinnung von Eizellen auch eines Verfahrens, das für die Spenderinnen eine nicht ungefährliche Prozedur mit sich bringt, da es sich um eine starke Hormontherapie für eine sog. Superovulation und um einen riskanten medizinischen Eingriff handelt.[597] Daher werden hier ethische und moralische Probleme aufgeworfen, denn die Spenderinnen sind großen gesundheitlichen Gefahren ausgesetzt.

---

592 Dworkin, DIE ZEIT 38/1999, 16.09.1999, S. 17.

593 Hillebrand/Lanzerath, Klonen, S. 30.

594 Ebd.

595 Braun, KJ 2000, S. 332, 336.

596 Engels, in: Das Magazin Wissenschaftszentrum Nordrhein-Westfalen 2001, S. 16.

597 Berger, Embryonenschutz und Klonen beim Menschen, S. 72.

## *2. Weitere Probleme des KfEK*

### *a. Die Verletzung der Würde des Klons*

#### aa. Physische Beschädigung des Klons

Der geborene Klon ist zumindest nach derzeitigen Erkenntnissen der Gefahr erheblicher Gesundheitsschäden ausgesetzt.[598] Beispielsweise waren 276 Versuche nötig, um schließlich das Klonschaf Dolly zu erschaffen, außerdem musste dieses Schaf im Alter von sechs Jahren wegen einer Lungeninfektion eingeschläfert werden. Damit bleibt die Frage offen, welche Risiken, wie viele Fehlgeburten, Behinderungen und Missbildungen in Kauf genommen werden müssen, bis ein gesunder geklonter Mensch überlebt.[599] Verursacht durch derartige Nebenwirkungen und nach den bisherigen Erfahrungen mit Tierversuchen, könnten zahlreiche menschliche Klone tot oder aber mit schweren Krankheitssyndromen, Gesundheitsschäden oder Missbildungen geboren werden. Genau diese Erkenntnisse deuten gleichfalls auf die Gefahren hin, die mit dem KfEK verbunden sind, und veranschaulichen die Unverantwortlichkeit derjenigen Person, die versucht, dies auf einen Menschen zu übertragen.[600]

Jedoch werden die Risiken im Laufe der medizinischen Entwicklung irgendwann wegfallen, und das Argument wird dann nicht mehr wirkungsvoll gegen KfEK verwendet werden können[601]. Somit kann es zwar gegenwärtig eingesetzt werden, kann aber nicht als hinreichender und dauernder Grund für das Verbot des KfEK gelten.

#### bb. Psychische Beschädigung des Klons

Wenn der Klon erst einmal geboren ist, könnte er sich in seinem Status als Mensch von den sonstigen Menschen ausschließlich durch den Umstand unter-

---

598 Beck, in: Dabrock/ Ried, Therapeutisches Klonen als Herausforderung für die Statusbestimmung des menschlichen Embryos, S. 230.

599 Es ist nicht abschließend bekannt, welchem Alterungsprozess eine geklonte Zelle und damit der Klon ausgesetzt ist oder ob Krankheiten wie Krebs in dem Klon durch Mutationen in der Körperzelle ausgelöst werden können.

600 Vgl. Wilmut/Campbell/Tudge, Dolly-Der Aufbruch ins biotechnische Zeitalter, S. 362.

601 Gutmann, in: Roxin/Schroth, Medizinstrafrecht, S. 364.

scheiden, dass es für ihn ein lebendes Vorbild gibt, das über die gleiche genetische Ausstattung verfügt.[602] Jedoch kann allein durch diesen Umstand eine Negierung des Anspruches auf Achtung menschlicher Würde des Klons nicht gerechtfertigt werden. Des Weiteren steht außer Frage, dass die durch Klonung entstehenden Menschen den vollen Schutz der Rechtsordnung für sich in Anspruch nehmen könnten.[603] Dennoch könnten sich die psychischen Probleme, mit denen ein Klon zu kämpfen hat, als schwerwiegend erweisen.

Ein denkwürdiges Thema ergibt sich bei dem Einwirken der Eltern selbst auf ein geklontes Kind. In Anlehnung an Hans Jonas handelt es sich bereits um eine Würdeverletzung, wenn der Klon nur deswegen existiert, weil man von ihm die Erfüllung bestimmter Zwecke erwartet.[604] Wenn die Mutter etwa eine erfolgreiche Sportlerin war, so wird man bei dem Kind unweigerlich voraussetzen, dass es über die gleichen Fähigkeiten verfügen und diese mit dem gleichen Erfolg praktizieren werde. Dadurch wird das Kind gezwungen, die Mutter zu imitieren. Der tatsächliche Wille des geklonten Kindes wird hierbei nicht berücksichtigt; vielmehr wird ihm eine bestimmte Rolle zugewiesen, die der Erfüllung eines bestimmten Zweckes dient. Danach würden Eltern von ihren Kindern gewisse Verhaltensweisen erwarten und ihnen damit im extremen Fall sowohl Autonomie als auch die Möglichkeit zur freien Entfaltung der Persönlichkeit und der Entwicklung ihres eigenen Lebens nehmen. Es würde daher stets ein hoher Erwartungsdruck herrschen, der auf dem Klon lastet.[605] Nun aber wollen die meisten Eltern bei ihren Kindern normalerweise durchaus eigene Veranlagungen und Verhaltensweisen entdecken. Den Ausspruch: „Das hast du bestimmt von mir geerbt!“ haben wahrscheinlich alle Kinder schon einmal gehört. Das bedeutet, dass es auch bei natürlich gezeugten Kindern ebenso wie bei geklonten Kindern einen starken Erwartungsdruck ihrer Eltern geben kann. Aus diesem Grund könnte das hier erörterte Argument seine Überzeugungskraft verlieren. Es bleibt jedoch die Frage, ob auf geklonte Kinder, anders als auf natürlich gezeugte Kinder, bei Nichterfüllung der entsprechenden Erwartungen sowie bei nicht planmäßig verlaufender Entwicklung etwas Besonderes zukommen könnte.

Weiterhin könnte der Klon unter der Belastung der Existenz als bloße Kopie und der des Wissens stehen, einem vorgegebenen Schicksal zu folgen[606], da er als bloße Wiederholung eines vorgelebten Lebens betrachtet werden könnte[607].

602 Vgl. Erich/ Witteck, MedR 2003, S. 8.

603 Gutmann, in: Roxin/Schroth, Medizinstrafrecht, S. 365; Kliemt, ZRP 1979, S. 168.

604 Braun, KJ 2000, S. 332, 339.

605 Hillebrand/Lanzerath, Klonen, S. 29.

606 Beck, in: Dabrock/ Ried, Therapeutisches Klonen als Herausforderung für die Statusbestimmung des menschlichen Embryos, S. 230.

607 Rosenau, in: Strafrecht, Biorecht, Rechtsphilosophie, S. 761, 766.

Außerdem könnten geklonte Menschen das Gefühl haben, dass ihr Charakter und Leben durch ihre mangelnde genetische Einzigartigkeit und die Erwartungen ihrer Umwelt vorbestimmt seien. Des Weiteren würde der geklonte Mensch nicht nur ständig mit seinem Original verglichen und an ihm gemessen und müsste ein Leben lang diese Belastung ertragen[608], sondern er könnte auch von seinen Mitmenschen als bloße Merkwürdigkeit und als einfache Blaupause gelten[609], indem er aufgrund seiner unnatürlichen Erzeugung und aufgrund der Tatsache, dass er „nur" ein genetisches Abbild des Originals darstellt, von seiner Umwelt diskriminiert und nicht als vollwertiger Mensch anerkannt würde[610]. Im Hinblick auf dieses Diskriminierungsargument stellt sich die Frage, ob von einer rechtlichen oder von einer sozialen Minderstellung die Rede ist, d. h., die Einteilung in Zweiklassenmenschen stellt eine Warnung vor der Diskriminierung geklonter Bürger dar. Daher wird hin und wieder die Befürchtung geäußert, dass es sich bei den entstehenden Klonen um Menschen zweiter Klasse handeln und sie demnach benachteiligt sein könnten.[611] Dagegen könnte aber eingewandt werden, dass man in jedem Land und in jeder Gesellschaft auf soziale Benachteiligungen treffe.[612] Das „Anderssein" eines Menschen sei also in den meisten Fällen der ausschlaggebende Faktor, ob durch Hautfarbe, politische Meinung, Vermögen oder Behinderung bedingt. Das Diskriminierungsargument könnte demnach keine Überzeugungskraft haben. Jedoch sind soziale Benachteiligungen, die es in jedem Land und in jeder Gesellschaft gibt, ein negativer Faktor, der verbessert werden sollte. Somit kann die Anerkennung der Erzeugung des Klons, die die Diskriminierung zwischen dem natürlich hergestellten Menschen und dem geklonten Menschen verursachen könnte, nicht gerechtfertigt werden.

Nach dem genetischen Determinismus wird auch argumentiert, dass durch das KfEK das Recht des Klons auf Unwissenheit um seine eigene genetische Identität verletzt werde.[613] Dadurch könnten sich beide Tatsachen, das eigene vermeintliche Schon-Wissen und das der anderen sowie die Beobachtung seines eigenen Alterungsprozesses des Klons in seinem Klonspender,[614] sich als lähmend für die Spontaneität seines Er-Selbst-Werdens erweisen.[615]

---

608 Ebd.

609 Ebd.; Hilgendorf, in: Staat, Kirche, Verwaltung - Festschrift für Hartmut Maurer zum 70. Geburtstag, S. 1156.

610 v. Bülow, Dt. Ärzteblatt 1997, S. 718; Erisch/Witteck, MedR 2003, S. 8.

611 Vgl. Gutmann, in: Roxin/Schroth, Medizinstrafrecht, S. 365.

612 Gerhardt, ZBP 2003, S. 49, 51.

613 Hilgendorf, in: Staat, Kirche, Verwaltung - Festschrift für Hartmut Maurer zum 70. Geburtstag, S. 1156.

614 Ach, in: Ach/Brudermüller/Runtenberg, Hello Dolly?, S. 177.

615 Joas, in: Joas, Technik, Medizin und Ethik, S. 190.

Des Weiteren könnten die unklaren Verwandtschaftsverhältnisse eines Klons in den familiären und auch den sonstigen intergenerationellen Beziehungen zu Verwirrung führen.[616] Beispielweise könnte ein vom „Vater" geklonter Mensch die ödipale Situation hinzunehmen haben, dass seine „Mutter" sich einst zu ihm hingezogen fühlte[617]; ebenso könnte der geklonte Mensch von seinem Kernspender abhängiger sein als ein Kind von seinen natürlichen Eltern. Außerdem ist zu befürchten, dass für die Familienstruktur und die Entwicklung der Persönlichkeit des geklonten Menschen unabsehbare Probleme entstehen.[618]

*b. Die Verletzung der Würde des Originals*

Möglicherweise könnte auch die Würde des Originals durch eine Verletzung seines Rechts auf Einzigartigkeit und Selbstbestimmung in Frage gestellt werden.[619] Zunächst könnte man einen Verstoß gegen die Menschenwürde des Originals beim KfEK darin sehen, dass diesem durch die Schaffung seiner genetisch identischen Kopie seine Einzigartigkeit genommen wird.[620] Im Falle des Verlustes der genetischen Einzigartigkeit könnte die Menschenwürde als unserem Rechts- und Werteverständnis zugrunde liegendes Fundament negiert werden. Diese Vorstellung basiert auf der Ansicht, dass die genetische Ausstattung des Menschen diesen selbst und seine körperliche sowie geistige Entwicklung festlege.[621] Obwohl ein eineiiger Zwilling mit seinem Bruder oder mit seiner Schwester genetisch identisch ist, besitzt jeder einen vom anderen verschiedenen, eigenen Charakter, und seine Individualität wird nicht angezweifelt, so dass jeder über die Menschenwürde verfügt.[622] Dies bedeutet, dass der Wegfall der genetischen Einzigartigkeit des Originals nicht einen Verstoß gegen die Menschenwürde rechtfertigen kann und Individualität[623] sich von genetischer Einzigartigkeit unterscheidet. Also ist die Entwicklung einer eigenen personalen Individualität des Originals allein durch das Vorhandensein eines lebenden Le-

---

616 Hillebrand/Lanzerath, Klonen, S. 30.

617 Gutmann, in: Roxin/Schroth, Medizinstrafrecht, S. 366.

618 Berger, Embryonenschutz und Klonen beim Menschen, S. 75.

619 Vgl. Brohm, JuS 1998, S. 197, 204.

620 Rosenau, in: Strafrecht, Biorecht, Rechtsphilosophie, S. 761, 765.

621 Hilgendorf, in: Staat, Kirche, Verwaltung - Festschrift für Hartmut Maurer zum 70. Geburtstag, S. 1156.

622 Vgl. Taupitz, ZaeFQ 2002, S. 452; Frankenburg, KJ 2000, S. 330.

623 Durch Individualität wird einerseits die Unverwechselbarkeit des Menschen charakterisiert; auf der anderen Seite sind alle Menschen individuell., abrufbar unter: http://de.wikipedia.org/wiki/Individualit%C3%A4t

bewesens mit der gleichen genetischen Ausstattung nicht behindert. Unter dem Begriff „Individualität" versteht man im weitesten Sinne den Umstand, dass ein Mensch oder ein Gegenstand einzigartig ist und von anderen Menschen beziehungsweise Gegenständen unterschieden werden kann.[624] Die Individualität wird damit nicht nur in Anlehnung an den genetischen Code des Menschen definiert, sondern man rechnet sie auch zu den elementaren Komponenten der Persönlichkeit, mit der Konsequenz der Anerkennung eines aus der Menschenwürde hergeleiteten Persönlichkeitsrechts.[625] Seine Individualität erhält der Mensch nicht nur bei seiner Geburt, sondern behält sie sein ganzes Leben lang als prägenden Faktor seiner Persönlichkeit.[626] Der Mangel an genetischer Einzigartigkeit stellt schließlich keine Negation der Individualität dar, und einen Verstoß gegen die Menschenwürde des Originals könnte man darin sehen, dass es in späteren Jahren als Mehrling zurückkehrt. So könnte unter Umständen das Original unter dem Gefühl leiden, dass ihm die genetische Einzigartigkeit fehle; ebenso könnten auch die Rechte des Originals verletzt werden, so dass dadurch seine Individualität beeinträchtigt werden könnte.[627]

Auch im Falle des Missbrauchs des Originals als unfreiwilligen Objekts eines hinter seinem Rücken mit ihm durchgeführten Klonprojekts könnte man ohne Zweifel von einer entwürdigenden Missachtung sprechen.[628] Von einem Verstoß gegen die Menschenwürde würde hier jedoch nur dann die Rede sein, wenn über das Recht des Einzelnen auf Verfügung über die eigenen Erbinformationen ohne dessen Zustimmung verfügt worden ist.[629] Ist nun aber die Zustimmung des Originals zu seiner Klonierung gegeben und hat man es über die Folgen bestimmter Entscheidungen oder Handlungen angemessen aufgeklärt, so könne man nicht von der Verletzung seiner Menschenwürde sprechen.[630] Hierbei könne davon ausgegangen werden, dass der Zellspender selbst den Wunsch nach Geklontwerden äußert, sei es, dass er sich Unsterblichkeit oder Wiedergeburt wünscht und daher bereitwillig und vielleicht sogar aus Eitelkeit geklont werden

---

624 Philosophen haben völlig unterschiedliche Vorstellungen darüber entwickelt, wie man Individualität definiert und wie diese entsteht. In Anlehnung an Aristoteles und Thomas von Aquin werden Gegenstände durch Materie, nach Hobbes durch Raum und Zeit, nach Fichte und Hegel durch die Selbstverendlichung des Geistes individuell., abrufbar unter: http://de.wikipedia.org/wiki/Individualit%C3%A4t

625 Witteck/Erich, MedR 2003, S. 262; vgl. hierzu Werner, ZfmE 46 (2000), S. 259, 269.

626 Witteck/Erich, MedR 2003, S. 262; vgl. Gröner, in: Günther/Keller, Fortpflanzungsmedizin und Humangenetik – Strafrechtliche Schranken?, S. 293, 310.

627 Rosenau, in: Strafrecht, Biorecht, Rechtsphilosophie, S. 761, 765.

628 Frankenberg, KJ 2000, S. 325, 329.

629 Rosenau, in: Strafrecht, Biorecht, Rechtsphilosophie, S. 761, 765.

630 Ebd.; Frankenberg, KJ 2000, S. 325, 330.

möchte.[631] Insbesondere werde durch die Freiwilligkeit des Handelns gerade die Autonomie, die Würde des Menschen konstituiert.[632] Daher wird die Möglichkeit einer Verletzung der Menschenwürde des Originals oftmals mit dem Hinweis abgetan, der Spender der Erbanlagen habe schließlich dem Vorgang zugestimmt und damit in alle Konsequenzen eingewilligt, diese sogar gefordert und damit von seinem durch die Verfassung garantierten Selbstbestimmungsrecht ebenso Gebrauch gemacht wie in allen anderen medizinrechtlichen Fällen.[633] Dem zu widersprechen, würde eine Umgehung der Selbstbestimmung des Menschen sowie eine Ersetzung durch Fremdbestimmung bedeuten, und erst dadurch würde die Menschenwürde verletzt.[634]

Dies ist jedoch auch bei Freiwilligkeit des Handelns und der Begrenztheit des Zum-Objekt-Machens eher zweifelhaft.[635] Man könnte weiterhin als Argument nur die Unveräußerlichkeit der Würde anführen, durch die eine Einwilligung irrelevant gemacht würde.[636] Denn beispielsweise verstoßen sog. „Peepshows" oder der sog. „Zwergenweitwurf" nach der überwiegenden Rechtssprechung gegen die Menschenwürde der freiwillig auftretenden Darsteller.[637] Die Menschenwürde wird dem Einzelnen auf der Grundlage seines Daseins als Person zugestanden und unterliegt damit nicht seiner Disponibilität.[638] Gegenüber staatlichen Organen kann auch der Einzelne nicht wirksam auf seine Menschenwürde verzichten.[639] Während sich durch das Handeln gegen den freien Willen der Person ein Verstoß gegen die Würde ergeben würde, könnte jedes Handeln in Übereinstimmung mit der Selbstbestimmung nicht immer gerechtfertigt werden. Daher könnte durch KfEK des Originals dessen Würde verletzt werden.

631 Rosenau, in: Strafrecht, Biorecht, Rechtsphilosophie, S. 761, 765; Frankenberg, KJ 2000, S. 325, 329.

632 Umbach/Clemens, Grundgesetz Kommentar, Art. 1 Rn. 23.

633 Witteck/Erich, MedR 2003, S. 262. Denn immerhin kann jeder freiwillig Blut oder Organe spenden.

634 Frankenberg, KJ 2000, S. 325, 330.

635 Umbach/Clemens, Grundgesetz Kommentar, Art. 1 Rn. 68.

636 Rosenau, in: Strafrecht, Biorecht, Rechtsphilosophie, S. 761, 765. Unveräußerlichkeit kann jedoch auch den Verlust der menschlichen Würde durch ihren Träger bedeuten, denn auch demjenigen, der sich z. B. verkaufen oder versklaven lässt, bleibt seine Würde erhalten, siehe hierzu: Frankenberg, KJ 2000, S. 325, 330.

637 Umbach/Clemens, Grundgesetz Kommentar, Art. 1 Rn. 68.

638 Witteck/Erich, MedR 2003, S. 262; vgl. dazu auch BVerwGE 64, 274, 280.

639 Witteck/Erich, MedR 2003, S. 262; BGHZ 67, 119, 125; Pieroth/Schlink, Grundrechte - Staatsrecht II, Rn. 362.

*c. Die Verletzung der Menschheitswürde*

Zudem erscheint die Frage von Bedeutung zu sein, ob durch die Anfertigung einer genetischen Kopie eines lebenden Menschen nur dieser in seinem subjektbezogenen Würdeanspruch verletzt wird oder ob es durch diesen Vorgang zugleich zur Verletzung der Menschenwürde innerhalb eines größeren, überindividuellen Kontextes als Menschheitswürde kommt. Eine Ansicht besagt, dass die Würdegarantie vom Staat den Schutz konkreter Individuen in konkreten Situationen, nicht aber den der ganzen Menschheit verlange.[640] Somit könnte es sich als Problem erweisen, auf welche Art und Weise das Klonen in den Menschenwürdeschutz eingreifen kann, wenn es den geklonten Menschen noch gar nicht gibt und der Klon im Zeitpunkt der Erzeugung noch gar nicht existent ist. Außerdem gerate der objektivierende Würdeschutz in einen unauflöslichen Widerspruch, wenn er die Selbstbestimmung der individuellen Würdeträger überspielt.[641] Denn es entwickele sich die Menschenwürde nur im Namen vermeintlich objektiver Vorstellungen von würdigem Verhalten zum Objekt erzieherisch-fürsorglicher Maßnahmen.[642] Daher sei der Menschenwürdeschutz jedes einzelnen gewährleistet, nicht lediglich der Würdeschutz der Menschheit.

Jedoch darf die Menschenwürde nicht nur subjektbezogen als Anspruch des Einzelnen auf Wahrung der eigenen Würde interpretiert werden.[643] In Anlehnung an dieses Verständnis enthält der Begriff der Menschenwürde nicht nur einen individualistischen, sondern auch einen gattungsbezogenen Sinn. Soweit man deswegen die Menschenwürde schützen will, sollte dadurch nicht mehr nur ihr individueller Träger, sondern auch die Gemeinschaft geschützt werden.[644] Mit dieser Funktion der Würde steht nämlich ihr Charakter als objektive Verpflichtung, als ein „Sich-würdig-erweisen“ in Form einer Pflicht zu einem würdevollen Umgang mit sich selbst und den anderen Angehörigen der eigenen Gattung in unmittelbarem Zusammenhang.[645] Diese Pflicht kann als Kehrseite des Anspruchs auf Würde betrachtet werden, die jedem Menschen schon allein aufgrund von dessen Existenz innewohnt, als eine Pflicht, die Würde der Menschheit an jedem anderen Menschen praktisch anzuerkennen.[646] Diese Pflicht zur Achtung der Menschenwürde könnte durch die Manipulation des genetischen

640 Frankenberg, KJ 2000, S. 325, 331; Schwarz, KritV 2000, S. 182, 203.

641 Frankenberg, KJ 2000, S. 325, 331.

642 Ebd.

643 Witteck/Erich, MedR 2003, S. 262.

644 Ebd.

645 Ebd.

646 Ebd.

Zufallsprinzips, die durch die Steuerung der genetischen Disposition ungeborener Menschen mittels KfEK erfolgt, verletzt werden. In ihr kann man hier einen Ausdruck der Nichtanerkennung bzw. der Missachtung der menschlichen Unvollkommenheit erkennen, deren Ursprung auch in der Zufälligkeit der Anordnung seiner Gene zu finden ist.[647] Gerade diese Unvollkommenheit beeinflusst schwerwiegend das Wesen und die Bildung der Individualität der menschlichen Individuen. Der Mensch ist über diese Unvollkommenheit hinauszuheben, indem er seine eigenen Schwächen erkennt, auf sie reagiert und gleichzeitig darauf baut, dass gerade diese Schwächen aus der Sicht seiner Mitmenschen die schätzenswerte Individualität seiner Persönlichkeit bilden. Diesen Umstand der kontextbezogenen Unvollkommenheit der einzelnen Person, dem vor allem die Vielfalt der genetischen Kombinationen bei jedem neuen Akt geschlechtlicher Fortpflanzung zugrunde liegt, hat jeder Angehörige der menschlichen Gattung zu respektieren.[648] Aus dieser Überlegung folgt zwangsläufig, dass die Unantastbarkeit des menschlichen Genoms als integraler Bestandteil zur Menschenwürde gehört und dass es sich bei der Verhinderung des zufallsgeprägten Entstehens neuer genetischer Kombinationen durch KfEK um eine Missachtung der dem Menschengeschlecht zukommenden Würde handelt.

#### *d. Die Notwendigkeit der Leihmutterschaft*

Soweit es durch ZKT beim KfEK zur Entstehung von totipotenten Zellen kommt, müssen diese Zellen anschließend in den Uterus einer Frau implantiert werden.[649] Hierbei spielen sowohl ethische als auch medizinische Bedenken eine Rolle bezüglich der Leihmutterschaft der jeweiligen Frau. Einerseits wird nämlich dadurch die ethische Problemstellung der Leihmutterschaft aufgeworfen, andererseits müssen ebenso die gesundheitlichen Risiken in Betracht gezogen werden, denen die Leihmutter ausgesetzt ist.[650]

### 3. Dammbruchargumente

Unter „Dammbruchargument“ versteht man eine Argumentationsweise, die in Erscheinung tritt, wenn der Opponent den Proponenten vor dem Vollzug eines

647 Ebd.
648 Ebd.
649 Berger, Embryonenschutz und Klonen beim Menschen, S. 72.
650 Ebd.

bestimmten Schritts bzw. einer bestimmten Handlung warnt und dabei geltend macht, dass diese Handlung den Dammbruch bzw. den Beginn einer schiefen Ebene darstelle und somit Stück für Stück weitere negative Konsequenzen nach sich ziehen werde.[651] Im Rahmen der alles-in-allem-Bewertung des KzET muss die Frage beachtet werden, ob durch den Einsatz des KT-Verfahrens nicht vielleicht doch die Bereitschaft der Nutzung des auch reproduktiv erfolgenden Verfahrens beim Menschen vergrößert werden könnte.[652] Dammbruchargumente sind insoweit relevant, als es durch KzET zur Verbesserung technischer Möglichkeiten für KfEK und damit zur Aufweichung moralischer Barrieren kommen könnte.[653] Insbesondere führt man das ethische Dammbruchargument an, durch KzET werde in irreversibler Weise der Weg zum KfEK eröffnet.[654] Hier wird das Klonen als Büchse der Pandora[655] angesehen: in Verbindung mit Genmanipulationen – etwa eine Auswahl der Wunschkinder durch ihre Eltern o.ä.[656] – würde man fast nur noch Eingriffe zur Vererbung von populären Eigenschaften vornehmen. Das Dammbruchargument entwickelt sich dabei im Rahmen der aktuellen Diskussion immer mehr zu einem „Wehret den Anfängen".[657]

Jedoch braucht man diesem Argument nicht unbedingt eine gewisse Berechtigung zuzugestehen. Denn auch im Rahmen der Hinwendung zu einer neu- und fremdartigen technischen Errungenschaft und der dauerhaften Anwendung einer solchen geht man immer das Risiko eines tiefgreifenden Wandels in der Gesellschaft durch die fragwürdigen Konsequenzen dieser Technik ein. Wird aufgrund des Dammbruchsargument die Verwendung der Klontechnik nicht erlaubt, könnte auch die Verwendung anderer neuer fremdartiger Techniken aus Angst vor ihren nicht absehbaren Folgen vollkommen verboten sein. Dabei muss man bedenken, dass man durch das Argument dazu gezwungen werden könnte, einen sicheren und genau definierbaren Nutzen aufgrund eines unsicheren und oft nur vage formulierbaren Risikos aufzugeben.[658] Deswegen ist das Dammbruchar-

---

651 http://de.wikipedia.org/wiki/Dammbruchargument. Dieses Argument wird auch „Argument der schiefen Ebene", „Slippery-Slope-Argument" oder Missbrauchsargument gennant.

652 Krohmer, in: Dabrock/ Ried, Therapeutisches Klonen als Herausforderung für die Statusbestimmung des menschlichen Embryos, S. 148.

653 Beck, in: Dabrock/ Ried, Therapeutisches Klonen als Herausforderung für die Statusbestimmung des menschlichen Embryos, S. 232.

654 Berger, Embryonenschutz und Klonen beim Menschen, S. 69.

655 Türcke, DIE ZEIT 07/2001, 08.02.2001, S. 37.

656 Spaemann, DIE ZEIT 04/2001, 18.01.2001, S. 37; Tinnefeld, ZRP 2000, S. 11.

657 Losch, NJW 1992, S. 2927; Günther, in: Fortpflanzungsmedizin und Humangenetik – Strafrechtliche Schranken?, S. 168; krit. Kaufmann, in: Gentechnologie 3, Genforschung – Fluch oder Segen?, S. 258f.

658 Bayertz, in: Sass, Genomanalyse und Gentherapie, S. 306.

gument als – juristisches – Argument gegen das Klonen hinfällig. Weiterhin ist auch unsicher und strittig, ab wann in diesem Zusammenhang der Dammbruch anfängt.

## III. Schlussbetrachtung

Ein Embryo stellt bereits menschliches Leben in seinem frühesten Stadium dar, und er gehört somit zur Menschheitsfamilie. Embryonen können jedoch in einem frühen Stadium zur Gewinnung von Stammzellen von einem frühen Embryo zu therapeutischen Zwecken zerstört werden. Durch KzET wird also der Embryo instrumentalisiert und seines eigentlichen Zweckes, des Heranwachsens zu einem Menschen, beraubt.[659] Aus diesem Grund entstehen durch die Instrumentalisierung des Lebens zu therapeutischen Zwecken große sittliche sowie ethische Probleme, und daher kann KzET nicht gerechtfertigt werden.

Falls sich Wissenschaftler – angetrieben von Ruhmsucht, Geldgier oder religiösem Fanatismus – dazu verleiten lassen, einen Menschen zu klonen, und falls ihnen dies wirklich gelingt, so muss man einen solchen geklonten Menschen nicht nur *wie* einen Menschen, sondern *als* einen Menschen behandeln.[660] Denn wenn tatsächlich ein Klon geboren wird, so steht fest, dass er über die gleichen Rechte und Pflichten verfügt wie ein Mensch, der auf natürliche Art und Weise gezeugt worden ist. Der Klon verfügt jedoch weder über „Individualität", noch ist er imstande, sich ohne Probleme „selbst zu bestimmen". Die Klonierung ist also mit einer bewussten Fremdbestimmung des einzelnen verbunden, durch die sein mit der Menschenwürde gewährleistetes Recht auf Individualität verletzt wird.[661] Möglicherweise ist denkbar, dass der Grundsatz, dass „die abhängige Person eines Stückes ihrer Freiheit beraubt werde",[662] durch die Entscheidung über das Erbgut eines anderen verletzt wird. Ebenso ist niemand berechtigt, über eine andere Person zu verfügen und sie zum bloßen Objekt seiner Wünsche zu machen.[663] Außerdem könnte die Durchführung der positiven Eugenik die Nebenwirkung der Reduktion des Gen-Pools sowie der Reproduktion eines einheitlichen Menschen verursachen. Auch KfEK kann und muss somit verboten werden.

659 Starck, NZZ 14/15. April 2001.

660 Gerhardt, ZBP 2003, S. 49, 51.

661 Brohm, JuS 1998, S. 197, 204.

662 Gutmann, in: Roxin/Schroth, Medizinstrafrecht, S. 373.

663 Rosenau, in: Strafrecht, Biorecht, Rechtsphilosophie, S. 761, 766.

Schließlich konnte man im Rahmen der Überprüfung der Zulässigkeit des KfEK einen Verstoß gegen die Menschenwürde des Klonierten und gegen die Würde der Menschheit nachweisen, wohingegen bei der Überprüfung des KzET ein Verstoß gegen die Menschenwürde des Klons – wegen seiner Erzeugung zur anschließenden Vernichtung – zu konstatieren ist.

# § 8 Fazit

Der Mensch besitzt Rechte und Menschenwürde auf Grund seiner Existenz. Ein Mensch zu sein, ist also die maßgebliche würdeverleihende Eigenschaft, unabhängig von den tatsächlichen aktualen Eigenschaften, über die ein Individuum verfügt. Deswegen beruht der Grund des Schutzes des Lebens auf dem Menschsein und ist von speziellen Fähigkeiten, Charaktereigenschaften oder Errungenschaften unabhängig. Die Menschenwürde wird nicht deshalb gewährt, weil der Mensch gewisse, besondere Eigenschaften hat, sondern sie wird gleichzeitig von allen Menschen mit dem Beginn des Lebens ohne Voraussetzung bestimmter geistiger Fähigkeit gewährt, so dass der Embryo ab dem Abschluss der Kernverschmelzung über eine eigene Persönlichkeit verfügt. Daher muss er als ein menschliches Leben geschützt werden. Ebenso besitzt ein geklonter Embryo wie ein natürlich erzeugter Embryo eine Persönlichkeit, und daher soll er auch als ein menschliches Leben geschützt werden, da er durch einen kontinuierlichen Entwicklungsprozess zu einem vollständigen Menschen heranwächst, obwohl der geklonte Embryo nicht über neue Erbinformation verfügt.

Die Argumente für die Embryonenforschung sowie für ein Verbot des Klonens von Menschen beziehen sich in der Regel auf die Verletzung der Menschenwürde.[664] Da das menschliche Leben durch die Embryonenforschung bzw. die Forschung geklonter Embryonen instrumentalisiert wird und die Menschenwürde daher verletzt werden kann, werden diese Forschungen vom ethischen Gesichtspunkt aus als verwerflich betrachtet. Wenn ein dieser Fall vorliegt, muss dann ein Zeitpunkt gewählt werden, von dem der größte Schutz geboten wird - „in dubio pro embryone".[665] Bereits Immanuel Kant (1724-1804) hat in seinem Werk „Die Metaphysik der Sitten" seine Vorstellung von der Menschenwürde mit der These begründet: „Der Mensch kann von keinem Menschen

664 Hilgendorf, in: Staat, Kirche, Verwaltung - Festschrift für Hartmut Maurer zum 70. Geburtstag, S. 1150.

665 Pap, MedR 1986, S. 229, 233; Höfling, FAZ 10.07.2001, S. 8.

(weder von anderen noch von sich selbst) bloß als Mittel, sondern muss jederzeit zugleich als Zweck gebraucht werden, und eben darin besteht seine Würde.“[666]

666 Braun, KJ 2000, S. 332, 337.

# 3. Kapitel: Rechtliche Aspekte

Das Verfassungsrecht muss Filter und Maßstab ethischer Thesen sein; somit dient es praktisch auch als Determinante der allgemeinen Ethik.[667] Aus diesem Grund ist eine Voraussetzung der demokratischen Gesellschaft, dass Rechte und Freiheit der Menschen dem Grundrecht entstammen und durch dieses gewährleistet werden. Wird ein durch Klontechnik erzeugter menschlicher Embryo für einen Menschen gehalten, müssen seine Rechte und seine Freiheit verfassungsrechtlich garantiert werden. In Bezug auf das Klonen von Menschen geht es auf der verfassungsrechtlichen Ebene insbesondere um Art. 1 I 1 (Schutz der Menschenwürde), 2 II 1 (Lebensschutz), 5 III (Forschungsfreiheit), 6 (Schutz von Ehe und Famile) und auch 3 (Gleichheitssatz).[668]

In der Praxis wird bei der Gewinnung von embryonalen Stammzellen ohne Abstoßungsreaktion und bei der Erzeugung von Kindern durch Klontechniken immer der Embryo vernichtet. So ist es strittig, ob durch die Erlaubnis zum Klonen von Menschen in den Kernbereich des Grundrechts auf Leben des Embryos aus Art. 2 II 1 eingegriffen wird, und, wenn ja, ab welchem Entwicklungsstadium und in welcher juristischen Eigenschaft: als Grundrechtsträger oder nur als Schutzobjekt.[669] Weiterhin ist zu prüfen, ob die Schutzrechte des ungeborenen Menschen abstufbar sind. Laut Art. 1 Abs. I GG ist die Menschenwürde unantastbar, und sie zu achten und zu schützen ist Verpflichtung aller staatlichen Gewalt, und daher wird der Schutz der Menschenwürde vom Grundgesetz absolut gewährleistet. Durch diesen Schutz könnte nun aber die EMEK ebenfalls eingeschränkt werden. Daher soll geprüft werden, was die Menschenwürde unter verfassungsrechtlichem Aspekt bedeutet und wann eine solche Menschenwürde auf den Menschen bezogen wird.

Folglich geht es darum, ob der Embryo schon über das Recht auf Leben gemäß Art 2 II 1 GG verfügen kann, ob er körperliche Unversehrtheit gemäß Art 2 II 1 GG für sich beanspruchen kann und ob darüber hinaus auch die oberste Verfassungsnorm – Art 1 II GG – schon für ihn berücksichtigt werden muss. Aus der Sicht des Grundgesetzes ist es also fraglich, inwieweit dem Embryo die Gewährleistungen der Grundrechte zuteil werden können. Die Menschenwürde induziert auch das verzwickte Problem in Bezug auf das Lebensrecht gemäß Art. 2

---

667 Schreiber, in: Was ist der Mensch?, S, 237.

668 Koch, in: Dabrock/Ried, Therapeutisches Klonen als Herausforderung für die Statusbestimmung des menschlichen Embryos, S. 184.

669 Ebd.

II GG, ob durch die Verletzung des Lebensrechts eine Verletzung der Menschenwürde hervorgerufen wird.

Das Klonen von Menschen könnte von der Forschungsfreiheit gemäß Art. 5 III GG erlaubt sein. Denn sofern das Klonen von Menschen eine eigene Wissenschaft darstellte, müsste man es dem Schutzbereich des Art. 5 III GG zuordnen. Jedoch könnte ggf. das Grundrecht auf Wissenschaftsfreiheit durch ein Verbot des Klonens eingeschränkt werden. Es ist umstritten, ob durch eine wissenschaftliche Betätigung eigenmächtig fremde Rechte beeinträchtigt oder gar verletzt werden. Dabei sind auf der verfassungsrechtlichen Ebene besonders die Menschenwürde gemäß Art 1 I und das Lebensrecht gemäß 2 II GG gegenüber der generell schrankenlos gewährleisteten Freiheit der Forschung gemäß Art 5 III GG zu beachten. Des Weiteren könnte der Schutz der Familie des Art. 6 I GG durch EMEK in Erwägung gezogen werden. Ferner soll geprüft werden, ob auch bei unfruchtbaren Paaren ein Verstoß gegen den allgemeinen Gleichheitsgrundsatz des Art. 3 I GG durch das Verbot des EMEK existiert.

Im einfachgesetzlichen Bereich sollen außerdem das Embryonenschutzgesetz und das Stammzellgesetz sowie die Abtreibungsvorschriften des StGB untersucht werden. Für diese Gesetze sollen allerdings als Grundlage immer die Verfassung und deren Gewährleistungen gelten. In Deutschland ist zurzeit die EMEK durch ESchG strafrechtlich verboten. Um eine solche Forschung zu reglementieren, wird in diese nicht nur in Deutschland, sondern auch in anderen Ländern mit einzelnen Regelungen interveniert. Jedoch scheint jede Nation jeweils eine eigene, von den anderen verschiedenartige Annäherung an dieses Problem zu versuchen. Somit ist zu analysieren, welcher Unterschied zwischen den Regelungen einzelner Länder in Bezug auf die EMEK besteht. Weiterhin wird die internationale Tendenz bei dieser Forschung durch Untersuchung der verschiedenen Regelungen auf internationaler Ebene zu erfassen sein.

# § 9 Die Rechtslage in Deutschland

## I. Verfassungsrechtliche Aspekte

### 1. Das Grundrecht auf Leben

#### *a. Schutz des Lebens gemäß Art. 2 II 1 GG*

Durch Art. 2 II 1 wird das Recht auf Leben und körperliche Unversehrheit eines jeden Menschen verfassungsrechtlich geschützt. Alle natürlichen Personen genießen den Schutz des Art. 2 II 1 Alt 1 GG, unabhängig von ihrem Geisteszustand.[670] Art 2 II 1 Alt 1 GG schützt schlicht das körperliche Dasein.[671] Ein Eingriff findet hier immer dann statt, wenn durch eine rechtliche oder eine faktische Maßnahme der Tod eintritt.[672] Unter „Leben" wird körperliches Dasein verstanden, die biologisch-physische Existenz des Menschen.[673] Das Leben beginnt bereits vor der Geburt, endet mit dem Tod und umfasst auch das Recht auf den Tod.[674] Ein Entzug des menschlichen Lebens, der das Recht auf Fortexistenz beseitigt, erweist sich als schärfste Form des Eingriffs. Bei körperlicher Unversehrtheit gemäß Art 2 II 1 Alt 2 GG handelt es sich um Gesundheit im biologischen Sinne sowie um das psychische Wohlbefinden.[675] Ist die Gesundheit Schädigungen und Gefährdungen ausgesetzt, so wird hier eingegriffen.[676]

Der Lebensschutz des Grundgesetzes hat in unserer Rechtsordung einen Höchstwert; dennoch ist er aber nicht der höchste Wert, sondern ist einer Abwägung widerstreitender Interessen zugänglich, wie dies Art 2 II 3 GG zeigt.[677] Also ist in Art. 2 II S. 3 das Grundrecht auf Leben durch einen einfachen Geset-

---

670 Jarass/Pieroth, Kommentar zum Grundgesetz, Art. 2 Rn. 54.

671 Ebd., Rn. 52.

672 Ebd., Rn. 56.

673 Haßmann, Embryonenschutz im Spannungsfeld internationaler Menschenrechte, staatlicher Grundrechte und nationaler Regelungsmodelle zur Embryonenforschung, S. 104.

674 Pieroth/Schlink, Grundrechte - Staatsrecht II, Rn. 392.

675 Ebd., Rn. 393.

676 Ebd., Rn. 395.

677 Ebd., Rn. 321, 397; BVerfGE 88, 203, 253; Eser, Neuartige Bedrohungen menschlichen Lebens, S. 33, 34; Sacksofsky, Der verfassungsrechtliche Status des Embryo in vitro, S. 21.

zesvorbehalt begrenzt,[678] und demnach kann in das Lebensrecht von Menschen und somit auch von Embryonen eingegriffen werden.[679]

Diese Problematik ergibt sich in besonderer Weise beim Schwangerschaftsabbruch. Nach den Ausführungen des BVerfG ist es nicht möglich, das Lebensrecht des Embryos und das Recht der Mutter auf Schwangerschaftsabbruch gleichzeitig zu gewährleisten. Das BVerfG hat auch über die Konstruktion des „schonendsten Ausgleichs" festgelegt, dass dem Lebensschutz der Vorzug eingeräumt wird.[680] Jedoch bewirkt dieser schonendste Ausgleich in anderen Fällen, dass andere Grundrechte immer in den Hintergrund treten würden und man auf diese Weise faktisch einen absoluten Schutz von Art 2 II 1 GG konstruiert hätte, was wiederum im Widerspruch zu Art 2 II 3 GG stünde. Das BVerfG entscheidet in besonderen Fällen von Schwangerschaft – nicht nur in Fällen der medizinischen Indikation, sondern auch bei Gefahr schwerer Missbildungen, bei einer Schwangerschaft durch Vergewaltigung oder bei einer psychisch unzumutbaren Lage für die Mutter – für eine Zulässigkeit des Abbruchs[681]. De facto erfährt aber der Schutz der Schwangeren eine höhere Bewertung als derjenige des Embryos[682]. Diese Eingriffe müssen aber auf einer besonderen Rechtfertigung, wie z. B. Notwehr, basieren.

### *b. Debatte über den Beginn des Lebensrechts*

In diesem Abschnitt soll es um die Frage nach dem Beginn des verfassungsrechtlich garantierten menschlichen Lebensschutzes gehen. Hier gibt es eine Reihe unterschiedlicher Ansätze. Da unsere zentrale Ausgangsfrage weder durch das Grundgesetz noch durch das Bundesverfassungsgericht beantwortet worden ist, soll auf die einzelnen Theorien in der Literatur eingegangen werden, die den Beginn des Menschseins zum Thema haben. Die so genannte verbrauchende Forschung mit Embryonen, also diejenige Forschung mit Embryonen, die deren Existenz vernichtet, ist nach dem geltenden Embryonenschutzgesetz unzulässig. Dieses Verbot lässt sich nur dann rechtfertigen, wenn die Embryonen unter den Schutz von Art. 1 I 1 und Art. 2 II 1 GG fallen. Damit wird auf der verfassungsrechtlichen Ebene die Frage nach dem Beginn des Lebens gestellt.[683] Fraglich ist

678 Classen, DVBL 2002, S. 141, 143; Pieroth/Schlink, Grundrechte - Staatsrecht II, Rn. 397.

679 Böckenförde, Dt. Ärzteblatt 2003, S. 1246, 1248; Lorenz, ZfL 2/2001, S. 38, 44.

680 BVerfGE 39, 1, 43.

681 Dreier, DÖV 1995, S.1036, 1039; BVerfGE 39, 1, 48.

682 Fechner, JZ 1986, S. 653, 660.

683 Classen, DVBI 2002, S. 141, 142.

aber, in welchem Stadium des Embryos das Lebensrecht einsetzt, ob schon vor der Nidation – also bereits für den Embryo in vitro – oder erst nach der Nidation etc. Die Leibesfrucht (nasciturus) fällt sozusagen unter den durch die Verfassung garantierten Schutz des Lebens. Es stellt sich jedoch die Frage, in welcher Entwicklungsstufe des noch nicht geborenen Menschen der verfassungsrechtliche Lebensschutz einsetzt.

aa. Kernverschmelzungstheorie

Die h. M. verleiht dem Embryo von der Kernverschmelzung von Ei und Samenzelle an das Recht auf Leben.[684] Diese Ansicht besagt also, dass sich durch die Kernverschmelzung ein eigenständiges und neues menschliches Lebewesen entwickele. Ab der Kernverschmelzung handele es sich somit um menschliches Leben, das sich nun in einem kontinuierlichen Prozess weiterentwickele, in einem Vorgang des Wachsens und des Sich-Entwickelns, der durch die Geburt vollendet wird.[685] Es handele sich sozusagen um ein individuelles Lebewesen, das in seiner genetischen Identität und damit in seiner Einmaligkeit und Unverwechselbarkeit bereits festgelegt sei und dessen Entwicklung während des Wachstumsprozesses nicht erst zum Menschen, sondern bereits als Mensch verlaufe. Diejenigen Ethiker, die sich in ihren Stellungnahmen an Kant bzw. an der Transzendentalphilosophie orientierten, legen dem Beginn des Schutzes der Menschenwürde ebenfalls den Abschluss der Kernverschmelzung zugrunde.[686]

Gegen dieses Argument gibt es jedoch vielfältige Einwände. Nach einer Ansicht scheint die Kernverschmelzungstheorie nicht ganz schlüssig zu sein, da zumindest eine Indizierung der Grundrechte durch das biologische Kriterium gegeben sei.[687] Mit der Kernverschmelzung sei zwar das genetische Programm angelegt, jedoch könne aus diesem Programm in vitro niemals ein Mensch entstehen.[688] Von Hubert Markl wird die Kernverschmelzungsthese kritisiert, in-

---

684 Ebd.; Schreiber, in: Schreiber/Elsner, Was ist der Mensch?, S. 238; Steiner, der Schutz des Lebens durch das GG, S. 11; v. Manglodt/Klein/Starck, GG, Art. 1 Rn. 18; Fechner, JZ 1986, S. 653, 658; BVerfGE 39, 1, 42; 88, 203, 251f.

685 Böckenförde, Dt. Ärzteblatt 2003, S. 1246, 1247, 1248; Hillgruber, ZfL 01/2002, S. 2, 5; Lorenz, ZfL 02/2001, S. 38, 43; BVerfG 88, 203, 251f.

686 Schreiber, in: Schreiber/Elsner, Was ist der Mensch?, S. 238.

687 Lanz-Zumstein, Die Rechtsstellung des unbefruchteten und des befruchteten menschlichen Keimgut, S. 256; Merkel, Rechte für Embryonen, abrufbar unter: http://www. Zeit.de/2001/05/Kultur/200105_embryonenschutz.html

688 Rosenau, in: Schreiber/Rosenau/Ishizuka/Kim, Recht und Ethik im Zeitalter der Gentechnik, S. 146.

dem er darlegt, dass die alleinige Fixierung des Beginns des Menschen auf den Besitz eines Satzes menschlicher Gene diesen Menschen zum reinen Biowesen degradiere und der Mensch dadurch seine kulturbedingte Entscheidungsfreiheit verliere.[689]

Des Weiteren werden der Verschmelzungstheorie die sich aus ihr ergebenden entstehenden Wertungswidersprüche vorgehalten. Die Brisanz dieser Theorie ergibt sich gerade daraus, dass insbesondere der Embryo in vitro aggressiven Forschungsinteressen,[690] mit anderen Worten menschlicher Willkür ausgeliefert ist. Nach der Kernverschmelzungstheorie ist auch der in vitro gezeugte Embryo menschliches Leben. Ob er sich also im Mutterleib entwickelt oder in vitro gezeugt wird, spielt somit für den verfassungsrechtlichen Lebensschutz keine Rolle. Demzufolge hat auch der Embryo in vitro gem. Art.2 II 1 GG ein Recht auf Leben. Außerdem wird die Verschmelzungstheorie mit erheblichen Wertungswidersprüchen hinsichtlich der Frage der Abtreibung und der Verhütung konfrontiert. Soweit der Lebensschutz für den Embryo schon ab der Kernverschmelzung einsetzt, könne man dem Embryo in vitro nicht ein Lebensrecht einräumen, müsse die Verhütung abgeschafft werden,[691] und es könne nur eine medizinisch indizierte Abtreibung erlaubt werden. Diese Fragen betreffen jedoch eine mögliche Kollisionsfrage von Rechtsgütern, z. B. eine Kollision zwischen der persönlichen Entscheidung der Schwangeren und dem Lebensrecht des Präembryos. Hierbei kann das Lebensrecht des Embryos aus Art. 2 II 3 GG auf Grund eines Gesetzes beschränkt werden, und daher könnte diese Beschränkung gerechtfertigt werden.

Auch hinsichtlich der Präimplantationsdiagnostik (PID) entstünden im Rahmen der Befürwortung der Kernverschmelzungsthese Widersprüche. Denn in Anlehnung an die Verschmelzungsthese müsse sich die Mutter der in vitro erzeugten Embryonen zur Implantation des schon durch die PID als genetisch defekt erkannten Embryos zwingen lassen, um ihn sich dann anschließend nach Pränataldiagnostik (PND) bei Feststellung einer genetischen Schädigung im Wege des Schwangerschaftsabbruches wieder herausnehmen zu lassen.[692] Das bedeutet, dass es einerseits verboten sein soll, Embryonen auf genetische Erbkrankheiten zu untersuchen und sie bei positivem Befund wie bei einer Art von Selektion zu verwerfen, und dass andererseits bei Feststellung eines Defektes

689 Schreiber, in: Schreiber/Elsner, Was ist der Mensch?, S. 239.

690 Vgl. Fink, Jura 2000, S. 210, 212; Duttge, JZ 2003, S. 411, 412.

691 Rosenau, in: Schreiber/Rosenau/Ishizuka/Kim, Recht und Ethik im Zeitalter der Gentechnik, S. 144; Taupitz, NJW 2001, S.3437; Bartram, DIE ZEIT 01/2001, 28.12.2000, S. 36.

692 Schreiber, MedR 2003, S. 367, 370.

durch PND am Embryo in vivo dieser nach § 218 StGB abgetrieben werden darf.[693]

Durch das Urteil des BGH vom 6. 7. 2010[694] wird die PID – zumindest in den vom BGH behaupteten Grenzen – freigegeben.[695] Demgemäß soll die PID weder nach § 1 I Nr. 2 ESchG noch nach § 2 I 1 ESchG unter Strafe gestellt werden, wenn pluripotente Trophoblastzellen einem Embryo in vitro, der aus IVF hervorgegangen ist, mittels Blastozystenbiopsie entnommen und auf schwere genetische Schäden hin untersucht werden.[696] Nach Schreiber beinhaltet dies eine Unterlassung, die sich gegen das Leben des Embryos richtet; jedoch liege keine Verletzung seiner Menschenwürde vor, weil es sich um ein Verfahren handele, Leben entstehen zu lassen und gleichzeitig schwere genetische Schädigungen zu vermeiden.[697] In Anlehnung an diese Ansicht müsste die PID innerhalb der Grenzen genetischer Indikation zugelassen werden, soweit man sich nicht dem Vorwurf der Widersprüchlichkeit und der Heuchelei aussetzen will, wenn man den Abbruch der Schwangerschaft in einem so weiten Umfang gestattet, wie es in unserem derzeitigen Recht der Fall ist.[698]

Von den Befürwortern der Kernverschmelzungstheorie werde dem Embryo das Recht auf Leben ab dem Abschlusszeitpunkt der Befruchtung zuerkannt, denn mit dem Abschluss der Befruchtung setze ein kontinuierlicher Entwicklungsprozess ein, welcher ohne entscheidende qualitative Zäsuren zur Ausdiffe-

---

693 In denjenigen Fällen, in denen innerhalb der ersten zwölf Wochen der Schwangerschaft eine ärztliche Indizierung der PND stattgefunden hat und der Arzt hierbei zur Aufklärung verpflichtet ist und auf der Basis des Ergebnisses der PND ein Schwangerschaftsabbruch nach der „Fristenlösung" des § 218 a Abs. 1 StGB rechtmäßig erfolgen darf, muss auch die PID gestattet sein. Voraussetzung der Rechtmäßigkeit der PID sollte dabei eine Beratung der Eltern analog § 219 StGB sein.

694 BGH, Urt. V. 6. 7. 2010 – 5 StR 386/09.

695 Dederer, MedR 2010, S. 819.

696 Für die Strafbarkeit der PID nach § 1 I Nr. 2 ESchG sei die Absicht des Arztes entscheidend maßgeblich. Beabsichtigt der Arzt die Herbeiführung der Schwangerschaft „handlungsleitend" bzw. „bewusstseinsdominant", so sei nach § 1 I Nr. 2 ESchG die Strafbarkeit grundsätzlich ausgeschlossen. Der BGH schließt allerdings nicht aus, dass eine (neben dieser „Primärabsicht" bestehende) „Alternativabsicht" des Arztes ausnahmsweise Strafbarkeit nach sich ziehe. Dies solle jedoch für die alternative „Absicht, pluripotente Zellen auf schwerwiegende genetische Belastungen hin zu untersuchen", nicht gültig sein. Denn ein „gesetzliches Verdikt gegen eine solche Untersuchung" gehe aus dem Embryonenschutzgesetz nicht „mit hinreichender Bestimmtheit (Art. 103 II GG)" hervor, siehe hierzu: Dederer, MedR 2010, S. 819; BGH, Urt. V. 6. 7. 2010 – 5 StR 386/09 - . Rn. 21.

697 Schreiber, in: Schreiber/Elsner, Was ist der Mensch?, S. 242.

698 Ebd.

renzierung des Organismus und zur Geburt des Menschen führe.[699] Durch die Kernverschmelzung werde – in Anlehnung an die Argumentation der Befürworter dieser Ansicht – bereits eine Potentialität für die künftige Personentwicklung, eine eigene Individualität und Identität und eine in sich durchgängige ungebrochene Kontinuität begründet.[700] Auch Starck meint, dass die Entscheidung über den Beginn des menschlichen Lebens unabhängig von aktuellen Fähigkeiten wie Ich-Bewusstsein oder Personsein getroffen werde,[701] woraus wiederum hervorgehe, dass das Leben, das im Zeitpunkt der Verschmelzung entsteht, der einzige Anknüpfungspunkt sein könne. Pap legt in diesem Zusammenhang auch ein allgemeines Prinzip dar: Die Argumente der Kontinuität und Potenzialität, die sich bereits mit der Befruchtung ergeben, erschienen ebenso plausibel wie andere, die einen späteren Beginn des menschlichen Lebens ansetzen. In einem solchen Fall sei dann aber derjenige Zeitpunkt zu wählen, der den größten Schutz biete – „in dubio pro embryone".[702] Demnach müsse für die Gewährleistung eines möglichst umfassenden Schutzes der zweithöchsten Verfassungsnorm der Anknüpfungspunkt so weit wie möglich nach vorn verlagert werden.[703] Dies entspräche dem Embryonenschutzgesetz, in dem in § 8 I der Embryo als „die bereits befruchtete, entwicklungsfähige menschliche Eizelle vom Zeitpunkt der Kernverschmelzung an" legal definiert wird.

bb. Nidationstheorie

Von vielen Seiten wird behauptet, der richtige Zeitpunkt für die Bestimmung der Individualität und Grundrechtsfähigkeit sei nicht die Verschmelzung der Gameten, sondern die Nidation, und demnach beginne der Lebensschutz des Grundgesetzes mit der Nidation. Nach der Ansicht der Vertreter der Position, dass es sich bei der Nidation um die Grenze für den Beginn menschlichen Lebens handele, ist die Einnistung in die Gebärmutter, die Symbiose mit dem Mutterkörper, die conditio sine qua non „von Gewicht für die Realisierung menschlicher Potentiale, für die Festlegung des Individuums, kurz für die Menschwerdung."[704] Diese

---

699 Fechner, JZ 1986, S. 653, 660; Keller/Günther/Kaiser, Kommentar zum Embryonenschutzgesetz, § 8 Rn.7.

700 Schreiber, in: Schreiber/Elsner, Was ist der Mensch?, S. 239.

701 Vgl. Starck, JZ 1993, S. 816.

702 Pap, MedR 1986, S. 229, 233; Höfling, FAZ 10.07.2001, S. 8.

703 Fink, Jura 2000, S. 210, 215.

704 Rosenau, in: Schreiber/Rosenau/Ishizuka/Kim, Recht und Ethik im Zeitalter der Gentechnik, S. 146; Eine Ansicht begreift den Zeitpunkt der Nidation als „Wechsel von ei-

Position besagt, dass das KzET zulässig sei und auch dem Embryo in vitro überhaupt kein Lebensrecht zukomme,[705] da es beim KzET und bei dem Embryo in vitro gerade nicht zu einer Nidation komme. Des Weiteren würde die Anwendung der Nidationstheorie nicht nur die Erlaubnis nidationshemmender Mittel wie der Spirale in Bezug auf das Problem der Verhütung nach sich ziehen,[706] sondern auch die PID zulassen, weil den Präembryonen kein Lebensrecht zugebilligt würde.[707] Jedoch ist der These, dass der Embryo vor der Nidation noch nicht individuiert sei, insbesondere aus juristischer Sicht entgegenzuhalten, dass daraus kein geringerer Schutz des frühen Embryos gefolgert werden kann, sondern womöglich ein noch stärkerer Schutz im Sinne eines „jetzt erst recht".[708]

cc. Geburtstheorie

Merkel vertritt die Ansicht, dass dem vorgeburtlichen Leben das Recht auf Leben keinesfalls zustehe.[709] Um Mensch zu sein, muss man nach seiner Meinung bestimmte Eigenschaften, wie Einsichtsfähigkeit und Wertebewusstsein, aufweisen. Merkel vertritt die Auffassung, dass einem Menschen erst dann ein Rechtsstatus, subjektive Rechte und damit auch Menschenwürde und Lebensrecht zuerkannt werden könnten, wenn der Mensch Selbstbewusstsein, eigene Interessen und Selbstverfügung aktuell subjektiv besitzen kann, demnach nicht vor der Geburt und eigentlich auch noch nicht mit der Geburt.[710] Jedoch werde dann aus pragmatischen Gründen auf den Zeitpunkt der Geburt hingewiesen.[711] Nur wer bestimmte Interessen haben könne, verfüge auch über das Recht auf die Berücksichtigung solcher Interessen.[712] Als Grundlage eines Würdeschutzes und eines Lebensrechts finde die empirisch feststellbare prinzipielle Fähigkeit auch zu

ner passiven Potentialtiät zu einer aktiven Potentialität" , siehe hierzu: Rosenau, in: Schreiber/Rosenau/Ishizuka/Kim, Recht und Ethik im Zeitalter der Gentechnik, S. 147.

705 Lorenz, ZfL 02/2001, S. 38, 39; Böckenförde, Dt. Ärzteblatt 2003, S. 1246.

706 Vgl. Scherbel/Tremmel, in: Generation Gerechtigkeit – Stiftung für Rechte zukünftiger Generationen, S. 6.

707 Daher wäre die Verwerfung eines genetisch defekten Embryos problemlos möglich.

708 Keller, in: Fortpflanzungsmedizin und Humangenetik, S. 115; Gröner, in: Günther/Keller, Fortpflanzungsmedizin und Humangenetik – Strafrechtliche Schranken?, S. 306; Huber, FAZ 09.08.2001, S. 44.

709 Merkel, Rechte für Embryonen, abrufbar unter: http://www.Zeit.de/2001/05/Kultur/200105_embryonenschutz.html

710 Schreiber, in: Schreiber/Elsner, Was ist der Mensch?, S. 237; Hoerster, JuS 1989, S. 172, 175f.; Hoerster, NJW 1997, S. 773 ff.; Merkel, Das Magazin 02/2002, S. 20, 21.

711 Schreiber, in: Schreiber/Elsner, Was ist der Mensch?, S. 237.

712 Ebd.

Freiheit und Selbstartikulation Erwähnung.[713] Aber bis zur Geburt sei ein Status, der verfassungsrechtlich geschützt ist, wegen des Fehlens eines Selbstbewusstseins, eigener Interessen und aktueller Selbstverfügung beim Embryo nicht denkbar.[714] Daher handele es sich beim Embryo noch nicht um einen verletzbaren Jemand.[715] Demgemäß könne keine Begründung für ein eigenes subjektives Recht auf Leben und Würde des Embryos geliefert werden.[716] Merkel behauptet weiterhin, dass es sich als naturalistischer Fehlschluss erweise, wenn dem Embryo aufgrund seiner Zugehörigkeit zur menschlichen Gattung Rechte zugestanden würden.[717] Stellt man sich den Fall eines Brandes in einem Biotechnologielabor vor, und der Feuerwehrmann muss sich im Rahmen seines rettenden Einsatzes zwischen einem bewusstlosen Säugling und einer Petrieschale mit befruchteten Eizellen, also Embryonen, entscheiden, so könne man davon ausgehen, dass er intuitiv sicherlich den Säugling vorzieht. Hoerster stützt sich auch auf die Geburt und nennt dabei Kriterien wie „Personenbegriff" und „Ich-Bewusstsein".[718] Hubert Markl weist die Kernverschmelzungsthese ebenfalls mit der Begründung zurück, der Mensch erweise sich nicht nur als ein aus Genen bestehendes Biowesen, sondern müsse darüber hinaus über seine kulturbedingte Entscheidungsfreiheit hinsichtlich seiner Entwicklung verfügen.[719] Der Lebens- und Würdeschutzbeginn, der ab dem Zeitpunkt der Kernverschmelzung einsetzt, degradiere den Menschen.[720] Somit hat nach dieser Theorie der Embryo keinen grundrechtlichen Schutz aus Art. 2 II 1 GG.

Diese Ansicht ist jedoch der Kritik ausgesetzt. Schockenhoff nimmt Bezug auf das Argument Merkels, dass man aus einem brennenden Raum, in dem ein Säugling und mehrere in-vitro-Embryonen liegen, eher den Säugling retten würde: Hieraus könne man nicht die Schlussfolgerung ziehen, dass man über ein Recht auf Verwendung des Embryos zu Forschungszwecken verfüge, denn hierbei liege eine gezielte Tötungshandlung vor. Außerdem würde man intuitiv in gleicher Weise vorgehen, wenn in einem brennenden Raum statt der Embryonen Erwachsense ans Bett gefesselt sind, und trotzdem werde den Erwachsenen

---

713 Ebd.

714 Merkel, Das Magazin 02/2002, S. 20, 21.

715 Schreiber, in: Schreiber/Elsner, Was ist der Mensch?, S. 238.

716 Ebd.

717 Ebd.

718 Heuermann/Kröger, JuS 1989, S. 773; Hoerster, JuS 1989, S. 172, 175; Tiedemann, JuS 1989, S. 773.

719 Schreiber, in: Schreiber/Elsner, Was ist der Mensch?, S. 239.

720 Ebd.; Markl, SZ 25.06.2001, S. 14.

nicht das Lebensrecht abgesprochen.[721] Gegen die Auffassung Merkels, das Menschsein erst mit dem Zeitpunkt der Geburt beginnen zu lassen, vertreten einige Autoren weiterhin die Ansicht, dass zum einen Neugeborene, Kleinkinder, Komapatienten und geistig schwer Behinderte in keiner Weise fähig seien, Selbstbewusstsein und Interessen mitzuteilen, weshalb ihnen das Recht auf Leben abgesprochen werden müsse, und dass zum anderen diese Position mit dem geltenden Recht unvereinbar sei.[722] Dieser Prozess ist auch mit der Geburt noch nicht abgeschlossen, weil die Bewusstseinsphänomene, die für die menschliche Persönlichkeit spezifisch sind, erst längere Zeit nach der Geburt in Erscheinung treten. Des Weiteren übersehen die Befürworter der Geburtstheorie, dass jedes Dasein einen „Selbstzweck" an sich darstellt und damit keiner Rechtfertigung bedarf, woraus sich wiederum ergibt, dass sich die volle Personalität dadurch äußert, dass sich der Mensch im Zeitlauf als „identisches Wesen erfährt".[723] Damit könnte einer Identifikation mit dem „potentiellen Wesen" zugestimmt werden, so dass das Lebensrecht nicht erst mit der Geburt einsetzen könnte. Somit kann der Schutz des Art. 2 II 1 GG weder auf den „fertigen" Menschen nach der Geburt noch auf den Embryo beschränkt werden, denn die Sicherung der menschlichen Existenz wäre unvollständig, wenn sie nicht auch die Vorstufe des „fertigen Lebens", das ungeborene Leben, umfasste.[724] Alle natürlichen Personen genießen ohne Rücksicht auf ihren Geisteszustand den Schutz des Art 2 II 1 GG.[725] Für diesen Zeitpunkt kann man sich auch auf § 1 BGB stützen. § 1 BGB bestimmt, dass die Rechtsfähigkeit des Menschen erst mit Vollendung der Geburt einsetzt. Jedoch begründet § 1 BGB nur die Rechtsfähigkeit und bringt nicht zum Ausdruck, dass auch erst von diesem Zeitpunkt an das Recht auf Leben beginnen soll.

dd. Weitere Theorien

Eine andere extreme und daher abwegige Ansicht fordert das Recht auf Leben bereits für einzelne Eizellen. Nach dieser Theorie müsste man auch jeder Körperzelle grundrechtlichen Schutz gewähren, was sich jedoch aus bereits genannten Gründen für absolut inakzeptabel darstellt.[726] Des Weiteren wird, wie schon

721 Schockenhoff, SZ 30.5.2001, S. 17; Schöne-Seifert, SZ 30.05.2001, S. 19; Taupitz, SZ 30.5.2001, S. 10.
722 Schreiber, in: Schreiber/Elsner, Was ist der Mensch?, S. 231, 240.
723 Tiedemann, JuS 1989, S. 773.
724 Vgl. BVerfGE 39, 1, 37.
725 Jarass/Pieroth, Kommentar zum Grundgesetz, Art. 2 Rn. 54.
726 Vgl. Hilgendorf, NJW 1996, S. 761, 785.

erwähnt, der Beginn der Hirntätigkeit genannt, die dem Hirntod gegenübergestellt wird.[727] In Anlehnung an eine weitere Ansicht bildet die Überlebensfähigkeit die Basis für die Beurteilung des Lebensrechts; dies stehe ganz im Widerspruch zu dem Sinn der Menschenwürde.[728] Des Weiteren erweist sich gemäß einer im politischen Bereich vertretenen Auffassung die Aufnahme in die soziale Gemeinschaft bzw. die Annahme durch die Mutter als Voraussetzung für das Lebensrecht.[729] Nach einer Ansicht von Vertretern theologisch-philosophischer Ansätze ist die Seele außerdem das geistige Lebensprinzip, so dass der lebende Mensch eine Einheit von Körper und Seele darstellen müsse.[730] Die Teilbarkeit der Zellen in Mehrlinge spreche nicht gegen eine so frühe Beseelung im Zeitpunkt der Keimverschmelzung, da angenommen wird, dass die existierende Seele nach der Teilung „weiterbeseele" und der neue Embryo ab diesem Zeitpunkt seinen Status erhalte.[731] Hier wird allerdings ein völlig immaterieller Begriff eingeführt, auf den sich die juristische Argumentation nicht stützen kann.[732]

#### ee. Entscheidung des Bundesverfassungsgerichts

Das BVerfG betrachtet in seinen beiden Abtreibungsentscheidungen das Leben, das sich im Mutterleib entwickelt, als selbständiges Rechtsgut unter dem Schutz von Art. 2 II 1 und Art.1 I 1 Grundgesetz.[733] Gemäß einer weiteren BVerfGE genießt der Lebensschutz der Leibesfrucht grundsätzlich für die gesamte Dauer der Schwangerschaft Vorrang vor dem Selbstbestimmungsrecht der Schwangeren.[734] Ferner hat das BVerfG beschlossen, dass auch das werdende Leben generell von Art 2 II GG geschützt ist.[735] Daher sei nach dem Grundgesetz der Staat verpflichtet, das menschliche Leben, auch das ungeborene, zu schützen.[736] Demnach bejaht es grundsätzlich die rechtliche Kernfrage nach dem „jeder" und

727 Schreiber, in: Schreiber/Elsner, Was ist der Mensch?, S. 239.
728 Ostendorf, JZ 1984, S. 595, 597.
729 Kluth, in: Der Status des Embryos, S. 208, 216.
730 Graf, Ethik in der medizinischen Forschung rund um den Beginn des menschlichen Lebens, S. 82; Wehowsky, in: Lebensbeginn und menschliche Würde, S. 7.
731 Breuer, Person von Anfang an?, S. 119.
732 Lanz-Zumstein, Die Rechtsstellung des unbefruchteten und des befruchteten menschlichen Keimgut, S. 285.
733 BVerfGE 39, 1; Giwer, Rechtsfragen der Präimplantationsdiagnostik, S. 64; Schreiber, in: Schreiber/Elsner, Was ist der Mensch?, S. 238.
734 BVerfGE 39, 1.
735 BVerfGE 39, 1, 36ff; 88, 203, 251ff.
736 BVerfGE 88, 203.

der „Menschqualität" des Embryos im Mutterleib.[737] Also sei das ungeborene menschliche Wesen ein „Jeder" i.S.d. Art 2 II 1 GG.[738] In der ersten Entscheidung sprach das BVerfG dem Embryo „nach gesicherter biologisch-physiologischer Erkenntnis jedenfalls vom 14. Tage nach der Empfängnis (Nidation)" ein Lebensrecht zu.[739] Genauer gesagt, handele es sich bei dem Entwicklungsprozess („jedenfalls vom 14. Tage nach der Empfängnis") um einen kontinuierlichen Vorgang, „der keine scharfen Einschnitte aufweist und eine genaue Abgrenzung der verschiedenen Entwicklungsstufen des menschlichen Lebens nicht zulässt"[740] Mit diesen Ausführungen ist aber noch nicht geklärt, ab welchem Zeitpunkt „Leben" nun definitiv beginnt. Weder § 1 BGB noch § 219d StGB sagen etwas darüber aus.[741]

Auch in der zweiten Entscheidung ist nicht geklärt worden, ob Lebensrecht und Würdeschutz schon vor der Nidation bestehen.[742] Das bedeutet, dass das BVerfG in seinen Entscheidungen zur sog. Fristenregelung im Abtreibungsrecht offenlässt, ob das menschliche Leben erst mit der Nidation oder bereits mit der Verschmelzung von Ei- und Samenzelle entsteht.[743] Jedoch sollte nur über die Frage der Schutzpflichten des Staates von der Nidation an, also der Einnistung des befruchteten Eis in der Mutter, ausdrücklich entschieden werden.[744] Nach dem Bundesverfassungsgericht entwickelt sich der Embryo als Mensch und nicht erst zum Menschen.[745] Dies wird noch deutlicher in der Formulierung, dass das gebotene Maß des Schutzes unabhängig vom Alter der Schwangerschaft sei.[746] Das BVerfG hat über den grundrechtlichen Status des Embryos außerhalb des Mutterleibes nicht entschieden.[747]

Jedoch formuliert das Gericht deutlich, dass die Begründung des Rechts auf Leben nicht erst durch die Annahme der Mutter erfolge.[748] Nach dem BVerfG genügen die von Anfang an im menschlichen Sein angelegten potentiellen Fähigkeiten für die Begründung der Menschenwürde. [749] Jedenfalls erklärt das

737 Schreiber, in: Schreiber/Elsner, Was ist der Mensch?, S. 238.

738 BVerfGE 39, 1, 36.

739 BVerfGE 39, S. 1 ff., 37, dazu auch Lanz-Zumstein, Die Rechtsstellung des unbefruchteten und des befruchteten menschlichen Keimgut, S. 259.

740 BVerfGE 39, 1, 37; vgl. auch BVerfGE 88, 203, 267.

741 Beckmann, ZRP 1987, S. 80, 82.

742 BVerfGE 88, 203, 251.

743 Pieroth/Schlink, Grundrechte - Staatsrecht II, Rn. 122; BVerfGE, 88, 203ff, 251.

744 Schreiber, in: Schreiber/Elsner, Was ist der Mensch?, S. 238.

745 Ebd.; BVerfGE 88, 203, 252.

746 BVerfGE 88, 203, 254.

747 Mildenberger, MedR 2002, S. 293, 294.

748 Schreiber, in: Schreiber/Elsner, Was ist der Mensch?, S. 238.

749 BVerfGE 39, 1, 41.

BVerfG deutlich, dass Menschenwürde bereits dem ungeborenen Leben und nicht erst dem menschlichen Leben nach der Geburt oder aber nach Ausbildung der Personalität zuzugestehen sei.[750]

ff. Fazit

Der Umstand, dass das ungeborene Leben in § 218ff StGB, Abschnitt der „Straftaten gegen das Leben“ strafrechtlich geschützt ist, deutet darauf hin, dass ihm gewisse Rechte zugestanden werden. Die Position Merkels sowie diejenige anderer Vertreter sind damit mit der Basis unseres geltenden Rechts nicht zu vereinbaren. Es ist undenkbar, dass die Qualität „Mensch“ von dem Bewusstsein, den Interessen und der subjektiven Wahrnehmungsfähigkeit des Menschen abhängt; sie kann dem Embryo jedenfalls in Anbetracht aller möglichen Zäsuren in einem Kontinuum der Entwicklung nicht genommen werden.[751]

*c. Grundrechtsträgerschaft bezüglich Art 2 II 1 Alt 1 GG*

Oben wurden die unterschiedlichen Positionen zum Lebensbeginn erörtert; dabei wurde entdeckt, dass ausschließlich bei der Verschmelzung von Ei- und Samenzelle Einigkeit über den Zeitpunkt des Lebensbeginns herrscht. An dieser Stelle ist jedoch noch die Frage zu klären, ob man dem Embryo auch wirklich Subjektqualität und damit Grundrechtsfähigkeit zusprechen kann, denn aus sich heraus ist er noch nicht lebensfähig; ebenso hängt seine Entwicklung von einer untrennbaren Symbiose mit der Mutter ab. Hierbei ergeben sich die Fragen, ob der Embryo in Anlehnung an Art. 2 II 1 GG Träger des Grundrechts auf Leben ist, ob also der Schutzbereich dieses Grundrechts sowohl sachlich als auch persönlich für den Embryo gilt, inwieweit der Embryo „jeder“ ist und somit den grundrechtlichen Lebensschutz aus Art. 2 II 1 genießt.

V. Münch bringt den Begriff des Lebens zur Sprache; dieser werde allgemein für geborenes, aber auch für werdendes Leben gebraucht. Münch folgert daraus die partielle Subjektivität.[752] Allein durch Art 2 II und Art 1 I GG könne der Embryo einen subjektiv-rechtlichen Schutz erhalten.[753] Dürig kommt an dieser Stelle zu dem gleichen Resultat; jedoch begründet er dies mit dem preußi-

---

750 Schreiber, in: Schreiber/Elsner, Was ist der Mensch?, S. 238.
751 Ebd., S. 240.
752 v. Münch/Kunig, Grundgesetz-Kommentar, Art. 2 Rn. 47.
753 v. Mutinus, Jura 1987, S. 109, 110.

schen Landrecht: Dort erhielten die Kinder von der Empfängnis an die „allgemeinen Rechte der Menschheit“.[754] Seiner Meinung nach ist ein allgemeineres Recht als das Recht auf Leben nicht zu finden.[755]

Die Frage, ob es sich bei dem Embryo um einen Träger des Rechts auf Leben handelt, ist aber vom BVerfG nicht beantwortet worden.[756] Das BVerfG hat es in seinen Urteilen zum Schwangerschaftsabbruch vermieden, den Embryo als „jeden“ im Sinne von Art 2 II 1 GG anzusehen; des Weiteren wird lediglich dargelegt, dass es zumindest Sinn und Zweck des GG sei, auch das ungeborene Leben unter Schutz zu stellen[757]. Der Formulierung „in seinem Recht auf Leben“[758] und – noch stärker – den Worten eines „eigenen Lebensrechts“[759] entnimmt Sacksofsky jedoch, dass das BVerfG die Grundrechtsträgerschaft des Embryos anerkenne.

Sowohl das BVerfG als auch die „Benda-Arbeitsgruppe“[760] lassen offen, ob der Embryo über die Grundrechtsträgerschaft verfügt. Bei Bendas Definition bleibt unklar, ob man den Embryo als Grundrechtssubjekt betrachten kann oder nicht; Benda spricht jedenfalls nur von menschlichem Leben.[761] Brückner lehnt es ab, den Embryo mit dem nasciturus – der Leibesfrucht – gleichzusetzen, und betrachtet diesen weder als Sache noch als Menschen. Somit könne der Embryo auch keine subjektiven Rechte besitzen.[762] Diese Auffassungen könnten zu dem Ergebnis kommen, dass die Grundrechtsfähigkeit erst mit der Geburt beginne, dass der Schutz des Embryos nur in den objektiven Werten der Grundrechte liege und dass der Embryo nicht über eigene Ansprüche verfüge.

Wenn man nun aber zu dem Schluss komme, dass eine Grundrechtsfähigkeit gegeben sei, entstehe ein weiteres Problem, nämlich das der gerichtlichen Durchsetzbarkeit von Rechtsansprüchen, da ein Verfahren, in dem der Embryo seine subjektiven Rechte geltend machen könnte, nicht existiert, und dieser sich keine eigene Meinung darüber bilden könne, ob er seine Rechte durchsetzen will oder nicht.[763] Des Weiteren liege hier eine andere Situation als bei Kindern vor;

754 Bei jedem Menschen handele es sich durch seine Menschheit schon um einen Grundrechtsträger, siehe hierzu; Höfling, FAZ 10.07.2001, S. 8.

755 v. Mutinus, Jura 1987, S. 109, 110.

756 Fink, Jura 2000, S. 210, 213; BVerfGE 39, S. 1, 41f.

757 Lanz-Zumstein, Die Rechtsstellung des unbefruchteten und des befruchteten menschlichen Keimgut, S. 256; Fink, Jura 2000, S. 210, 213; BVerfG 39, 1, 37.

758 BVerfGE 39, 1, 41; 45, 376, 386.

759 BVerfGE 88, 203, 252.

760 Lanz-Zumstein, Die Rechtsstellung des unbefruchteten und des befruchteten menschlichen Keimgut, S. 259.

761 Ebd.

762 Ebd., S. 265; Pap, MedR 1986, S. 229, 233.

763 Sacksofsky, Der verfassungsrechtliche Status des Embryo in vitro, S. 17.

bei ihnen könnten die Eltern die Rechte der Kinder in deren Namen geltend machen. Die Probleme, die den Embryo beträfen, hätten in den meisten Fällen unmittelbar mit den Eltern zu tun; dadurch könnte es hier zu einem Interessenkonflikt kommen, falls die Eltern die Rechte des Embryos durchsetzen wollten.[764] Aus diesen Überlegungen ziehe man den Schluss, dass die Diskussion für die praktische Situation relativ irrelevant sei; außerdem beziehe diese sich nur auf den theoretischen Bereich. Denn auch wenn dem Embryo die subjektiven Rechtsgewährleistungen zugesprochen würden, so bestehe trotzdem keine Möglichkeit der prozessualen Durchsetzbarkeit.[765] Wäre der Grundrechtssubjektivität des Embryos zugestimmt worden, so gäbe es außerdem bei der Zustimmung des Gerichts zum Fristen- und Beratungskonzept einen inneren Widerspruch, da dieses – das verdeutliche der Blick in die Rechtswirklichkeit – eine Grundrechtssubjektivität des Embryos nicht erkennen lasse, sondern diesen vielmehr zum Objekt mache. Diese Betrachtungsweise setze voraus, dass durch das geltende Abtreibungsrecht mit seiner weitgehenden Verfügbarkeit menschlichen Lebens der Embryo zum Handlungsobjekt der Mutter gemacht werde[766] und somit zwangsläufig eine Grundrechtssubjektivität wegfalle.[767] Andernfalls wäre die Abtreibungsgesetzgebung auf verfassungsrechtlicher Ebene nicht ohne innere Widersprüche haltbar.[768]

Die Grundrechtsfähigkeit erweist sich generell nicht als Voraussetzung für die Anerkennung des grundrechtlichen Schutzes, weil die Grundrechte nicht nur über eine subjektiv-rechtliche Abwehrfunktion verfügen, sondern – wie das BVerfG seit dem Lüth-Urteil ausführt[769] – auch eine objektive Wertordnung darstellen; somit nützt Art 2 II GG auch dem ungeborenen Leben. Aus diesem Grund soll für ihn eine objektiv-rechtliche Schutzpflicht gelten, da er menschliches Leben im Sinne der Gattungszugehörigkeit darstelle.[770] Verfassungsrechtlich konsequent muss aber auch die Ansicht abgelehnt werden, dass bezüglich des Rechts auf Leben der Embryo über Grundrechte verfüge.[771] Denn bei An-

764 Ebd.

765 Ebd., S. 18.

766 siehe Darstellung des § 218a I StGB auf S. 7.

767 Ipsen, JZ 2001, S. 989, 992; Dreier, GG-Kommentar, Art.1 Rn. 51.

768 Ipsen, JZ 2001, S. 989, 992.

769 BVerfG 7, 198; 39, 1, 41; Pieroth/Schlink, Grundrechte - Staatsrecht II, Rn. 76; Fink, Jura 2000, S. 210, 214.

770 BVerfGE 39, S. 1, 41f; Ipsen, JZ 2001, S. 989, 992; a.A.: Murswiek in: Sachs, GG - Kommentar, Art.2 Rn.146; Jarass/Pieroth, Kommentar zum Grundgesetz, Art.2 Rn. 46a.

771 Ipsen, JZ 2001, S. 989, 994; a.A.: v. Münch/Kunig, Grundgesetz-Kommentar, Art. 2 Rn. 47; Murswiek in: Sachs, GG - Kommentar, Art. 2 Rn. 146; Jarass/Pieroth, Kommentar zum Grundgesetz, Art. 2 Rn. 46a.

nahme einer Grundrechtssubjektivität des Embryos ergäbe sich, wie oben erwähnt, durch die weitgehende Versagung von staatlichem Schutz durch das Fristen- und Beratungsmodell ein Verstoß gegen Art. 19 II GG.[772] Deswegen wird auf der Basis der Rechtsprechung des BVerfG der Embryo von unserer Rechtsordnung nur objektiv geschützt. Über diese objektive Auswirkung beeinflussen die Grundrechte auch die Gestaltung des einfachen Rechts durch den Gesetzgeber. Auf diesem Weg erhält der Staat die Verpflichtung zum Schutz dieser Grundrechte; diese Verpflichtung muss bei allen gesetzlichen Regelungen beachtet werden.[773] Folglich wird der Embryo bloß von Art. 2 II 1 GG objektivrechtlich geschützt, und deshalb kann er selbst nicht als Träger der Menschenwürde betrachtet werden.

## 2. Die Menschenwürde

### *a. Die Menschenwürde gemäß Art. 1 I 1 GG*

Mit der Unantastbarkeitsformel des Art. 1 I 1 GG wurde das Würdeprinzip als Reaktion auf das Unrechtssystem der nationalsozialistischen Diktatur, die durch die totalitäre Inanspruchnahme der einzelnen Person und die massenhafte Verletzung humanitärer Mindeststandards gekennzeichnet war, in die Verfassung aufgenommen[774]. Die Menschenwürdegarantie aus Art. 1 I GG soll daher sichern, dass der Mensch nicht hilflos staatlichem Handeln ausgesetzt ist. Die Würde des Menschen, die in Art. 1 I 1 GG für unantastbar erklärt wird, ist von der staatlichen Gewalt zu achten und zu schützen.[775] Art. 1 I GG greift dabei nicht nur dann ein, wenn der verletzende Angriff vom Staat ausgeht, sondern auch dann, wenn Privatpersonen agieren, da dem Staat eine entsprechende Schutzpflicht obliegt.[776] Die Würde des Menschen stellt das oberste Verfas-

772 Ipsen, JZ 2001, S. 989, 994; Nach Art. 19 II GG darf ein Grundrecht in seinem Wesensgehalt in keinem Falle angetastet werden.

773 Pieroth/Schlink, Grundrechte - Staatsrecht II, Rn. 82.

774 Hufen, JZ 2004, S. 313, 313; Schreiber, MedR 2003, S. 367; Schreiber, in: Schreiber/Elsner, Was ist der Mensch?, S. 231, 234; Dreier, GG - Kommentar, Art.1 Rn. 22; Pieroth/Schlink, Grundrechte - Staatsrecht II, Rn. 349.

775 Pieroth/Schlink, Grundrechte - Staatsrecht II, Rn. 351; Taupitz, NJW 2001, S. 3433, 3435.

776 BVerfGE 39, S. 1, 42; 46, S. 160, 164; 49, S. 89, 141. Die klassische Konzeption der Menschenwürde basierte auf den Menschenrechten, bei denen es sich in erster Linie um Abwehrrechte gegenüber staatlichen Eingriffen handelte und die mit der Absage an

sungsprinzip dar[777]; sie kommt grundsätzlich jedem Menschen ohne Ausnahme zu[778]. Schutzobjekt der Menschenwürde ist der Mensch schlechthin, ohne Rücksicht auf seine Fähigkeiten, auf seine Leistungen und auf seinen solzialen Status.[779] Durch die Menschenwürde ist der soziale Wert- und Achtungsanspruch des Menschen geschützt, womit auch dessen Indentität und Personalstruktur erfasst werden.[780] Dabei ist die Menschenwürde als ein jedem Menschen zukommender Eigenwert zu verstehen, der es verbietet, diesen als bloßes Objekt zu behandeln.[781]

Von einigen Autoren wird jedoch die Auffassung vertreten, dass Art. 1 I 1 GG ein Grundrecht darstelle. Nach der Systematik des Grundgesetzes gehöre Art. 1 I 1 GG zu den Grundrechten, da die Überschrift des ersten Verfassungsabschnittes mit „Die Grundrechte" überschrieben ist.[782] Unter der Überschrift „Die Grundrechte" des ersten Verfassungsabschnitts umfasst Art. 12 II aber auch eine Dienstleistungspflicht. Da es sich bei den Artikeln unter der Überschrift „Die Grundrechte" nicht nur um Grundrechte, sondern auch um eine Pflicht handelt, kann die Menschenwürde nicht absolut als Grundrecht angesehen werden. Daher besitzt die oben dargelegte Begründung keine Überzeugungskraft. Bezüglich Art. 1 I 1 GG wird des Weiteren von anderen Autoren die Auffassung vertreten, dass es sich hierbei nicht um ein Grundrecht handele, weil der Schutz ohnehin lückenlos und außerdem in Art. 1 III GG von der Bindung der öffentlichen Gewalt an die nachfolgenden Grundrechte die Rede sei.[783] So kann es sein, dass Art 1 I 1 GG nur als Wertungsmaßstab bei den entsprechenden Spezialgrundrechten und nicht als eigenständiges Grundrecht herangezogen wird.[784]

---

geschlechts-, klassen-, national- und rassenspezifische Diskriminierung verbunden waren.

777 BVerfGE 61, 126, 137; Sacksofsky, Der verfassungsrechtliche Status des Embryo in vitro, S. 36; Hofmann, AöR 118 (1993), S. 353, 355.

778 BVerfGE 88, S. 203, 252.

779 Vitzthum, JZ 1985, S. 201, 203.

780 Jarass/Pieroth, Kommentar zum Grundgesetz, Art. 1 Rn. 5.

781 Pieroth/Schlink, Grundrechte - Staatsrecht II, Rn. 360, 361; Dürig, AöR 81 (1956), S. 117, 127.

782 Pieroth/Schlink, Grundrechte - Staatsrecht II, Rn. 350.

783 Dreier, GG - Kommentar, Art.1 Rn. 71f.

784 Enders, EuGRZ 1986, S. 241, 244, 246. Würde sei ein Wertbegriff, dessen Ausfüllung von dritter Seite, von einer Messung extra obiectum (außer/ohne dem/den Objekt; außerhalb des Objektes) erfolgen müsse. Würde könne deshalb nicht allein in einer naturwissenschaftlichen Gattungszuordung bestehen, siehe hierzu: Schmidt-Jortzig, DÖV 2001, S. 925, 927. Nach Ansicht von Ernst-Wolfgang Böckenförde ist Menschenwürde kein Grundrecht.

Die Menschenwürde in Art. 1 I 1 GG ist unantastbar und gilt absolut, d.h., jeder Eingriff in sie ist unzulässig.[785] Demnach herrscht weitgehend Einigkeit darüber, dass derartige Eingriffe in keiner Weise gerechtfertigt werden können.[786] Somit macht ein Verstoß gegen die Menschenwürdegarantie ein Verhalten per se verfassungswidrig.[787] Die Menschenwürde selbst steht unter dem besonderen Schutz des Grundgesetzes, entzieht sich deswegen jeder Abwägung gegenüber anderen Rechten oder Rechtsgütern und setzt sich als Argument gegen alle Gegenargumente durch.

Die Menschenwürde wird in Art 1 GG nicht definiert; also muss der materielle Inhalt der Menschenwürde bestimmt werden. Um die Frage zu beanworten, ob schon dem Embryo schon Menschenwürde zukommt, ist zunächst zu klären, was unter diesem Begriff verstanden wird, wobei sich gravierende Definitionsprobleme zeigen. Zu klären ist außerdem, welche Umstände zu einer Verletzung der Menschenwürde führen können und in welchem Verhältnis das Recht auf Menschenwürde zu anderen Grundrechten steht.

Bisher wurde vom BVerfG vermieden, sich positiv über die Reichweite des Menschenwürdeschutzes zu äußern und darzulegen, was diesen ausmache,[788] denn es könnte durch eine positive Begriffsdefinition eine kontinuierliche Verhärtung hervorgerufen werden sowie in den Begriff der Menschenwürde mit der Zeit immer mehr hineininterpretiert und dadurch fest verankert werden. Im Ansatz hat das BVerfG vielmehr den Vorschlag aufgenommen, für die Bestimmung des Inhalts des Menschenwürdebegriffes eher negativ beim Verletzungsvorgang anzusetzen.[789] Somit ist im Einzelfall zu entscheiden, was unter dem Begriff der Menschenwürde zu verstehen ist[790], ebenso wie die Umstände, die zu deren Verletzung führen[791]. Eine positive Definition ist unsicherer als eine negative[792], also eine von einer etwaigen Verletzungshandlung her argumentierende

---

785 BVerfGE 93, 266, 293; BVerfG, JZ 2003, S. 622, 623; v. Mangoldt / Klein / Starck, Art. 1 Rn. 30; Höfling in: Sachs, GG-Kommentar, Art. 1 Rn. 9 f.

786 Herdegen, JZ 2001, S. 773.

787 BVerfGE 75, 369, 380; Höfling, in: Sachs, GG- Kommentar, Art. 1 Rn.9; DRiZ, Therapeutisches Klonen: Wirksame Hilfe oder Horrorvision?, DRiZ 2001, S. 213, 215.

788 Schreiber, in: Schreiber/Elsner, Was ist der Mensch?, S. 241.

789 Ebd.

790 Taupitz, NJW 2001, S. 3433, 3436. Haßmann, Embryonenschutz im Spannungsfeld internationaler Menschenrechte, staatlicher Grundrechte und nationaler Regelungsmodelle zur Embryonenforschung, S. 71.

791 Pieroth/Schlink, Grundrechte - Staatsrecht II, Rn. 353,

792 Eine negative Definition stellt auf den konkreten Einzelfall ab und versucht, vom Eingriff her den Inhalt der Menschenwürde zu beschreiben, siehe hierzu: Schwarz, KritV 2001, S. 182, 201, 202.

Definition.[793] Vorteile einer negativen Bestimmung ergeben sich dadurch, dass keine Diskussion um eine positiv abschließende Definition geführt werden muss.

Einige Autoren[794] bejahen einen Eingriff in die Menschenwürde aufgrund der auf Kant zurückgehenden Dürigschen Objektformel des BVerfG. Diese hat sich lange Zeit als die noch am ehesten konsensfähige negative Inhaltsbestimmung des Menschenwürdebegriffs erwiesen.[795] Die sog. Objektformel[796] wurde von Dürig begründet; sie war ein erster Versuch, die Perspektive auf einen Eingriffs- bzw. Verletzungstatbestand zu fokussieren. Dürig führt aus, dass der Mensch nicht zum bloßen Objekt herabgewürdigt werden dürfe[797]; ebenso wird an dieser Stelle die Menschenwürde statt vom Schutzbereich vom Eingriff her definiert.[798] Derartige allgemeine Formeln wie z. B. die Objektformel können lediglich die Richtung andeuten, in der eine Verletzung der Menschenwürde im Einzelfall zu bejahen ist.[799] Hier wird überwiegend die Objektformel Dürigs als Maßstab genommen[800], nach der eine Würdeverletzung vorliegt, wenn der Mensch als ein Objekt, also wie eine Sache, behandelt wird. Nach der negativen Interpretationsmethode, deren bekanntestes Beispiel die Objektformel Dürigs ist, ist die Menschenwürde in Fällen, in denen der „konkrete Mensch zum Objekt, zu einem bloßen Mittel, zur vertretbaren Größe herabgewürdigt wird“, betroffen und damit zugleich verletzt.[801] Im Mittelpunkt steht hier die Degradie-

---

793 Rosenau, in: Schreiber/Rosenau/Ishizuka/Kim, Recht und Ethik im Zeitalter der Gentechnik, S. 149.

794 Runtenberg/Ach, in: Gene, Klone und Organe, S. 99; Glauben, DRiZ 1997, S. 306; Schröder, Kommissionskontrolle in Reproduktionsmedizin und Gentechnologie, S. 134.

795 Schröder, Kommissionskontrolle in Reproduktionsmedizin und Gentechnologie, S. 134; BVerfGE 28, 1, 6.

796 Von Dürig entwickelt auf der Basis des „Kantschen Verzweckungsverbots"; Dürig, AÖR 81 (1956), S. 117, 127. Zur Zusammenfassung siehe auch v. Mangoldt/Klein/Starck, Das Bonner GG - Kommentar, Bd. 1, Art. 1 Rn. 24ff.

797 Dürig, AöR 81 (1956), S 117, 127; Fechner, JZ 1986, S. 653, 654; Losch, NJW 1992, S. 2926, 2930; Hofmann, AöR 118 (1993), S. 353, 357; Höfling, JuS 1995, S. 857, 859; Laufs, NJW 2000, S. 2716, 2717.

798 Dreier, DÖV 1995, S.1036, 1037.

799 BVerfGE, 30, 1, 25f.; Schreider, in: Schreiber/Elsner, Was ist der Mensch?, S. 241.

800 Rosenau, in: Schreiber/Rosenau/Ishizuka/Kim, Recht und Ethik im Zeitalter der Gentechnik, S. 149.

801 Schreiber, in: Schreiber/Elsner, Was ist der Mensch?, S. 241; Beckmann, in: Beckmann/Löhr, Der Status des Embryos, S. 201; Höfling, JuS 1995, S. 857, 859; Vitzthum, ZRP 1987, S. 33, 34; Dürig, AöR 81 (1956), S. 117, 127; BVerfGE 9, 167, 177; 45, 187, 227 ff.; 87, 209, 228; Dreier, GG - Kommentar, Art.1 Rn. 37; Kunig, in:

rung des Menschen zum Ding, welches total erfasst, liquidiert, ersetzt, eingesetzt und ausgesetzt werden kann.[802] Diese Instrumentalisierung eines Menschen wird allgemein für verfassungswidrig erachtet.

Die praktische Philosophie Immanuel Kants ist die wichtigste geistesgeschichtliche Tradition, der Dürig und mit ihm das Bundesverfassungsgericht bei ihrer Deutung der Menschenwürde verpflichtet sind[803]. Das Bundesverfassungsgericht definiert die Menschenwürde mittels der Dürigschen Objektformel vom Verletzungsvorgang her: Mit dem Menschenwürdeschtz sei der soziale Wert- und Achtungsanspruch des Menschen verbunden, der es verbiete, den Menschen zum bloßen Objekt des Staates zu machen oder ihn einer Behandlung auszusetzen, die seine Subjektqualität prinzipiell in Frage stellt.[804] Das BVerfG hat sozusagen diese Formel weitestgehend übernommen,[805] hat zwischenzeitlich versucht, diese unbestimmte Definition zu präzisieren, ist aber schließlich zu der Ausgangsposition zurückgekehrt.[806] Auf der Grundlage der Objektformel erachtet es die Instrumentalisierung des Menschen für verfassungswidrig.

Das Bundesverfassungsgericht hat es allerdings nicht bei dieser Objektformel belassen, die zuerst von Dürig entwickelt und deutlich in Anlehnung an Kant formuliert wurde, sondern es hat bekundet, dass allgemeine Formeln wie etwa diejenige, dass der Mensch nicht zum bloßen Objekt der Staatsgewalt herabgewürdigt werden dürfe, lediglich die Richtung anzeigen könnten, in der auf Fälle der Verletzung der Menschenwürde hingewiesen werden könne.[807] Es müsse hinzukommen, dass der Mensch einer Behandlung ausgesetzt wird, durch die seine Subjektqualität prinzipiell in Frage gestellt wird, oder dass die Behandlung im konkreten Fall eine willkürliche Missachtung des Menschen bedeutet.[808] Und um das Vorliegen einer Verletzung der Würde bejahen zu können, müsste das „Antasten" der Ausdruck einer Verachtung des Wertes darstellen, der dem Menschen kraft seines Personseins zukommt.[809] Nimmt man die vielfältige

---

v. Münch/Kunig, Grundgesetz-Kommentar, Art. 1 Rn. 22; Höfling, in: Sachs, GG - Kommentar, Art. 1 Rn. 12.

802 Schreiber, in: Schreiber/Elsner, Was ist der Mensch?, S. 241.

803 Vitzthum, JZ 1985, S. 201, 205; Umbach/Clemens, Grundgesetz Kommentar, Art. 1 Rn. 9. In Anlehnung an Kant besagt das Gebot der Menschenwürde: „Handle so, dass du die Menschheit, sowohl in deiner Person, als in der Person eines jedes anderen, jederzeit zugleich als Zweck, niemals bloß als Mittel brauchest".

804 Vitzthum, JZ 1985, S. 201, 203; Schmidt-Bleibtreu/Klein, Kommentar zum Grundgesetz, Art. 1 Rn 1.

805 BVerfGE 9, 167, 171; 39, 1, 42; 87, S. 209, 228.

806 Pieroth/Schlink, Grundrechte - Staatsrecht II, Rn. 360.

807 Schreiber, in: Schreiber/Elsner, Was ist der Mensch?, S. 241.

808 Ebd.; Schreiber, MedR 2003, S. 367, 370; BVerfGE, 30, 1, 25f.; 87, 209, 228.

809 Vitzthum, JZ 1985, S. 201, 204.

Rechtsprechung des Bundesverfassungsgerichts in den Blick, so sind etwa die Folter sowie unmenschliche Strafen, jedoch nicht jegliche Prügelstrafe, als gegen die Menschenwürde verstoßend betrachtet worden.[810] Ebensowenig handele es sich bei der Unfallflucht um einen gegen die Menschenwürde verstoßenden Tatbestand. Auch körperliche Untersuchungen, die dem Zweck des Strafprozesses dienen, zählten nicht dazu.[811] Außerdem handele es sich bei der allgemeinen Wehrpflicht nicht um einen Verstoß gegen die Menschenwürde. Auch der finale Rettungsschuss der Polizei werde weithin nicht als menschenunwürdig betrachtet.[812] Eine Verletzung der Menschenwürde sei darin allein nicht anzutreffen.

Bei der Behandlung des Menschen durch die öffentliche Hand, durch die das Gesetz vollzogen wird, muss es sich demnach, wenn die öffentliche Hand die Menschenwürde berühren soll, um einen Ausdruck der Verachtung des Wertes handeln, der dem Menschen durch dessen Personsein zukommt, also in diesem Sinne um eine verächtliche Handlung.[813] In diesem Rahmen ist eine restriktive Interpretation ratsam, damit die Besonderheit und der Absolutheitsgehalt besser bewahrt werden können; andernfalls würde Art 1 I 1 GG nur eine „Hauptrolle“ in allen Bereichen einnehmen, dadurch aber auch seinen Wert verlieren und damit zum „Auffangproblemlöser“ und zur „kleinen Münze“ avancieren.[814]

Unter dem Begriff „Menschenwürde“ wird verstanden, dass der Mensch mit seinem Leben unter dem höchsten Schutz stehe und dass seine Entfaltung und seine Freiheit den Mittelpunkt des staatlichen und des gesellschaftlichen Lebens zu bilden hätten.[815] In Anlehnung an Christian Starck wird nach der Auffassung von H.-L. Schreiber mit der Menschenwürde nicht das gesamte Recht maximalen Forderungen ausgesetzt.[816] Vom Menschenwürdeschutz könne also nicht alles denkbar Gute, Angenehme und Nützliche, sondern könnten nur die elementa-

---

810 Schreiber, in: Schreiber/Elsner, Was ist der Mensch?, S. 236.

811 Ebd.

812 Ebd., S. 237.

813 Der Mensch erweise sich als Objekt sowohl der Verhältnisse in der gesellschaftlichen Entwicklung als auch des Rechts, insofern er sich fügen muss, ohne dabei ohne Rücksicht auf seine Interessen zu nehmen, etwa bei seiner Inhaftierung wegen Gefährlichkeit aufgrund einer Maßregel, siehe hierzu: Schreiber, in: Schreiber/Elsner, Was ist der Mensch?, S. 241.

814 Höfling, JuS 1995, S. 857, 859. Baumgarnter, in: Anfang und Ende des menschlichen Lebens, medizinethische Probleme, S. 40. Vitzthum hält es hier zum Beispiel für geboten, dass die Menschenwürde für Probleme des Lebensbeginns immer nur dann von Bedeutung ist, wenn Grundrechte wie Art 2 II 1 GG dem „Angriff nicht mehr gewachsen sind.“, siehe hierzu: Vitzthum, ZRP 1987, S. 33, 35.

815 Schreiber, in: Schreiber/Elsner, Was ist der Mensch?, S. 235.

816 Ebd.

ren Rechte und Ansprüche des Menschen erfasst werden.[817] Damit hat Art. 1 I 1 GG sich für die Beurteilung von Problemfeldern in der Biomedizin zum verfassungsrechtlichen Brennpunkt entwickelt, und daher darf der Embryo nicht instrumentalisiert werden[818].

*b. Menschenwürdeträgerschaft des Embryos bezüglich Art 1 I 1 GG*

Nach Auffassung des BVerfG kommt auch dem ungeborenen Leben Menschenwürde zu.[819] Dabei hat es jedoch ausdrücklich nur eine objektiv-rechtliche Schutzpflicht bejaht und dagegen offen gelassen, ob der Embryo selbst Träger der Menschenwürde ist[820]; also ist die Annahme eines subjektiv-rechtlichen Schutzanspruchs des Embryos, die zu einem dogmatischen Widerspruch geführt hätte, vom BVerfGE nie ausdrücklich vertreten worden[821]. Deswegen soll untersucht werden, ob der Embryo Träger der Menschenwürde ist.

Nach Meinung der Bevölkerungsmehrheit, die vom klassischen subjektivrechtlichen Charakter der Grundrechte[822] ausgeht, wird dem Embryo Menschenwürde im Sinne eigener Grundrechtssubjektivität zugestanden[823]. Diese Ansicht vertritt als ein Argument für die Zuerkennung eines subjektiven Rechts auf Menschenwürde, dass eine Zuerkennung der Menschenwürde nicht vom Bewusstsein und vom Wissen um dieselbe abhängig gemacht werden könne.[824]

Dagegen äußern einige Autoren Zweifel an der Zuschreibung des „Individualrechts" aufgrund der Tatsache, dass sich der Embryo nur in Symbiose mit der Mutter entwickeln kann.[825] In Anlehnung an Hofmann wird als Schutzgut der Menschenwürde auch die mitmenschliche Solidarität angesehen, die immer im Zusammenhang mit einer konkreten Anerkennungsgemeinschaft betrachtet werden müsse, an der das ungeborene Leben noch keinen Anteil haben könne.[826] Gemäß einem weiteren Argument soll dem ungeborenen Leben die Menschen-

---

817 Ebd., S. 236.

818 Ebd., S. 243.

819 BVerfGE 39, S. 1, 41; 88, S. 203, 251, 252.

820 BVerfGE 39, S. 1, 41; vgl. Pieroth/Schlink, Grundrechte - Staatsrecht II, Rn. 83, 122; Fink, Jura 2000, S. 210, 213.

821 Vgl. Ipsen, JZ 2001, S. 989, 992.

822 Fink, Jura 2000, S. 210, 213; BVerfGE 50, S. 290, 337.

823 Höfling, in: Sachs, GG – Kommentar, Art. 1 Rn. 49, 51; Jarass/Pieroth, Kommentar zum Grundgesetz, Art. 1 Rn. 6.

824 BVerfGE 39, 1, 41; 88, 203, 252.

825 Fink, Jura JZ 2000, S. 210, 214.

826 Hofmann, AöR 118 (1993), S. 353, 361ff., 369.

würde als subjektives Recht deshalb nicht zukommen, weil die Menschenwürde als sozialer Achtungsanspruch verstanden wird und die „Würde als Relations- oder Kommunikationsbegriff“[827] das Geborensein voraussetze.[828] In einem Teil der Literatur wird weiterhin die Auffassung vertreten, dass sich der Menschenwürdeschutz nicht auf das ungeborene Leben ausdehne, sondern das ungeborene Leben lediglich unter den Lebensschutz aus Art. 2 II S. 1 GG falle.[829] Die Vertreter dieser Ansicht führen als Begründung für ihren Standpunkt an, dass der Embryo sämtliche die Menschenwürde konstituierenden Voraussetzungen wie Ich-Bewusstsein, Vernunft und Fähigkeit zu Selbstbestimmung nicht besitze.[830] Gemäß diesen verschiedenen Gesichtspunkten wird somit dem Embryo keine Menschenwürde zugestanden.

Eine Ansicht differenziert dahingehend, dass sie das Vorhandensein einer „subjektiv-individuellen“ und das einer „objektiv-gemeinschaftlichen” Würde voraussetzt: Einerseits gehe der unverlierbare Wert aus der Gattungszugehörigkeit hervor, andererseits könne Humanität nur in einzelnen Individuen zutage treten.[831] Bei der Frage, ob nur die objektive oder auch die subjektive Ausgestaltung der Grundrechte den Embryo betrifft, könne nun wieder auf die Ausführungen der Grundrechtsträgerschaft bezüglich Art 2 II 1 GG hingewiesen werden: Die Schutzpflicht des Staates ergebe sich auch hier aus der objektiven Funktion des Art 1 I 1 GG.[832] An dieser Stelle vertritt Herdegen die Auffassung, dass der Schutz des entstehenden Menschen fordere, Art 1 I 1 GG nicht nur als objektive Norm zu betrachten, sondern den Zusammenhang von Schutz und Achtung zu erkennen, weil sich die Achtung immer an das Individuum richte und insofern eine subjektive Grundrechtsträgerschaft anzuerkennen sei.[833] Nach diesem Gesichtspunkt könne der Embryo somit bloß unter dem objektiv-rechtlichen Schutz des Art. 1 I 1 GG stehen[834]; daher könne ausgeschlossen werden, dass der Embryo selbst als Träger der Menschenwürde angesehen wird.

827 Ebd., S. 353, 376.
828 Ipsen, JZ 2001, S. 989, 993.
829 Dreier, GG - Kommentar, Art.1 Rn. 50, 51, 59; Ipsen, JZ 2001, S. 989, 993.
830 Luhmann, Grundrechte als Institution, S. 68 ff.; Dreier, GG - Kommentar, Art.1 Rn. 50.
831 Vitzthum, ZRP 1987, S. 33, 36.
832 Hirsch, MedR 1986, S. 237; Hofmann, JZ 1986, S. 253, 255; Hofmann, AöR 118, S. 353, 376; BVerfGE 39, 1, 41.
833 Herdegen, JZ 2001, S, 773, 774.
834 Dagegen Fink, Jura 2000, S. 210, 214, der in einem bloß objektiv-rechtlichen Schutz eine potentielle Gefährdung menschlichen Lebens sieht; siehe auch Sachs, vor Art. 1, Rn. 35, er moniert den weiten Spielraum, den der Gesetzgeber bei der Ausgestaltung der Schutzpflicht habe.

Es ist jedoch nicht von Bedeutung, ob sich die Menschenwürde des Embryos lediglich auf die objektive oder zusätzlich auch auf die subjektive Funktion des Art 1 I 1 GG bezieht. Denn Menschenwürde ist, wie oben erwähnt, nicht nur ein jedem menschlichen Leben zukommender Eigenwert[835], sondern sie wird auch nur in Fällen verletzt, in denen der „konkrete Mensch zum Objekt, zu einem bloßen Mittel, zur vertretbaren Größe herabgewürdigt wird“[836].

## 3. Das Verhältnis zwischen Art. 1 I 1 GG und der Art. 2 II 1 GG

Dem Embryo sind nach Art. 2 II 1 GG das Recht auf Leben und gemäß Art.1 I 1 GG der Anspruch auf Würde zuzugestehen.[837] Gemäß dem Bundesverfassungsgericht hängt der Lebensschutz mit dem Menschenwürdeschutz gem. Art. 1 I S. 1 GG untrennbar zusammen[838], d.h., „wo menschliches Leben existiert, kommt ihm auch Menschenwürde zu“.[839] Das bedeutet, dass der Schutz des Embryos sich durch das Zusammenspiel von Menschenwürde und Recht auf Leben determiniert. Das Verhältnis dieser beiden Grundrechtsnormen ist insofern von Bedeutung, als es sein könnte, dass sie in gleicher Weise wirken, wobei dann beide Artikel ihre Entfaltung zum gleichen Zeitpunkt finden müssen und dann jede Tötung eine Menschenwürdeverletzung darstellen würde. Daher soll hier zunächst gefragt werden, ob Lebensrecht und Menschenwürde miteinander zusammenhängen oder voneinander zu trennen sind.

Eine Ansicht geht davon aus, dass das Lebensrecht und die Menschenwürde zum gleichen Zeitpunkt einsetzten.[840] Nach diesem Gesichtpunkt stellt das

---

835 Pieroth/Schlink, Grundrechte - Staatsrecht II, Rn. 360, 361; Dürig, AöR 81 (1956), S. 117, 127.

836 Schreiber, in: Schreiber/Elsner, Was ist der Mensch?, S. 241; Beckmann, in: Beckmann/Löhr, Der Status des Embryos, S. 201; Vitzthum, ZRP 1987, S. 33, 34; Dürig, AöR 81 (1956), S.117, 127; Höfling, JuS 1995, S. 857, 859; Höfling, in: Sachs, GG - Kommentar, Art. 1 Rn. 12; Dreier, GG - Kommentar, Art.1 Rn. 37; Kunig, in: v. Münch/Kunig, Grundgesetz-Kommentar, Art. 1 Rn. 22; BVerfGE 9, 167, 177; 45, 187, 227 ff.; 87, 209, 228.

837 Merkel, Forschungsobjekt Embryo, S. 54; Knoepffler, in: Knoepffler/Haniel, Menschenwürde und medizinische Konfliktfälle, S. 63.

838 BVerfGE 39, 1, 47.

839 BVerfGE 39, 1, 41; 88, 203, 252; Herdegen, JZ 2001, S. 773; Classen, DVBI 2002, S. 141, 142; Werner, ZfmE 46 (2000), S. 259, 265; Ostendorf, JZ 1984, S. 595, 599.

840 Die Menschenwürde beginne entweder gleichzeitig oder nach dem Einsetzen des Lebensrechtes, jedoch keinesfalls vor dem Einsetzen des Lebensrechts, siehe in : Heun, JZ 2002, S. 517, 518.

menschliche Leben die vitale Basis der Menschenwürde dar, weshalb nur dem lebenden Menschen Würde zugestanden werden könne, und dieser ohnehin schon starke Schutz des Lebensrechts wird durch die Verknüpfung mit der Menschenwürde nochmals gesteigert. Also sei die Würde ausschließlich vom Leben abhängig, demnach könne sie nicht von diesem abgetrennt werden. Sie müsse von Anfang an anerkannt werden und sei damit dem menschlichen Leben inhärent.[841] Gemäß dieser Ansicht gibt es eine untrennbare Verbindung zwischen Menschenwürdegarantie und Lebensrecht,[842] deswegen seien Eingriffe in das menschliche Leben gleichzeitig auch Eingriffe in die Würde aus Art. 1 I 1 GG, die sich ihrerseits als „unantastbar" erweise.[843] Das bedeute, dass das Leben mit der Menschenwürde gleichzusetzen sei und die Rechtsfolgen von Art 1 I 1 GG auf Art 2 II 1 1. Alt GG zu übertragen seien.[844] Diese Ansicht erweist sich jedoch als problematisch, denn Eingriffe in die Menschenwürde halten keiner Rechtfertigung stand und sind demnach stets unzulässig, da die Menschenwürdegarantie durch ihre Unantastbarkeit gekennzeichnet ist. Lehnt man sich daher an diese Verknüpfung an, dann erweist sich jeder Eingriff in das Lebensrecht als notwendig verfassungswidrig.[845]

Die Gegenansicht, die die Trennung von Lebensrecht und Menschenwürdegarantie befürwortet, hält entgegen, dass deren untrennbare Verknüpfung angesichts der Rechtsfolgen Probleme hervorrufen könne. Als Argument gegen eine „In-Eins-Setzung" spreche also die systematische Überlegung des Grundgesetzes, dass Art 2 II 1 GG durch einen Gesetzesvorbehalt und das kollidierende Verfassungsrecht eingeschränkt ist[846], dagegen Art 1 I 1 GG – der Schutz der Menschenwürde, die keinen Gesetzesvorbehalt enthält – ohne Begrenzung ge-

---

841 Sacksofsky, Der verfassungsrechtliche Status des Embryo in vitro, S. 38; Lennartz, MedR 1993, S. 179, 180; Hirsch, MedR 1986, S. 229, 234; v. Münch/Kunig, Grundgesetz-Kommentar, Art. 1 Rn.14.

842 Heun, JZ 2002, S. 517, 518.

843 Starck, Das Bonner GG - Kommentar, Art. 2 Rn. 189.

844 Fink, Jura 2000, S. 210, 211.

845 Im Gegensatz zur Menschenwürde ist das Lebensrecht nicht unantastbar und absolut. Bedacht werden muss, dass jeder Eingriff in das Leben des Embryos verfassungswidrig und damit unzulässig wäre, wenn man das Lebensrecht in Art. 1 I 1 GG verwurzelt sieht, weil in Art. 1 I 1 GG kein Gesetzesvorbehalt enthalten ist.; Lorenz, ZfL 02/2001, S. 38, 39, 40; Fink, Jura 2000, S. 210, 211.

846 Heun, JZ 2002, S. 517ff., 518. Bei dem Lebensrecht, durch das in Art. 2 II 1 GG das Recht auf Leben eines jeden geschützt wird, handelt es sich um die Voraussetzung jeglicher Inanspruchnahme anderer Grundrechte, und es steht aber unter einfachem Gesetzesvorbehalt, so dass ein Eingriff allenfalls in Ausnahmefällen zugelassen werden kann.

währleistet wird[847] und so jeder Eingriff und jede Antastung auch eine Verletzung der Menschenwürde darstellt.[848] Die Befürworter einer strikten Trennung von Lebensrecht und Menschenwürde begründen ihre These mit der Auflösung des Konfliktes der Abwägungsunfähigkeit des Lebensrechts, der bei der Koppelung von Menschenwürde und Lebensrecht entsteht. Das Verbot der Missachtung der Menschenwürde werde stets als ein kategorisches betrachtet, also als eines, das auf keinen Fall verletzt werden dürfe; im Gegensatz dazu existierten beim Tötungsverbot Ausnahmetatbestände.[849] Im Recht würden Verletzungen des Lebens, welche sich auf der Grundlage eines Gesetzes rechtfertigen lassen, gefunden, und demnach dürfe man unter bestimmten Umständen einen Menschen berechtigterweise töten, was besonders deutlich in Fällen von Notwehr, von polizeilichem Rettungsschuss sowie bei bestimmten Dienstpflichten z. B. von Soldaten und Feuerwehrleuten zutage trete.[850] Gemäß dieser Konzeption kommt dem Embryo zu unterschiedlichen Zeitpunkten das Recht auf Leben und die Menschenwürde zu und müssen das Lebensrecht aus Art 2 II 1 GG und die Menschenwürde aus Art 1 I 1 GG voneinander getrennt werden.[851] Der maßgebliche Unterschied zwischen der Entkoppelungs- und der Koppelungstheorie liegt sozusagen darin, dass das Lebensrecht und die Menschenwürde zu unterschiedlichen Zeiten einsetzen.[852]

Allerdings wird auch im Rahmen dieser Konzeption eingeräumt, dass die Menschenwürde neben und unabhängig von der Beeinträchtigung des Lebensrechts betroffen sein kann, so dass der Eingriff aus diesem Grunde unzulässig sein kann. Menschenwürde ist nicht immer mit Lebensschutz, Menschenwürdeverletzung nicht immer mit der Verletzung menschlichen Lebens identisch.[853] Folglich geht nicht jede Tötung mit einer Menschenwürdeverletzung einher;

---

847 Schreiber, in: Schreiber/Elsner, Was ist der Mensch?, S. 240.

848 Eser, Neuartige Bedrohungen ungeborenen Lebens, S. 33, 34; Höfling, FAZ 10.07.2001, S. 8; Schmidt-Jortzig, DÖV 2001, S. 925, 926; Hofmann, AöR 118 (1993), S. 353, 376.

849 Krohmer, in: Dabrock/Ried, Therapeutisches Klonen als Herausforderung für die Statusbestimmung des menschlichen Embryos, S. 141.

850 Dreier, GG – Kommentar, Art.1 Rn. 49; Schreiber, in: Schreiber/Elsner, Was ist der Mensch?, S. 241.

851 Von den Vertretern der „Nidationstheorie“ werde das Recht auf Leben zum Zeitpunkt der Nidation angesetzt. Davor verfüge der Embryo über kein Lebensrecht, wogegen ihm Menschenwürde schon vor der Nidation zukomme. Nach diesem Gesichtpunkt ermöglicht sich der unterschiedliche Zeitpunkt zwischen Lebensrecht und Menschenwürde ebenso durch die Entkoppelung dieser Grundrechte, siehe in: Vgl. Rosenau, in: Schreiber/Rosenau/Ishizuka/Kim, Recht und Ethik im Zeitalter der Gentechnik, S. 148.

852 Heun, JZ 2002, S. 517, 518.

853 Dreier, GG - Kommentar, Art.1 Rn. 67.

dies veranschaulicht das Beispiel des Polizisten, der gesetzlich dazu verpflichtet ist, das Leben zu riskieren, und nicht jede Menschenwürdeverletzung geht nur durch eine Tötung vonstatten.[854] Liegen bei der Tötung eines Menschen besondere Begleitumstände vor, wird die Menschenwürdegarantie nur dann berührt.[855] Somit wird der behauptete Zusammenhang zwischen Tötung und Missachtung der Menschenwürde angezweifelt.[856] Lebensschutz kann nicht mit Menschenwürdeschutz gleichgesetzt werden, denn beide stehen nebeneinander.[857] Wenn die Handlungen über das Spezifische der Verletzung der Würde verfügen, das vom Verfassungsgericht genannt wird, – die Herabwürdigung zum Objekt in menschenverachtender Erniedrigung –, können sie nur dann als Verstoß gegen die Menschenwürde bezeichnet werden.[858] Unter diesem Gesichtspunkt des Menschenwürdegrundsatzes erweist sich nicht etwa jede Tötung als eine Würdeverletzung.[859] Unter „Entkopplung" versteht man insofern nur die Auflösung der Untrennbarkeit, jedoch bedeutet Entkopplung nicht automatisch von vornherein den Ausschluss der Menschenwürdegarantie aus der Gruppe potentiell betroffener Grundrechte im Fall von Tötungshandlungen.[860] Soweit es sich bei der Tötung eines Menschen an sich um eine Missachtung der Menschenwürde handelt und eine solche Missachtung keinesfalls moralisch erlaubt sein soll, darf keine einzige moralisch erlaubte Tötungshandlung existieren.[861] Dies kann man auch schon allein darin erkennen, dass das Leben eine biologische Größe ist, die Menschenwürde dagegen einen sozialen Gehalt und demnach aufgrund ihrer Konzeption eine andere Schutzrichtung hat.[862] Die Art 1 I I GG und Art. 2 II GG sind nicht als sich stets wechselseitig ergänzende und verstärkende Positionen konzipiert[863]; daher sind Menschenwürde und Lebensschutz voneinander zu trennen[864].

---

854 Sacksofsky, Der verfassungsrechtliche Status des Embryo in vitro, S. 40.

855 Schreiber, in: Schreiber/Elsner, Was ist der Mensch?, S. 241.

856 Krohmer, in: Dabrock/Ried, Therapeutisches Klonen als Herausforderung für die Statusbestimmung des menschlichen Embryos, S. 141.

857 Schreiber, in: Schreiber/Elsner, Was ist der Mensch?, S. 241.

858 Ebd.

859 Ebd.

860 Heun, JZ 2002, S. 517, 518.

861 Krohmer, in: Dabrock/Ried, Therapeutisches Klonen als Herausforderung für die Statusbestimmung des menschlichen Embryos, S. 141. Wenn bei einem Eingriff in das Lebensrecht auch die Menschenwürde verletzt wird, dann sind dem Staat derartige Eingriffe in jeder Konstellation verboten.

862 Schmidt-Jortzig, Süddt Zeit 01.06.2001, S. 7.

863 Höfling, ZfL 2002, S.34, 37.

864 Dreier, DÖV 1995, S. 1036, 1037; Schmidt-Jorzig, DÖV 2001, S. 925, 926; Maunz/Dürig, GG-Kommentar, Art. 1 Rn. 57; Dreier, GG - Kommentar, Art.1 Rn. 67.

Oben wurde bereits festgestellt, dass der Beginn des Lebensrechts zum Zeitpunkt der Kernverschmelzung als angemessen betrachtet wird. Im Folgenden soll kurz erörtert werden, wann der Würdeschutz des Menschen einsetzt. Der Beginn des Würdeschutzes könnte zu unterschiedlichen Zeitpunkten, beispielsweise schon vor der Verschmelzung, mit der Verschmelzung, vor der Nidation, nach der Nidation oder erst nach der Geburt etc. liegen. Das BVerfG hat ausgeführt, „wo menschliches Leben existiert, kommt ihm Menschenwürde zu“[865] Jedoch kann dieser Satz des Bundesverfassungsgerichts nicht umgekehrt werden, denn die Aussage: „Wo kein menschliches Leben existiert, kann keine Menschenwürde sein“, ist falsch. Der Menschenwürdeschutz könnte bei der Eizelle vor der Befruchtung vorkommen,[866] und dem Toten könnte ein postmortaler Würdeschutz zukommen. Daher stellt das Leben für den Schutz der Menschenwürde weder eine notwendige, noch eine hinreichende Bedingung dar.[867] Anders als beim Lebensrecht erweist es sich demnach als absurd, den Anfangspunkt der Menschenwürde festzusetzen.

## 4. Das Klonen von Menschen bezüglich Art. 2 II 1 GG und Art 1 I 1 GG

Beim geklonten Embryo gibt es zwar keinen Zeitpunkt der Kernverschmelzung,[868] doch wird der Status des geklonten Embryos, wie schon erwähnt, mit dem Status des in vivo natürlich gezeugten Embryos gleichgesetzt, so dass auch solche „Embryonen“ unter den Schutzbereich des Grundgesetzes fallen, die nicht, wie bisher angenommen, durch Kernverschmelzung entstehen. Damit kämen bei der Erforschung des durch Klontechnik gezeugten Embryos vor allem Art. 1 I 1 GG und Art. 2 II 1 GG als Grundlage für ein Recht auf Klonen in Betracht.

865 BVerfGE 39, 1, 41; 88, 203, 252; Herdegen, JZ 2001, S. 773; Classen, DVBI 2002, S. 141, 142; Werner, ZfmE 46 (2000), S. 259, 265; Ostendorf, JZ 1984, S. 595, 599.

866 Starck, Die künstliche Befruchtung beim Menschen, S. 17. Bei der Eizelle, die entkernt wird, handelt es sich noch nicht um Leben, denn dieses beginnt gemäß allen naturwissenschaftlichen Erkenntnissen frühestens mit der Befruchtung; deswegen findet hier auch keine Vernichtung von Leben statt, siehe in: Gröner, in: Günther/Keller, Fortpflanzungsmedizin und Humangenetik – Strafrechtliche Schranken?, S. 306.

867 Vgl. Dreier, DÖV 1995, S. 1036, 1037; Schmidt-Jorzig, DÖV 2001, S. 925, 926.

868 Hilgendorf, in: Staat, Kirche, Verwaltung - Festschrift für Hartmut Maurer zum 70. Geburtstag, S. 1147, 1162.

### *a. Verhältnis zwischen dem KzET und Art. 2 II 1 GG*

Nach einer Ansicht wird die Herstellung eines geklonten Embryos, die allein zu Forschungszwecken erfolgt, von Art 2 II 1 GG gerade nicht erfasst, denn die Verletzung des Lebensrechts in Art. 2 II 1 GG sei allein gegen die Entziehung des Lebens ausgerichtet und nicht gegen den Akt der Herstellung.[869] Jedoch kann dieses Klonen einen Eingriff in das Lebensrecht herbeiführen, weil durch den Akt der Herstellung die Zerstörung des geklonten Embryos für die Gewinnung der Stammzellen ohne Abstoßungsreaktion vorausgesetzt wird und damit eine solche Folgeerscheinung auftritt.[870] Außerdem soll der geklonte Embryo von Art. 2 II 1 GG objektiv-rechtlich geschützt werden, da er menschliches Leben im Sinne der Gattungszugehörigkeit darstellt.[871] Daher kann das KzET den in Art. 2 II S. 1 GG garantierten verfassungsrechtlichen Lebensschutz verletzen.

### *b. Verhältnis zwischen dem KfEK und Art. 2 II 1 GG*

Ebenso soll der Frage nachgegangen werden, ob KfEK einen Eingriff in das Lebensrecht aus Art. 2 II 1 GG bedeutet. Man könnte behaupten, dass KfEK nicht unter Art. 2 II 1 GG fällt, da es gerade nicht auf das Töten abziele[872] und ein Recht auf freie Fortpflanzung nicht gegen Art. 2 II 1 GG verstoße. Des Weiteren könnte gesagt werden, dass Art. 2 II 1 GG nicht betroffen ist, weil der Klon noch nicht existiert, somit nicht über aktuelle Rechte verfügt und außerdem der geborene Klon an sich nicht vernichtet wird. Jedoch kann der Eingriff in das Lebensrecht aus Art. 2 II 1 GG durch die Erlaubnis des KfEK erfolgen, da im Prozess der Erzeugung des Kindes durch die Klontechniken sowohl viele geklonte Embryonen sterben als auch viele menschliche Klone tot oder mit schweren Missbildungen, Gesundheitsschäden oder Krankheitssyndromen geboren werden könnten[873].

---

869 Sacksofsky, Der verfassungsrechtliche Status des Embryo in vitro, S. 76.

870 Ebd., S. 74.

871 BVerfGE 39, S. 1, 41f; Ipsen, JZ 2001, S. 989, 992; a.A.: Murswiek, in: Sachs, GG - Kommentar, Art.2 Rn.146; Jarass/Pieroth, Kommentar zum Grundgesetz, Art.2 Rn. 46a.

872 Sacksofsky, Der verfassungsrechtliche Status des Embryo in vitro, S. 20.

873 So auch: Nationaler Ethikrat, Klonen durch Zellkerntransfer, S. 24; Griffin, in: Honnefelder/Lanzerath, Klonen in biomedizinischer Forschung und Reproduktion, S. 113, 114.

### *c. Verhältnis zwischen dem KzET und Art. 1 I 1 GG*

Die Menschenwürde selbst wird von dem Gesetz besonders geschützt und lässt sich daher nicht mit anderen Rechten oder Rechtsgütern gegen alle Gegenargumente abwägen. Diese Struktur fordert eine intensive Untersuchung und Begründung, ob es sich bei Klonierungshandlungen tatsächlich um eine Menschenwürdeverletzung handelt und solche Handlungen deswegen ausnahmslos und mit den Mitteln des Strafrechts verboten werden müssen.[874] Das Problem der verbrauchenden Embryonenforschung steht insbesondere beim KzET unter dem Paradigma der Fortschreibung des Menschenwürdeschutzes angesichts neuer, bedrohlicher Technologien im Mittelpunkt der Diskussion.[875] Die Therapie kommt hierbei nicht bei dem Klon, sondern bei einem Patienten zur Anwendung, wobei der geklonte Embryo vernichtet wird.[876] KzET bedeutet für die gezeugten Embryonen keine „Therapie“, sondern den Tod.[877] Das heißt, dass der Klon für die Therapie an einem Dritten instrumentalisiert[878] und seines eigentlichen Zweckes, des Heranwachsens zu einem Menschen, beraubt wird.[879] Folglich wird durch KzET in die Menschenwürde in Art. 1 I 1 GG eingegriffen.

---

874 Gutmann, in: Roxin/Schroth, Medizinstrafrecht, S. 370.

875 Haßmann, Embryonenschutz im Spannungsfeld internationaler Menschenrechte, staatlicher Grundrechte und nationaler Regelungsmodelle zur Embryonenforschung, S. 70.

876 Engels, in: Honnefelder/Lanzerath, Klonen in biomedizinischer Forschung und Reproduktion, S. 33.

877 Graf, in: Beckmann/Löhr, Der Status des Embryos, S. 19.

878 Hetz, Schutzwürdigkeit menschlicher Klone?, S. 46ff.

879 Starck, NZZ 14/15.04.2001.

*d. Verhältnis zwischen dem KfEK und Art. 1 I 1 GG*

Da das Leben des Klons durch den Akt von dessen Herstellung erst entsteht, liege beim KfEK die Möglichkeit einer Beschwerde eben diesem Akt zugrunde.[880] Deswegen wollen einige Autoren das KfEK ohne Ausnahme verbieten, da die freie Entfaltung der individuellen Person mit der Wahrung der Struktur der natürlichen Reproduktion offensichtlich so eng verwoben sei, dass der Würde der natürlichen Reproduktion Respekt entgegengebracht werden müsse.[881] Jedoch erscheint es hierbei abwegig, dass nicht die Würde des Menschen, sondern vielmehr die Würde der natürlichen Reproduktion den Grund für ein Klonverbot darstellen soll. Daher erweist sich die oben dargelegte Behauptung als unangemessen.

Außerdem gilt nach einer Ansicht als entscheidendes Argument gegen das Abstellen auf die Menschenwürde des Klons die Tatsache, dass ein solcher Mensch noch gar nicht lebt und ein konkreter Träger dieser Würde zum Zeitpunkt des „Herstellungsaktes" fehlt.[882] Durch Art 1 I 1 GG könnten mithin in den Fällen des KfEK keine subjektiven Rechte begründet werden.[883] Jedoch könnte die Ausdehnung des Schutzbereiches der Menschenwürde lediglich darin zutage treten, dass die zu schützenden Menschen nicht notwendigerweise bereits zu existieren brauchen, sondern dass vielmehr die Entstehungsbedingungen sowie die Entstehungsursachen für ihre Existenz bereits geschützt werden müssen.

Des Weiteren könnte, unabhängig von der Frage, ob durch den Akt der „Herstellung" des Klons dessen Würde verletzt werden kann oder nicht, diesem nur dann eine geringere oder gar keine Menschenwürde zugesprochen werden, wenn er nicht als Mitglied der menschlichen Rasse angesehen wird.[884] Aber beim Klon handelt es sich um einen Gegenstand des Menschenwürdeschutzes, denn der einmal geborene Klon hat genau den gleichen Anspruch auf Achtung seiner Würde wie jeder andere Mensch.[885]

Nach einer Ansicht erfolgt eine Instrumentalisierung des Klons zum Ersatz für dessen Kernspender als Organ- oder Gewebespender, zur genetischen Wiederholung oder für die Erreichung von eugenischen und kommerziellen Zielen;

---

880 Witteck/Erich, MedR 2003, S. 261; Joerden, Jahrbuch für Recht und Ethik 7 (1999), S. 79, 84.

881 Eser et al., in: Ach/Brudermüller/Runtenberg, Hello Dolly?, S. 235; Schröder, Kommissionskontrolle in Reproduktionsmedizin und Gentechnologie, S. 137; v. Münch/Kunig, Grundgesetz-Kommentar, Art. 1 Rn. 8.

882 Witteck/Erich, MedR 2003, S. 261; Dreier, GG - Kommentar, Art.1 Rn. 58.

883 Witteck/Erich, MedR 2003, S. 261; Sachs, Grundgesetz-Kommentar, Bd. 1, Rn. 17.

884 Witteck/Erich, MedR 2003, S. 261.

885 Haniel, in: Korff/Beck/Mikat, Lexikon der Bioethik, S. 405.

dadurch werde in die Menschenwürde eingegriffen.[886] Jedoch könnte eingewandt werden, dass nicht klar sei, ob solch eine Instrumentalisierung beim KfEK überhaupt vorliegt. Denn die Geburt natürlich gezeugter Kinder dient oftmals ebenso einem bestimmten Zweck, da die Eltern immer wieder für ihren Sohn oder für ihre Tochter – bis diese erwachsen sind – entscheiden müssen und damit ganz alltäglich Macht ausüben. Zu bedenken ist beispielsweise, dass es sich auch bei natürlich gezeugten Kindern nicht immer um einen reinen Zweck an sich handelt, sondern oft um ein Mittel zum Zweck, damit das eigene Leben einen Sinn erhält, damit man den Partner an sich binden kann, damit Unterhaltsforderungen gestellt werden können oder um einfach einen Erben in die Welt zu setzen.[887] Weiterhin könnte bei der Annahme, dass das Kind als ein solches geboren wird, das mit einem Elternteil genetisch verwandt ist, das gesund und gewollt ist, hierin auch ein Selbstzweck gesehen werden. Daher könnte das Klonen nicht automatisch eine Instrumentalisierung bewirken, und deshalb könnte sich das Argument der Instrumentalisierung nicht als Rechtfertigung für ein totales Klonverbot erweisen. Demzufolge könnte zum einen beim Klonen nicht immer von einer Instrumentalisierung ausgegangen werden, zum anderen ergäbe sich eine solche Instrumentalisierung oft auch bei natürlicher Fortpflanzung.

Es ist jedoch schwierig, die Zweckbestimmtheit der Geburt natürlich gezeugter Kinder zu erkennen, wogegen beim KfEK i m m e r ein bestimmtes Ziel verfolgt wird. Außerdem bedeutet die Zweckbestimmtheit allein eben keine Instrumentalisierung, und wenn ein konkreter Mensch von der Zweckbestimmtheit zu einem Ding, das total erfasst, liquidiert, ersetzt, eingesetzt und ausgesetzt wird, herabwürdigt wird,[888] tritt eine Verletzung der Menschenwürde auf. Somit kann die Zweckbestimmtheit bei der Geburt natürlich gezeugter Kinder keine Instrumentalisierung darstellen, wohingegen beim KfEK ein Eingriff in die Menschenwürde aus Art.1 I 1 GG erfolgt, da hierbei der Wert des Menschen durch die Zweckbestimmtheit herabgewürdigt wird.

Ferner begründen beim KfEK einige Autoren eine Verletzung der Menschenwürde durch die Existenz eines Individuums, das genetisch nicht einzigartig ist.[889] Diesem Argument liegt logischerweise die Annahme zugrunde, dass die menschliche Subjektivität im Wesentlichen als unmittelbares Produkt der Gene aufgefasst wird.

Hier könnten solche Behauptungen zwar angetan sein, den Personalitäts- und den Würdeanspruch von Menschen in Frage zu stellen, die als eineiige

---

886 Eser et al., in: Ach/Brudermüller/Runtenberg, Hello Dolly?, S. 235.

887 Gutmann, in: Roxin/Schroth, Medizinstrafrecht, S. 372.

888 Schreiber, in: Schreiber/Elsner, Was ist der Mensch?, S. 241.

889 Gröner, in: Günther/Keller, Fortpflanzungsmedizin und Humangenetik – Strafrechtliche Schranken?, S. 307f., 325.

Zwillinge einen natürlichen genetischen Doppelgänger haben[890], doch liegt keine Verletzung der Menschenwürde – wie dies das Beispiel der eineiigen Zwillinge veranschaulicht – nur durch die Wiederholung der genetischen Einzigartigkeit vor. Denn die personale Individualität hängt nicht nur von Genen, sondern auch von der Umwelt und von dem sozialen Umfeld ab und wird von diesen beeinflusst.[891] Der Klon würde von Geburt an über eine Beschränkung als Mensch zweiter Klasse verfügen, wenn durch menschliche Eingriffe genetisch identische Ebenbilder eines Menschen erzeugt würden; dadurch würden die verfassungsrechtlich geschützte Individualität und die unwiederholbare Identität des Menschen aufgehoben.[892] In der rechtswissenschaftlichen Literatur wird die Notwendigkeit eines Klonverbots für die Erzeugung von Kindern hauptsächlich mit dem Argument begründet, durch eine solche Vorgehensweise verliere der Mensch nicht nur seine genetische Einzigartigkeit, sondern auch seine personale Individualität, und daher werde beim Klonen gegen die Menschenwürde (Art. 1 I GG) verstoßen.[893] Durch Art. 1 I 1 GG könnte daher die Unwiederholbarkeit jedes einzelnen Menschen, „vor dem Eingriff der Menschen" geschützt werden, womit die Anfertigung von Kopien eines Menschen ohne Zweifel als menschenwürdewidrig zu betrachten wäre.[894]

## 5. Zum Problem der Graduierbarkeit

### *a. Graduierbarkeit des Lebensrechts aus Art. 2 II 1 GG*

Es entsteht nun die Frage, ob der generelle Schutz des Art 2 II 1 GG für den Embryo in gleichem Maße gültig ist wie für das geborene Leben oder ob graduelle Unterschiede feststellbar sind. Eine Ansicht vertritt einen abgestuften Lebensschutz des Embryos, der darin liege, dass zwar das menschliche Individuum über dieses Lebensrecht seit dem Beginn seiner Existenz zum Zeitpunkt der Kernverschmelzung verfüge, als Embryo jedoch noch in minderer Qualität, welche natürlich mit der Entwicklung des Embryos eine kontinuierliche Steigerung

---

890 Gutmann, in: Roxin/Schroth, Medizinstrafrecht, S. 370.

891 Vgl. Witteck/Erich, MedR 2003, S. 261.

892 Runtenberg/Ach, in: Gene, Klone und Organe, S. 97; Glauben, DRiZ 1997, S. 305, 308; Schröder, Kommissionskontrolle in Reproduktionsmedizin und Gentechnologie, S. 141.

893 Schmidt-Bleibtreu/Klein, Kommentar zum Grundgesetz, Art. 1 Rn. 17b; v. Mangoldt/Klein/Starck: Das Bonner Grundgesetz Kommentar, Art. 1 Rn. 90.

894 v. Münch/Kunig, Grundgesetz-Kommentar, Art. 1 S. 91.

erfahre, bis sie zum Zeitpunkt der Geburt zu ihrer vollen Intensität gelange.[895] Demnach setzt menschliches Leben also mit der Kernverschmelzung ein, deren Schutz aber nicht über dieselbe Intensität verfüge wie in einem späteren Entwicklungsstadium.[896] Ebenso lässt eine weitere Meinung die Intensität des grundrechtlichen Schutzes mit dem Heranwachsen des werdenden menschlichen Lebens zunehmen.[897] Das werdende Leben habe damit eine Grundrechtsanwartschaft inne, von welcher der Leibesfrucht kurz vor der Geburt ein größerer Lebensschutz zugestanden werde als dem Embryo kurz nach der Kernverschmelzung.[898]

Der Konzeption eines solchen abgestuften Lebensrechtes wird von einigen Autoren entgegengehalten, dass der verfassungsrechtliche Schutz nicht stufenweise zugeordnet werden könne, sondern entweder das Leben eines Wesen vollständig oder überhaupt nicht schütze. Denn es handele sich hier um ein Prinzip des „Alles oder Nichts" und nicht um ein Mehr oder Weniger. Entweder man lebe, oder aber man sei tot.[899] Aufgrund dieser Überlegungen könnte man allerdings einen festen Schutz besser begründen, und es ergäbe sich auch kein Widerspruch mit den Argumenten, mit denen die These abgelehnt wurde, dass das Recht auf Leben erst mit der Nidation oder später einsetze. Außerdem entstünden bei der Theorie des abgestuften Lebensrechts wieder die Probleme der Festlegung von Zäsuren, was im Falle eines kontinuierlichen Prozesses nicht ohne Willkür möglich sei und Grenzfälle wie Dauer-Komapatienten und anencephalen nicht eindeutig entschieden werden könnten.[900] Hier erschiene es konsequent, dass der Lebensschutz von Anfang an „anerkannt" und eben nicht ab einem bestimmten Punkt erst „zuerkannt" werde und dass auch keine Stufen der Intensität festgelegt würden, da derartige Festlegungen mit dem Makel der Willkür behaftet seien. Der abgestufte Schutz könne demnach nicht an die biologischen Entwicklungsformen geknüpft werden, sondern nur an externe Kriterien, und damit lasse sich wiederum keine Schutzwürdigkeit des Lebensrechts ver-

---

895 Hoerster, JuS 2003, S. 529, 530; Ipsen, JZ 2001, S. 989, 991ff.; Dreier, ZRP 2002, S. 377ff.

896 Die Begründung dafür sei, dass es sich bei dem Embryo offensichtlich noch um ein in der Entwicklung befindliches menschliches Individuum handelt, das wesentliche Eigenschaften, die für den Menschen typisch sind, noch nicht hat.

897 Kloepfer, JZ 9/2002, S. 418, 420.

898 Hieraus lasse sich ableiten, dass bei einer In-vitro-Befruchtung vor der Einpflanzung die grundrechtliche Anwartschaft am geringsten ausgeprägt sei.; Vgl. Kloepfer, JZ 9/2002, S. 418, 420.

899 Schockenhoff, ZfmE 47 (2001), S. 235, 242.

900 Graumann, Beilage zur Wochenzeitung „Das Parlament" 29.06.2001, S. 20; Hauskeller, Beilage zur Wochenzeitung „Das Parlament" 29.06.2001, S. 12.

binden, so dass eine Abstufung eben nicht dogmatisch richtig begründbar sei.[901] Weiterhin stehe die Abstufung des Schutzes des Lebens im Widerspruch dazu, dass auch der geborene Mensch stufenweise geschützt wird, da der abgestufte Schutz bedeute, dass man dem menschlichen Individuum das Lebensrecht stufenweise nicht nur bis zur Geburt, sondern bis zu jenem Zeitpunkt zur Vollreife anwachsen lasse, an dem die genannte Entwicklung tatsächlich zu einem gewissen Abschluss komme: nämlich bis zum Erreichen der Volljährigkeit.[902] Ebenso sei durch das BVerfG eindeutig festgestellt worden, dass sich jegliche Differenzierung der Schutzverpflichtung mit Blick auf Alter und Entwicklungsstand verbiete.[903] Des Weiteren sei die Abwägung des Lebensrechts aufgrund des unvergleichbaren personalen Werts, den ein Menschenleben hat, nicht zulässig.[904]

Jedoch könne das BVerfG ebenfalls deutlich eine Abstufung des Schutzes menschlichen Lebens vertreten, wenn es postuliere, dass durch den Gesetzgeber der Schutz von geborenem Leben anders geregelt werden könne als der von ungeborenem Leben.[905] Die Verfassung schütze insofern den Embryo in einer abgestuften Form und nicht mit der gleichen Intensität wie den geborenen Menschen.[906] Eine Ansicht besagt, dass als eine weitere Begründung für eine Abstufung des Lebensschutzes ein Eingriff in das Lebensgrundrecht aufgrund eines einfachen Gesetzes erfolgen dürfe. Nach dieser Ansicht wird von unserer Rechtsordnung das ungeborene Leben oftmals anders behandelt als der geborene Mensch; die Argumentation basiert hier auf den Abtreibungsregelungen des StGB.[907] Grundsätzlich könne nämlich der Schutz des Lebens differenziert und abgewogen werden, wie aus § 218 StGB deutlich hervorgehe, und insofern müsse in jedem Fall eine Einzelentscheidung getroffen werden.[908] Bei Schwangerschaftsabbruch besteht in den ersten drei Monaten nach der Nidation nur dann Straffreiheit, wenn eine obligatorische Beratung stattgefunden hat und ein Entschluss der Mutter vorliegt, in den darauf folgenden Monaten aufgrund einer Indikation dann, wenn die Fortsetzung der Schwangerschaft der Mutter nicht weiter zugemutet werden kann.[909] Dies zeige, dass als Argument für eine Abstufung des Lebensrechts das ungeborene Leben auch zugunsten anderer Rechtsgüter durch die Zulassung des Schwangerschaftsabbruchs geopfert werden kön-

---

901 Schockenhoff, ZfmE 47 (2001), S. 235, 241.
902 Vgl. Hoerster, JuS 2003, S. 529, 530.
903 BVerfGE 88, 203, 267; Traub, ZfL 2003, S. 130, 132.
904 Schwarz, KritV 2001, S. 205.
905 BVerfGE 39, 1, 45.
906 Dreier, ZRP 2002, S. 377, 382f.
907 Sacksofsky, Der verfassungsrechtliche Status des Embryo in vitro, S. 25.
908 Vgl. Isensse/Kirchhof, HBdStR Bd I, Art. 20 Rn. 85.
909 Schreiber, in: Schreiber/Elsner, Was ist der Mensch?, S. 241.

ne[910]; das bedeute also, dass der Lebensschutz nicht absolut sei, sondern über Unterschiede und Abstufung verfüge und dass das Lebensrecht daher offenbar gegen andere Rechte abgewogen werden könne[911]. Ebenso treffe eine weitere Ansicht die Feststellung, dass auch innerhalb des ungeborenen Lebens eine Differenzierung stattfinde, wenn die Tötung eines Embryos vor der Nidation noch nicht unter Strafe stehe.[912] Faktisch gebe es gerade keinen absoluten Schutz, und ein erhöhtes Schutzmaß müsse zudem erst nach der Nidation festgesetzt werden.[913]

Schreiber legt dar, dass Stufen des Schutzes ermöglicht werden sollten, denn bei dem Embryo, der im Rahmen des fertigen genetischen Programms mit der Kernverschmelzung zum Abschluss kommt, handele es sich sicher noch nicht um einen entwickelten Menschen, die Nidation erweise sich auf jeden Fall als eine weitere wesentliche Voraussetzung der Entfaltung der Potentialität, und eben sie könne eine Schutzstufe darstellen.[914] Außerdem führt er aus, dass bei der Frage nach der Verwendung vorhandener überzähliger Embryonen, etwa solcher, welche bei der PID entstehen und nicht verwendet werden, weil die Mutter eine Übertragung ablehnt oder krank wird, geklärt werden müsse, ob solche vorhandenen Embryonen nicht für Forschungs- und Therapiezwecke zur Verfügung gestellt werden dürften.[915] Nach seiner Ansicht könnte in diesem Rahmen die Möglichkeit einer Einschränkung des Lebensschutzes ohne Verletzung der Menschenwürdegarantie entstehen.[916]

Das Lebensrecht in Art. 2 II 1 GG steht, wie schon erwähnt, unter Gesetzvorbehalt durch Art. 2 II 3 GG. Dieser ermöglicht eine Abstufung des Schutzes des Lebens, also ein Anwachsen des Lebensschutzes mit fortschreitender Verkörperung, und demnach lässt das Recht auf Leben einen Spielraum für die Abwägung gegenüber dem Grundrecht der Forscher[917]. Sowohl von der Rechtsordnung der Bundesrepublik Deutschland als auch von den meisten anderen

910 Rosenau, in: Schreiber/Rosenau/Ishizuka/Kim, Recht und Ethik im Zeitalter der Gentechnik, S. 145; Taupitz, NJW 2001, S. 3433, 3437.

911 Schreiber, in: Schreiber/Elsner, Was ist der Mensch?, S. 241.

912 Sacksofsky, Der verfassungsrechtliche Status des Embryo in vitro, S. 25; BVerfGE 39, 1, 3.

913 Sendler, NJW 2001, S. 2148, 2150.

914 Schreiber, in: Schreiber/Elsner, Was ist der Mensch?, S. 240.

915 Ebd., S. 243

916 Ebd., S. 243. Überzählige Embryonen werden nicht unbegrenzt lange kryokonserviert aufbewahrt; deswegen müssen sie sowieso irgendwann dann zugrunde gehen und daher könnten sie für höherrangigen Interessen geopfert werden, unter denen man die möglichen Heilungschancen für viele schwer kranke Menschen versteht.

917 Zypries, Vom Zeugen zum Erzeugen? Verfassungsrechtliche und rechtspolitische Fragen zur Bioethik, S. 4, 5.

Rechtsordnungen wird außerdem anerkannt, dass das ungeborene Leben anderen Rechtsgütern den Vortritt lassen kann.[918] Somit erscheint es an dieser Stelle sinnvoll, den Lebensschutz abzustufen, mit einer Einschränkung des vorgeburtlichen Lebensrechts des Embryos.[919]

*b. Graduierbarkeit der Menschenwürde aus Art. 1 I 1 GG*

Ebenso, wie von manchen Gelehrten dem ungeborenen Leben ein geringerer Menschenwürdeschutz zugesprochen wird als dem geborenen Leben,[920] gibt es auch bei der Menschenwürde Vertreter, die einen abgestuften Schutz von der Verschmelzung an annehmen.[921] Nach dieser Auffassung fällt zwar der Würdeschutz mit dem Lebensschutz zusammen, und dies geschieht auch zum Zeitpunkt der Kernverschmelzung, aber es wird vorausgesetzt, dass in diesem frühen Entwicklungsstadium noch nicht der volle Schutz der Menschenwürde vorhanden sei,[922] da der Embryo über ein relativ geringes Potential verfüge, sich zu einem erwachsenen Menschen zu entwickeln. Dieser Gesichtpunkt geht von dem Anwachsen der positiven Fähigkeiten des jungen menschlichen Lebens aus und versteht diese Entwicklung als Referenzpunkt für die Erstarkung eines dynamisch verstandenen Lebensrechts und einer ebenfalls wachsenden Menschenwürde.[923] Also sei es weder schlüssig, dass die Würde erst ab der Geburt beginne, noch sei die Totipotenz der Zellen bei der Verschmelzung für das hohe Maß an Schutz ausreichend.[924] Einige Autoren sehen auch die Einnistung in den Uterus als denjenigen Zeitpunkt an, zu welchem der Embryo den vollen moralischen Status erhalten solle,[925] weil sich die Schutzwürdigkeit des Embryos mit der Nidation als absolut verstehen lasse. Zwar strebt die Mehrheit dieser Autoren gleichzeitig an, dem Embryo schon vor diesem Zeitpunkt einen besonderen Status bzw. eine gewisse Schutzwürdigkeit zuzuerkennen,[926] ein solcher Embryo sei aber einer Güterabwägung unterworfen. Das bedeute im Hinblick auf die Menschenwürde, dass hier sowohl für eine Abstufung des Grundsatzes als auch

918 Schreiber, in: Schreiber/Elsner, Was ist der Mensch?, S. 241.

919 Schwarz, KritV 2001, S. 206.

920 Taupitz, NJW 2001, S. 3433, 3437, 3438; Herdegen, JZ 2001, S. 773, 774.

921 Traub, ZfL 2003, S.130, 132.

922 Brohm, JuS 1998, S.197, 203.

923 Kluth, in: Der Status des Embryos, S. 208, 216.

924 Herdegen, JZ 2001, S. 773, 774.

925 Honnefelder, in: Damschen/Schönecker, Der moralische Status menschlicher Embryonen, S. 76.

926 Ebd.

für die Einräumung von Abwägungsmöglichkeiten plädiert wird.[927] Gemäß dieser Auffassung könnte das Ausmaß der zu erwartenden Forschungsergebnisse, die das KzET verspreche, das Ausmaß der Verwendung menschlicher Embryonen für die medizinische Forschung übersteigen, ohne dass gegen die Menschenwürde verstoßen werde.[928] Eine Abstufung des Würdeschutzes könnte möglicherweise unseren moralischen Intuitionen besser entsprechen.

Entgegen dieser Ansicht besagt jedoch eine Meinung, dass auch, wenn der Lebensschutz mit der Entwicklung des Embryos ansteige, man trotzdem bei Art 1 I 1 GG die Unterschiedlichkeit der Schutzrichtung sehen müsse.[929] Nach diesem Gesichtspunkt wird die Entkoppelung zwischen der Menschenwürde, die sich auf den „Menschen als Mensch" beziehe und damit unabhängig von der Entwicklungsstufe des Embryos existiere, und dem Lebensrecht als Ausgangspunkt genommen.[930]

Zum abgestuften Menschenwürdeschutz gibt es auch im Grundgesetz keine Entsprechung, es lässt sich ebenso nicht herleiten, aus welchem Grund dem ungeborenen Leben nur ein geringerer Würdeumfang zukommen solle, da der Schutz der Menschenwürde gerade auch dem Schwächsten zukommen muss, der diese nicht selbst zu wahren weiß. Daher ist die Auffassung falsch, gemäß der eine Abstufung des Menschenwürdeschutzes angenommen wird. Eine Graduierbarkeit des Ausdrucks „Würde" gehört keineswegs zu dessen Semantik, sondern sie hängt vielmehr mit der Problematik der Güterabwägung des Lebensrechts zusammen.[931] Außerdem kann ein Eingriff in die Menschenwürde nicht aus Art 1 I 1 GG gerechtfertigt werden, da diese Würde unantastbar ist, so dass sie nicht graduierbar sein kann. Die radikale Ansicht der Abstufung der Schutzwürdigkeit verbindet das Lebensrecht mit bestimmten Eigenschaften und mit der Anerkennung durch Dritte. Dadurch steht es mit dem Menschenrechtsgedanken im Widerspruch, den Status des Menschen durch Fähigkeiten und Anerkennung zu begründen.[932] Folglich darf man zwar den Lebensschutz graduieren, aber die Menschenwürde nicht abstufen, denn das Lebensrecht steht unter dem Gesetzvorbehalt. In Fällen, in denen im Mittelpunkt die Degradierung des Menschen zum Ding steht, das total erfasst, liquidiert, ersetzt, eingesetzt und ausgesetzt wird, liegt eine Verletzung der Menschenwürde vor.[933]

---

927 Dreier, GG - Kommentar, Art.1 Rn. 44.

928 Taupitz, NJW 2001, S. 3433, 3437, 3438; Herdegen, JZ 2001, S. 773, 774.

929 Vgl. Sacksofsky, Der verfassungsrechtliche Status des Embryo in vitro, S. 54.

930 Vgl. Graumann, Beilage zur Wochenzeitung „Das Parlament" 29.06.2001, S. 20.

931 Vgl. Damschen/Schönecker, in: Damschen/Schönecker, Der moralische Status menschlicher Embryonen, S. 191.

932 BT-Drucks. 14/7546 S. 32.

933 Schreiber, in: Schreiber/Elsner, Was ist der Mensch?, S. 241.

## 6. Forschungsfreiheit gemäß Art. 5 III GG

### *a. Die verfassungsrechtlich garantierte Forschungsfreiheit*

Die Freiheit der Wissenschaft, die sich als Zusammenfassung von Forschung und Lehre versteht, wird durch Art. 5 III 1 GG gewährleistet.[934] Also sind Forschung und Lehre Teilelemente des gemeinsamen Oberbegriffs der Wissenschaft.[935] Bei Wissenschaft handelt es sich um jegliche Tätigkeit, die nach Inhalt und Form als ernsthafter und planmäßiger Versuch zur Ermittlung der Wahrheit anzusehen ist[936], und die Wissenschaftsfreiheit soll durch diesen Artikel vor staatlicher Fremdbestimmung geschützt werden. Jedem, der in Wissenschaft, Forschung und Lehre tätig ist, steht ein Recht auf Abwehr jedweder staatlichen Einwirkung auf den Prozess der Gewinnung und Vermittlung wissenschaftlicher Erkenntnisse – vorbehaltlich der Treuepflicht gem. Art. 5 III 2 GG – zu.[937] Somit gewährleistet Art. 5 III den Wissenschaftlern einen gegen Eingriffe des Staates geschützten Freiraum, der vor allem die auf wissenschaftlicher Eigengesetzlichkeit beruhenden Prozesse, Verhaltensweisen und Entscheidungen bei dem Auffinden, der Gewinnung und der Weitergabe wissenschaftlicher Erkenntnisse umfasst.[938]

In Anlehnung an eine Erklärung des Bundesverfassungsgerichts ist jede wissenschaftliche Erkenntnis prinzipiell unabgeschlossen und wird kein bestimmter Wissenschaftsbegriff geschützt.[939] Der Grund für dieses umfangreiche / weitreichende Begriffsverständnis liege darin, dass der Schutz des Grundrechts auf Wissenschaftsfreiheit weder von der Richtigkeit der Methoden und der Ergebnisse noch von der Stichhaltigkeit, der Argumentation, der Beweisführung oder der Vollständigkeit der Gesichtspunkte und Belege, die das Fundament eines wissenschaftlichen Werkes bilden, abhängig sei. Man könne wissenschaftlich nur über gute und schlechte Wissenschaft sowie über die Wahrheit oder die Unwahrheit von Ergebnissen diskutieren.[940] Vom BVerfG ist auch die Forschungs-

---

934 BVerfGE 35, 79, 113.

935 Maunz/Dürig, GG-Kommentar, Art. 5 Rn. 85; v. Münch/Kunig, Grundgesetz-Kommentar, Art 5 Rn 100.

936 BVerfGE 5, 83, 146 f.; 35, 79, 113; 47, 327, 367; Pieroth/Schlink, Grundrechte - Staatsrecht II, Rn. 621; Jarass/Pieroth, Kommentar zum Grundgesetz, Art. 5 Rn. 96.

937 BVerfGE 35, 79, 112 f.

938 BVerfGE 35, 79; Schmidt-Bleibtreu/Klein, Kommentar zum Grundgesetz, Art. 5 Rn. 16; Pieroth/Jarass, Grundgesetz für die Bundesrepublik Deutschland Art. 5 Rn. 79.

939 BVerfGE 5, 83, 146 f.; 35, 79, 113; 47, 327, 367.

940 BVerfGE 90, 1, 13 f.

freiheit gemäß Art 5 III 1 GG, bei der es sich um einen Unterbegriff der Wissenschaftsfreiheit handelt, als wertentscheidende Grundsatznorm erklärt worden, der institutionelle Garantie zuzuerkennen ist.[941] Dabei sind dem Begriff der Forschungsfreiheit insbesondere die Fragestellung und die Grundsätze der Methodik sowie die Bewertung der Forschungsergebnisse und deren Verbreitung zuzuordnen.[942] Deshalb könne die Forschungsfreiheit als Grundgesetz rechtlich grundsätzlich nicht eingeschränkt werden[943], und jede einschränkende staatliche Einwirkung auf den Prozess der Gewinnung und der Verbreitung wissenschaftlicher Erkenntnisse könnte man als Eingriff in Art. 5 III GG ansehen[944]. Aus diesen Gründen könnte die Forschungsfreiheit durch das Verbot der verbrauchenden Embryonenforschung, also der Forschung an embryonalen Stammzellen, sowie der Klonierung verletzt werden, und daher könnte sich die Zulässigkeit solcher Forschung aus dem Schutzbereich des Art. 5 III GG ergeben.

Es ist aber zweifelhaft, ob auch eine wissenschaftliche Betätigung, die eigenmächtig fremde Rechte beeinträchtigt oder gar verletzt, noch von Art. 5 III geschützt wird[945] und inwieweit diese Freiheit verfassungsrechtlich gerechtfertigt ist, sie also keine Einschränkung durch ein anderes Grundrecht erfährt. An dieser Stelle ergibt sich mithin die Frage, ob es sich bei der Embryonenforschung bzw. bei der Forschung an embryonalen Stammzellen sowie bei der Klonierung um eine solche Tätigkeit handelt, die dem Schutzbereich der Forschungsfreiheit gem. Art 5 III GG unterliegt, und durch welche Belange eine derartige Tätigkeit eventuell einzuschränken ist.

### *b. Pro Forschungsfreiheit*

Eine Ansicht besagt, dass das Verbot der Embryonenforschung bzw. der Klonierung in das Grundrecht auf Forschungsfreiheit des einzelnen Forschers eingreifen könne.[946] Diese Meinung geht von einem sehr weit gefassten Begriff der Forschungsfreiheit aus.[947] Die Forschungsfreiheit dürfe nicht eingeschränkt

941 Pieroth/Schlink, Grundrechte - Staatsrecht II, S. 609.

942 BVerfGe 35, 79, 113.

943 Schmidt-Bleibtreu/Klein, Kommentar zum Grundgesetz, Art. 5 Rn. 17.

944 Ebd., Art. 5, S. 235.

945 Pieroth/Schlink, Grundrechte - Staatsrecht II, S. 624. Damit die Forschung an Embryonen rechtlich gewährleistet werden kann, muss diese zunächst in den Schutzbereich eines Grundrechts fallen.

946 Simon, in: Knoepffler/Haniel, Menschenwürde und medizinethische Konfliktfälle, S. 30.

947 BVerfGE 47, 327, 369; Schwarz, KritV 2001, S.182, 188, 189.

werden, weil es dafür im Grundgesetz keine gesetzliche Schranke gebe. Auch das wissenschaftliche Experimentieren könne zu den durch Art. 5 III 2 GG erfassten Tätigkeiten gehören[948], und Biologie und Medizin fielen daher unschwer in den oben erwähnten Bereich der Forschungsfreiheit unterfallen, so dass Forschung, die am Menschen durchgeführt wird, grundsätzlich in den Schutzbereich von Art. 5 III 1 falle[949]. Ordnet man mithin dem Begriff der Wahrheit die Erkenntnis medizinischer Vorgänge zu, so fielen die verbrauchende Embryonenforschung, also die Entnahme embryonaler Stammzellen aus solchen Embryonen, die für eine Einpflanzung in den Mutterleib ohnehin nicht mehr in Betracht kommen, sowie die Herstellung eines Embryos durch Klontechniken für die Ermöglichung der Heilung schwerer und unheilbarer Krankheiten in der Zukunft und für die Lösung der Kinderlosigkeit unter den Forschungsbegriff aus Art. 5 III 1 und sollten daher erlaubt sein, da es um die medizinische Entwicklung neuerer Therapiemöglichkeiten gehe, die auf naturwissenschaftlichen Erkenntnissen basiere.

*c. Einschränkung der Forschungsfreiheit*

Jedoch kann die Forschungsfreiheit als vorbehaltloses Grundrecht nicht schrankenlos gewährt werden, sondern ihre Grenze ist durch die Lehre von den verfassungsimmanenten Schranken festzulegen, gemessen unter Abwägung mit Grundrechten Dritter und allen anderen Gütern von Verfassungsrang.[950] Also steht die Forschungsfreiheit nicht unter dem Vorbehalt eines Gesetzes, deswegen können nur konkurrierende Verfassungsgüter von hohem Gewicht ihre Begrenzung erlauben.[951] Das bedeutet, dass Einschränkungen der Forschungsfreiheit sich nur aus der Verfassung selbst, d.h. aus kollidierenden Grundrechten, herleiten lassen[952] und sich dabei hier die Möglichkeit der Güterabwägung im Rahmen der Verhältnismäßigkeit ergibt. Dies wird durch den Sozialbezug der Grundrechtsausübung und durch das Prinzip der Einheit der Verfassung be-

---

948 Dreier, GG-Kommentar, Art. 5 Rn. 25.

949 Haßmann, Embryonenschutz im Spannungsfeld internationaler Menschenrechte, staatlicher Grundrechte und nationaler Regelungsmodelle zur Embryonenforschung, S. 106.

950 Ebd. S. 117; Zypries, Vom Zeugen zum Erzeugen? Verfassungsrechtl. und rechtspolitische Fragen der Bioethik, S. 3; ähnlich: Ipsen, JZ 2001, S. 989, 996; BVerfGE 81, 278, 292.

951 Vgl. Taupitz, ZRP 2002, S. 111ff., 113.

952 Wendt, GG - Kommentar, Art. 5 Rn. 113.

dingt.[953] Ebenso wird vom BVerfG festgelegt, dass der Forscher die Rechte seiner Mitbürger auf Leben, Gesundheit oder Eigentum zu beachten hat.[954] Es soll damit in Fällen von Konflikten zwischen der Forschungsfreiheit und anderen grundrechtlich geschützten Rechtsgütern auf den Einzelfall abgestellt werden, der durch eine Güterabwägung gelöst werden muss.[955] Will der Gesetzgeber in das Grundrecht der Forschungsfreiheit am Embryo eingreifen, muss er demnach dafür rechtfertigende Gründe anführen, die auf dem verfassungsrechtlichen Status des Embryos basieren.[956] Der verfassungsrechtliche Status des Embryos ist nämlich für die rechtliche Begrenzung der Forschungsfreiheit gem. Art. 5 III S. 1 GG ausschlaggebend. An dieser Stelle kann die Forschungsfreiheit eingeschränkt werden, wenn der Embryo verfassungsrechtlich geschützt und seine Grundrechte durch sie verletzt wird.

## 7. Abwägung des Art. 5 III GG mit Art. 2 II 1 GG und Art. 1 I 1 GG

Es ist danach zu fragen, ob ein Eingriff in die Menschenwürde und in das Recht auf Leben aufgrund seines medizinischen Zweckes, Menschen von schweren Krankheiten zu heilen, gerechtfertigt sein könnte. Es könnte problematisch sein, die Embryonenforschung durch die Klontechniken in den Schutzbereich der Forschungsfreiheit aus Art. 5 III 1 GG einzuordnen, da durch diese Forschungstätigkeit Embryonen verbraucht werden; hier wird nicht einfach in Rechtsgüter Dritter eingegriffen, sondern diese selbst werden vernichtet.[957] Steht ein Embryo unter dem Schutz von Art. 1 I 1 GG und Art. 2 II 1 GG, so entsteht die Frage, ob überhaupt von Forschung im Sinne des Art. 5 III 1 die Rede sein kann, insofern eine Methode, die der Therapie dient, gleichzeitig die Zerstörung menschlichen Lebens zwar nicht unmittelbar beabsichtigt, jedoch zumindest billigend in Kauf nimmt. Dabei müssen auf der verfassungsrechtlichen Ebene insbesondere die Schutzvorschriften des Art 1 I 1 und Art. 2 II 1 GG gegenüber der generell schrankenlos gewährleisteten Forschungsfreiheit des Art 5 III GG beachtet werden. Im Bereich des Embryonenschutzes kann es also zu einer Kolli-

953 Haßmann, Embryonenschutz im Spannungsfeld internationaler Menschenrechte, staatlicher Grundrechte und nationaler Regelungsmodelle zur Embryonenforschung, S. 109.

954 BVerfGE 47, 327, 369.

955 Schwarz, KritV 2001, S. 182, 190.

956 Zypries, Vom Zeugen zum Erzeugen? Verfassungsrechtliche und rechtspolitische Fragen zur Bioethik, S. 3.

957 Schwarz, KritV 2001, S. 182, 189.

sion zwischen dem Lebensrecht des Art. 2 II 1 GG oder der Menschenwürde des Art. 1 I 1 GG und der Forschungsfreiheit des Art 5 III GG kommen, so dass aus Art. 1 I 1 und Art. 2 II 1 GG verfassungsimmanente Schranken der Forschungsfreiheit zutage treten könnten. Daher sind nun die kollidierenden Rechtsgüter, nämlich einerseits das Recht auf Leben gemäß Art. 2 II 1 GG, sowie andererseits das oberste Verfassungsprinzip, die Menschenwürdegarantie gemäß Art. 1 I 1, erst jeweils für sich zu behandeln, damit anschließend eine Abwägung bezüglich der Forschungsfreiheit vorgenommen werden kann. Schließlich stellt sich die Frage, ob die Forschungsfreiheit bezüglich der Embryonenforschung durch die Klontechniken eingeschränkt werden muss, denn durch sie könnten die Menschenwürde und das Lebensrecht verletzt werden.

### *a. Abwägung des Art. 5 III GG mit Art. 2 II 1 GG*

Beim KzET werden dem geklonten Embryo im Blastozystenstadium Stammzellen entnommen, wodurch der Embryo zerstört, also getötet wird [958], und auch beim KfEK erfolgt wegen des hohen Risiko für Aborte, Missbildungen und lebensschwache Nachkommen eine Verletzung des Lebensrechts des Embryos. Solch eine Forschung würde also einen Eingriff in das Lebensrecht des Embryos darstellen, so dass ein Verbot des Forschens unter Umständen gerechtfertigt wäre. Insofern ergibt sich beim Lebensschutz im Rahmen der Verhältnismäßigkeit die Möglichkeit der Güterabwägung, und daher wäre die Forschungsfreiheit zur verbrauchenden Embryonenforschung aus Art. 5 III GG gegen das Lebensrecht des Embryos abzuwägen.[959] Das bedeutet, dass die Auffassung, wonach dem Embryo allein der Schutz des Art. 2 II 1 GG zugesprochen wird, nunmehr dieses Grundrecht gegen die Forschungsfreiheit aus Art. 5 III 1 GG abwägen muss.

Eine Ansicht besagt, dass aufgrund der Vorstellung eines abgestuften Lebensschutzes, der mit zunehmender Entwicklung des menschlichen Lebens zunimmt, dieser Schutz erst mit der Geburt seine volle Wirkung entfaltet.[960] Demnach sei der Embryo noch nicht „hochrangig" schutzwürdig und könne ebenso für höherrangige Interessen geopfert werden. Als höherrangige Interessen könnten hier eben die möglichen Heilungschancen für viele schwerkranke Menschen in Betracht kommen. Dieser Gesichtspunkt sieht unter Hinweis auf mögliche Heilungschancen, die sich aus der Embryonenforschung ergeben können, sogar

958 Ackermann, in: Bockenheimer-Lucius, Forschung an embryonalen Stammzellen S. 27, 31.

959 Vgl. Classen, DVBL. 2002, S. 141, 146.

960 Taupitz, NJW 2001, S. 3433, 3438.

ein verfassungsrechtliches Gebot zu solcher Forschung gegeben.[961] Also existiere kein absoluter, sondern nur ein relativer Schutz des menschlichen Lebens.[962]

Bei der verbrauchenden Embryonenforschung muss jedoch in erster Linie darauf verwiesen werden, dass Embryonen, also fremdes Leben, nur für den Zweck geschaffen werden, sie später zu töten, indem man ihnen Stammzellen entnimmt; hier wird menschliches Leben für die Forschung zerstört, ganz gleich, ob die erhofften Erfolge erreicht werden können oder nicht. Nun aber soll die Vernichtung menschlichen Lebens unter dem Vorwand der Forschungsfreiheit bzw. den Möglichkeiten der Therapie ausgeschlossen sein, daher soll die Forschungsfreiheit durch Art.2 II 1 GG eingegrenzt werden, denn wird der Forschungsfreiheit der Vorzug gegeben, dann erübrigt sich der Lebensschutz. Außerdem kann das Argument der hehren Forschungsziele keine Überzeugungskraft haben. Auch wenn Beschränkungen des Art. 5 III GG fehlen, darf ein Forscher die Rechte des Embryos auf Leben und Gesundheit nicht ignorieren.[963] Demzufolge müssen die Forschungsfreiheit und die damit verbundene Tötung von menschlichen Leben hinter dem Lebensrecht der Embryonen zurücktreten; also muss dem Leben ein absoluter Vorrang vor der wissenschaftlichen Forschungsfreiheit gegeben werden[964]. Eine Relativierung des Lebensrechts des Embryos darf lediglich dann erlaubt werden, sofern Leben gegen Leben steht.[965] Somit ist gemäß dem Grundgesetz ungeachtet der Forschungsfreiheit den Wissenschaftler die verbrauchende Forschung an Embryonen nicht gestattet.

### *b. Abwägung des Art. 5 III GG mit Art. 1 I GG*

Hilgendorf schreibt, dass die Menschenwürde nicht durch denjenigen verletzt werde, der dem Kranken hilft, sondern durch denjenigen, der ihm die mögliche Hilfe verweigert.[966] Denn soweit durch die Forschung mit Stammzellen eine wirksame Diagnose und Behandlung von Krankheiten ermöglicht wird, könne diese Forschung einen Beitrag zum Schutz von Leben und Gesundheit Dritter leisten.

In Bezug auf die verbrauchende Embryonenforschung ergibt sich jedoch das schwerwiegende Problem, ob ein Embryo gezielt geschaffen werden darf, um

961 Ipsen, JZ 2001, S. 989, 996.

962 Schlehofer, GA 1999, S. 357, 364.

963 BVerfGE 47, 327, 369.

964 Beckmann, ZRP 1987, S. 80, 85.

965 Schockenhoff, ZfmE 47 (2001), S. 235, 246.

966 Hilgendorf, in: Staat, Kirche, Verwaltung - Festschrift für Hartmut Maurer zum 70. Geburtstag, S. 1147, 1155.

für Zwecke anderer in Anspruch genommen zu werden. Die Methode der Erzeugung eines Embryos durch Klontechniken verursacht hier die Instrumentalisierung dieses Embryos, der als bloßes Forschungsobjekt geschaffen wird. Der Embryo wird im Rahmen des Klonens verdinglicht, instrumentalisiert und zum vertretbaren Objekt degradiert, was nicht durch eine abstrakte und ungewisse Zukunft der Gesellschaft gerechtfertigt werden kann. Außerdem könnten die Ergebnisse der Experimente nicht dem Versuchsobjekt selbst, sondern einer unbestimmten Zahl noch umbestimmter Menschen zugute kommen. Die verbrauchende Embryonenforschung, die von Art. 5 III GG geschützt werden könnte, verletzt demnach den Art. 1 I 1 GG, daher kann sie durch die Grundnorm des Menschenwürdeschutzes aus Art. 1 I 1 GG eingeschränkt werden. In Anlehnung an die herrschende Meinung wird daher eine Abwägung der Menschenwürde mit anderen Grundrechten (z. B. der Forschungsfreiheit) abgelehnt,[967] ebenso ist der Menschenwürdeschutz im Einzelfall entweder ganz oder gar nicht vorhanden. Folglich bedeutet die verbrauchende Embryonenforschung, bei der der Embryo instrumentalisiert wird, bei dem er sich um ein Objekt des Menschenwürdeschutzes handelt, durch die Zerstörung des menschlichen Lebens eine Verfassungswidrigkeit, also einen Eingriff in die Menschenwürde, und deshalb sollte eine derartige Forschung nicht erlaubt werden.

### *c. Fazit*

Vom utilitaristischen Standpunkt aus betrachtet, wäre die verbrauchende Forschung mit Embryonen gerechtfertigt, denn dadurch könnte das menschliche Wohlergehen verbessert werden.[968] In Anbetracht der zentralen Bedeutung des Rechts auf Leben und der Menschenwürde als Höchstwerte der Verfassung ist es jedoch zweifelhaft, ob ein derartiger abstrakter Nutzen als Rechtfertigung für einen solch schwerwiegenden Eingriff in ein Grundrecht ausreicht. Eine in der Literatur vertretene Auffassung schließt eine Forschung aus, die solche wesentlichen Rechtsgüter wie die Menschenwürde, das Leben, die Gesundheit, das Eigentum oder die Freiheit der Menschen ignoriert, betrachtet solche Forschung als a priori unzulässig und daher als nicht in den Schutzbereich des Art. 5 III GG fallend.[969] Von den Vertretern dieser Auffassung wird eine Relativierung der

967 BVerfGE 93, 266, 293; Gutmann, in: Roxin/Schroth, Medizinstrafrecht, S. 325, 341.

968 Mildenberger, MedR 2002, S. 293, 294; Durch das Erreichen des Zieles könnte man menschliches Leid verringern.

969 Stark, Das Bonner GG-Kommentar, Art. 5 Rn. 378; Lorenz, in: Festschrift für Peter Lerche zum 65. Geburtstag, hrsg. von Peter Badura und Rupert Scholz, München

Menschenwürde und des menschlichen Lebens durch Abwägung mit der Wissenschaftsfreiheit völlig ausgeschlossen, und somit wird nicht der konkrete Einzelfall beachtet. Eine Rechtfertigung von Eingriffen in Art. 5 III GG kann nur durch ein kollidierendes Verfassungsrecht erfolgen[970], und daher kann die Forschung, die in die Menschenwürde, das Leben oder das Eigentum Dritter eigenmächtig eingreift, durch die Lehre der verfassungsimmanenten Schranken verboten werden. Das menschliche Leben darf dem Forscher nicht zur Verfügung stehen, und die Forschungsfreiheit muss zugleich die Grundsätze von Freiheit und Verantwortung beachten.

## 8. Ehe und die Familie gemäß Art. 6 I GG

Durch Art. 6 I GG werden die Ehe und die Familie geschützt. Es ist jedoch fraglich, ob Art. 6 I GG ein Recht auf das KfEK enthält oder statuiert. In Art. 6 I GG findet sich das Gebot eines besonderen Schutzes von Ehe und Familie durch die staatliche Ordnung[971] und hieraus ergibt sich ein Abwehrrecht gegen schädigende und störende Eingriffe des Staates in die Familie.[972] An dieser Stelle könnte das Verbot des KfEK eine Verletzung des Schutzes der Familie darstellen und demnach das KfEK durch Art. 6 I GG geschützt werden. Wenn sich eine Familie erst durch Kinder herausbildet und sie als Institution vom Staat gerade geschützt wird, könnte sich hieraus ein Recht auf ein eigenes Kind ableiten.

Jedoch kann nach allgemeiner Ansicht Art. 6 GG nicht das Recht auf ein eigenes Kind statuieren, außerdem ist ein solches Recht bereits im Rahmen der Diskussion um das Adoptivrecht verneint worden.[973] Art. 6 I GG schützt nur die Ehe und die Familie, erfasst weder alle Bereiche künftiger Nachkommenschaft noch die Erzeugung gesunder Kinder. Der Begriff der Familie i.S.d. Art. 6 I GG ist die Gemeinschaft von Eltern und Kindern, und er bezieht sich lediglich auf den Bereich des familiären Zusammenlebens und die Familiengründung sowie

1993, S. 267, 274; ebenso für die Forschung am Menschen: v. Mangoldt/Klein/Starck, Das Bonner Grundgesetz Kommentar, Art. 5 Rn. 378.

970 Vgl. Pieroth/Schlink, Grundrechte - Staatsrecht II, Rn. 630.

971 BVerfGE, 76, 1, 7.

972 BVerfGE, 6, 388; Schmidt-Bleibtreu/Klein, Kommentar zum Grundgesetz, Art. 3 Rn. 4.

973 Deutsch, NJW 1991, S. 721, 723; Fink, Jura 2000, S. 210, 216; Keller/Günther/Kaiser, Kommentar zum Embryonenschutzgesetz, Bd. IV Rn. 22; v. Münch/Kunig, Grundgesetz-Kommentar, Art. 6 Rn. 12.

auf die Entscheidung der Eltern, wann und wie viele Kinder sie haben wollen[974]. Demzufolge fällt das Recht auf Klonen nicht unter den Schutzbereich des Art. 6 I GG.

## 9. Gleichheitssatz gemäß Art. 3 I GG

Der allgemeine Gleichheitssatz des Art. 3 I GG verlangt die allgemeine Gleichheit vor dem Gesetz und die Gleichheit des Gesetzes.[975] Zu berücksichtigen wäre hier ein Verstoß gegen den allgemeinen Gleichheitssatz des Art. 3 I GG durch das Verbot des KfEK. Durch das KfEK könnte also der Kinderwunsch solcher Ehepaare erfüllt werden, bei denen die IVF erfolglos verlaufen ist, und auch der Kinderwunsch homosexueller Paare. Tatsächlich könnte das Recht auf Gleichheit bei Paaren, bei denen der Kinderwunsch nicht auf natürliche Art erfüllt werden kann und bei denen auch die IVF fehlschlägt, verletzt sein, wenn diesen Paaren die letzte Möglichkeit, Kinder zu bekommen, vom Staat genommen wird.

Jedoch ist es fraglich, ob es als eine gegen Art. 3 I GG verstoßende Ungleichbehandlung zu betrachten ist, wenn das KfEK verboten ist. Ein Verbot des Klonens ist, wie schon erwähnt, aufgrund einer Verletzung der Menschenwürde geboten, daher kann keine Gleichbehandlung durch menschliches Klonen, das eine Verletzung der Menschenwürde verursachen kann, gerechtfertigt sein. Es zählt außerdem nicht zu den Aufgaben des Staates, eine natürliche Ungleichheit zu beseitigen.[976] Demnach kann nicht nur das Verbot des KfEK nicht als Ungleichbehandlung angesehen werden, sondern es verfügt letztlich dieses Verbot, in dem gerade keine Ungleichbehandlung gesehen werden kann, über eine grundrechtliche Statuierung.

---

974 v. Münch/Kunig, Grundgesetz-Kommentar, Art. 6 Rn. 3; Schmidt-Bleibtreu/Klein, Kommentar zum Grundgesetz, Art. 6 Rn. 1b.

975 Pieroth/Schlink, Grundrechte - Staatsrecht II, Rn. 428.

976 Ipsen, Staatsrecht II - Grundrechte, Rn. 236; Pieroth/Schlink, Grundrechte - Staatsrecht II, Rn. 436.

# II. Einfachgesetzliche Rechtslage

## 1. Historischer Rückblick

### *a. EschG*

In den 80er Jahren wurde die IVF eingeführt; damit stand der menschliche Embryo außerhalb des Mutterleibes der Wissenschaft zur Verfügung. Bevor jedoch das EschG in Kraft trat, existierten in Deutschland keine ausdrücklichen Regelungen, die den Status des Embryos in irgendeiner Weise festgelegt hätten; insbesondere die extrakorporal erzeugten Embryonen standen unter keinem strafrechtlichen Schutz.[977]

Von §§ 218 ff StGB wird nur eine Schwangerschaft vorausgesetzt, wobei die Embryonen jedoch erst beim Abschluss der Nidation unter Schutz stehen, denn das Einwirken auf den Embryo vor diesem Zeitpunkt wird nicht als Abtreibung verstanden und ist damit nicht strafrechtlich sanktioniert.[978] Daher konnten der Embryo vor der Nidation bzw. der extrakorporal erzeugte Embryo nicht von §§ 218 ff StGB geschützt werden. Darüber hinaus fielen sie sowohl nicht unter die Tötungsdelikte, da diese gemäß § 211 ff StGB einen geborenen Menschen voraussetzen,[979] als auch nicht unter die Eigentumsdelikte, weil der Sachcharakter der Gameten spätestens mit der Befruchtung endet und an ihnen kein Eigentum bestehen kann[980]. Daraus kann abgeleitet werden, dass vor dem Inkrafttreten des EschG nur die verfassungsrechtlichen Gewährleistungen für die Embryonen gültig waren.

Allerdings gab es verschiedene Diskussionen und Gesetzentwürfe über den Embryo vor der Nidation. Angesichts der rasanten Entwicklung der Biotechnologie beriefen 1984 der Bundesminister der Justiz und der Bundesminister für Forschung und Technologie die Benda-Kommission. Dieses Gremium, das sich aus Juristen, Philosophen, Moraltheologen, Naturwissenschaftlern und Ärzten zusammensetzte, gab 1985 einen Bericht heraus, demzufolge die Embryonenforschung grundsätzlich verboten und Versuche mit Embryonen nur dann akzeptiert werden sollten, wenn derartige Versuche einen Nutzen für den betreffenden

977 Pap, MedR 1986, S. 229, 230.

978 Lackner/Kühl, Kommentar zum Strafgesetzbuch, Art. 218, Rn. 6; Keller/Günther/Kaiser, Kommentar zum Embryonenschutzgesetz, Bd. I, Rn. 1.

979 Lackner/Kühl, Kommentar zum Strafgesetzbuch, Art. 211, Rn. 1.

980 Keller/Günther/Kaiser, Kommentar zum Embryonenschutzgesetz, Bd. I, Rn. 6.

Embryo oder für die Erzielung festgelegter hochrangiger medizinischer Erkenntnisse nach sich ziehen konnten.[981] Danach wurde ein Diskussionsentwurf eines Gesetzes zum Schutz von Embryonen entworfen, woraufhin die ersten Gesetzesformulierungen 1986 erstellt wurden, die gewisse Straftatbestände enthielten. Postuliert wurden in diesem Entwurf ein Verbot der leichtfertigen und vorsätzlichen Embryonenschädigung, ein Verbot der missbräuchlichen Anwendung extrakorporaler Befruchtung und die Forschung an extrakorporal erzeugten Embryonen unter Erlaubnisvorbehalt.[982] Gemäß den Formulierungen der § 1 und 5 dieses Entwurfes liegt die Vermutung nahe, dass der Embryo nicht als Mensch angesehen wurde und demnach auch nicht in den Genuss des vollen Schutzes des GG kommen sollte.[983] Außerdem sollte eine Strafe nur dann erfolgen, wenn eine Schädigung der Gesundheit des aus dem Embryo hervorgegangenen Menschen vorkommen würde. Im Ergebnis war hiermit nur der geborene Mensch geschützt.[984] Von der Bund-Länder-Arbeitsgruppe „Fortpflanzungsmedizin" wurde 1988 ein neuer Entwurf vorgelegt. Dabei wurde der strafrechtliche Ansatz aus dem ersten Entwurf übernommen, jedoch reichte dieser neue Entwurf über diese Ebene hinaus, da in ihm der Vorschlag eines Arztvorbehaltes sowie differenzierende Regelungen zu den Themen der verbotener Samenübertragung, des Missbrauchs der extrakorporalen Befruchtung und des Missbrauchs der Fortpflanzungsmedizin eingeführt wurden.[985] Im August 1989 wurde ferner von der Regierung ein Entwurf formuliert, der dem ersten Diskussionsentwurf sehr nahe kam. In ihm wurde die Strafbarkeit auch auf Versuche ausgeweitet, und es wurden für Zuwiderhandlungen hohe Freiheitsstrafen zwischen drei und fünf Jahren festgesetzt.[986] Schließlich trat das EschG am 1. Januar 1991 in Kraft und wurde als strafrechtliches Nebengesetz festgelegt. Dadurch wurde die Forschungsfreiheit bezüglich der Möglichkeit des Zugriffs auf Embryonen insofern eingeschränkt, als dem Embryo in vitro ein absoluter Schutz vom Zeitpunkt der Befruchtung an zuerkannt wurde.[987]

---

981 Benda-Bericht S. 28; Hirsch, MedR 1986, S. 237, 238.

982 Deutsch, NJW 1991, S. 721; Beckmann, ZRP 1987, S. 80.

983 Beckmann, ZRP 1987, S. 80, 81.

984 Ebd., S. 80.

985 Deutsch, NJW 1991, S. 721.

986 Ebd., S. 721, 722.

987 Winter/Fenger/Schreiber, Genmedinzin und Recht, A VIII, Rn. 305.

*b. StZG*

Im November 1998 gelang den Amerikanern James Thomson und John Gearhart erstmalig die Kultivierung menschlicher embryonaler Stammzellen. Danach intensivierte sich die Debatte über die Stammzellforschung, und von der DFG wurde in deren zweiter Stellungnahme[988] ein Stufenplan empfohlen, der eine Änderung des ESchG sowie die Zulassung der Forschung an überzähligen Embryonen zum Ziel hatte. Außerdem bat der Bundestag die von ihm bereits am 24. 3. 2000 eingesetzte Enquete-Kommission „Recht und Ethik in der modernen Medizin", eine Stellungnahme zu diesem Thema abzugeben[989]. Daraufhin lehnte die Enquete-Kommission mehrheitlich den Import von Embryonen ab, wohingegen sich der Nationale Ethikrat für eine Importerlaubnis des Imports aussprach. Im August 2000 wurde weiterhin bei der DFG ein Antrag auf Förderung eines Projekts gestellt, bei dem es um den Import von embryonalen Stammzellen nach Deutschland gehen sollte,[990] jedoch wurde von der DFG beschlossen, diesen Antrag bis zu einem Votum des Bundestags ruhen zu lassen[991]. Am 12. 11. 2001 legte der Bundestag seinen „Zwischenbericht zur Stammzellforschung" vor,[992] demzufolge jeder Import von embryonalen Stammzellen – so die Mehrheit der Enquete-Kommission in ihrem Beschluss – verboten sein sollte[993]. Ferner wurde der „Nationale Ethikrat", den die Bundesregierung eingesetzt hatte, um eine Stellungnahme gebeten, die er dann auch am 20. 12. 2001 vorlegte.[994] In ihr stimmte die Mehrheit der Mitglieder des Ethikrates für eine (kontrollierte) Erlaubnis des Imports. Vom Deutschen Bundestag wurde daraufhin am 20. Januar 2002 die Verabschiedung eines Gesetzes beschlossen, durch das die Verwendung, die Gewinnung und der Import menschlicher Stammzellen geregelt werden sollten.[995] Am 25. 4. 2002 kam es schließlich – nach der Ablehnung wei-

---

988 http://www.dfg.de/aktuell/stellungnehmen/lebenswissenschaft/empfehlungstammzellen_03_05_01.pdf

989 Siehe hierzu: BT-Drucks. 14/7546.

990 Der Antrag wurde von dem Bonner Wissenschaftler Dr. Oliver Brüstle im August 2000 gestellt. Er wurde zunächst zweimal zurückgestellt, danach wurde er zum Entschluss nach einer Abfassung eines Gesetzes entschieden. Vgl. DFG-Pressmitteilung Nr. 51, 7. Dezember 2001.

991 DFG-Pressmitteilung Nr. 51, 7. Dezember 2001.

992 BT-Drucks. 14/7446.

993 Ebd., S. 57f.

994 Nationaler Ethikrat, Zum Import menschlicher embryonaler Stammzellen.

995 Angenommen wurde ein gemeinsamer Antrag, der fraktionsübergreifend gestellt worden war, BT-Drucks. 14/8102. Die Anträge 14/8101 (vollständige Ablehnung des Im-

terer Änderungsanträge[996] und der Rücknahme[997] einer von dem genannten Ausschuss vorgeschlagenen Regelung zur (Nicht-)Strafbarkeit von innerhalb Deutschlands ausgeübten Handlungen zur Anstiftung oder Beihilfe bei der Begehung der (in Deutschland) sanktionierten Handlungen im Ausland in dritter Lesung – zur Verabschiedung des Gesetzes in zweiter und dritter Lesung.[998]

## 2. Definition des Begriffs „Embryo“

Die Frage nach der rechtlichen Definition eines Embryos ist nicht nur mindestens ebenso relevant wie die nach dem legalen Status von Embryonen[999], sondern sie ist in erster Linie auch bei der Klondebatte sehr bedeutsam. Der Begriff des Embryos wird gegenwärtig durch zwei Gesetze, nämlich durch das EschG und das StZG definiert. Jedoch hat der deutsche Gesetzgeber hierbei zwei Definitionen des Embryos zugelassen, die sich im Wortlaut von 1990 im EschG und 2002 im StZG unterscheiden.[1000]

### *a. Definition des Embryos in § 8 I EschG*

Die Definition des Embryos, der von dem EschG bestimmt wird, findet sich in § 8 I EschG: „Als Embryo im Sinne dieses Gesetzes gilt bereits die befruchtete, entwicklungsfähige menschliche Eizelle vom Zeitpunkt der Kernverschmelzung an, ferner jede einem Embryo entnommene totipotente Zelle, die sich bei Vorliegen der dafür erforderlichen Voraussetzungen zu teilen und zu einem Individuum zu entwickeln vermag“.[1001] Diese Definition des Embryos durch § 8

---

ports embryonaler Stammzellen) sowie 14/8103 (generelle Erlaubnis des Imports) fanden keine eigene Mehrheit.

996 BT-Drucks. 14/8869 (ein um 6 Monate konkinuierlich nachlaufender Stichtag), 14/8892 (komplettes Importverbot), 14/8925 (begriffliche Verschärfung der erlaubten Stammzelllinien).

997 Siehe dazu Diskussion im Plenarprotokoll 14/233, 23210D, 23212A, 23214D, 23225D, Abstimmung ibid. 23226D und BT-Drucks. 14/8876, ein entsprechender Änderungsantrag der Abgeordneten Böhmer, Fischer, von Renesse und Lensing.

998 BT-Plenarprotokoll 14/233, 23209D-23230A.

999 Beck, in: Dabrock/Ried, Therapeutisches Klonen als Herausforderung für die Statusbestimmung des menschlichen Embryos, S. 211.

1000 Ebd.

1001 Keller/Günther/Kaiser, Kommentar zum Embryonenschutzgesetz, Bd. I, Rn. 1 ff., 10ff.; Lilie/Albrecht, NJW 2001, S. 2774.

ESchG basiert also auf dem Zeitpunkt der Kernverschmelzung, und zudem legen die meisten Argumentationen auch den Beginn des Embryoseins mit der Kernverschmelzung zugrunde[1002], denn mit der Befruchtung der Eizelle sind alle Erbanlagen des Menschen determiniert, der später geboren werden soll.

*b. KT-Embryo und Embryo in § 8 I ESchG*

Hier stellt sich die Frage, ob der geklonte Embryo unter die Definition des Embryos in § 8 I ESchG fällt. Denn bei der Klonierung durch KT ergibt sich eben keine Verschmelzung der Eizelle mit dem Zellkern.[1003] Beim ZKT ergibt sich sozusagen gerade nicht eine Befruchtung, also eine Verschmelzung der Zellkerne von Ei- und von Samenzelle, sondern es wird nur ein diploider Chromosomensatz in eine entkernte Eizelle eingeführt.[1004] Fraglich ist somit, ob ein durch ZKT erzeugter Embryo tatsächlich vom ESchG geschützt wird und er sich als Schutzobjekt i.S.d. § 8 I ESchG erweist. Es ergeben sich unterschiedliche Auslegungsmöglichkeiten, wenn man die Legaldefinition von § 8 I ESchG, also „bereits die befruchtete, entwicklungsfähige menschliche Eizelle vom Zeitpunkt der Kernverschmelzung an“ sprachlich auslegt.

aa. Einbeziehung des durch den Kerntransfer entstandenen Klons

Nach einer Ansicht handelt es sich auch bei dem durch KT entstandenen Embryo um einen Embryo i.S.d. § 8 I ESchG.[1005] Dieser Gesichtspunkt geht zunächst von der Auslegung des in § 8 I ESchG enthaltenen Tatbestandmerkmals „bereits“ aus. Diese Auffassung besagt, dass der Ausdruck „bereits“ in § 8 I ESchG im Sinne von „auch“ ausgelegt werden müsse, damit ein durch KT entstandener Embryo unter dem Begriff des Embryos in §§ 6 I, 8 I ESchG zu stehen komme.[1006] Außerdem müsse das Tatbestandmerkmal „bereits“, das in § 8 I ESchG

1002 Beck, in: Dabrock/Ried, Therapeutisches Klonen als Herausforderung für die Statusbestimmung des menschlichen Embryos, S. 211.

1003 Beck, in: Dabrock/Ried, Therapeutisches Klonen als Herausforderung für die Statusbestimmung des menschlichen Embryos, S. 209; Witteck/Erich, MedR 2003, S. 259.

1004 Braun, KJ 2000, S. 332, 335. Auch beim Klonen nach der Dolly-Methode kommt es weder zur Befruchtung einer Eizelle noch zur Kernverschmelzung. Rosenau, in: Strafrecht, Biorecht, Rechtsphilosophie, S. 761, 764.

1005 v. Bülow, Dt. Ärzteblatt 1997, S. 718, 720.

1006 So u. a. Simon, in: Knoepffler/Haniel, Menschenwürde und medizinische Konfliktfälle, S. 26 f.; v. Bülow, Dt. Ärzteblatt 1997, S. 721.

enthalten ist, eindeutig klarstellen, dass insoweit keine abschließende Definition des Embryos beabsichtigt sei, sondern die Kernverschmelzung lediglich e i n e Möglichkeit der Erzeugung eines Embryos erfasse.[1007] Darüber hinaus müsse eine Eizelle, in die nach der Methode des ZKT ein somatischer Zellkern eingepflanzt worden ist, als ein Embryo im Sinne von § 8 I ESchG angesehen werden, insofern sie die Entwicklungsfähigkeit behält.[1008] Ebenfalls habe der Gesetzgeber bei der Einführung des ESchG prinzipiell angestrebt, den menschlichen Embryo umfassend ab dem Beginn seiner Entwicklung unter Schutz zu stellen und nicht das sich entwickelnde Leben aus dem strafrechtlichen Schutz herauszunehmen.[1009] Fiele der durch ZKT erzeugte Embryo nicht unter die Definition des Embryos von § 8 I ESchG, würde sich des Weiteren die absurde Konsequenz ergeben, dass es bei einem geklonten Menschen kein Embryonalstadium gebe.[1010] Demzufolge sei eine entkernte menschliche und entwicklungsfähige Eizelle, in die ein Zellkern nach der Methode des SKT eingepflanzt worden ist, im Begriff des Embryos von § 8 I ESchG enthalten.[1011]

#### bb. Ablehnung der Einbeziehung aufgrund des Fehlens der Kernverschmelzung

Gemäß einer Gegenansicht kann der durch ZKT entstandene Embryo nicht in die Definition des Embryos gemäß § 8 I ESchG einbezogen werden.[1012] Man versteht nach dieser Auffassung „bereits" in einem temporalen Sinne, daher könne ein Embryo i.S.d. § 8 I ESchG ausschließlich durch Kernverschmelzung entstehen.[1013] Außerdem stehe eine Auslegung des Begriffes „bereits" gemäß der Bedeutung von „auch" im Widerspruch zu der sowohl umgans- als auch rechtssprachlich üblichen temporalen Bedeutung des Wortes „bereits".[1014]

---

1007 Witteck/Erich, MedR 2003, S. 259.

1008 Rosenau, in: Schreiber/Rosenau/Ishizuka/Kim, Recht und Ethik im Zeitalter der Gentechnik, S. 138; Hilgendorf, in: Staat, Kirche, Verwaltung - Festschrift für Hartmut Maurer zum 70. Geburtstag, S. 1162.

1009 v. Bülow, Dt. Ärzteblatt 1997, S. 720.

1010Eser et al., in: Ach/Brudermüller/Runtenberg, Hello Dolly?, S. 239.

1011 Witteck/Erich, MedR 2003, S. 259; v. Bülow, Dt. Ärzteblatt 1997, S. 718, 720.

1012 Witteck/Erich, MedR 2003, S. 259.

1013 Ebd.; Gutmann, in: Roxin/Schroth, Medizinstrafrecht, S. 355.

1014 So u. a. Gutmann, in: Roxin/Schroth, Medizinstrafrecht, S. 355; übrigens auch BT-Drucks. 11/5460, S. 12; Beck, in: Dabrock/Ried, Therapeutisches Klonen als Herausforderung für die Statusbestimmung des menschlichen Embryos, S.213.

Näher liegt die Auslegung, dass „bereits“ als Synonym zu „schon“ oder „längst“ verwendet wird[1015] und es sieht so aus, dass durch die Auslegung des Wortes „bereits“ i.S. von „auch“ die Wortlautgrenze überschritten wird. Auch die Bundesregierung ist übrigens in diesem Punkt der gleichen Meinung, gemäß dem RegEntw ESchG: „(…) als Embryo im Sinne des Gesetzes (gilt) schon die befruchtete Eizelle vom Zeitpunkt der Kernverschmelzung an (…)“.[1016] Des Weiteren wird in § 8 ESchG, der mit „Begriffsbestimmung“ überschrieben ist, durch das in § 8 I ESchG enthaltene Tatbestandsmerkmal „bereits“ allein der Embryo erfasst, der durch die Befruchtung, also durch die Verschmelzung von Ei- und Samenzelle, entstanden ist.[1017] Jedoch findet bei einem durch KT entstandenen Embryo keine solche Befruchtung und damit auch keine Verschmelzung von Ei- und Samenzelle statt.[1018] Über den klaren Wortlaut hinaus kann deswegen bei einem durch KT geklonten Embryo nicht von einer Befruchtung i.S.d. § 8 I ESchG gesprochen werden,[1019] so dass dieser Embryo ebenfalls nicht unter die Definition des Begriffs „Embryo“ i.S.d. § 8 I EschG fällt.

Nun aber könnte sich hier auch die Frage erheben, ob es sich bei einer Eizelle, die entwicklungsfähig ist, um einen Embryo i.S.d. § 8 I ESchG handelt. Die Entwicklungsfähigkeit der Eizelle bildet eine wichtige Voraussetzung von § 8 II ESchG. In § 8 ESchG wird nicht explizit festgelegt, bis zu welchem Entwicklungsstadium sich diese Fähigkeit erstrecken müsse; wenn sie sich in den ersten 24 Stunden nach der Kernverschmelzung lediglich gemäß § 8 II ESchG über das Einzellstadium hinaus zu entwickeln vermag, dann erst wird eine befruchtete Eizelle als entwicklungsfähig bezeichnet.[1020] Allerdings setzt diese Norm neben der Entwicklungsfähigkeit die Befruchtung und die Verwendung von Keimzellen voraus.[1021] Das bedeutet, dass nicht von der Entwicklungsfähigkeit der Eizel-

---

1015 Beck, in: Dabrock/Ried, Therapeutisches Klonen als Herausforderung für die Statusbestimmung des menschlichen Embryos, S. 213.

1016 BT-Drucks. 11/5460, S. 12.

1017 Paul, Möglichkeiten und Grenzen der Forschung an embryonalen Stammzellen und des therapeutischen Klonens, S. 98; Gutmann, in: Roxin/Schroth, Medizinstrafrecht, S. 355.

1018 Paul, Möglichkeiten und Grenzen der Forschung an embryonalen Stammzellen und des therapeutischen Klonens, S. 99; Beck, in: Dabrock/Ried, Therapeutisches Klonen als Herausforderung für die Statusbestimmung des menschlichen Embryos, S. 209; denn die erforderlichen 46 Chromosomen entstammen alle dem Kern der Körperzelle.

1019 Paul, Möglichkeiten und Grenzen der Forschung an embryonalen Stammzellen und des therapeutischen Klonens, S. 99.

1020 Vgl. Koch, in: Dabrock/Ried, Therapeutisches Klonen als Herausforderung für die Statusbestimmung des menschlichen Embryos, S. 187.

1021 Beck, in: Dabrock/Ried, Therapeutisches Klonen als Herausforderung für die Statusbestimmung des menschlichen Embryos, S. 212.

le die Rede ist, sondern von der Entwicklungsfähigkeit der mit der Befruchtung zustandegekommenen Entität, also von der durch die Befruchtung vermittelten Entwicklungsfähigkeit.[1022] Das Gesetz fordert also die Entwicklungsfähigkeit ab dem Zeitpunkt der Kernverschmelzung.[1023] Jedoch kommt es beim somatischen ZKT in die entkernte Eizelle nicht zu einer solchen Verschmelzung von Ei- und Samenzelle, nämlich zur Befruchtung[1024], außerdem ist die Entwicklungsfähigkeit unsicher und unabsehbar.

Des Weiteren ist vorauszusetzen, dass der Gesetzgeber zum Zeitpunkt des Gesetzentwurfs über beide Techniken, also Embryosplitting und ZKT, Bescheid wusste.[1025] Daraus könnte man folgern, dass mit der Legaldefinition des § 8 I ESchG das KT-Verfahren absichtlich ausgeklammert wurde beziehungsweise erst später erfasst werden sollte und die Absicht bestand, mit § 8 I ESchG nur das Embryonensplitting zu erfassen. Es hat jedoch nicht den Anschein, dass mit der Legaldefinition des § 8 I ESchG das KT-Verfahren vom Gesetzgeber absichtlich für die Ermöglichung der Verwendung eines durch den ZKT geklonten Embryos ausgeschlossen wurde, denn dem Gesetzgeber war zur Zeit der Erstellung des Entwurfs des EschG die Technik des ZKT zwar schon bekannt, aber damals war die Technik der Stammzellgewinnung ohne Abstoßungsreaktion dadurch unbekannt. Außerdem ist nicht deutlich, dass der Gesetzgeber die Technik des KT vom EschG für das KfEK bewusst weggelassen hätte. Allerdings ergibt sich unter allen Umständen durch Auslegung des Wortlautes des oben genannten Paragraphen das Resultat, dass ein durch somatischen ZKT entstandener Embryo nicht unter den Embryobegriff des § 8 I ESchG subsumiert werden und folglich nicht von ihm geschützt werden kann.[1026]

### *c. Der Begriff des Embryos in § 3 Nr. 4 StZG*

Die bereits bestehende Legaldefinition von „Embryo" des ESchG wurde Mitte 2002 in § 3 Nr. 4 StZG um eine neue Definition ergänzt, um die Frage des Status von Embryonen zu klären, die durch ZKT gewonnen werden können, ohne

1022 Koch, in: Dabrock/Ried, Therapeutisches Klonen als Herausforderung für die Statusbestimmung des menschlichen Embryos, S. 187.

1023 Ebd.

1024 Paul, Möglichkeiten und Grenzen der Forschung an embryonalen Stammzellen und des therapeutischen Klonens, S. 99.

1025 Gutmann, in: Roxin/Schroth, Medizinstrafrecht, S. 356.

1026 Witteck/Erich, MedR 2003, S. 259.

dass die Eizelle durch die Samenzelle befruchtet werden muss.[1027] Laut § 3 Nr. 4 StZG gilt als Embryo im Sinne des StZG „bereits jede menschliche totipotente Zelle, die sich bei Vorliegen der dafür erforderlichen weiteren Voraussetzungen zu teilen und zu einem Individuum zu entwickeln vermag."[1028] Anders als in § 8 EschG wird der Embryo in dieser Begriffsbestimmung ohne Bezug auf eine „Befruchtung" definiert.[1029] Folglich handelt es sich beim mittels ZKT entstandenen Embryo ebenfalls um einen „Embryo" im Sinne des § 3 Nr. 4 StZG.

## 3. Missbräuchliche Verwendung von Embryonen

Gemäß §§ 1 I Nr.2 und 2 II EschG ist eine künstliche Befruchtung verboten, die nicht die Herbeiführung der Schwangerschaft einer Frau zum Ziel hat, so dass die Erzeugung von Embryonen zu Forschungszwecken oder zur therapeutischen Verwendung untersagt ist.[1030] Die Möglichkeiten der Forschung an Embryonen werden durch § 2 I ESchG ebenfalls stark eingeschränkt: Es ist grundsätzlich verboten, einen Embryo zu veräußern oder zu nicht seiner Erhaltung dienenden Zwecken zu erwerben, zu verwenden[1031] oder abzugeben. Daher erweist sich die Gewinnung von Stammzellen aus Embryonen nach § 2 I ESchG als unzulässig, weil bei der Entnahme von Stammzellen der Embryo getötet wird und dieser Vorgang daher gerade nicht seiner Erhaltung dient.[1032] Außerdem könnte das KzET, die Stammzellen ohne Abstoßungsreaktion durch den KT zu gewinnen, auch aufgrund von verschiedenen Verstößen gegen § 2 I ESchG untersagt sein. Jedoch darf man von dieser Norm nicht auf ein Verbot des KzET schließen,

1027 Beck, in: Dabrock/Ried, Therapeutisches Klonen als Herausforderung für die Statusbestimmung des menschlichen Embryos, S. 210.

1028 StZG, § 3 Nr. 4; Koch, in: Maio/Just, Die Forschung an embryonalen Stammzellen in ethischer und rechtlicher Perspektive, S. 108; Koch, in: Dabrock/Ried, Therapeutisches Klonen als Herausforderung für die Statusbestimmung des menschlichen Embryos, S. 186; Beck, in: Dabrock/Ried, Therapeutisches Klonen als Herausforderung für die Statusbestimmung des menschlichen Embryos, S. 212.

1029 Koch, in: Dabrock/Ried, Therapeutisches Klonen als Herausforderung für die Statusbestimmung des menschlichen Embryos, S. 186.

1030 Schroth, JZ 2002, S. 170, 171; Oh, in: Schreiber/Lilie/Rosenau/Tadaki/Pak, Globalisierung der Biopolitik, des Biorechts und der Bioethik?, S. 110.

1031 Der Begriff des „Verwendens" i.S.d. § 2 I ESchG erweise sich dabei als umfassender Auffangtatbestand und bedeute jedes aktive Beeinflussen des Schicksals des Embryos. Somit gilt als missbräuchliche Verwendung in diesem Sinne jede Verwendung des Embryos, die nicht dessen Erhaltung zum Ziel hat, siehe in: Keller/Günther/Kaiser, Kommentar zum Embryonenschutzgesetz, § 2, Rn. 30; Schroth, JZ 2002, S. 170, 171.

1032 Taupitz, NJW 2001, S. 3433, 3434; Schroth, JZ 2002, S. 170, 171.

denn der durch KT gezeugte Embryo fällt, wie schon erwähnt, nicht unter den Begriff des Embryos i. S. d. § 8 I EschG und damit auch nicht unter den Begriff des Embryos i. S. d. § 2 I EschG nicht. Des Weiteren könnte durch § 5 I EschG das KzET verboten sein; denn wird eine Eizelle entkernt, so wird die Erbinformation einer menschlichen Keimbahnzelle im Sinne von § 5 I ESchG künstlich verändert. Aber weil dies zur Vorbereitung des Einbringens eines anderen menschlichen Zellkerns in eine solche Zelle erfolgt, es sich bei Zellkernaustausch eben auch nicht um eine Befruchtung handelt, so tritt hier der Tatbestandsausschluss des § 5 IV ESchG in Kraft. Folglich geht aus § 5 EschG ebenfalls kein Verbot der Stammzellgewinnung durch ZKT, also des KzET, hervor.

Ferner darf nach § 1 I Nr. 3-5 EschG keine höhere Zahl an Eizellen befruchtet werden, als für die Herbeifürung der Schwangerschaft nötig sind. Damit soll dem Entstehen von überzähligen Embryonen entgegengewirkt werden, und jede andere Verwendung des erzeugten Lebens wird verboten und unter Strafe gestellt. Darüber hinaus wird gemäß § 7 I ESchG auch die Chimären- oder die Hybridenbildung bestraft.

## 4. Die Regelungen bezüglich der Stammzellforschung

Im Stammzellgesetz (StZG) wird zunächst in § 1 der Zweck dieses Gesetzes als grundsätzliches Verbot von Einfuhr und Verwendung embryonaler Stammzellen bzw. als Vermeidung der Gewinnung embryonaler Stammzellen oder der Erzeugung von Embryonen zur Gewinnung embryonaler Stammzellen erläutert. Darüber hinaus wird als Zweck dieses Gesetzes die Bestimmung der Voraussetzungen angegeben, unter denen die Einführ und die Verwendung embryonaler Stammzellen zu Forschungszwecken ausnahmsweise zugelassen sind. Im StZG wird zu Beginn ferner eine Reihe von Begriffen bestimmt, durch die einige in der Medizin bislang noch nicht einheitlich verwendete Begrifflichkeiten genauer definiert werden. Um Stammzellen im Sinne des StZG handelt es sich nach § 3 Nr. 1 StZG bei allen „menschlichen Zellen, die die Fähigkeit besitzen, in entsprechender Umgebung sich selbst durch Zellteilung zu vermehren, und die sich selbst oder deren Tochterzellen sich unter geeigneten Bedingungen zu Zellen unterschiedlicher Spezialisierung, nicht jedoch zu einem Individuum zu entwickeln vermögen (pluripotente Stammzellen)“[1033]. Mithin erweisen sich als Stammzellen alle pluripotenten Stammzellen, die ausdrücklich nicht totipotent

1033 Koch, in: Dabrock/Ried, Therapeutisches Klonen als Herausforderung für die Statusbestimmung des menschlichen Embryos, S. 186.

sein dürfen[1034]. Als embryonale Stammzellen gelten ebenso aus Embryonen entnommene Stammzellen, beispielsweise ein Embryo, der vor der Nidation entnommen worden oder der von vornherein im in-vitro-Verfahren entstanden ist.[1035] Auch bezeichnet man alle embryonalen Stammzellen, die in Kultur gehalten oder im Anschluss daran kryokonserviert gelagert werden, als embryonale Stammzelllinien.[1036] Überdies wird gemäß § 3 Nr. 5 die Einfuhr definiert als ein „Verbringen embryonaler Stammzellen in den Geltungsbereich" des StZG, also gemäß den geltenden Strafrechtsbestimmungen ein Verbringen nach Deutschland.

Jedoch habe auch diese Klarstellung ihr Ziel verfehlt, da auch die Neudefinition erhebliche Anwendungsprobleme bereitet.[1037] Unklar sei etwa der Begriff „Totipotenz", weil dieser Begriff in der Naturwissenschaft nicht einheitlich verwendet werde.[1038] In der herkömmlichen Anwendung bedeutet er „Entwicklungsfähigkeit", jedoch umfassen „andere Definitionen von Totipotenz [...] die Fähigkeit einer Zelle, sich in alle drei embryonalen Keimblätter oder in alle Zelltypen eines Organismus zu differenzieren."[1039] Allerdings kann die reprogrammierte Stammzelle nicht als Embryo angesehen werden, denn solche Stammzellen haben nur ganz wenige Möglichkeiten, sich zu einem vollständigen Individuum zu entwickeln.[1040] Da folglich eine totipotente Zelle vom § 3 Nr. 4 StZG nicht als Embryo betrachtet wird, will eine Ansicht die Vernichtung ihrer Potenzialität schon de lege lata nicht als rechtswidrig beurteilen.[1041] Ferner wird angenommen, dass sie als bloße Zelle und daher weder als menschliches Wesen noch als Inhaber subjektiver Rechte anzusehen sei.[1042] Demzufolge sei es durch das StZG nicht verboten, derartige Zellen künstlich herzustellen, sie nach Deutschland zu importieren, hier zur Forschung zu verwenden und sie sogar willkürlich zu vernichten.[1043] Jedoch ruft hierbei die Gewinnung embryonaler Stammzellen unvermeidlich die Zerstörung des Embryos hervor, und daher kann diesem Gesichtspunkt keine ausreichende Überzeugungskraft zugebilligt werden.

---

1034 StZG, § 3 Nr. 1.

1035 StZG, § 3 Nr. 2.

1036 StZG, § 3 Nr. 3.

1037 Beck, in: Dabrock/Ried, Therapeutisches Klonen als Herausforderung für die Statusbestimmung des menschlichen Embryos, S. 214.

1038 Ebd.

1039 Ebd.

1040 Ebd., S. 222, 223.

1041 Ebd., S. 232.

1042 Ebd.

1043 Ebd., S. 222, 223.

Die Einfuhr und die nicht weiter definierte Verwendung von embryonalen Stammzellen sind gemäß §4 I StZG generell strafbar. Dagegen regeln § 4 II iVm. §§ 5 und 6 StZG die Genehmigungsmöglichkeiten außerhalb des grundsätzlichen Verbotes. Demnach muss die Genehmigung erteilt werden, wenn die Genehmigungsvoraussetzungen nach §4 II und § 5 StZG erfüllt sind, wenn die Forschung u. a. hochrangigen Forschungszielen und dem wissenschaftlichen Erkenntnisgewinn im Rahmen der Grundlagenforschung dient und wenn das Forschungsvorhaben darüber hinaus ethisch vertretbar ist. Außerdem muss die Erzeugung eines für die Gewinnung von Stammzellen bestimmten Embryos nach § 4 II Nr. 1b StZG extrakorporal zur Herbeiführung einer Schwangerschaft erfolgt sein, und ein solcher Embryo darf dafür nicht mehr dauerhaft verwendet werden. Also wird der Import von Stammzellen verboten, die aus einem nicht zur Herbeiführung einer Schwangerschaft hergestellten Embryo gewonnen worden sind. Daher könnte man die Auffassung vertreten, dass der Import von Stammzellen ohne ethische Probleme zugelassen wird, weil sie aus einem schon verfügbaren Embryo gewonnen werden und die Stammzellforschung somit selber nie zum Motiv der Abtötung von Embryonen werden kann. Durch die gemäß § 4 II Nr. 1b StZG festgelegte Beschränkung auf die Verwendung von überzähligen Embryonen könnte also gewährleistet sein, dass sich als Motiv der Tötung eines Embryos die Beendigung eines ohnehin nicht mehr entwicklungsfähigen Lebens erweist.[1044] Embryonen würden nicht zu Forschungszwecken getötet, vielmehr könnte durch die Verwendug der überzähligen Embryonen eine Lagerung auf unbestimmte Zeit abgewendet werden, außerdem könnte dies die einzige Alternative zur Tötung darstellen, soweit die Übertragung eines solchen Embryos in den Uterus einer Frau nicht mehr möglich ist. Demnach könnte das Verhalten des Gesetzgebers nicht als widersprüchlich bezeichnet werden.

Wenn die Verhinderung der Tötung von Embryonen zu Forschungszwecken jedoch ein erklärtes Ziel dieses Gesetzes sein sollte, dürfte man auch das Produkt einer solchen Tötung – nämlich Stammzellen – nicht importieren, auch wenn die Zerstörung der Embryonen an strenge Bedingungen geknüpft ist: Hier besteht vor allem ein ethischer Wertungswiderspruch, und dies könnte sogar der im § 1 StZG erklärten Absicht des Gesetzgebers zuwiderlaufen. Hier ergibt sich die Frage, ob die Regelung des StZG dem ethischen Empfinden in der Bevölkerung gerecht wird. Beanstandet wird an dieser Stelle die Schaffung „moralischer

---

1044 Der Embryo verfügt nicht mehr über die Fähigkeit zur Entwicklung, sobald feststeht, dass seine Übertragung auf die Spenderin nicht mehr stattfindet, und auch keine andere Frau damit einverstanden ist, dieses junge Leben auszutragen (Leihmutterschaft). Wird dem Embryo – sinnbildlich gesprochen – die Gebärmutter vorenthalten, kann er sich nicht zu einem Menschen entwickeln.

Doppelstandards“ [1045], denn die Gewinnung embryonaler Stammzellen ist zwar in Deutschland untersagt und strafbewehrt, aber diese „schmutzige“ Aufgabe wird auf das Ausland abgeschoben. Des Weiteren wird durch das Gesetz nicht geregelt, ob man Stammzellen, die aus einem zur Herbeiführung einer Schwangerschaft hergestellten geklonten Embryo gewonnen worden sind, importieren darf.[1046] Es wird demnach kritisiert, dass mit dem Gesetz durch den Gesetzgeber ein widersprüchliches Verhalten perpetuiert werde. Ferner darf gemäß §4 II Nr. 1c StZG der Überlassende keine Geldeinnahmen oder entsprechende Vorteile bekommen, worunter jedoch nicht eine reine Aufwandsentschädigung verstanden wird.[1047]

Das Stammzellgesetz trat am 1. Juli 2002 in Kraft und wurde am 14.08.2008 novelliert. Durch diese Novellierung des Stammzellgesetzes wurde der Stichtag zur Herstellung von nach Deutschland einzuführenden Stammzellen vom 1. Januar 2002 auf den 1. Mai 2007 verlegt, so dass ausschließlich Stammzellen, die vor dem 1. Mai 2007 gewonnen wurden, eingeführt und verwendet werden dürfen.[1048] Das restriktivste Kriterium in §4 II Nr. 1a StZG bestimmt also die sogenannte „Stichtagregel“, aus der hervorgeht, dass lediglich der Import von solchen Stammzelllinien erlaubt ist, die im Herkunftsland (in Übereinstimmung mit der Rechtslage dort) vor den 1. Mai 2007 gewonnen wurden. Dies war notwendig, um den in Deutschland tätigen Forschern im Hinblick auf Quantität und Qualität im internationalen Vergleich geeignete Zelllinien zur Verfügung zu stellen.[1049]

Erheblich kritisiert wird jedoch die Festlegung eines Stichtages, vor dem die Gewinnung der Stammzellen stattgefunden haben muss. Die mit der Stichtagsregelung verbundenen negativen Konsequenzen für die Forschung werden also getadelt, obwohl das anvisierte Ziel – die Verhinderung des weiteren Tötens von Embryonen zur Gewinnung von Stammzellen für die deutsche Forschung – vom Gesetzgeber erreicht wird. Zunächst wird die Festlegung einer Stichtagsregelung für die Verhinderung der Vernichtung von Embryonen für die deutsche Forschung dahingehend kritisiert, dass es für die „überzähligen“ Embryonen – und ausschließlich diese sollen in Anlehnung an das Gesetz für die Stammzellengewinnung verwendet werden dürfen – ohnehin nur zwei Schicksale gebe: die le-

---

1045 Kreß, Gynäkologe 2003, S. 590ff., 594f.

1046 Das KfEK könnte in einer Nation, die kein Gesetz hat, das sich auf Klonen bezieht, versucht werden und angenommen, dass dadurch könnten geklonte überzählige Embryonen entstehen, muss die sich darauf bezogene Regel hinzugefügt werden, da die aus ihnen gewonnenen Stammzellen zum Zweck der Forschung importieren könnte.

1047 Siehe hierzu: BT-Drucks. 14/8394, Begründung zu: § 4 II Nr.3 StZG, S. 9.

1048 http://www.bmbf.de/de/2657.php

1049 Ebd.

gale Abtötung oder eine „ewige" Kryokonservierung[1050]. Bei einer Regelung, nach der die Gewinnung von Stammzellen im Ausland unabhängig von einem inländischen Forschungsprojekt stattgefunden haben muss, würde es sich des Weiteren um eine dem Verhältnismäßigkeitsgrundsatz eher entsprechende Lösung handeln, da eine solche Regelung gleich effektiv, aber weniger eingreifend sei.[1051] Die ethische Substanz des Gesetzes, keine Veranlassung für die Zerstörung menschlicher Embryonen zu geben, bliebe schließlich nur in Deutschland erhalten.

Nach §5 StZG muss das Forschungsprojekt „hochrangigen Forschungszielen" dienen. Bei ihm müssen außerdem vorher „so weit wie möglich" Tierversuche oder Versuche mit tierischen Zellen durchgeführt worden sein. Ein weiterer „Erkenntnisgewinn" muss sich „voraussichtlich nur mit embryonalen Stammzellen" erzielen lassen. Der Gesetzgeber betrachtet zwar die Tötung von Embryonen mit anschließender Verwendung der embryonalen Stammzellen für die Entwicklung von Therapien zur Behandlung bisher unheilbarer Krankheiten als unvereinbar mit der Menschenwürde des Embryos, aber hochrangige Heilungsziele könnten eine Rechtfertigung der Verwendung solcher Stammzellen nach sich ziehen[1052]. Allerdings sollte zumindest ein direkter therapeutischer Einsatz beim Menschen vermieden werden, und auch Forschungsergebnisse, die auf der Untersuchung von Stammzellen beruhen, soll man nicht uneingeschränkt auf diesen übertragen dürfen.[1053] In der Literatur wird jedoch der Umstand, dass gem. § 5 StZG die embryonalen Stammzellen nicht unmittelbar zu therapeutischen Zwecken verwendet werden dürfen, als negativ bewertet. Aus der Perspektive der betroffenen Patienten sei nicht zu verstehen, dass ein direkter therapeutischer Einsatz embryonaler Stammzellen bei dessen medizinischer Vertretbarkeit nicht einem „hochrangigen Forschungsziel" gleichgestellt wird.[1054] Diese

---

1050 Dreier, ZRP 09/2002, S. 383; Taupitz, Gentechnik und Recht 01/2002, S. 12, 13, 14. Als eine dritte Möglichkeit erweist sich die Leihmutterschaft (Verpflanzung des Embryos in die Planzenta einer anderen als der genetischen Mutter). Sie ist zwar in Deutschland durch das ESchG unter Strafe gestellt, im Ausland kann sie jedoch eine Option darstellen. Allerdings würde auch aus dieser Möglichkeit der Erhaltung eines „verwaisten" Embryos nicht resultieren, dass es gar keine überzähligen Embryonen mehr gäbe. Dies würde nur zu einer Verringerung des Problems führen.

1051 Taupitz, in: Gentechnik und Recht 01/2002, S. 14.

1052 Ebd., S. 9, 12, 13.

1053 Raasch, KJ 2002, S. 294.

1054 Ders., S. 293; Taupitz, in: Gentechnik und Recht 01/2002, S. 14, 18.

Zelllinien basieren aber auf Mausnährzellen[1055], deren Verwendung für die Humanmedizin daher als riskant erscheint.[1056]

Demzufolge könnte durch § 5 StZG einerseits sichergestellt werden, dass sich ein Forschungsvorhaben nie als unmittelbare Motivation für die Tötung eines Embryos herausstellen kann, andererseits erscheint gegenwärtig eine unmittelbare Verwendbarkeit von auf eine solche Weise gewonnenen Stammzellen schon wegen deren Beschaffenheit als nicht vertretbar.

§ 13 StZG regelt die Strafvorschriften, wonach eine Verwendung oder Einfuhr von Stammzellen ohne Genehmigung mit bis zu drei Jahren Haft oder mit einer Geldstrafe bestraft wird. Zuwiderhandlungen gegen Auflagen bzw. Bedingungen und Fristen (nach § 6 VI StZG) werden mit bis zu einem Jahr Freiheitsstrafe oder mit einer Geldstrafe geahndet. Das bedeutet zwar, dass eine Verwendung oder Einfuhr von Stammzellen mit Genehmigung erlaubt ist, das StZG berücksichtigt dabei aber nicht den Umgang mit totipotenten humanen Stammzellen. Dem Fehlen einer Genehmigung steht auch das vorsätzliche Erschleichen einer Genehmigung bei Nichtvorliegen der tatsächlichen Genehmigungsvoraussetzung gleich. Zunächst entsteht mit Bezug auf die Strafvorschriften die Frage nach der Anwendbarkeit deutschen Rechts bei Auslandstaten. Da das StZG keine Regelungen bezüglich seines räumlichen Geltungsbereichs enthält, richtet es sich nach den allgemeinen Regeln des StGB. Grundsätzlich gilt somit das in § 3 StGB[1057] verankerte Territorialprinzip, nach dem für die Strafbarkeit der Tatort und nicht die Nationalität des Täters gilt. Außerdem können nach der in § 7 StGB[1058] geregelten Ausnahme auch Auslandsstraftaten eines Deutschen nach dem StZG und dem EschG strafbar sein, sofern die nach deutschem Recht verbotenen Handlungen auch nach dem Recht des Landes, in dem sie begangen werden, strafbar sind. Nach §9 II S. 2 StGB[1059] ist ebenso die Anstiftung oder

---

1055 Richte, Dt. Ärzteblatt 12/2002, S. 760f.; Bahnsen, DIE ZEIT 33/2002, S. 23; Raasch, KJ 2002, S. 294.

1056 Wenn freilich die vor dem 01.05.2007 gewonnenen und anschließend kryokonservierten Zellen auf einer anderen Basis als Mausnährzellen vermehrt würden, was biotechnologisch bereits machbar ist, würden in Zukunft unter Umständen Zellen zur Verfügung stehen, durch die eine gefahrlose therapeutische Anwendung beim Menschen möglich wird.

1057 „Das deutsche Strafrecht gilt für Taten, die im Inland begangen werden.“

1058 (2) Für andere Taten, die im Ausland begangen werden, gilt das deutsche Strafrecht, wenn die Tat am Tatort mit Strafe bedroht ist oder der Tatort keiner Strafgewalt unterliegt und wenn der Täter

1. zur Zeit der Tat Deutscher war oder es nach der Tat geworden ist.

1059 „Hat der Teilnehmer an einer Auslandstat im Inland gehandelt, so gilt für die Teilnahme das deutsche Strafrecht, auch wenn die Tat nach dem Recht des Tatorts nicht mit Strafe bedroht ist.“

die Beihilfe zu einer in Deutschland strafbaren Handlung im Ausland strafbar, auch wenn es sich gemäß der dort geltenden Gesetzgebung nicht um eine Straftat handelt. Dies bedeutet konkret, dass ein Institut in einem Land, in dem Forschungen an Stammzellen legal betrieben werden, eine deutsche Genehmigung benötigt, wenn embryonale Stammzellen verwendet werden und wenn deutsche Wissenschaftler an der Kooperation beteiligt sind, sofern die Zusammenarbeit so aussieht, dass die deutschen Wissenschaftler von Deutschland aus mitarbeiten. Kritisiert wird diese Norm allerdings mit dem Argument, dass hiermit der mit dem StZG verfolgte Schutzzweck überschritten werde und es zu einer unverhältnismäßigen Einschränkung der Forschungsfreiheit komme. Es sei auch davon auszugehen, dass von dieser Regelung eine Gefährdung für die internationale Zusammenarbeit im Bereich der Forschung mit menschlichen embryonalen Stammzellen ausgehe.[1060] Trotzdem hat der Bundestag in zweiter Lesung beschlossen, dass Anstiftung und Beihilfe von Deutschland aus bei im Ausland nach deutschem Recht strafbaren Handlungen strafbar sind.[1061]

Einen „faulen Kompromiss" nannte wörtlich zumindest bereits Reinhard Merkel[1062] im Rahmen der derzeitigen Debatte das Problem der Inkonsistenz des StZG. Das StZG ist zutiefst rechtspolitisch, damit könnte man es als „faulen" Kompromiss im Sinne eines temporären, kurzfristigen, vielleicht auch „tagespolitischen" Kompromisses bezeichnen, daher könnte sich zuletzt auch das StZG absehbar als reformbedürftig erweisen.

## 5. Zum Verbot des Klonens

Ein Verbot des Klonens lässt sich aus § 6 I ESchG ableiten, und von § 6 II ESchG wird außerdem die Übertragung eines in § 6 I bezeichneten Embryos auf eine Frau verboten. Darüber hinaus wird in § 6 III formuliert, dass auch der Versuch beider Tatbestände strafbar ist. So wird in § 6 des ESchG der unmissverständliche Wille des Gesetzgebers geäußert, das Humanklonen, einschließlich der künstlichen Mehrlingsbildung, zu verhindern.[1063] Obwohl dieser eindeutige Wille vorlag, sind doch einige wichtige Begriffe offengeblieben, und daher wird über sie heftig und kontrovers diskutiert. Es ergibt sich außerdem die Frage nach dem Rechtsgut des Klonens bei der Strafnorm des § 6 I ESchG. Bei dieser Frage

---

1060 Schroth, ZfmE 2002, S. 279; Richter, Dt. Ärzteblatt 18/2002, S. 1204; BT-Drucks. 14/8846 S. 14, zu § 13 III.

1061 BT-Drucks. 14/8876.

1062 Merkel, Forschungsobjekt Embryo, S. 217.

1063 Gutmann, in: Roxin/Schroth, Medizinstrafrecht, S. 354.

geht es nicht nur um die Menschenwürde des Klons, sondern auch um diejenige seines Originals und die der Gemeinschaft.

### *a. Strafbestände nach § 6 I ESchG*

Gemäß § 6 I ESchG wird für die Herstellung eines menschlichen Embryos, der über die gleiche Erbinformation wie ein anderer Embryo, ein Fötus, ein Mensch oder ein Verstorbener verfügt, eine Freiheitsstrafe von bis zu fünf Jahren verhängt. Dieser Paragraph setzt also die Herstellung eines Embryos mit gleicher Erbinformation voraus, damit das Verbot des Klonens angenommen werden kann. Hier entsteht die Frage, ob es sich auch bei einem durch ZKT entstandenen Embryo um einen Gegenstand des Klonverbotes im Sinne des § 6 I ESchG handelt, ob nämlich seine Herstellung die Strafbestände nach § 6 I ESchG erfüllt.

#### aa. Tatbestandsmerkmal „Embryo“ im § 6 I ESchG

Der objektive Tatbestand des § 6 I ESchG geht zunächst davon aus, dass es zur erfolgreichen Entstehung eines menschlichen Embryos kommt. Weil allerdings über die Auslegung des Embryonenbegriffs keine Einigkeit herrscht, wird hier auf die Legaldefinition des § 8 I ESchG hingewiesen. Als Embryo im Sinne des § 8 ESchG wird bereits die befruchtete, entwicklungsfähige menschliche Eizelle ab dem Zeitpunkt der Kernverschmelzung betrachtet, und bei der Befruchtung handelt es sich hier um die Vereinigung von Ei- und Samenzelle[1064]. Eine solche Art der Befruchtung trifft zwar bei den Klonierungsverfahren der künstlichen Mehrlingsbildung sowie bei denen des Embryosplittings zu, nicht aber beim ZKT, denn bei der Nukleustransfermethode ergibt sich keine Befruchtung bzw. keine Kernverschmelzung, da die Eizelle vorher entkernt wird.[1065] Folglich findet beim ZKT keine Befruchtung statt, so dass der durch ZKT erzeugte Embryo nicht unter den Begriff des Embryos im Sinne des § 6 I ESchG fällt.[1066]

---

1064 BT-Drucks. 13/11263, S. 6, 21.

1065 Beck, in: Dabrock/Ried, Therapeutisches Klonen als Herausforderung für die Statusbestimmung des menschlichen Embryos, S. 213.

1066 Ebd.

bb. Tatbestandsmerkmal „gleiche Erbinformationen“

§ 6 I ESchG enthält außerdem die Voraussetzung, dass ein Embryo „mit der gleichen Erbinformation wie ein anderer Embryo, ein Fötus, ein Mensch oder ein Verstorbener entsteht.“ Als unproblematisch erweist sich hierbei abermals die Methode des Embryonensplittings, denn das Erbgut der Klone verfügt bei dieser Verfahrensweise über eine Identität von 100%. Somit ist das Tatbestandsmerkmal der „gleichen Erbinformation“ eindeutig erfüllt. Es wird jedoch andererseits bezweifelt, ob es auch beim Klonen durch ZKT tatsächlich zur Entstehung eines menschlichen Embryos kommt, der über die „gleiche“ Erbinformation wie ein anderer Embryo verfügt. Der Grund für diesen Zweifel liegt darin, dass es in der entkernten Zelle beim ZKT noch sog. DNA enthaltende Mitochondrien[1067] gibt, die zusätzlich zu den Chromosomen berücksichtigt werden müssen.[1068] Das Mitochondrium der entkernten Eizelle enthält etwa 0,2% der Erbinformationen, und somit kommt es bei dem Klonverfahren durch ZKT zur Weitergabe von lediglich etwa 99,8% der Erbinformation durch den Zellkern.[1069] Das bedeutet, dass zwischen der Erbinformation des geklonten Wesens und derjenigen seines Körperzellenspenders eine Übereinstimmung von 99.8% besteht. Soweit der transplantierte Zellkern und die entkernte Eizelle nicht von demselben Individuum stammen, kann also durch einen mit der Methode des ZKT erzeugten Embryo kein Mensch mit der exakt gleichen Erbinformation geschaffen werden,[1070] denn hierbei werden, wie oben erwähnt, nicht alle Erbinformationen von dem Zellkern weitergegeben[1071]. Deshalb verfügt ein durch ZKT geklontes Lebewesen niemals über eine absolute Identität mit dem Spender des Zellkerns[1072] und ist somit kein Individuum mit gleicher Erbinformation, sondern wegen des mitochondrialen Erbguts in der Eizellenhülle lediglich ein Embryo, dessen Erbsubstanz fast gleich ist[1073]. Als Problem könnte sich hierbei die Frage erweisen, was man unter dem Tatbestandsmerkmal „gleich“ zu verste-

1067 Bei Mitochondrien handelt es sich um Zellorganellen, die auch als Kraftwerke der Zellen bezeichnet werden, denn in ihnen wird die in Nährstoffen enthaltene Energie in eine für die Zellen unmittelbar verwertbare Form umgewandelt.

1068 Hillebrand/Lanzerath, Klonen - Stand der Forschung, ethische Diskussion, rechtliche Aspekte, S. 17.

1069 v. Bülow, Dt. Ärzteblatt 1997, S. 718, 720.

1070 Gutmann, in: Roxin/Schroth, Medizinstrafrecht, S. 353, 354; Witteck/Erich, MedR 2003, S. 259.

1071 Glauben, DRiZ 1997, S. 305.

1072 v. Bülow, Dt. Ärzteblatt 1997, S. 718, 720.

1073 Keller, in: Eser/Schnittenhelm/Schumann, Festschrift für Theodor Lencker zum 70. Geburtstag, S. 477, 487; Schroth, JZ 2002, S. 170, 171.

hen hat, also ob das Wort „gleich“ im Sinne von „absolut identisch“ verstanden werden kann oder verstanden werden muss[1074].

Eine Ansicht versteht unter gleicher Erbinformation die Identität der DNA der Zellkerne[1075] und vertritt den Standpunkt, dass das Verbot des § 6 I ESchG die Methode des ZKT miteinschließe[1076]. Bei der Anwendung der KT-Methode erweise sich aufgrund des Einflusses des Eizellplasmas das genetische Programm des so enstehenden Embryos zwar nicht als hundertprozentig identisch mit der Erbinformation des Zellkernspenders, nach dieser Meinung wird aber von § 6 I ESchG ausdrücklich nicht das Entstehen eines Embryos mit „derselben“ Erbinformation wie der des Zellkernspenders gefordert, sondern es wird als ausreichend betrachtet, dass es zur Entstehung eines Embryos mit der „gleichen“ Erbinformation kommt.[1077] In dieser Bestimmung sei nicht von „identischer“, sondern nur von „gleicher“ Erbinformation die Rede, demnach sei die Gleichheit auch bei einer nur 99.8%-igen Übereinstimmung noch gewährleistet.[1078] Die Auslegung, dass ein Klon trotz minimaler genetischer Abweichungen „gleich“ sei, bedeute außerdem keinen Verstoß gegen Art. 103 II GG.[1079] Da die ratio legis eindeutig dafür spreche, das ZKT-Verfahren unter § 6 I ESchG zu fassen[1080], und in diesem Verfahren ein evidenter Verstoß gegen die Individualität eines jeden Einzelnen und damit gegen die Menschenwürde gesehen werde, solle ferner gerade ein solcher Verstoß durch § 6 I ESchG verhindert werden[1081]. Folglich ließen sich minimale Abweichungen noch mit dem Wortlaut des § 6 I

1074 Erich/Witteck, MedR 2003, S. 258, 259.

1075 Vgl. Keller/Günther/Kaiser, Kommentar zum Embryonenschutzgesetz, § 6 Rn. 6; Hilgendorf, in: Staat, Kirche, Verwaltung - Festschrift für Hartmut Maurer zum 70. Geburtstag, S. 1147, 1160.

1076 Taupitz, NJW 2001, S. 3433, 3434; Keller/Günther/Kaiser, Kommentar zum Embryonenschutzgesetz, § 6 Rn. 2.

1077 Beck, in: Dabrock/Ried, Therapeutisches Klonen als Herausforderung für die Statusbestimmung des menschlichen Embryos, S. 214.

1078 Der ehemalige Bundesjustizminister Schmidt-Jortzig und eine Expertenkommission des Deutschen Bundestages haben auch erklärt, dass die Erbinformationen von Klon und Zellspender nicht völlig identisch zu sein brauchen; Hilgendorf, in: Staat, Kirche, Verwaltung - Festschrift für Hartmut Maurer zum 70. Geburtstag, S. 1147, 1160; Glauben, DRiZ 1997, S. 305, 308.

1079 Beck, in: Dabrock/Ried, Therapeutisches Klonen als Herausforderung für die Statusbestimmung des menschlichen Embryos, S. 214.

1080 Hilgendorf, in: Staat, Kirche, Verwaltung - Festschrift für Hartmut Maurer zum 70. Geburtstag, S. 1147, 1160.

1081 Brohm, JuS 1998, S. 197, 202.

ESchG vereinbaren,[1082] und demnach könne § 6 I ESchG hier zur Anwendung kommen. Sprachlich betrachtet, verfügten des Weiteren die Wörter „dasselbe“ und „das gleiche“ über zwei unterschiedliche Bedeutungen. „Gleich“ heiße zwar nicht „ähnlich“, jedoch auch nicht „identisch“, und hätte der Gesetzgeber eine hundertprozentige Übereinstimmung beabsichtigt, so hätte er gewiss den Begriff „dasselbe“ gebraucht.[1083]

Da die Erbinformationen von Klon und Zellspender gemäß der Ansicht anderer, dass die ZKT-Methode vom Verbot des § 6 I ESchG nicht miterfasst werde, „völlig identisch“ sein müssten, liege dagegen beim ZKT-Verfahren keine Erfüllung des Tatbestandmerkmals der „gleichen Erbinformation“ vor[1084] und erweise sich die Vermutung, dass es näher am Wortlaut ist, dieses Verfahren nicht in § 6 I ESchG einzubeziehen.[1085] So bedeute „dasselbe“ schlicht „einunddasselbe“, ebenso „das gleiche“ eben „das gleiche“ und nicht „fast das gleiche“.[1086] Dies werde außerdem durch den Vergleich mit Schimpansen unterstützt, denn diese seien auch nicht das „gleiche“ wie Menschen, obwohl auch bei ihrem Genom eine Übereinstimmung zu 99 Prozent mit demjenigen des Menschen vorliege.[1087] Lege man ebenso § 6 ESchG nun so aus, dass er auch bei 99.8%iger genetischer Übereinstimmung greift, so stelle sich die Frage, ab wann kann man nicht mehr „Gleichheit“, sondern nur noch von „Ähnlichkeit“ sprechen kann.[1088] Aufgrund des Analogieverbotes aus Art. 103 II GG dürfe man auch nicht sagen, dass der Zweck des Gesetzes die Herstellung eines Embryos mit nahezu gleicher Erbinformation miteinschließe.[1089] Wenn man die Bedeutung von „das gleiche“ erweitert, so erweise sich dies womöglich als Verstoß gegen das im Strafrecht herrschende Analogieverbot.[1090] Darüber hinaus scheine auch in Anlehnung an die systematische Auslegung § 6 I ESchG sich nicht auf das KT-Verfahren zu beziehen, denn soweit man „gleich“ nicht i.S.v. „identisch“ versteht, gebe es keine klare Abgrenzung zwischen § 6 I ESchG und § 7 I

1082 Hilgendorf, in: Staat, Kirche, Verwaltung - Festschrift für Hartmut Maurer zum 70. Geburtstag, S. 1147, 1160.

1083 Beck, in: Dabrock/Ried, Therapeutisches Klonen als Herausforderung für die Statusbestimmung des menschlichen Embryos, S. 214.

1084 Keller, in: Eser/Schnittenhelm/Schumann, Festschrift für Theodor Lencker zum 70. Geburtstag, S. 477, 487.

1085 Eser et al., in: Ach/Brudermüller/Runtenberg, Hello Dolly?, S. 238; Hilgendorf, in: Staat, Kirche, Verwaltung - Festschrift für Hartmut Maurer zum 70. Geburtstag, S. 1147, 1160; Taupitz, NJW 2001, S. 3433, 3434; v. Bülow, DtÄBl 1997, S. 718, 720.

1086 Gutmann, in: Roxin/Schroth, Medizinstrafrecht, S. 355f.

1087 Ebd, S. 335, 353, 355.

1088 Beitz, Zur Reformbedürftigkeit des Embryonenschutzgesetzes, S. 230.

1089 Schroth, JZ 2002, S. 170, 171.

1090 Gutmann, in: Roxin/Schroth, Medizinstrafrecht, S. 353, 354.

Nr. 1 ESchG, wo es um „Embryonen mit unterschiedlicher Erbinformation" geht.[1091]

cc. Zwischenergebnis

Nach § 8 I ESchG hat man unter „Embryo" die bereits befruchtete und entwicklungsfähige, menschliche Eizelle vom Zeitpunkt der Kernverschmelzung an zu verstehen und ist das Klonverbot gem. § 6 I ESchG nur bei der Entstehung eines solchen Embryos gültig[1092]. Also setzt das Verbot des Klonens aus § 6 I ESchG zuerst die Existenz des Embryos in § 8 I ESchG voraus. Allerdings handelt es sich, wie bereits erwähnt, bei einem durch ZKT erzeugten Embryo nicht um einen Embryo im Sinne von § 8 I ESchG, und demnach fällt ein derartiger geklonter Embryo nicht unter den Begriff des Embryos in § 6 I ESchG. Da beim Klon schwere Missbildungen, Gesundheitsschäden oder Krankheitssyndromen beim Klon wegen der durch das Mitochondrium bedingten 0.2%-igen Abweichung zwischen der Erbinformation des geklonten Wesens und der seines Körperzellenspenders ausbrechen können, so darf man außerdem nicht sagen, dass diese Abweichung einen geringen Unterschied ausmache. Daher gilt ein durch ZKT geklonter Embryo nicht als Embryo im Sinne von §§ 8 I und 6 I ESchG, und es scheint, dass dies nur die Lücke der Gesetzgebung ist.

*b. Rechtsgut des Klonens*

aa. Menschenwürde des Klons als Rechtsgut

Zunächst ist festzuhalten, dass das Rechtsgut, das hinter § 6 I ESchG steht, die Menschenwürde eines potentiell geklonten Menschen ist. Eine gegen das Abstellen auf die Menschenwürde des Klons gerichtete Ansicht besagt, dass der Klon nicht durch den Akt der Erzeugung in seiner Menschenwürde verletzt sein könne, denn zum Zeitpunkt des "Herstellungsaktes" fehle ein konkreter Träger

---

1091 Hilgendorf, in: Staat, Kirche, Verwaltung - Festschrift für Hartmut Maurer zum 70. Geburtstag, S. 1147, 1160.

1092 Beck, in: Dabrock/Ried, Therapeutisches Klonen als Herausforderung für die Statusbestimmung des menschlichen Embryos, S. 212.

dieser Würde.[1093] Also komme eine Verletzung der Menschenwürde durch das Klonen eines Menschen gar nicht vor, da diese Person noch gar nicht existiert.

Jedoch ist uns aus der Verfassungslehre bekannt, dass eine Person nicht existent – oder korrekter: nicht mehr existent – sein muss, um in den Genuss des Würdeschutzes zu kommen.[1094] Dies zeigt sich auch darin, dass das postmortale Persönlichkeitsrecht des Toten, das völlig unbestritten ist, auf dessen Menschenwürde zurückgeführt wird.[1095] So wie ein postmortaler Würdeschutz existiert, so gibt es auch einen prävitalen.[1096] Das heißt, dass die Menschenwürde dem potenziellen künftigen Träger im Voraus zugestanden, sozusagen auf dessen zukünftiges Leben übertragen wird.[1097] Somit wird eine Handlung ante natum, die post natum die Würde verletzt, von Artikel 1 I GG erfasst.[1098]

Niemand darf über eine andere Person verfügen oder sie zum Objekt seiner Wünsche machen.[1099] Bei einem Klon handelt es sich aber gerade um ein solches Objekt, weil seine Eigenschaften und Anlagen nicht auf einen Zufall zurückzuführen sind; das, was er in seiner eigenen Person vorfindet, erweist sich als Ergebnis fremder Absicht.[1100] Außerdem könnte der Klon sich selbst als bloße Wiederholung eines vorgelebten Lebens anzusehen haben und könnte auch von den Mitmenschen als Merkwürdigkeit, als einfache Blaupause betrachtet werden. Diese Belastung muss der Klon ertragen, die Belastung nämlich, dass er mit seinem geklonten Urbild verglichen und an diesem gemessen wird.[1101] Freilich braucht der Klon nicht zwangsläufig das vorgelebte Leben gleichsam nachzuleben.[1102] Jedoch ist die psychische Belastung, zu der noch physische Gefahren beim Klonieren selbst und bislang ungeklärte Belastungen, zum Beispiel ein schneller voranschreitender Alterungsprozess, hinzukommen können, durchaus

---

1093 Erich/Witteck, MedR 2003, S. 9; v. d. Pfordten, in: Ach/Brudermüller/Runtenberg, Hello Dolly?, S. 212, 215.

1094 Rosenau, in: Schreiber/Rosenau/Ishizuka/Kim, Recht und Ethik im Zeitalter der Gentechnik, S. 141.

1095 BVerfGE 30, 173, 193f.

1096 Rosenau, in: Schreiber/Rosenau/Ishizuka/Kim, Recht und Ethik im Zeitalter der Gentechnik, S. 141.

1097 Ebd.

1098 Brohm, JuS 1998, S. 197, 204; Vgl. Frommel, KJ 2002, S. 411, 425.

1099 Rosenau, in: Schreiber/Rosenau/Ishizuka/Kim, Recht und Ethik im Zeitalter der Gentechnik, S. 141.

1100 Ebd.

1101 Dazu Jonas, Technik, Medizin und Ethik. Zur Praxis des Prinzips Verantwortung, S.188ff.

1102 Hilgendorf, in: Staat, Kirche, Verwaltung - Festschrift für Hartmut Maurer zum 70. Geburtstag, S. 1147, 1156f.

real.[1103] Folglich könnte die Würde des Klons durch das Klonen eines Menschen beeinträchtigt werden, so dass die Menschenwürde des Klons als Rechtsgut des § 6 I ESchG betrachtet werden könnte.

bb. Menschenwürde des Originals als Rechtsgut

Es scheint weiterhin möglich zu sein, dass es durch die Schaffung einer genetisch identischen Kopie zu einer Verletzung der Menschenwürde auch des „Originals" kommt, wenn die Kopie ohne Zustimmung des „Originals" geschaffen wird.[1104] Soweit das Original seiner Klonierung relevant zustimmt, sind nach einer Ansicht dessen Rechte nicht verletzt, denn bei dem medizinischen Eingriff handele es sich um keine Würdeverletzung per se, sondern erst dann und nur dann, wenn der Eingriff zum Beispiel bei medizinischen Zwangsversuchen gegen den Willen des Betroffenen vorgenommen wird.[1105] Jedoch könnte eine solche Menschenwürdeverletzung keine Rechtfertigung durch eine Einwilligung des Klonierten erlangen, weil die Menschenwürde gerade nicht von der freien Verfügbarkeit ihres Trägers abhängt.[1106] Dass die Grundrechtsposition des Klonierten verletzt wird, könnte sich auch darin zeigen, dass dieser sich in seinem Vertrauen bezüglich seiner Individualität getäuscht sieht.[1107] Damit könnte die Würde des Originals wegen seiner geklonten Existenz betroffen sein.[1108]

---

1103 Rosenau, in: Schreiber/Rosenau/Ishizuka/Kim, Recht und Ethik im Zeitalter der Gentechnik, S. 141.

1104 Witteck/Erich, MedR 2003, S. 262.

1105 Rosenau, in: Schreiber/Rosenau/Ishizuka/Kim, Recht und Ethik im Zeitalter der Gentechnik, S. 140f.

1106 Witteck/Erich, MedR 2003, S. 262.

1107 Vgl. Joerden, Jahrbuch für Recht und Ethik 7 (1999), S. 79, 85; Witteck/Erich, MedR 2003, S. 262. Da die genetische Einmaligkeit bei eineiigen Mehrlingen nicht vorhanden ist, ist es hier schwierig, die genetische Einzigartigkeit des Klonierten als Argument anzuführen. Dies zeigt sich auch bei Betrachtung der Entwicklungen zahlreicher eineiiger Zwillinge, die völlig unterschiedlich verlaufen können.

1108 Brohm, JuS 1998, S. 197, 204; die Stellungnahme führender deutscher Naturwissenschaftler, Philosophen und Juristen; Eser et al. in: Ach/Brudermüller/Runtenberg, Hello Dolly?, S. 223ff. Anderer Ansicht: Gutmann, in: Roxin/Schroth, Medizinstrafrecht, S. 335, 307ff.; Joerden, Jahrbuch für Recht und Ethik 7 (1999), S. 79, 85.

### cc. Menschheitswürde als Rechtsgut

Des Weiteren könnte auch eine Verletzung der Menschheitswürde als Rechtsgut in Erwägung gezogen werden, denn der Würdebegriff enthält nicht nur einen individualistischen, sondern auch einen gattungsbezogenen Sinn[1109]. Einige, die das Klonen aufgrund der befürchteten Folgen untersagen möchten, konzentrieren sich hier nicht auf das Individuum als Subjekt des Würdeschutzes, sondern auf die Auswirkungen des Klonens auf die menschliche Gattung.[1110] Jeder Mensch hat als gemeinschaftsbezogener und gemeinschaftsgebundener Bürger staatliche Maßnahmen hinzunehmen, die im überwiegenden Interesse der Allgemeinheit unter strikter Wahrung des Verhältnismäßigkeitsgebotes durchgeführt werden, solange durch sie nicht der unantastbare Bereich privater Lebensgestaltung eingeschränkt wird.[1111] Ebenso hat die staatliche Gemeinschaft ein legitimes Interesse an der Gewährleistung guter personaler Entwicklungschancen für die heranwachsende Generation; jedoch darf dies nicht als staatliche Bevormundung missverstanden werden.[1112] Die Gefahren der Selektion von künftigen Generationen und gentechnischer Veränderungen reichen bis an das allgemeine Persönlichkeitsrecht zukünftiger Grundrechtsträger.[1113] Es ist demnach davon auszugehen, dass es beim Klonen zur Herstellung von Menschen zu bestimmten Zwecken mit einer bestimmten genetischen Ausstattung kommt und dass diejenigen, deren Plan damit realisiert wurde, einen Verfügungsanspruch auf diese Menschen erheben.[1114] Wenn die Menschenwürde geschützt werden soll, so wird dadurch nicht mehr nur ihr individueller Träger, sondern zugleich auch die Gemeinschaft geschützt.[1115] Diese Pflicht zur Achtung der Menschenwürde wird durch die Manipulation des genetischen Zufallsprinzips verletzt, die durch die Steuerung der genetischen Disposition ungeborener Menschen mittels KfEK bewirkt wird.[1116] Aus dieser Überlegung ergibt sich zwangsläufig, dass die Unantastbarkeit des menschlichen Genoms integraler Bestandteil der Menschenwürde ist.[1117] Diese Argumente überschreiten jedoch den Begriff der Wür-

---

1109 Witteck/Erich, MedR 2003, S. 262.
1110 Frankenberg, KJ 2000, S. 325, 331.
1111 Schmidt-Bleibtreu/Klein, Kommentar zum Grundgesetz, Art. 1 Rn. 16.
1112 Brohm, JuS 1998, S. 197, 204.
1113 Heun, JZ 2002, S. 517, 523.
1114 Braun, KJ 2000, S. 332, 340.
1115 Witteck/Erich, MedR 2003, S. 262.
1116 Ebd.
1117 Ebd.

de und stimmen nicht mit der individualrechtlichen Struktur überein,[1118] so dass an dieser Stelle anstatt von Menschenwürde besser von „Menschheitswürde" gesprochen werden sollte, womit aber die grundrechtlich verbürgte Würde ihren konkret-individuellen Träger verlieren würde[1119].

#### dd. Zwischenergebnis

Durch § 6 ESchG ist in Bezug auf das KfEK ein Rechtsgut für die Sanktionierung gegeben, während dieses beim KzET nicht eindeutig zu bestimmen ist. Gegen die Zulässigkeit des Klonens gibt es eine Anzahl sehr gewichtiger Argumente; als stärkstes Argument können dabei die Menschenwürde des Klonierten und diejenige seines Klons bzw. die Menschheitswürde angeführt werden. Das Rechtsgut, das geschützt werden soll, sind daher die Individualität sowohl des Klonierten als auch des Klons und die daraus folgende Unantastbarkeit des menschlichen Genoms, die sich als Bestandteil der Menschenwürde der Gemeinschaft erweist. Aus diesem Grund wird das strafrechtliche Verbot des Klonens durch § 6 I ESchG legitimiert.

## 6. Verfassungswidrigkeit

In diesem Abschnitt soll geprüft werden, ob das ESchG und das StZG als verhältnismäßiges Tätigwerden durch die Verfassung eingeschätzt werden können.

### *a. Verfassungswidrigkeit des ESchG*

Damit das ESchG mit der Verfassung übereinstimmt, müsste mit dem ESchG ein legitimer Zweck verfolgt werden, und es müsste auch geeignet sein, dieses Ziel zu erreichen. Daher werden beim Erlass des ESchG dementsprechende Erforderlichkeit und Angemessenheit verlangt. Ein Grund für die Erforderlichkeit des ESchG ist zunächst darin zu sehen, dass eine reine Selbstkontrolle der Ärzte und der Forscher aus verfassungsrechtlicher Sicht nicht ausreicht, wenn es um so hohe Güter wie das Lebensrecht und die Menschenwürde geht. Damit in einem letzten Schritt auch die Angemessenheit des Gesetzes bejaht werden kann,

1118 Frankenberg, KJ 2000, S. 325, 331.
1119 v. Münch/Kunig, Grundgesetz-Kommentar, Art. 1 Rn. 17.

muss ein Interessenausgleich mit Art 5 III GG stattfinden. Hier kann die grundsätzliche Freiheit der Forschung kein Grundrecht zum Verbrauch von Embryonen zur Erkenntnisgewinnung nach sich ziehen. Somit ist das ESchG verfassungsmäßig, und dadurch soll die verbrauchende Forschung an Embryonen verhindert werden. Diese Absicht lässt sich ohne Zweifel mit dem Grundgesetz vereinbaren.

### *b. Verfassungswidrigkeit des StZG*

Es soll weiterhin untersucht werden, ob auch das StZG mit der Verfassung übereinstimmt und ob es gegebenenfalls mit anderen Normen im Widerspruch steht. Zunächst könnte das ausnahmslos gültige Verbot des Stammzellimportes auf verfassungsrechtlicher Ebene geboten sein, und dies wäre vorauszusetzen, wenn diesbezüglich der Staat zum Schutz gegenüber den pluripotenten, importierten Stammzellen verpflichtet wäre[1120]. Die pluripotenten Zellen selbst würden jedoch nicht vom Lebensrecht aus Art. 2 II 1 GG erfasst, denn aus ihnen könne es nicht mehr zur Entwicklung eines lebensfähigen Embryos kommen.[1121] Eine direkte Kollision mit Art 5 III 1 GG könne es demnach nicht geben. Falls auch die Entnahme im Herstellerland nicht unter Strafe steht, sei der Staat in der Regel auch nicht zum Schutz verpflichtet, denn das GG erlege nur dem deutschen Staat eine Schutzpflicht auf und nicht anderen Staaten, die sich eigene Verfassungen gegeben haben oder entsprechende Verfassungsnormen anders auslegen.[1122]

Ausnahmen von diesem Schutz, der sich auf das deutsche Territorium beschränkt, wären jedoch gegeben, soweit es sich bei dem menschlichen Embryo um ein international geschütztes Rechtsgut handelte, welches nach dem Weltrechtsprinzip auch durch deutsches Strafrecht geschützt werden könnte.[1123] Dieses Prinzip würde nun aber nur dann einsetzen, wenn alle Kulturstaaten sichtbar an dem Schutz des Embryos sichtbar interessiert wären. Da in Kulturstatten wie England die Stammzellentnahme ausdrücklich erlaubt ist, begründe sich auch keine Schutzpflicht aus völkerrechtlichen Verpflichtungen.[1124] Immerhin erweist sich der Schutz des Embryos vor seinem Verbrauch nicht als Sicherung eines international geschützten Rechtsgutes. Weil durch die Bindung des Importes an

1120 Kloepfer, JZ 2002, S. 427.
1121 Lilie/Albrecht, NJW 2001, S. 2776; Taupitz, NJW 2001, S. 3434.
1122 Herdegen, JZ 2001, S. 776.
1123 Kloepfer, JZ 2002, S. 427.
1124 Ebd.

hohe Forschungsziele und durch das vorherige Ausschöpfen der Erkenntnisse aus Tierversuchen des Weiteren die notwendige Verhältnismäßigkeit berücksichtigt werde,[1125] erweise sich daher das StZG nicht als verfassungswidrig.

Die Schutzpflicht des Staates könnte jedoch aus der Herstellungsweise der Stammzellen hervorgehen. Diese bewirken bei ihrer Entnahme nach dem bisherigen Stand der Technik den Tod des Embryos, aus dessen Gewebe man sie entnimmt. Die beiden möglichen Begründungen der Schutzpflicht können hierbei auf die Diskussion um den Status des Embryos und um die Gewichtung seines Schutzes neben der Gewichtung des Schutzes der Forschungsfreiheit hinweisen. Die h. M. gesteht dem Embryo zumindest ein Lebensrecht aus Art 2 II 1 GG zu, was die Schutzpflicht des Staates hervorruft.[1126] Zudem könnte die Schutzpflicht durch mittelbare Gefährdung der Menschenwürde und des Lebensrechts begründet worden sein, falls das Risiko besteht, dass der Import mit einem Ansteigen der Nachfrage nach Herstellung neuer Stammzelllinien einhergeht. Diese Wertentscheidung könnte betroffen sein, da die Zulassung des Importes nach häufiger Ansicht auch die Tolerierung der Herstellung nach sich zieht.[1127]

## 7. Zur Vereinbarkeit des Schwangerschaftsabbruchs mit dem ESchG

Bei dem Embryo handelt es sich um ein unabhängiges Leben, das durch das Grundrecht geschützt wird, und dieser Schutz gilt, wie bereits erwähnt, nach ESchG vom Zeitpunkt der Verschmelzung von Ei- und Samenzelle an. Als bestimmender Grundgedanke des ESchG erweist sich die generelle Schutzwürdigkeit des ungeborenen Lebens vom Zeitpunkt der Verschmelzung an[1128], so dass auch dem ungeborenen Leben auch die grundsätzliche Schutzwürdigkeit zukommt. Demzufolge ist die Forschung an dem Embryo durch ESchG verboten.

In den beiden Abtreibungsurteilen des BVerfG[1129] werden, wie oben dargestellt, auch dem Embryo in vivo die Menschenwürde und das Recht auf Leben zugesprochen. Des Weiteren setzt das BVerfG die generelle Gleichwertigkeit

1125 Abrufbar unter: http://www.spiegel.de/politik/Deutschland/0,1518,1993654,00html; Kloepfe, in: JZ 2002, S. 428.

1126 Sacksofsky, Der verfassungsrechtliche Status des Embryo in vitro, S. 21. Einige Vertreter dieser Ansicht setzen voraus, dass die Schutzpflicht des Staates aus der grundlegenden Wertentscheidung der Verfassung zugunsten des Lebens und der Menschenwürde resultiert, siehe in: Iliadou, Forschungsfreiheit und Embryonenschutz, S. 151; Dreier, GG - Kommentar, Rn. 88; Enquete- Kommission, S. 53.

1127 BT-Drucks. 14/8101.

1128 Eser, in: Schwangerschaftsabbruch, auf dem Weg zu einer Neuregelung, S. 154.

1129 BVerfGE 39, S. 1ff.; 88, S. 203ff.

des geborenen und des ungeborenen Lebens voraus[1130]; aus diesem Grund müsse der Schwangerschaftsabbruch „grundsätzlich als Unrecht angesehen und demgemäß rechtlich verboten sein“[1131]. Ebenso findet sich die rechtliche Missbilligung der Tötung des ungeborenen Lebens im StGB. Da sich diese Regelungen im Abschnitt „Straftaten gegen das Leben“ befinden, kann daraus gefolgert werden, dass der Gesetzgeber an dieser Stelle meint, auch dem ungeborenen Leben komme Schutzwürdigkeit zu. Das ungeborene Leben steht somit auch unter strafrechtlichem Schutz, demnach ist ein Schwangerschaftsabbruch grundsätzlich strafrechtlich verboten. Allerdings liegt gegenwärtig auch das Indikationsmodell auf Drittbeurteilungsbasis den §§ 218 ff. StGB zugrunde. Wörtlich führt nun aber der Bundestag dazu aus: „Bei seiner Abwägung wird der Gesetzgeber vor allem der Wertentscheidung des Grundgesetzes zugunsten der Menschenwürde und des Lebens Rechnung zu tragen haben.“[1132]

Fraglich ist demzufolge, inwieweit die bestehenden Regelungsmodelle für den Schwangerschaftsabbruch mit dem ESchG vereinbar sind.

### *a. Der Widerspruch des ESchG zum Schwangerschaftsabbruch des StGB*

Die rechtliche Missbilligung der Tötung des ungeborenen Lebens ist in der Ausgangsnorm des § 218 I 1 StGB zu finden. Demnach können bei einer Abtreibung eine Freiheitsstrafe von bis zu drei Jahren oder eine Geldstrafe verhängt werden. Der Schwangerschaftsabbruch ist für die gesamte Dauer der Schwangerschaft als rechtswidrig zu bezeichnen. Er kann jedoch gemäß den Indikationsregeln des § 218a StGB gerechtfertigt werden. In diesen Regeln sind die Bedingungen für einen gerechtfertigten Schwangerschaftsabbruch festgelegt. Nach § 218a I StGB erweist sich ein Schwangerschaftsabbruch nicht als strafbar[1133], wenn mit der Schwangeren nachweislich ein Beratungsgespräch (siehe § 219 StGB) geführt worden ist und ein Arzt den Eingriff innerhalb von zwölf Wochen nach der Empfängnis vorgenommen hat. Ebenfalls sind die Fälle der embryopathischen Indikation gem. § 218a II und III StGB von der medizinisch-sozialen Indikation erfasst. Ebenso hat das BVerfG entschieden, dass ein Abbruch der Schwangerschaft nicht nur bei medizinischer Indikation, sondern auch bei einer Gefahr schwerer Missbildungen, bei einer Schwangerschaft durch Vergewaltigung oder

1130 Hofstätter, Der embryopathisch motivierte Schwangerschaftsabbruch, S. 78.
1131 BVerfGE 88, S. 203ff.
1132 BT-Drucks. 11/5400, S. 6 unter I.
1133 BVerfGE 88, S. 208, 373ff.

bei einer psychisch unzumutbaren Lage für die Mutter zulässig ist.[1134] Die medizinisch-soziale Indikation beruht also auf der Auffassung, dass man von einer Schwangeren nicht die Bereitschaft zur Austragung der Schwangerschaft erwarten könne, wenn dies auf Kosten ihres eigenen Lebens oder Gesundheitszustandes geschähe. Kommt der Embryo ferner durch einen Diagnose- oder einen Behandlungsfehler des Arztes ums Leben oder erleidet er durch falsche Medikation der Mutter Gesundheitsschäden, so steht er strafrechtlich unter keinem Schutz[1135]. Außerdem ist die embryopathische Indikation gegeben, wenn der Frau nicht zugemutet werden kann, die aufwändige Pflege und Fürsorge eines schwerwiegend behinderten Kindes auf sich zu nehmen.[1136] Eine Abtreibung gemäß medizinisch-sozialer embryopathischer Indikation ist nicht einmal an eine Frist gebunden, und demnach kann der Embryo theoretisch bis zur Geburt getötet werden. Von den gegenwärtig gültigen §§ 218 ff. StGB wird schließlich der „intrakorporale“ Embryo vor der Einnistung in die Gebärmutterschleimhaut als gänzlich schutzlos dargestellt und wird das ungeborene Kind bis zur Geburt der weitgehenden Verfügungsgewalt seiner Mutter (bzw. des auf sie einwirkenden Umfelds) überlassen, ohne dass dabei deutlich wird, ob es sich um eine Abwägung zwischen ihm und den Interessen seiner Mutter handelt.

Dagegen ist die Embryonenforschung nach dem ESchG ausnahmslos verboten. Bei dem Umstand, dass der Gesetzgeber entgegen den Absichten, die er mit dem ESchG verfolgt, in § 218 I 2 StGB die Zeit vor der Nidation von der Strafbarkeit einer Abtreibung ausgeschlossen hat, handelt es sich allerdings um einen in der Literatur häufig kritisierten Punkt. Es sei inkonsequent, einen Grundrechtsschutz des Embryos vorauszusetzen, wenn dieser gemäß dem Strafrecht vor der Nidation auf jeden Fall abgetötet werde.[1137] Die endgültige Einführung des Fristenmodells auf der Selbstbestimmungsbasis durch den Gesetzgeber in Gesamtdeutschland stehe zweifelsohne mit den strikten Verboten des ESchG ebenso in krassem Widerspruch[1138].

### *b. Die Vereinbarkeit des Schwangerschaftsabbruchs mit dem ESchG*

Befürworter der Embryonenforschung behaupten, angesichts der Tatsache, dass der Schwangerschaftsabbruch erlaubt ist, sei das Verbot der Embryonenfor-

1134 Dreier, DÖV 1995, S. 1036, 1039; BVerfGE 39, 1, 48.
1135 Tröndle/Fischer, Strafgesetzbuch und Nebengesetze, Art. 218, Rn. 9.
1136 Beckmann, MedR 1998, S. 155, 156.
1137 Merkel, Forschungsobjekt Embryo, S. 87ff.
1138 Eser, in: Schwangerschaftsabbruch, auf dem Weg zu einer Neuregelung, S. 157.

schung unpraktisch. Einem solchen Vergleich, der zu der Ansicht von Wertungswidersprüchen gelangt, liegt jedoch eine falsche Prämisse zugrunde, nämlich die, dass sich die beiden Situationen miteinander gleichsetzen ließen. Es gibt zwischen Embryonenforschung und Schwangerschaftsabbruch einen wesentlichen Unterschied. Dieser liegt darin, dass während das Lebensrecht des Embryos bei einer Abtreibung unmittelbar mit einem anderem Rechtsgut in Kollision gerät, es in der Embryonenforschung, die sich mit der Frage der Instrumentalisierung des menschlichen Lebens befasst, eine Beeinträchtigung des Lebensrechts des Embryos an sich gibt. Außerdem bildet die Schwangerschaft eine untrennbare Symbiose zwischen Mutterkörper und Embryo und kann damit zu einer höchstpersönlichen Konfliktlage führen,[1139] wohingegen es bei der Embryonenforschung an einer solchen persönlichen Verbindung zu dem Embryo mangelt.[1140] Ferner besteht ein großer Unterschied zwischen der Abtreibung und der Embryonenforschung darin, dass die Frage der Abtreibung im Verlauf der Schwangerschaft aufkommt und eine solche Instrumentalisierung im Schwangerschaftsabbruchsrecht gar nicht erst erwähnt wird[1141], während das Problem bei der Embryonenforschung gerade darin liegt, dass ein Embryo als Instrument angesehen wird, nämlich als Mittel zur Instrumentalisierung des menschlichen Lebens[1142]. Daher führt das Verbot der Embryonenforschung nicht zu einem Wertungswiderspruch, da aus dem ESchG ein ausnahmsloses Verbot der gezielten Erzeugung menschlicher Embryonen zu Forschungszwecken hervorgeht, wohingegen weder das Indikations- noch das Diskursmodell ein ausnahmsloses Verbot des Schwangerschaftsabbruchs kennen.[1143] Ein Vergleich zwischen den verschiedenen Regelungsmodellen zum Schwangerschaftsabbruch und dem Embryonenschutz ergibt also, dass sich sowohl das Indikationsmodell auf Drittbeurteilungsbasis als auch das notlagenorientierte Diskursmodell mit den Grundgedanken des ESchG vereinigen lassen.[1144]

---

1139 Also sind bei einem Schwangerschaftsabbruch nicht nur die verfassungsrechtlichen Rechte des Embryos betroffen, sondern auch die der Mutter, und somit entsteht eine Konfliktlage, die entweder das Leben des Embryos gänzlich verneint oder aber das allgemeine Persönlichkeitsrecht und die Würde der Mutter erheblich beeinträchtigt.

1140 Keller/Günther/Kaiser, Kommentar zum Embryonenschutzgesetz, B IV Rn 24; § 8 Rn 9.

1141 Zu diesem Ergebnis jedoch mit einer anderen Begründung kommt auch Günther, ZStW 102 (1990), S. 269, 289f.

1142 Die totale Instrumentalisierung menschlichen Lebens, wie die gezielte künstliche Erzeugung der Embryonen zu Forschungszwecken, ist bei der natürlichen Befruchtung nicht denkbar, siehe in: Eser, in: Schwangerschaftsabbruch, auf dem Weg zu einer Neuregelung, S. 157.

1143 Eser, in: Schwangerschaftsabbruch, auf dem Weg zu einer Neuregelung, S. 157.

1144 Ebd., S. 161.

Im Gegensatz dazu zeigt sich, dass das Fristenmodell auf Selbstbestimmungsbasis mit den Grundgedanken des ESchG unvereinbar und aus diesem Grunde unhaltbar ist.[1145] Hier hat auch das BVerfG gegen eine reine Fristenlösung plädiert und deren Unvereinbarkeit mit dem GG erklärt.[1146]

## III. Zwischenergebnis

Wenn das Bundesverfassungsgericht schreibt, dass Leben jedenfalls ab dem 14. Tage bestehe, dann kann man sagen, dass es vielmehr die Frage nach dem Beginn des Lebens vor dem 14. Tag offen gelassen hat, allerdings legt diese Bestimmung auch nahe, dass der Lebensschutz schon früher existieren kann.[1147] Für den Beginn des Lebensschutzes ist der Zeitpunkt der wesentlichsten Veränderung ausschlaggebend, und dies ist der Zeitpunkt der Kernverschmelzung von Ei- und Samenzelle[1148]. Mit der Verschmelzung der Zellkerne bzw. mit dem Anfang der Reprogrammierung nach dem Einbringen des somatischen Zellkerns in die entkernte Eizelle ist also ein individualisiertes, biologisch selbstständiges, menschliches Wesen entstanden, und sein Lebensschutz muss ab diesem Zeitpunkt einsetzen. Damit wird der Schutz des Lebens in Art. 2 II 1 GG ab diesem Zeitpunkt festgelegt,[1149] und er könnte das Verbot des menschlichen Klonens verfassungsrechtlich gebieten. Durch das Klonen von Menschen könnte es also zu einer Verletzung des in Art. 2 II 1 GG garantierten verfassungsrechtlichen Lebensschutzes kommen.

Wie oben erläutert, handelt es sich bei dem Embryo um menschliches Leben, demnach kommt ihm Menschenwürde zu. Menschenwürde wird allen existierenden menschlichen Lebewesen zugestanden, egal ob sich diese der Würde bewusst sind und sie selbst zu wahren wissen,[1150] denn die potentiellen Fähigkeiten, die von Anfang an im menschlichen Sein vorliegen, reichen für die Begründung der Menschenwürde aus. Daher ist nach Art.2 II 1 GG auch dem Embryo das Recht auf Leben und gemäß Art.1 I 1 GG der Anspruch auf Würde zuzuge-

---

1145 Ebd.

1146 BVerfGE 39, 1; Giesen/Poll, JR 1993, S. 177.

1147 Schwarz, in: KritV 2001, S. 182, 194

1148 v. Münch/Kunig, Grundgesetz-Kommentar, Art. 2 Rn. 49.

1149 Jedoch spricht gegen eine absolute Gewährleistung des staatlichen Schutzes gegenüber dem ungeborenen Leben der Gesetzesvorbehalt des Art. 2 II 1 GG.

1150 BVerfGE 39, 1, 37, 41; 88, 203, 251;BVerfGE 39, 1, 41.

stehen.[1151] Vom Bundesverfassungsgericht wird auch jedem existierenden menschlichen Wesen die Menschenwürde zugestanden.[1152] Demnach verletzt das Klonen von Menschen, das menschliches Leben instrumentalisiert, gemäß Art. 1 I 1 GG die Menschenwürde der so erzeugten Person.

Da es sich nun aber bei der Forschungsfreiheit des Art. 5 III GG um ein schrankenlos gewährleistetes, vorbehaltloses Grundrecht handelt, könnte die Embryonenforschung bzw. das Klonen von Menschen unter den Schutz dieses Artikels fallen. Jedoch können Eingriffe in Art. 5 III GG durch kollidierendes Verfassungsrecht gerechtfertigt werden, weil sich die Forschungsfreiheit durch die verfassungsimmanenten Schranken aus Art. 1 I und Art. 2 II GG beschränken lässt. Es handelt sich besonders bei der Menschenwürde, die das grundlegende Prinzip der Verfassung bildet, um eine „oberste Wertentscheidung", somit verfügt die Menschenwürde über einen absoluten Durchsetzungsanspruch,[1153] so dass eine Abwägung der Menschenwürde gegenüber anderen Grundrechten (z. B. der Forschungsfreiheit) abgelehnt wird[1154]. Das bedeutet, dass eine Relativierung der Menschenwürde durch Abwägung gegenüber der Forschungsfreiheit völlig ausgeschlossen wird. Folglich soll das Klonen von Menschen, das eine Tätigkeit im Rahmen der Forschung ist, durch das absolute Verbot des Klonens beschränkt werden.

Im deutschen Recht gibt es gegenwärtig zwei wortlautverschiedene Embryodefinitionen. Zum einen gehören laut § 8 I ESchG eben nicht nur die Entwicklungsfähigkeit, sondern auch die Befruchtung einer Eizelle sowie die Kernverschmelzung als Voraussetzungen zur Definition des Embryos,[1155] zum anderen sind gemäß § 3 Nr. 4 StZG entwicklungsfähige Entitäten als Embryo zu erfassen, die sowohl durch Befruchtung als auch durch ZKT oder über den Weg der Reprogrammierung somatischer Zellen zur Totipotenz entstanden sind[1156]. Ge-

1151 Verfassungsrichterin Grasshoff zitiert von Merkel, in: Forschungsobjekt Embryo, S. 54; Knoepffler, in: Knoepffler/Haniel, Menschenwürde und medizinische Konfliktfälle, S. 63.

1152 BVerfGE 88, 203, 251f.

1153 Spiekerkötter, Verfassungsfragen der Humangenetik, S. 35, 36.

1154 BVerfGE 93, 266, 293 ; Gutmann, Strafbarkeit des Klonens von Menschen, S. 325, 341.

1155 Bei totipotenten Zellen könnte es sich nur dann um Embryonen handeln, wenn sie einem durch Befruchtung entstandenen Embryo entstammen, siehe in: Beck, in: Dabrock/Ried, Therapeutisches Klonen als Herausforderung für die Statusbestimmung des menschlichen Embryos, S. 213.

1156 Koch, in: Maio/Just, Die Forschung an embryonalen Stammzellen in ethischer und rechtlicher Perspektive, S. 108. Gemäß dem klaren Gesetzeswortlaut des StZG bildet ein entscheidendes Embryokriterium die Entwicklungsfähigkeit. Im Hinblick auf die Herkunft ist es erforderlich, aber auch hinreichend, dass es sich um eine menschliche

mäß dem ESchG handelt es sich hierbei auch bei geklonten Embryonen mangels Kernverschmelzung noch um keine Embryonen, und daher stehen sie nicht unter Schutz, wogegen sie sich nach dem StZG als schutzwürdiger Gegenstand von Menschenwürde und Lebensrecht erweisen.[1157] Infolgedessen umfasst das ESchG in seiner derzeitigen Fassung nicht die Methode des Klonierens mittels ZKT, und diese Methode steht zumindest zum gegenwärtigen Zeitpunkt nicht unter Strafe. Schließlich wird diese Klonierungsmethode auch nicht durch § 6 I ESchG untersagt, denn das ESchG regelt lediglich die Herstellung und die Verwendung von Embryonen im Sinne des § 8 I ESchG. Dies ist eine Regelungslücke, die durch einen Fehler des Gesetzgebers verursacht wird, der die Verwendung des Klonens durch ZKT übersehen hat. Tatsächlich ist § 6 I ESchG in erster Linie hinsichtlich der künstlichen Mehrlingsbildung sowie des Embryosplittings formuliert worden. Es kann festgestellt werden, dass offensichtlich zwei Grundrechte durch §6 ESchG eingeschränkt werden: das Recht auf Fortpflanzungsfreiheit sowie das Recht auf freie Forschung.

In § 6 I ESchG wird das Klonen untersagt, und dieses Verbot äußert sich darin, dass kein Embryo mit der gleichen Erbinformation wie der eines anderen Embryos oder Menschen künstlich erzeugt werden darf. Damit sollte von dem deutschen Gesetzgeber offensichtlich das Klonen von Menschen eindeutig verhindert werden; es erweist sich jedoch als problematisch, ob wirklich alle denkbaren Verfahren von der gefundenen Regelung erfasst werden. Denn durch das ESchG werden die Fragen der Humangenetik nicht umfassend geregelt, sondern werden lediglich besondere Grenzüberschreitungen bestraft; dadurch verbleiben einige Probleme im rechtsfreien Raum, die aber nicht in den strafrechtlichen Bereich fallen. Alles in allem erweist sich das ESchG als lückenhaft, deswegen könnte eine Änderung des ESchG notwendig sein.

Überdies könnte sich der grundrechtliche Lebensschutz auch auf die embryonalen Stammzellen erstrecken. Denn Forschung an embryonalen Stammzellen betrifft regelmäßig menschliches Leben im Sinne des Art. 2 II 1, das also unter dem grundrechtlichen Schutz seines Bestandes und seiner körperlichen Integrität steht. Diese Ansicht würde für die Forschung mit embryonalen Stammzellen die Verfassungswidrigkeit nach sich ziehen, soweit dem Embryo grundsätzlich der Schutz der Menschenwürdegarantie zugestanden wird. Es besteht nämlich zwischen dem ESchG und dem StZG ein unauflösbarer Wertungswiderspruch.

---

Zelle handelt, die das Stadium der Totipotenz erreicht hat. Siehe in: Koch, in: Maio/Just, Die Forschung an embryonalen Stammzellen in ethischer und rechtlicher Perspektive, S. 111.

1157 Beck, in: Dabrock/Ried, Therapeutisches Klonen als Herausforderung für die Statusbestimmung des menschlichen Embryos, S. 215.

# § 10 Die Rechtslage der anderen Länder

## I. Großbritannien

### 1. Historischer Überblick

Das britische Gesundheits- und Sozialministerium setzte 1982 das "*Committee of Enquiry into Human Fertilisation and Embryology*", das sog. „Warnock Committee“[1158], ein, um potentielle Entwicklungen im Bereich der künstlichen Befruchtung der menschlichen Embryonen unter sozialen, ethischen und rechtlichen Standpunkten untersuchen zu lassen und eine Empfehlung für eine rechtspolitische Beurteilung zu erlangen. Nach zwei Jahren kommissionsinterner wie auch gesellschaftlicher Diskussion erschien im Juli 1984 der Abschlussbericht der Warnock-Kommission als *Report of the Committee on Enquiry into Fertilisation and Embryology (Warnock-Report)*. Danach wurde 1990 in Großbritannien unter dem Einfluss des Ergebnisses der vorbereitenden und beratenden Tätigkeit des schon im Juli 1982 gegründeten Commitee of Enquiry into Human Fertilisation and Embryology[1159] und des "Warnock-Reports" der Human Fertilisation and Embryology Act (im folgenden kurz "HFE Act of 1990") verabschiedet und trat 1991 in Kraft. In Großbritannien sind alle biomedizinischen Handlungsoptionen im HFE Act of 1990 geregelt. Dazu zählen insbesondere die IVF, der Embryonentransfer, die Intra-cytoplasmatische Spermainjektion (ICSI) und die PID als Methoden der assistierten Reproduktion bzw. Fertilitätsbehandlung. Darüber hinaus gehören zu der gesetzlichen Regelung Fragen der klinischen Gametenspende und vor allem die für die Fragestellung der vorliegenden Arbeit zentralen Aspekte der Erzeugung, Verwendung, Aufbewahrung und Vernichtung menschlicher Embryonen zu Forschungszwecken. Die Ergänzung des HFE Act 1990 durch die „Human Fertilisation and Embryology Regulations 2001“ führte danach zu einer Ausweitung dieses bisher sehr beschränkten Rahmens durch ein parlamentarisches Gesetz.[1160]

---

1158 Nach der Vorsitzenden des Committees, der Philosophin Dame Mary Warnock, wurde es kurz „Warnock Commitee“ benannt; Heyer/Dederer, Präimplantationsdiagnostik, Embryonenforschung, Klonen, S. 29; Paul, Möglichkeiten und Grenzen der Forschung an embryonalen Stammzellen und des therapeutischen Klonens, S. 125; Berger, Embryonenschutz und Klonen beim Menschen, S. 125.

1159 Taupitz, Rechtliche Regelungen der Embryonenforschung, S. 67.

1160 Berger, Embryonenschutz und Klonen beim Menschen, S. 128.

## 2. Regelungen der Embryonenforschung

Der HFE Act of 1990 setzt Grenzen für die Forschung an und mit menschlichen Embryonen fest.[1161] Er verbietet in Paragraph 3 (1) grundsätzlich die in vitro-Erzeugung und die Nutzung menschlicher Embryonen. Nur bei der Vergabe einer Lizenz für derartige Forschungszwecke durch die Überwachungsbehörde, die Human Fertilisation & Embryology Authority (im folgenden kurz "HFEA") [1162], ist die Forschung an menschlichen Embryonen erlaubt.[1163] Sofern die gesetzlichen Voraussetzungen für die Erteilung einer Genehmigung durch die HFEA gegeben sind, wird also die Verwendung von „überzähligen IVF-Embryonen" zu Forschungszwecken sowie von Embryonen, die speziell zu diesen Zwecken hergestellt wurden, genehmigt.[1164] Bedingung für die Lizenzvergabe ist, dass folgende Forschungszwecke mit Erlass des HFE Act gesetzlich festgelegt wurden (Schedule 2 Sec. 3 [2] HFE Act); diese Forschungszwecke beschränken sich im Wesentlichen auf den Bereich der Reproduktionsmedizin: (a) Fortschritte in der Infertilitätsbehandlung; (b) Gewinn von Erkenntnissen über die Ursachen angeborener Krankheiten (c) Gewinn von Kenntnissen über die Ursachen von Fehlgeburten; (d) Entwicklung effektiverer Techniken zur Empfängnisverhütung; (e) Entwicklung von Methoden zur Erkennung genetischer oder chromosomaler Anomalien vor der Einpflanzung eines Embryos.[1165] Das bedeutet, dass in Großbritannien die Forschung an menschlichen Embryonen innerhalb der ersten 14 Tage nach der Empfängnis zu bestimmten Zwecken erlaubt ist und dass ferner menschliche Embryonen zu Forschungszwecken in vitro hergestellt werden dürfen.[1166] Jedoch ist die Forschung mit menschlichen Embryonen, bei denen die Bildung des Primitivstreifens bereits begonnen hat, was zumindest nach 14 Tagen p.c. angenommen wird, absolut verboten (Paragraph 3 (3) (a)).[1167]

---

1161 Ebd., S. 125.

1162 Die HFEA wurde im August 1991 auf der Grundlage der Sec. 5 HFE Act als gesetzlich vorgeschriebene Körperschaft gegründet. Die HFEA ist nicht Teil des Ministeriums, sondern eine unabhängige Regierungsbehörde. Taupitz, Rechtliche Regelung der Embryonenforschung im internationalen Vergleich, S. 80.

1163 Berger, Embryonenschutz und Klonen beim Menschen, S. 127.

1164 Ebd.

1165 Taupitz, Rechtliche Regelung der Embryonenforschung im internationalen Vergleich, S. 71.

1166 Ebd., S. 73; Paul, Möglichkeiten und Grenzen der Forschung an embryonalen Stammzellen und des therapeutischen Klonens, S. 134.

1167 Berger, Embryonenschutz und Klonen beim Menschen, S. 127.

## 3. Regelungen der Stammzellforschung

In Großbritannien existiert keine Regelung, die den Import und den Export menschlicher Stammzellen betrifft[1168], die Erzeugung von humanen embryonalen Stammzelllinien war grundsätzlich verboten.[1169] Von der HFEA wurde jedoch gemäß den alten gesetzlichen Bestimmungen bereits einmal die Isolierung und Forschung mit embryonalen Stammzellen erlaubt. Danach wurde eine solche Genehmigung zur Gewinnung von humanen ES-Zellen auf mehrfache Weise durch den HFE Act 1990 gedeckt.[1170] Mit anderen Worten, es waren die Forschungsmethoden, die im Rahmen der Stammzellforschung angewandt wurden, d.h., insbesondere die Entnahme von Stammzellen aus menschlichen Embryonen, schon nach den Regelungen des HFE Act zulässig; dagegen berührten die bisherigen gesetzlichen Bestimmungen nicht die Zwecke der Stammzellforschung.[1171] Die am 31. Januar 2001 in Kraft gesetzten Human Fertilisation and Embryology (Research Purposes) Regulations erweiterte demnach durch die Ergänzung des HFE Act 1990 eine solche Liste lizenzfähiger Forschungsziele im Hinblick auf die Forschung mit humanen embryonalen Stammzellen. Es kann nach Sec. 2 (2) der Human Fertilisation and Embryology Regulation 2001 nun auch für folgende Forschungszwecke eine Genehmigung erteilt werden:

– Gewinn von Erkenntnissen über die Entwicklung von Embryonen;

– Gewinn von Erkenntnissen über schwerwiegende Krankheiten;

– Anwendung derartiger Erkenntnisse zur Entwicklung von Therapien für schwerwiegende Krankheiten.[1172]

Durch diese Erweiterung sollte in erster Linie eine Möglichkeit für die Forschung mit humanen embryonalen Stammzellen geschaffen werden, damit neue Therapien für schwerwiegende Krankheiten entwickelt werden können.[1173] Die Erzeugung von embryonalen Stammzelllinien, die die Entwicklung neuer Behandlungsmethoden bei schwerwiegenden und gegenwärtig noch nicht behan-

---

1168 Taupitz, Rechtliche Regelung der Embryonenforschung im internationalen Vergleich, S. 76.

1169 Berger, Embryonenschutz und Klonen beim Menschen, S. 129.

1170 Ebd., S. 130.

1171 Taupitz, Rechtliche Regelung der Embryonenforschung im internationalen Vergleich, S. 72.

1172 Ebd.; Heyer/Dederer, Präimplantationsdiagnostik, Embryonenforschung, Klonen, S. 31.

1173 Taupitz, Rechtliche Regelung der Embryonenforschung im internationalen Vergleich, S. 72.

delbaren Krankheiten zum Ziel hat, wird somit ebenfalls von den HFE Regulations 2001 erfasst.[1174] Demnach darf die Gewinnung von ES-Zellen aus menschlichen Embryonen bei Vorliegen aller weiteren Voraussetzungen von der HFEA bewilligt werden.[1175]

## 4. Regelungen des KfEK und des KzET

Das KfEK ist im HFE Act 1990 nicht ausdrücklich geregelt. Gemäß Sec. 3 (3) (d) HFE Act 1990 ist lediglich die Zellkernsubstitution eines Embryos, d. h. einer befruchten Eizelle, ausdrücklich untersagt[1176], Vorschriften hinsichtlich anderer Klonierungstechniken enthält das Gesetz nicht. 1994 befasste sich die HFEA zum ersten Mal mit der Methode des Embryonensplittings als einer möglichen Form der Unfruchtbarkeitsbehandlung. Aufgrund der sozialen und der ethischen Implikationen entschied sich die HFEA für ein Verbot des Embryonensplittings im Rahmen der Infertilitätsbehandlung. Außerdem entschloss sie sich, keine Forschungsprojekte zu genehmigen, die der Entwicklung von Klonierungstechniken zu Fortpflanzungszwecken dienen. Damit scheidet bereits eine Genehmigung der Herstellung und auch der extrakorporalen Verwendung menschlicher Embryonen aus, die das Ziel des KfEK verfolgt.[1177] Am 4. Dezember 2001 wurde danach der Human Reproductive Cloning Act 2001 erlassen. In Anlehnung an Sec. 1 (1) und (2) dieses Gesetzes wird mit Gefängnis bis zu zehn Jahren oder mit Geldstrafe bestraft, wer auf eine Frau einen menschlichen Embryo überträgt, der auf andere Weise als durch Befruchtung erzeugt worden ist.[1178] Das Gesetz will damit jede denkbare Methode des KfEK ausschließen. Gemäß dem Rat des Donaldson Reports, der im Jahre 2000 veröffentlicht wurde, erlaubt die vom britischen Unterhaus am 19. Dezember 2000 und vom britischen Oberhaus am 22. Januar 2001 angenommene Ergänzung (Human Reproductive Cloning Act 2001) im Human fertilisation and embryology Act 1990 der HFEA die Lizenzvergabe zur Verwendung und Herstellung von Embryonen zu folgenden Forschungszwecken: (a) Gewinnung von Erkenntnissen über die Entwicklung von Embryonen; (b) Gewinnung von Erkenntnissen über schwere Krankheiten sowie (c) Transfer derartig gewonnener Erkenntnisse in

1174 Berger, Embryonenschutz und Klonen beim Menschen, S. 130.

1175 Ebd.

1176 Ebd.

1177 Taupitz, Rechtliche Regelung der Embryonenforschung im internationalen Vergleich, S. 72.

1178 Ebd., S. 73.

die Entwicklung von Behandlungen schwerer Krankheiten.[1179] Daraus lässt sich allerdings schließen, dass die Erzeugung eines Embryos mittels Zellkerntransfers in eine unbefruchtete Eizelle weder durch den HFEA 1990 noch durch den Human Reproductive Cloning Act ausdrücklich untersagt ist, erlaubt wäre somit beispielsweise das therapeutische Klonen zum Zwecke der Gewinnung embryonaler Stammzellen.[1180] Diese Klonierungstechnik kann demnach grundsätzlich von der HFEA bewilligt werden, soweit es um die Erforschung der in Schedule 2 (3) (2) HFE Act 1990 genannten Ziele geht.[1181] Ebenso haben die HFE Regulations 2001 den Rahmen der bewilligbaren Vorhaben erweitert, sofern die verfolgten Zwecke mit den gesetzlich vorgesehenen Forschungszielen übereinstimmen.[1182] Für die HFEA konnte zudem die Lizensierung des „KzET" durch die Einführung der HFE Regulations 2001 von Januar 2001 ermöglicht werden.[1183] Des Weiteren wird die Erzeugung eines geklonten Embryos zu therapeutischen oder zu Forschungszwecken durch den Human Reproductive Cloning Act 2001 nicht ausgeschlossen.[1184] Daher könnte es zur Genehmigung des KzET zu Forschungszwecken durch die HFEA kommen; ohne eine solche ausdrückliche Genehmigung wäre die Durchführung allerdings strafbar.[1185]

## II. USA

Die Gesetzgebungskompetenz in den USA ist zwischen dem Bundesstaat und den Staaten aufgeteilt, im Kollisionsfall gilt das föderale Bundesgesetz.[1186] In den USA ist jedoch die Forschung mit humanen embryonalen Stammzellen oder mit menschlichen Embryonen sowie an Klonen von Menschen bislang nicht explizit auf Bundesebene geregelt.

---

1179 Hillebrand/Lanzerath, Klonen – Stand der Forschung, ethische Diskussion, rechtliche Aspekte, S. 45ff.

1180 Paul, Möglichkeiten und Grenzen der Forschung an embryonalen Stammzellen und des therapeutischen Klonens, S. 140.

1181 Berger, Embryonenschutz und Klonen beim Menschen, S. 133.

1182 Ebd.

1183 Ebd., S. 132.

1184 Taupitz, Rechtliche Regelung der Embryonenforschung im internationalen Vergleich, S. 73.

1185 Ebd.

1186 Ebd., S. 211.

## 1. Regelung über Embryonenforschung und Stammzellforschung

Der Kongress verabschiedete 1993 das nach seinem Initiator benannte „Dickey-Amendment“. Dieses legt fest, dass für die Erzeugung menschlicher Embryonen zu Forschungszwecken, welche auf deren Vernichtung hinauslaufen oder ein konkretes Risiko für deren Unversehrtheit beinhalten, keine Fördermittel mehr bewilligt werden dürfen. Von nun an war die Zuweisung von Fördermitteln insbesondere für die verbrauchende Embryonenforschung bzw. die Gewinnung embryonaler Stammzellen nicht mehr möglich.[1187] Nachdem am 24. Februar 1997 der amerikanische Präsident die „National Bioethics Advisory Commission“ (NBAC) beauftragt hatte, die rechtlichen und die ethischen Aspekte zu erörtern, die mit dem Einsatz der neuen Klonierungstechniken verbunden sind, wurde im Jahre 1999 von der National Bioethics Advisory Commission(NBAC) ein ausführlicher Bericht zur Stammzellforschung (Ethical Issues in Human Stem Cell Research) erstellt, der Übersichten zu Regelungen in den Einzelstaaten enthält.[1188] Folgende durch den Präsidenten festgelegte Voraussetzungen ermöglichen die Förderung mit Bundesmitteln:[1189]

– Die Stammzellen müssen von einem Embryo stammen, der ursprünglich zu Fortpflanzungszwecken geschaffen wurde,

– der Embryo wird zu diesem Zweck nicht mehr benötigt,

– die Zustimmung der Spender der Embryonen muss vorliegen, und

– es gibt keine finanzielle Zuwendung dafür, dass der Embryo zur Verfügung gestellt wird.

Darüber hinaus gibt es bei den National Institutes of Health (NIH) Richtlinien, die Verbotsregelungen enthalten. Verboten sind danach:[1190]

– die Gewinnung neuer Stammzelllinien,

– die Verwendung von Stammzellen zur Schaffung oder zur genetischen Änderung eines Embryos,

– der Transfer einer humanen embryonalen Stammzelle in eine menschliche oder eine tierische Eizelle,

---

1187 DFG, Forschung mit humanen embryonalen Stammzellen, S. 31; Haßmann, Embryonenschutz im Spannungsfeld internationaler Menschenrechte, staatlicher Grundrechte und nationaler Regelungsmodelle zur Embryonenforschung, S. 150.

1188 Heyer/Dederer, Präimplantationsdiagnostik, Embryonenforschung, Klonen, S. 88.

1189 Ebd.

1190 Ebd.

– Forschung, in deren Rahmen menschliche Stammzellen mit tierischen kombiniert werden,

– die Verwendung von Stammzellen zum Zweck reproduktiven Klonens.

Am 23. August 2000 gaben danach die National Institutes of Health (NIH) ihre „Final Guidelines for Stem Cell Research“ bekannt, die sie nach ausführlichem Diskurs mit der Öffentlichkeit entwickelt hatten und die im Federal Register veröffentlicht wurden. Am 9. August 2001 verkündigte Präsident George W. Bush seine Entscheidung über die Förderung der Stammzellforschung mit öffentlichen Mittel in einer landesweit übertragenen Fernsehansprache.[1191] Außerdem kündigte er die Schaffung eines neuen Beratungsgremiums namens „President´s Council on Bioethics“ an. Dieses Gremium sollte sich nach dem Willen des Präsidenten mit Grundsatzfragen der Bioethik auseinandersetzen und die Stammzellforschung überwachen. Ende August wurde seitens der NIH eine Liste mit 64 unterschiedlichen Stammzelllinien unter Nennung der sie besitzenden Institutionen veröffentlicht, die nach der Entscheidung des Präsidenten mit öffentlichen Mittel gefördert werden können. Die Gesetzgebungskompetenz befindet sich im Wesentlichen bei den Einzelstaaten, nur die Vergabe von staatlichen Forschungsgeldern ist auf Bundesebene geregelt.[1192] Insofern fand die Embryonenforschung bis August 2000 keine staatliche Unterstützung, sondern wurde vollständig dem privaten Sektor anheimgestellt.[1193] Gemäß den neuen Guidelines for research using human pluripotent stem cells erhielten nun auch bestimmte Formen der Stammzellforschung durch Bundesmittel Unterstützung; Forschungsprojekte, welche auf die Gewinnung von Stammzellen aus Embryonen abzielen, erfuhren jedoch keine Förderung.[1194] Dennoch ist die Förderung von Vorhaben, bei denen mit bereits etablierten Stammzelllinien gearbeitet wird, erlaubt, wobei vorausgesetzt wird, dass diese Stammzellen aus überzähligen Embryonen stammen.[1195] Danach wurden am 9. August 2001 von Präsident George W. Bush erneut Kriterien vorgelegt, gemäß denen die Forschung an

---

1191 Ebd.; Haßmann, Embryonenschutz im Spannungsfeld internationaler Menschenrechte, staatlicher Grundrechte und nationaler Regelungsmodelle zur Embryonenforschung, S. 158; Taupitz, Rechtliche Regelung der Embryonenforschung im internationalen Vergleich, S. 216.

1192 Taupitz, Rechtliche Regelung der Embryonenforschung im internationalen Vergleich, S. 211.

1193 Heyer/Dederer, Präimplantationsdiagnostik, Embryonenforschung, Klonen, S. 87.

1194 Ebd.; Taupitz, Rechtliche Regelung der Embryonenforschung im internationalen Vergleich, S. 215.

1195 Heyer/Dederer, Präimplantationsdiagnostik, Embryonenforschung, Klonen, S. 87; Taupitz, Rechtliche Regelung der Embryonenforschung im internationalen Vergleich, S. 214.

embryonalen humanen Stammzellen vom Bund gefördert werden darf, wobei nur solche Stammzelllinien betroffen sind, die bis zum 9. August 2001 gewonnen wurden und von Embryonen stammen, die sich nicht mehr zu einem Menschen entwickeln können.[1196] Gegenwärtig sind allerdings weder die Forschung mit humanen embryonalen Stammzellen noch deren Entnahme aus Embryonen in den USA durch Bundesrecht verboten. Im März 2009 wurde von dem amtierenden Präsidenten Barack Obama die von dem ehemaligen Präsidenten George W. Bush im Jahr 2001 verfügte Beschränkung der staatlichen Finanzierung der Forschung mit menschlichen embryonalen Stammzellen außer Kraft gesetzt. Anders als Bush will Obama die Stammzellforschung uneingeschränkt mit staatlichen Mittel unterstützen. Er drückte energisch seinen Wunsch nach Stammzellforschung aus und sagte, dass bei deren Beschränkung die Zukunft der USA nicht zu sichern sei; er unterstütze verschiedene Forschungen, um neue Therapiemethoden zu entwickeln[1197].

## 2. Regelung über reproduktives und therapeutisches Klonen

Am 4. März 1997 erließ der damals amtierende amerikanische Präsident Bill Clinton ein Memorandum „for the heads of executive departments and agencies“[1198], welches besagt, dass keine Bundesgelder zum Klonieren von Menschen verwendet werden dürfen. Außerdem schlug Clinton am 9. Juni 1997 dem Kongress vor, einen „Cloning Prohibition Act“ zu erlassen, der die Erzeugung eines menschlichen Klons verbietet. Jedoch enthält keines der Staatsgesetze ein generelles Verbot des menschlichen Klonens. Hingegen gibt es in den Bundesstaaten mehrere Gesetzesentwürfe, deren Ziel es ist, das Klonen von Menschen gänzlich oder teilweise einzuschränken. Anfang August 2001 verabschiedete das Repräsentantenhaus den “Human Cloning Prohibition Act 2001”; in ihm sollten in Sec.302 das Forschungs- bzw. das therapeutische sowie das reproduktive Klonen verboten werden.[1199] Jedoch scheiterte der Entwurf bereits im US-Senat,

1196 Heyer/Dederer, Präimplantationsdiagnostik, Embryonenforschung, Klonen, S. 88; Taupitz, Rechtliche Regelung der Embryonenforschung im internationalen Vergleich, S. 216.

1197 http://news.naver.com/main/read.nhn?mode=LSD&mid=sec&sid1=140&oid=001&aid=0002940951

1198 White House Press Releases Database: Memorandum of March 4, 1997.

1199 Hirschmüller, Internationales Verbot des Humanklonens, S. 180; § 302 (a) Human Cloning Prohibition Act of 2001, siehe auch FAZ vom 02. 08. 2001, S. 1, 43; Haß-

weil auch dort über die Bewertung des therapeutischen Klonens keine Einigkeit erreicht werden konnte.[1200] Im Jahr 2003 wurde im Repräsentantenhaus ein weiterer Gesetzesentwurf vorgelegt, der Ähnlichkeit mit dem Human Cloning Prohibition Act aus dem Jahr 2001 aufwies und demnach jegliches Humanklonen untersagte.[1201] Durch das geplante Verbot sollten die Verwendung sowie der Import von geklonten Embryonen oder von aus ihnen entwickelten Produkten in den USA unter Strafe gestellt[1202] und außerdem das Humanklonen als staatenübergreifendes Verbrechen angesehen werden, das mit hohen Geldstrafen oder 10 Jahren Gefängnis geahndet werden sollte.[1203] Das Gesetz wurde von der Bush-Regierung intensiv unterstützt, und so wurde der Gesetzesvorlage im Repräsentantenhaus mit 241 zu 155 Stimmen gebilligt[1204]; allerdings scheiterte der Entwurf erneut im Senat.[1205] Ebenso wurde aus den Reihen des Senats selbst ein Alternativentwurf entwickelt; in ihm sollte das reproduktive Klonen verboten sein, nicht jedoch das therapeutische Klonen.[1206] Das Repräsentantenhaus erarbeitete danach eine Lockerung der damaligen Gesetzeslage: Für die Forschung mit adulten Stammzellen und mit Nabelschnurblut sollten das Budget erhöht sowie die Finanzierung des therapeutischen Klonens bzw. der Stammzellforschung gewährleistet werden.[1207] Dagegen betonte Präsident Bush wiederholt, dass er eine Lockerung der Gesetze nicht gutheiße, weil die Klonforschung zu einer Instrumentalisierung des Embryos führe.[1208] Ungeachtet der Drohung Bushs kam es am 18.07.2006 im Senat zur einstimmigen Verabschiedung des Gesetzes.[1209] Einen Tag später setzte Bush seine Drohung in die Tat um und machte sein Veto geltend.[1210] Einige republikanische Abgeordnete hatten für das neue Gesetz gestimmt; trotzdem konnten weder das Repräsentantenhaus noch der Senat die für die Überstimmung des Einspruches des Präsidenten erforderliche Mehrheit aufbringen.[1211] Wegen des Fehlens einer bundesgesetzlichen Regelung konnten jedoch die einzelnen Bundesstaaten das Humanklonen und die

mann, Embryonenschutz im Spannungsfeld internationaler Menschenrechte, staatlicher Grundrechte und nationaler Regelungsmodelle zur Embryonenforschung, S. 148.

1200 Hirschmüller, Internationales Verbot des Humanklonens, S. 180.

1201 Ebd., S. 181.

1202 Heyer/Dederer, Präimplantationsdiagnostik, Embryonenforschung, Klonen, S. 87.

1203 Hirschmüller, Internationales Verbot des Humanklonens, S. 181.

1204 Heyer/Dederer, Präimplantationsdiagnostik, Embryonenforschung, Klonen, S. 87.

1205 Ebd.; Hirschmüller, Internationales Verbot des Humanklonens, S. 181.

1206 Hirschmüller, Internationales Verbot des Humanklonens, S. 181.

1207 Ebd., S. 182.

1208 Ebd.

1209 Ebd.

1210 Ebd.

1211 Ebd., S. 183.

Embryonenforschung eigenmächtig regeln.[1212] Gesetze, in denen es um das menschliche Klonen geht, existieren in sechs Einzelstaaten; seitdem wurden in fünf weiteren Staaten – in Louisiana, Michigan, Rhode Island, Virginia und kürzlich auch in Iowa – gesetzliche Regelungen verabschiedet, die das menschliche Klonen untersagen.[1213] Im Gegensatz zu denjenigen Staaten, in denen es ein umfassendes Verbot des Humanklonens gab, fehlte in anderen Staaten ein Verbot der Forschung an Embryonen bzw. ein Verbot des KzET Klonens.[1214] Im Bundesstaat Kalifornien sowie in einigen anderen Staaten wurden darüber hinaus für die Forschung an humanen embryonalen Stammzellen Förderprogramme in Gang gesetzt.[1215]

## III. Frankreich

### 1. Historischer Überblick

Am 29. Juli 1994 trat in Frankreich eine umfassende gesetzliche Regelung zur Bioethik in Kraft.[1216] Sie bestand aus zwei Teilgesetzen – Loi N 94-653 du 29 Juillet 1994 relative au respect du corps humain (Gesetz über den Respekt gegenüber dem menschlichen Körper) und Loi N 94-654 du 29 Juillet 1994 relative au don et à la utilisation des éléments et produits du corps humain, à l'assistance médicale à la procréation et au diagnostic prénatal (Gesetz über die Spende und Verwendung von Teilen und Produkten des menschlichen Körpers zur medizinisch unterstützten Fortpflanzung und zur pränatalen Diagnostik).[1217] Durch das erstgenannte Gesetz werden an mehreren Stellen der code civil (Zivilgesetzbuch)[1218] sowie der Code Pénal (Strafgesetzbuch) modifiziert.[1219] Ein

---

1212 Ebd., S. 185.

1213 Heyer/Dederer, Präimplantationsdiagnostik, Embryonenforschung, Klonen, S. 88.

1214 Hirschmüller, Internationales Verbot des Humanklonens, S. 186.

1215 Heyer/Dederer, Präimplantationsdiagnostik, Embryonenforschung, Klonen, S. 90.

1216 Ebd., S. 23; Taupitz, Rechtliche Regelung der Embryonenforschung im internationalen Vergleich, S. 57.

1217 Taupitz, Rechtliche Regelung der Embryonenforschung im internationalen Vergleich, S. 57.

1218 Durch das erste Gesetz Nr. 94-653 werden lediglich allgemeine Grundsätze geregelt – z. B. der Respekt vor dem menschlichen Körper –, weswegen es in den Code Civil aufgenommen wurde. Vgl. Hirschmüller, Internationales Verbot des Humanklonens, S. 166.

neues Kapitel des Strafgesetzbuches enthält danach explizite Regelungen zum Umgang mit Embryonen; das Kapitel trägt die Überschrift „Des infractions en matière d'éthique biomédicale".[1220] Das zweite Gesetz, Nr. 94-654, beschränkt u. a. die IVF und die Forschung am Menschen; es ergänzt ebenfalls den Code de la santé publique, das Gesundheitsgesetzbuch.[1221] Da sich jedoch die Biotechnik ständig weiterentwickelte, wurde durch Art. 21 des Gesetzes Nr. 94-654 festgelegt, gleichzeitig mit dem Erlass der oben genannten Gesetze deren Angemessenheit nach einer Frist von fünf Jahren erneut zu überprüfen.[1222]

Das 1983 gegründete „Comité Consultatif National d'Éthique pour les sciences de la vie et de la santé",[1223] das nicht nur für Präsident und Parlament im Hinblick auf Fragen der Bioethik eine Beraterfunktion erfüllt, sondern auch durch jährlich stattfindende Hearings zur öffentlich-politischen Entscheidungsfindung beiträgt, veröffentlichte im April 1997 seine Stellungnahme zum Vorentwurf des Bioethikgesetzes in vier Kapiteln: wissenschaftliche und technische Aspekte, die Frage der Anwendung des Klonens beim Menschen, philosophische und ethische Gesichtspunkte sowie rechtliche Überlegungen[1224]. Ende November 1999, zwei Jahre nach dem Erscheinen des Berichts des CCNE, veröffentlichte der Conseil d'État – der Staatsrat –, der im Rahmen des Gesetzgebungsverfahrens das oberste französische Regierungsberatungsgremium ist, das Stellungnahmen zu Rechtsverordnungen abgibt sowie Regierungsentwürfe erstellt, eine umfassende Studie unter dem Titel „Les lois de bioéthique: cinq ans après" zur Überarbeitung der Bioethikgesetze.[1225] Danach erhielt die Nationalversammlung, die aus verschiedenen Gremien besteht, den ersten Regierungsentwurf zur ersten Lesung am 20.06.2001 von Premierminister Jospin und der

1219 Taupitz, Rechtliche Regelung der Embryonenforschung im internationalen Vergleich, S. 57; Heyer/Dederer, Präimplantationsdiagnostik, Embryonenforschung, Klonen, S. 23.

1220 Taupitz, Rechtliche Regelung der Embryonenforschung im internationalen Vergleich, S. 57.

1221 Ebd.; Heyer/Dederer, Präimplantationsdiagnostik, Embryonenforschung, Klonen, S. 23; Hirschmüller, Internationales Verbot des Humanklonens, S. 166.

1222 Heyer/Dederer, Präimplantationsdiagnostik, Embryonenforschung, Klonen, S. 23; Hirschmüller, Internationales Verbot des Humanklonens, S. 167; Boué, in: Klonen in biomedizinischer Forschung und Reproduktion, S. 357.

1223 Haßmann, Embryonenschutz im Spannungsfeld internationaler Menschenrechte, staatlicher Grundrechte und nationaler Regelungsmodelle zur Embryonenforschung, S. 185.

1224 Boué, in: Klonen in biomedizinischer Forschung und Reproduktion, S. 357.

1225 Hirschmüller, Internationales Verbot des Humanklonens, S. 169; Haßmann, Embryonenschutz im Spannungsfeld internationaler Menschenrechte, staatlicher Grundrechte und nationaler Regelungsmodelle zur Embryonenforschung, S. 191.

Ministerin für Arbeit und Solidarität Elisabeth Guigou, und der Entwurf wurde nach einer genauen Ausarbeitung im Januar 2002 verabschiedet.[1226] Nach langen Besprechungen und neuen Wahlen wurde der vom Senat geänderte Entwurf durch die Nationalversammlung allerdings erst im Dezember 2003 angenommen.[1227] Der neue Entwurf hatte auch nach einer Überprüfung durch den Conseil Constitutionnel Bestand,[1228] und am 6.8.2004 wurde schließlich das Bioethikgesetz No. 2004-800 verabschiedet, das dann am 1.1.2005 in Kraft trat[1229].

## 2. Regelung über Embryonenforschung

In Frankreich existiert keine gesetzliche Definition des Begriffs „Embryo".[1230] Zwar bestimmt Art. 16 des code civil, dass der Schutz der menschlichen Würde vom Beginn des Lebens an beginnt, er lässt jedoch die Frage offen, wann genau das menschliche Leben beginnt. Strafrechtlich wird auch der ungeborene Embryo nicht als Person behandelt.[1231] Die Artikel 511-15 bis 511-25 des Code Pénal enthalten jedoch umfangreiche strafrechtliche Schutzvorschriften für den Embryo.[1232] Unter Strafe stehen hierbei der Erwerb menschlicher Embryonen (Art. 511-15 Code Pénal), die Gewinnung von Embryonen bei Verstößen gegen die Vorschriften der Artikel L. 152-4 und L. 152-5 code de la santé publique (Art. 511-16 Code Pénal), die IVF oder der Gebrauch von Embryonen zu industriellen oder zu wirtschaftlichen Zwecken (Art. 511-17 Satz 1 Code Pénal)[1233] sowie die künstliche Erzeugung eines Embryos in vitro zu Forschungs- und Experimentierzwecken (Art. 511-18 Code Pénal).[1234] Außerdem enthält es ein grundsätzli-

1226 Hirschmüller, Internationales Verbot des Humanklonens, S. 172f.; Boué, in: Klonen in biomedizinischer Forschung und Reproduktion, S. 359; Haßmann, Embryonenschutz im Spannungsfeld internationaler Menschenrechte, staatlicher Grundrechte und nationaler Regelungsmodelle zur Embryonenforschung, S. 197.

1227 Hirschmüller, Internationales Verbot des Humanklonens, S. 173; Boué, in: Klonen in biomedizinischer Forschung und Reproduktion, S. 359.

1228 Hirschmüller, Internationales Verbot des Humanklonens, S. 173.

1229 Ebd.

1230 Taupitz, Rechtliche Regelung der Embryonenforschung im internationalen Vergleich, S. 58, 60.

1231 Ebd., S. 60.

1232 Haßmann, Embryonenschutz im Spannungsfeld internationaler Menschenrechte, staatlicher Grundrechte und nationaler Regelungsmodelle zur Embryonenforschung, S. 185.

1233 Ebd.; Hirschmüller, Internationales Verbot des Humanklonens, S. 166.

1234 Taupitz, Rechtliche Regelung der Embryonenforschung im internationalen Vergleich, S. 59; Hirschmüller, Internationales Verbot des Humanklonens, S. 166.

ches Verbot der Embryonenforschung in Art. L. 2141-8 code de la santé publique: „Toute experimentation sur l'embryon est interdite."[1235] Nach Art. R. 152-8-1 S. 4 code de la santé publique ist insbesondere jegliche Veränderung des genetischen Erbgutes und jede Studie, durch die die Entwicklung des Embryos verändert werden kann, verboten.[1236] Ebenso ist die Erzeugung eines Embryos in vitro zu Forschungszwecken nach Loi no. 94-654 vom 29. Juli 1994 verboten, so dass die Herstellung von Embryonen zu Forschungszwecken oder aus wirtschaftlichen Motiven nach Art. L. 152-7 und L.152-8 code de la santé publique, des Gesundheitsgesetzbuchs, sogar ausdrücklich untersagt ist.[1237]

Dagegen sind gemäß Art. L. 152-8 code de la santé publique so genannte Studien an Embryonen gestattet, welche einen medizinischen Zweck enthalten müssen, dem Embryo nicht schaden dürfen und erst nach schriftlicher Zustimmung der Eltern und nach Stellungnahme einer speziellen Kommission, der „Commission nationale de médecine et de biologie de la reproduction et du diagnostic prénatal" durchgeführt werden dürfen.[1238] Außerdem gestattet der code de la santé publique, das Gesundheitsgesetzbuch, im Rahmen der medizinisch assistierten Fortpflanzung ausschließlich die Erzeugung eines Embryos in vitro durch Art. L. 152-3 code de la santé publique,[1239] und auch nach Art. L. 2141-3 code de la santé publique ist die Erzeugung von Embryonen in vitro grundsätzlich nur zu Fortpflanzungszwecken erlaubt, wobei hier eine zahlenmäßige Begrenzung nicht vorgesehen ist.[1240] Gem. Art. L 2141-8 S. 5 code de la santé publique wird also zwischen unzulässigen Experimenten und ausnahmsweise zulässigen Studien im Hinblick darauf unterschieden, ob ein Eingriff in den Embryo erfolgt.[1241] Sonstige Studien an Embryonen dürfen nur nach Genehmigung durch den Gesundheitsminister durchgeführt werden.[1242] Weiterhin sollte auch durch die CCNE im April 1998 und den Conseil d'État im November 1999 die Herstellung von Embryonen zu Forschungszwecken ausdrücklich verboten

1235 Taupitz, Rechtliche Regelung der Embryonenforschung im internationalen Vergleich, S. 62.

1236 Ebd.

1237 Hirschmüller, Internationales Verbot des Humanklonens, S. 166; Haßmann, Embryonenschutz im Spannungsfeld internationaler Menschenrechte, staatlicher Grundrechte und nationaler Regelungsmodelle zur Embryonenforschung, S. 180.

1238 Hirschmüller, Internationales Verbot des Humanklonens, S. 181.

1239 Ebd., S. 178.

1240 Ebd., S. 192; Taupitz, Rechtliche Regelung der Embryonenforschung im internationalen Vergleich, S. 58.

1241 Taupitz, Rechtliche Regelung der Embryonenforschung im internationalen Vergleich, S. 62.

1242 Ebd., S. 63.

bleiben.[1243] Den bestehenden Regelungen wurde jedoch auch durch die einstimmige Befürwortung der Zulassung der Forschung an überzähligen Embryonen durch die CCNE zugestimmt, des Weiteren wurde von ihr auch die Notwendigkeit eines gesonderten Berichts zur besseren Regulierung der Embryonenforschung und des therapeutischen Klonens hervorgehoben.[1244] Der erste Gesetzentwurf der Regierung vom Juni 2001 sollte ebenso die Forschung an überzähligen Embryonen und an abgetriebenen Föten erlauben.[1245]

Im Jahr 2004 wurde schließlich eine Reform der Bioethikgesetzgebung – „les lois relatives á la bioéthiques No. 94-653 et 94-654“ – beschlossen, durch die die bestehenden Regelungen grundsätzlich nicht verändert wurden. In Anlehnung an den Code Pénal in der seit 1994 geltenden Fassung wird die Herstellung von Embryonen zu kommerziellen Zwecken mit sieben Jahren Gefängnis bestraft.[1246] Nach diesem Bioethikgesetz ist allerdings die Möglichkeit eingeführt worden, Forschung an In-vitro-Embryonen durchzuführen.[1247] Dies betrifft jedoch nur solche Embryonen, welche nach Versuchen künstlicher Befruchtung „überzählig“ geworden sind und somit für die Erfüllung des Kinderwunsches nicht mehr gebraucht werden.[1248] Anders als in anderen Ländern, gibt es auch in Frankreich bei der Embryonenforschung eine Beschränkung auf den Zeitraum von maximal sieben (statt 14) Tagen nach der Befruchtung.[1249]

## 3. Regelungen über Stammzellforschung

Die Bioethikgesetze enthalten keine Regelungen bezüglich der Forschung mit bereits isolierten embryonalen Stammzellen.[1250] Allein die Forschung mit Embryonen und damit auch die Gewinnung von embryonalen Stammzellen ist verboten.[1251] Die fremdnützige Forschung war somit eindeutig nicht erlaubt, und den französischen Wissenschaftlern war damit auch die Herstellung embryonaler Stammzellen verboten; dennoch gab es keine gesetzliche Regelung bezüglich

1243 Hirschmüller, Internationales Verbot des Humanklonens, S. 168, 170; Haßmann, Embryonenschutz im Spannungsfeld internationaler Menschenrechte, staatlicher Grundrechte und nationaler Regelungsmodelle zur Embryonenforschung, S. 190.

1244 Hirschmüller, Internationales Verbot des Humanklonens, S. 168.

1245 Ebd., S. 172

1246 Heyer/Dederer, Präimplantationsdiagnostik, Embryonenforschung, Klonen, S. 24.

1247 Ebd., S. 25.

1248 Ebd.; Hirschmüller, Internationales Verbot des Humanklonens, S. 173.

1249 Heyer/Dederer, Präimplantationsdiagnostik, Embryonenforschung, Klonen, S. 25.

1250 DFG, Forschung mit humanen embryonalen Stammzellen, S. 33.

1251 Ebd.

der Einfuhr solcher Stammzellen aus dem Ausland.[1252] Deswegen wurde intensive Forschung an importierten Stammzellen betrieben, obwohl die fremdnützige Embryonenforschung verboten war.[1253]

Im November 1999 hat der Conseil d'État in seinem Bericht „Les lois de bioéthique: cinq ans après" den Vorschlag gemacht, die Forschung an embryonalen Stammzellen unter bestimmten strengen Bedingungen zu genehmigen.[1254] Danach wurde im Dezember 2000 durch die Regierung ein Vorentwurf der Gesetzesnovelle zur Überarbeitung der Bioethik-Gesetze von 1994 vorgestellt.[1255] Art. L. 1245-3 code de la santé publique bestimmt: „die Herstellung embryonaler Stammzellen darf nur unter Verwendung von Embryonen, die nicht das Stadium der Gewebedifferenzierung erreicht haben, vorgenommen werden."[1256] Das lässt aber offen, woher diese Embryonen stammen dürfen.[1257] Wie oben dargelegt, ist ebenso die Erzeugung von Embryonen mittels IVF zu Forschungszwecken verboten.[1258] Im Rahmen der Novellierung des Bioethikgesetzes eröffnete sich schließlich aber die Möglichkeit der Forschung an In-vitro-Embryonen; aus solchen Embryonen könnten auch embryonale Stammzellen gewonnen werden.[1259] Dies betrifft allerdings nur solche Embryonen, die nach Versuchen zur künstlichen Befruchtung „überzählig" geworden sind und somit für die Erfüllung des Kinderwunsches nicht mehr gebraucht werden.[1260]

---

1252 Hirschmüller, Internationales Verbot des Humanklonens, S. 167; Taupitz, Rechtliche Regelung der Embryonenforschung im internationalen Vergleich, S. 60.

1253 Hirschmüller, Internationales Verbot des Humanklonens, S. 167.

1254 DFG, Forschung mit humanen embryonalen Stammzellen, S. 33; wegen der Erwartung der Heilung schwerer Krankheiten schlägt der Conseil d'État einen Kompromiss zwischen dem vollständigen Verbot und einer weiten Zulässigkeit der Embryonenforschung vor.

1255 Haßmann, Embryonenschutz im Spannungsfeld internationaler Menschenrechte, staatlicher Grundrechte und nationaler Regelungsmodelle zur Embryonenforschung, S. 191.

1256 Ebd., S. 193.

1257 Ebd.

1258 Ebd.

1259 Heyer/Dederer, Präimplantationsdiagnostik, Embryonenforschung, Klonen, S. 25.

1260 Ebd.

## 4. Regelung über reproduktives und therapeutisches Klonen

Bezüglich des KfEK kann man in den Bioethikgesetzen 1994 keine ausdrückliche Regelung finden,[1261] denn beim KfEK ist die Möglichkeit einer Anwendung auf den Menschen damals ausgeschlossen worden.[1262] Gem. Art.L.152-7 u. L. 152-8 code de la santé publique war allerdings die Herstellung von Embryonen zu Forschungszwecken und damit auch das KzET am Menschen verboten.[1263] Nach allgemeiner Ansicht durch Artikel 16-4 des Code Civil sind auch das KfEK und das KzET implizit verboten, weil es sich beim KfEK um eine Gefahr für die Integrität der menschlichen Spezies handelt und das KzET unter das Verbot der Erzeugung menschlicher Embryonen zu Forschungszwecken fällt.[1264]

Im April 1997 vertrat die nationale Bioethik-Kommission CCNE in ihrer Stellungnahme Nr. 54 die Meinung, dass Forschung über die Möglichkeit von KfEK für die Erzeugung lebensfähiger Menschen durch die Bioethikgesetze unter verschiedenen Gesichtspunkten verboten sei.[1265] Dagegen sprach sie sich mehrheitlich für die Zulassung des KzET aus.[1266] Sie hob im April 1998 in ihrer Stellungnahme Nr. 60 weiterhin hervor, dass das reproduktive Humanklonen implizit bereits durch die Bioethikgesetze sowie durch den Code Civil verboten sei.[1267] Ende November 1999 lehnte auch der Conseil d'État das KfEK ab,[1268]

1261 DFG, Forschung mit humanen embryonalen Stammzellen, S. 32.

1262 Ebd.; Hirschmüller, Internationales Verbot des Humanklonens, S. 167; Haßmann, Embryonenschutz im Spannungsfeld internationaler Menschenrechte, staatlicher Grundrechte und nationaler Regelungsmodelle zur Embryonenforschung, S. 179.

1263 Hirschmüller, Internationales Verbot des Humanklonens, S. 166.

1264 Ebd., S. 167; DEF, Forschung mit humanen embryonalen Stammzellen, S. 32f.; Boué, in: Klonen in biomedizinischer Forschung und Reproduktion, S. 357f.; Artikel 16-4 des Code Civil bestimmt, "Es ist niemandem erlaubt, die Integrität des Menschen zu verletzen. Jegliche eugenische Praxis im Hinblick auf die Vornahme einer Selektion von Personen ist verboten. Unbeschadet der Forschung im Hinblick auf die Verhütung und Behandlung von Erbkrankheiten, darf keine Änderung an genetischen Merkmalen zum Zwecke der Änderung der Abstammung einer Person vorgenommen werden."

1265 Boué, in: Klonen in biomedizinischer Forschung und Reproduktion, S. 357; Haßmann, Embryonenschutz im Spannungsfeld internationaler Menschenrechte, staatlicher Grundrechte und nationaler Regelungsmodelle zur Embryonenforschung, S. 179.

1266 Taupitz, Rechtliche Regelung der Embryonenforschung im internationalen Vergleich, S. 64.

1267 Hirschmüller, Internationales Verbot des Humanklonens, S. 168; Haßmann, Embryonenschutz im Spannungsfeld internationaler Menschenrechte, staatlicher Grundrechte und nationaler Regelungsmodelle zur Embryonenforschung, S. 189.

weil dieses ausdrücklich gegen die Menschlichkeit / Menschenwürde verstoße. Im Gegensatz zum CCNE sprach er sich aber auch eindeutig gegen das KzET aus.[1269] Im Juni 2000 verboten auch die „Commission Nationale Consultative des Droits de l'Homme“ (Nationaler Ethikrat für Menschenrechte) so wie der Conseil d'État sowohl das KfEK als auch das KzET, und zwar mit der Begründung, dass diese eine Instrumentalisierung des Menschen bedeuteten.[1270] Im Dezember 2000 wurde danach durch die Regierung ein Vorentwurf der Gesetzesnovelle nach der Überarbeitung der Bioethik-Gesetze von 1994 vorgelegt,[1271] wonach das KfEK gem. Art. L. 1245-1 Code de la santé publique untersagt ist,[1272] dagegen die Erzeugung von Embryonen durch Verschmelzung einer somatischen Zelle mit einer entkernten Eizelle zu Therapiezwecken gem. Art. L. 1245-3 Code de la santé publique nicht verboten ist. Damit stieß der Vorentwurf die Tür zum KzET auf[1273]. Die nationale Bioethik-Kommission CCNE lehnte jedoch in ihrer Stellungnahme Nr. 67 vom 18. Januar 2001 nicht nur das KfEK, sondern auch das KzET ab.[1274] Sie gab als Grund für ihre Ablehnung dieses Klonens die Gefahr der Degradierung des Menschen zum Objekt sowie die Befürchtung an, das KzET könne dem KfEK den Weg bahnen.[1275] In Bezug auf die Beurteilung des KzET war es allerdings unter den Mitgliedern der CCNE zu Uneinigkeit gekommen.[1276] Obwohl eine Mehrheit der Kommission das KzET im Hinblick auf die damit verbundenen Therapieerwartungen befürwortete, konnte nicht eine eindeutige Mehrheit für eine Erlaubnis dieses Klonens erzielt werden.[1277] Aufgrund des in der Frage des KzET bestehenden Risses innerhalb der Kommission riet diese daher der Regierung, diesem Klonen im Gesetzent-

---

1268 Hirschmüller, Internationales Verbot des Humanklonens, S. 169f.; Haßmann, Embryonenschutz im Spannungsfeld internationaler Menschenrechte, staatlicher Grundrechte und nationaler Regelungsmodelle zur Embryonenforschung, S. 190.

1269 Hirschmüller, Internationales Verbot des Humanklonens, S. 170.

1270 Ebd.

1271 Haßmann, Embryonenschutz im Spannungsfeld internationaler Menschenrechte, staatlicher Grundrechte und nationaler Regelungsmodelle zur Embryonenforschung, S. 191.

1272 Ebd., S. 192.

1273 Ebd., S. 193.

1274 Haßmann, Embryonenschutz im Spannungsfeld internationaler Menschenrechte, staatlicher Grundrechte und nationaler Regelungsmodelle zur Embryonenforschung, S. 195; Hirschmüller, Internationales Verbot des Humanklonens, S. 169.

1275 Hirschmüller, Internationales Verbot des Humanklonens, S. 169.

1276 Ebd.; Haßmann, Embryonenschutz im Spannungsfeld internationaler Menschenrechte, staatlicher Grundrechte und nationaler Regelungsmodelle zur Embryonenforschung, S. 195.

1277 Hirschmüller, Internationales Verbot des Humanklonens, S. 169.

wurf kritisch zu begegnen.[1278] Der Conseil d'État betrachtete im Juni 2001 die Möglichkeit des KzET ebenfalls kritisch, so dass per Mehrheitsentscheidung beschlossen wurde, sich explizit gegen die Zulässigkeit des Klonens auszusprechen.[1279] Nach dem ersten Gesetzesentwurf der Regierung vom 20. Juni 2001 sollten der bestehende Art. 16-4 des Code Civil dementsprechend vervollständigt und in Art. L. 2151-1 des Code de la santé publique ein explizites Verbot in Bezug auf die eindeutige Festlegung des Humanklonens erlassen werden.[1280] Des Weiteren verabschiedete die Nationalversammlung im Januar 2002 einen Gesetzesentwurf, in dem auch einige Artikel in Bezug auf das Klonen enthalten waren.[1281]

Am 6. August 2004 schließlich wurde das Bioethikgesetz No. 2004-800 nach einer Reform der bestehenden Bioethikgesetzgebung verabschiedet. Diesem Bioethikgesetz war eine ausführliche Diskussion vorausgegangen, bei der es in erster Linie um die Frage einer begrenzten Zulassung des KzET gegangen war.[1282] Gem. Art. L. 2163-1 Code de la santé publique droht im Fall des KzET bei einem Verstoß gegen das Gesetz eine Haftstrafe von bis zu sieben Jahren und eine Geldstrafe in Höhe von 100.000 Euro, im Fall des KfEK eine Gefängnisstrafe von bis zu 30 Jahren und eine Geldstrafe von 7.5 Millionen Euro.[1283] Nach dem Bioethikgesetz wird auch jede Person, die an der Entnahme von Zellen oder Gameten im Hinblick auf die Ermöglichung der Geburt eines Kindes beteiligt ist, das mit einer anderen lebenden oder toten Person genetisch identisch ist, mit 10 Jahren Freiheitsentzug und einer Geldstrafe von 150.000 Euro bestraft.[1284] Die Erzeugung von menschlichen Embryonen durch Klonen für Forschungszwecke wird außerdem mit sieben Jahren Freiheitsstrafe und einer Geldstrafe von 100.000 Euro geahndet." [1285] Ebenso ist gemäß Art. 214-2 Code Pénal das reproduktive Klonen mit bis zu 30 Jahren Freiheitsstrafe und einer Geldstrafe von 7.5000.000 Euro bedroht; bei diesem Strafmaß handelt es sich um die höchste Strafandrohung des französischen Strafrechts überhaupt.[1286] Nach Art.

1278 Ebd.

1279 Haßmann, Embryonenschutz im Spannungsfeld internationaler Menschenrechte, staatlicher Grundrechte und nationaler Regelungsmodelle zur Embryonenforschung, S. 196.

1280 Hirschmüller, Internationales Verbot des Humanklonens, S. 172.

1281 Boué, in: Klonen in biomedizinischer Forschung und Reproduktion, S. 359.

1282 Heyer/Dederer, Präimplantationsdiagnostik, Embryonenforschung, Klonen, S. 24.

1283 Hirschmüller, Internationales Verbot des Humanklonens, S. 174; Boué, in: Klonen in biomedizinischer Forschung und Reproduktion, S. 359.

1284 Boué, in: Klonen in biomedizinischer Forschung und Reproduktion, S. 359, 360.

1285 Ebd., S. 360.

1286 Heyer/Dederer, Präimplantationsdiagnostik, Embryonenforschung, Klonen, S. 25.

511-18 Code Pénal ist allerdings die Strafandrohung für das KzET – mit bis zu sieben Jahren – deutlich geringer.[1287] Dieses französische Gesetz tritt auch in solchen Fällen in Kraft, in denen das Verbrechen außerhalb von Frankreich durch einen französischen Staatsbürger oder eine Person, die normalerweise in Frankreich wohnhaft ist, begangen worden ist.[1288]

## IV. Japan

### 1. Historischer Überblick

Am 21. Dezember 1999 wurde in Japan von der Arbeitsgruppe „Klonen“ der Bioethikkommission des Rats für die Politik der Wissenschaft und der Technologie der Bericht „Zur Reproduktion des menschlichen Lebens anhand der Klontechnik“ publiziert.[1289]

Aus Anlass dieses Berichts veröffentlichte die Bioethikkommission für Wissenschaft und Technologie am 13. März 2000 ihre Stellungnahme „Basic concepts concerning human-embryo research focusing on human-embryonic stem cells“ – Humanembryonenforschung insbesondere an menschlichen ES-Zellen[1290]. Darin wird ein „triple standard“ für den Gegenstand und die Methode der Regulierung der menschlichen Embryonenforschung vorgeschlagen[1291]: a) Diejenigen Forschungsvorhaben, welche die Erzeugung von Klonen, Chimären oder Hybriden zum Ziel haben, sollen gemäß den gesetzlichen Richtlinien einzeln angemeldet und einer staatlichen Prüfung unterzogen werden. Allein die Implantation gewisser „spezifizierter Embryonen“, wie etwa menschlicher Embryoklone, in den menschlichen bzw. den tierischen Uterus soll per Gesetz verboten werden. b) Forschungsvorhaben, die das Ziel der Gewinnung bzw. Verwertung von menschlichen ES-Zellen verfolgen, sollen in Anlehnung an die behördlichen

---

1287 Ebd.

1288 Boué, in: Klonen in biomedizinischer Forschung und Reproduktion, S. 360.

1289 Ishizuka, in: Schreiber/Lilie/Rosenau/Tadaki/Pak, Globalisierung der Biopolitik, des Biorechts und der Bioethik?, S. 75; Ishizuka, in: Schreiber/Rosenau/Ishizuka/Kim, Recht und Ethik im Zeitalter der Gentechnik, S. 170.

1290 Ishizuka, in: Schreiber/Rosenau/Ishizuka/Kim, Recht und Ethik im Zeitalter der Gentechnik, S. 170; Taupitz, Rechtliche Regelung der Embryonenforschung im internationalen Vergleich, S. 119.

1291 Ishizuka, in: Schreiber/Lilie/Rosenau/Tadaki/Pak, Globalisierung der Biopolitik, des Biorechts und der Bioethik?, S. 75; Ishizuka, in: Schreiber/Rosenau/Ishizuka/Kim, Recht und Ethik im Zeitalter der Gentechnik, S. 170.

Richtlinien einzeln geprüft werden. c) Sonstige Forschungsvorhaben an menschlichen Embryonen, insbesondere für die Entwicklung und die Erforschung von Techniken zur künstlichen Befruchtung, sind durch freiwillige Richtlinien der Forscher wie der Gesellschaft für Gynäkologie zu regeln. Dieser Stellungnahme entspricht im Grunde die derzeitige Politik der japanischen Regierung. Die Regierung legte daraufhin im April 2000 dem Parlament einen Entwurf zum „Gesetz zur Regulierung der Klontechniken bei Menschen und anderer ähnlicher Techniken“ (Klongesetz) vor.[1292] Der Entwurf rief jedoch den Widerstand der Opposition hervor, vor allem der Demokratischen Partei Japans, und wurde ohne weitere Debatte abgelehnt.[1293] Nachdem er allerdings im Oktober 2000 unter dem Titel „Human Cloning Regulation Act“ dem Parlament ein weiteres Mal vorgelegt und von diesem im November 2000 verabschiedet worden war, trat er am 6. Juni 2001 in Kraft.[1294] Durch das Ministerium für Kultur und Wissenschaft wurde im September 2001 außerdem eine Richtlinie für die Derivation und Benutzung der menschlichen ES-Zelle herausgegeben, die die Regelungen des „Human Cloning Regulation Acts“ bezüglich der Gewinnung und Nutzung menschlicher embryonaler Stammzellen ergänzen.[1295] Des Weiteren hat am 13. Juli 2004 die Fachkommission für die Beratung der Regierung, „Council for Science and Technology Policy“, eine Stellungnahme herausgegeben, in der Fragen der Embryonenforschung reevaluiert werden[1296], und schließlich wurde am 23. Juli 2004 vom Kabinettsrat dem Entwurf „Der Grundgedanke über die Behandlung der menschlichen Embryonen“ zugestimmt.[1297]

---

1292 Ishizuka, in: Schreiber/Lilie/Rosenau/Tadaki/Pak, Globalisierung der Biopolitik, des Biorechts und der Bioethik?, S. 75; Ishizuka, in: Schreiber/Rosenau/Ishizuka/Kim, Recht und Ethik im Zeitalter der Gentechnik, S. 171.

1293 Ebd.

1294 Ebd.; Taupitz, Rechtliche Regelung der Embryonenforschung im internationalen Vergleich, S. 121.

1295 Ishizuka, in: Schreiber/Lilie/Rosenau/Tadaki/Pak, Globalisierung der Biopolitik, des Biorechts und der Bioethik?, S. 79; Taupitz, Rechtliche Regelung der Embryonenforschung im internationalen Vergleich, S. 124.

1296 Heyer/Dederer, Präimplantationsdiagnostik, Embryonenforschung, Klonen, S. 80; Ishizuka, in: Schreiber/Lilie/Rosenau/Tadaki/Pak, Globalisierung der Biopolitik, des Biorechts und der Bioethik?, S. 79.

1297 Ishizuka, in: Schreiber/Lilie/Rosenau/Tadaki/Pak, Globalisierung der Biopolitik, des Biorechts und der Bioethik?, S. 80.

## 2. Regelung über Embryonenforschung

Nach dem Bericht unter dem Titel „Basic concepts concerning human-embryo research focusing on human-embryonic stem cells“ vom 13. März 2000 dürfen Embryonen nicht zu Forschungszwecken erzeugt werden.[1298] Lediglich überzählige Embryonen, die im Rahmen einer Infertilitätsbehandlung aus in vitro befruchteten Eizellen entstanden sind, dürfen zu Forschungszwecken verwendet werden – unter der Voraussetzung, dass eine schriftliche Einwilligung beider biologischer Eltern vorliegt und die Notwendigkeit der Verwendung menschlicher Embryonen bei dem Forschungsvorhaben gegeben ist; und zwar muss eine wissenschaftliche Bestätigung vorliegen, dass es keine Alternative gibt.[1299]

Gemäß Art. 2 Nr. 1 des Human Cloning Regulation Act handelt es sich bei einem Embryo um „eine Zelle (ausgenommen Gameten) oder einen Zellverband, die/der das Potenzial hat, durch den Prozess der Entwicklung in utero eines Menschen oder eines Tieres zu einem Individuum heranzuwachsen, und die/der noch nicht zum Beginn der Bildung einer Plazenta geführt hat“.[1300] Außerdem wird der Embryonenbegriff von dem Gesetz weiterhin spezifiziert, und zwar durch die genaue Definition der Bezeichnungen derjenigen Embryonentypen, die durch die Anwendung der einzelnen denkbaren Fortpflanzungs- und Vermehrungstechniken entstehen.[1301] Der Begriff des Embryos in Art. 1 Nr. 1 ES-Zellen-Richtlinie vom 05. 12. 2001 stimmt auch mit der bereits durch den Human Cloning Regulation Act vorgenommenen Definition überein.[1302]

Des Weiteren betrachtete die Fachkommission für die Politik der Wissenschaft und der Technologie am 13. Juli 2004 einen menschlichen Embryo als den „Beginn des menschlichen Lebens“, denn er könne weder als ein Mensch behandelt, noch bloß als Gewebe oder Zellen angesehen werden.[1303] Normalerweise darf es damit bei einem menschlichen Embryo keinen Eingriff geben; dennoch können menschliche Embryonen unter bestimmten Bedingungen produziert und benutzt werden.[1304] Der Embryo kann also ausnahmsweise manipuliert werden, wenn a) die wissenschaftliche Rationalität, b) die Sicherheit der

---

1298 Taupitz, Rechtliche Regelung der Embryonenforschung im internationalen Vergleich, S. 120.

1299 Ebd.

1300 Ebd., S. 121.

1301 Ebd.

1302 Ebd., S. 124.

1303 Ishizuka, in: Schreiber/Lilie/Rosenau/Tadaki/Pak, Globalisierung der Biopolitik, des Biorechts und der Bioethik?, S. 79.

1304 Ebd., S. 80.

Menschen und c) die soziale Angemessenheit garantiert werden.[1305] In diesem Fall darf allerdings der Mensch nicht als Instrument und nicht als Mittel zu anderen Zwecken benutzt werden.[1306]

## 3. Regelungen zur Stammzellforschung

In einem Bericht mit dem Titel „Basic concepts concerning human-embryo research focusing on human-embryonic stem cells“ legte die Bioethikkommission für Wissenschaft und Technologie am 13. März 2000 Richtlinien für die Forschung an menschlichen ES-Zellen vor.[1307] Gemäß diesem Bericht sollen sowohl eine Forschung, die darauf abzielt, aus menschlichen ES-Zellen ein vollständiges Individuum – beispielsweise durch ZKT in eine enukleierte Eizelle – zu entwickeln, als auch die Übertragung menschlicher ES-Zellen in einen humanen Embryo im Präimplantationsstadium, auf einen humanen Fötus oder auf einen Tierembryo im Präimplantationsstadium verboten werden.[1308]

Gemäß Art. 1 Nr. 4 ES-Zellen-Richtlinie vom 5. Dezember 2001 handelt es sich bei „menschlichen embryonalen Stammzellen“ um „Zellen, die aus einem Embryo oder durch Zellteilung gewonnen worden sind und die Pluripotenz sowie die Fähigkeit, sich selbst zu vermehren, aufweisen, oder von denen man annimmt, dass sie die genannten Fähigkeiten besitzen“.[1309] Aus der ES-Zellen-Richtlinie wird ersichtlich, dass durch die Gewinnung und Nutzung menschlicher embryonaler Stammzellen große Fortschritte in der Medizin und der Biologie erzielt werden können.[1310] In Anlehnung an Art. 2 ES-Zellen-Richtlinie dürfen allerdings menschliche Es-Zellen nur unter strengen Voraussetzungen genutzt werden, und zwar lediglich im Rahmen von Grundlagenforschung für die Gewinnung von Erkenntnissen im Bereich der menschlichen Entwicklung, über Unterschiedlichkeit und Regeneration sowie bezüglich der Entwicklung neuer Diagnose-, Vorbeuge- und Behandlungsmaßnahmen oder neuer Medikamente.[1311] Die Gewinnung sowie die Nutzung menschlicher ES-Zellen werden daher durch die Richtlinie strengen Verfahrensvoraussetzungen unterstellt, und

1305 Ebd.
1306 Ebd.
1307 Taupitz, Rechtliche Regelung der Embryonenforschung im internationalen Vergleich, S. 119f.
1308 Ebd., S. 120f.
1309 Ebd., S. 124.
1310 Ebd.
1311 Ebd., S. 124, 126; Ishizuka, in: Schreiber/Lilie/Rosenau/Tadaki/Pak, Globalisierung der Biopolitik, des Biorechts und der Bioethik?, S. 79.

in Art. 27 ES-Zellen-Richtlinie ist die Verwendung von ES-Zellen zur Schaffung eines Individuums, insbesondere durch Einpflanzung in einen menschlichen oder einen tierischen Uterus, ausdrücklich untersagt.[1312] Jedoch können nach dem Entwurf der Fachkommission für die Politik der Wissenschaft und der Technologie vom 13. Juli 2004 menschliche Embryonen vor der Differenzierung der Organe für die Reproduktionsmedizin, für die Erforschung angeborener schwerer Krankheiten und für die Derivation menschlicher ES-Zellen produziert und benutzt werden.[1313]

## 4. Regelungen zu reproduktivem und therapeutischem Klonen

In Japan handelt es sich bei dem Klongesetz vom 6. Dezember 2000 um die erste strafrechtliche Regelung im Bereich der Lebenswissenschaften,[1314] und gemäß Art. 1 des Klongesetzes sind die Rechtsgüter, die durch das Klongesetz geschützt sind, die Menschenwürde, die soziale Ordnung, das Leben und die körperliche Unversehrtheit des Menschen[1315]. Außerdem wird durch das Klongesetz das Ziel verfolgt, diejenigen Klontechniken zu verbieten bzw. zu regulieren, bei denen unter Umständen die Gefahr der missbräuchlichen Erzeugung von Klonmenschen bzw. von Hybriden besteht.[1316] Nach Art. 3 Klongesetz ist die Einpflanzung von bestimmten Embryonen in den Uterus eines Menschen oder eines Tieres, die mittels somatischen Zellkerntransfers in eine menschliche entkernte Eizelle oder durch Hybrid- oder Chimärenbildung entstanden sind, streng verboten.[1317] Wer ohne Rechtfertigungsgrund eine solche Tat begeht, wird gemäß Art. 16 Klongesetz mit Freiheitsentzug, verbunden mit Arbeitspflicht, bis zu zehn Jahren oder mit einer Geldstrafe bis zu zehn Mio. Yen oder mit beidem bestraft.[1318] Das Klongesetz verbietet jedoch nur den „Transfer" von Klonembryo-

---

1312 Taupitz, Rechtliche Regelung der Embryonenforschung im internationalen Vergleich, S. 124, 126.

1313 Ishizuka, in: Schreiber/Lilie/Rosenau/Tadaki/Pak, Globalisierung der Biopolitik, des Biorechts und der Bioethik?, S. 80.

1314 Ebd., S. 73.

1315 Ebd., S. 76.

1316 Ebd.

1317 Taupitz, Rechtliche Regelung der Embryonenforschung im internationalen Vergleich, S. 122; Ishizuka, in: Schreiber/Lilie/Rosenau/Tadaki/Pak, Globalisierung der Biopolitik, des Biorechts und der Bioethik?, S. 76; Kimura, in: Klonen in biomedizinischer Forschung und Reproduktion, S. 343.

1318 Ebd.

nen „in den Uterus".[1319] Somit könnte das KfEK durch extrakorporale Züchtung von Embryonen sowie durch die Herstellung von überschüssigen Embryonen nicht untersagt werden, sofern die Aufsichtsbehörde ihre Genehmigung erteilt hat.[1320] Weiterhin müssen gemäß dem Gesetz bei Herstellung, Übernahme oder Import spezifizierter Embryonen in Anlehnung an die Verordnungen des Ministeriums für Kultur und Wissenschaft dem Minister bestimmte Tatsachen gemeldet werden.[1321] Verstößt jemand gegen diese Pflichten bzw. Anordnungen, so ist er nach Art. 17 des Klongesetzes durch Freiheitsentzug bis zu einem Jahr, verbunden mit Arbeitspflicht, oder durch eine Geldstrafe von bis zu 1 Mio. Yen zu bestrafen.[1322] Des Weiteren besteht nach dem Entwurf der Fachkommission für die Politik der Wissenschaft und der Technologie vom 13. Juli 2004 nur bei der fundamentalen Forschung auf der Suche nach Behandlungsmethoden für schwere Krankheiten (beispielsweise Parkinsonsche Krankheit, Diabetes Typus I, Wirbelschaden usw.) die Möglichkeit der Klonierung von menschlichen Stammzellen.[1323] Das bedeutet, dass das KzET in Japan erlaubt ist.

## V. Süd-Korea

### 1. Historischer Überblick

Kraft der Erlassung des „Gesetzes zur Förderung der Gentechnik" 1983 begann die koreanische Regierung mit einer vielfältigen Unterstützung zur Entwicklung der Biotechnologie und führte insbesondere im Jahr 1993, unter dem politischen Schlagwort „Biotech 2000", in dem gesamten Zeitraum von 1994 bis 2007 nach einem 14 Jahr-Programm den „Grundplan zur Förderung der Biotechnologie" durch. Wegen der Ausweitung des Bereichs der Biotechnologie wurde im Jahr 1995 das „Gesetz zur Förderung der Gentechnik" in „Gesetz zur Förderung der Biotechnologie" umbenannt, und es trug erfolgreicher als bisher zur Förderung und Entwicklung der Biotechnologie bei. Durch das große Ausmaß der hervorgerufenen ethischen und gesellschaftlichen Probleme in Bezug auf das Klonen des Menschen und aus der Sorge um die Bedrohung der Menschenwürde durch

---

1319 Ishizuka, in: Schreiber/Lilie/Rosenau/Tadaki/Pak, Globalisierung der Biopolitik, des Biorechts und der Bioethik?, S. 78.

1320 Ebd.

1321 Ebd., S. 76.

1322 Ebd.

1323 Ebd., S. 80.

die Entwicklung der Biotechnologie nach der Geburt des geklonten Schafs Dolly ergab sich zugleich die Notwendigkeit eines Gesetzes, das den Fortschritt der Biotechnologie durch deren Entwicklung in wünschenswerter Richtung, doch ohne Verletzung und Zerstörung der Menschenrechte und Menschenwürde gewährleisten soll. Nach einer langen Debatte kam es am 29.1.2004 schließlich dazu, dass das Gesetz zur Bioethik beziehungsweise zur Sicherstellung des Lebensschutzes (im Folgenden kurz „BioEG"),[1324] beschlossen wurde, und dieses Gesetz wurde am 1.1.2005 in Kraft gesetzt[1325]; danach wurde es bisher am 24. 3. 2005, am 29. 2. 2008 und am 18. 1. 2010 dreimal novelliert. Zweck dieses Gesetzes gemäß § 1 BioEG ist es, mit der Gewährleistung der Bioethik bzw. der Sicherstellung des Lebensschutzes in Bezug auf die Biotechnologie eine Verletzung oder eine Beschädigung der Würde und des Wertes des Menschen zu verhindern und durch die Schaffung von Bedingungen, durch die die Biotechnologie zur Prävention und zur Behandlung von Krankheiten des Menschen entwickelt und verwendet werden kann, zu einer Verbesserung der Gesundheit und der Lebensqualität der Bürger beizutragen.

## 2. Regelung über Embryonenforschung

Der Begriff des Embryos wird im BioEG nach der Methode der Herstellung von Embryonen differenziert.[1326] Als „Embryo" gelten nach § 2 Nr. 2 BioEG zunächst sowohl die Zygote als auch geteilte Zellen vom Zeitpunkt der Befruchtung bis zum Zeitpunkt, zu dem die Bildung aller biologischen Organe abgeschlossen ist.[1327] Auch unter einem durch somatischen ZKT geklonten Embryo versteht man nach § 2 Nr. 5 BioEG einen durch die Implantation des somatischen Zellkerns entstehenden Embryo.[1328] In dieser Definition wird ein Unterschied getroffen zwischen der Regelung für den Embryo, der nur die befruchtete Eizelle bedeutet, und der Regelung für den Embryo, der durch somatischen ZKT geklont wird.[1329] Da in diesem Gesetz ein durch somatischen ZKT geklonter

1324 Oh, in: Schreiber/Lilie/Rosenau/Tadaki/Pak, Globalisierung der Biopolitik, des Biorechts und der Bioethik?, S. 112.

1325 Kim, Leben als Lebensgeschichte und subjektives Tatbestandsmerkmal bei der Präimplantationsdiagnostik, S. 140.

1326 Ebd., S. 142.

1327 Oh, in: Schreiber/Lilie/Rosenau/Tadaki/Pak, Globalisierung der Biopolitik, des Biorechts und der Bioethik?, S.112.

1328 Ebd.

1329 Kim, Leben als Lebensgeschichte und subjektives Tatbestandsmerkmal bei der Präimplantationsdiagnostik, S. 142.

Embryo nicht als Embryo des § 2 Nr. 2 BioEG gilt, sollte der Wortlaut des § 2 Nr. 5 BioEG dahingehend verändert werden, dass an die Stelle des „Embryos" die „Zellen" treten.[1330] Nach § 13 I BioEG darf die künstliche Befruchtung nicht zum Zweck der Forschung, sondern nur zum Zweck der Schwangerschaftsherbeiführung vorgenommen werden.[1331] Also ist die Erzeugung von Embryonen außer zum Zweck der Herbeiführung einer Schwangerschaft nicht erlaubt, und die künstliche Befruchtung zum Zweck der Forschung ist grundsätzlich verboten. Wer einen Embryo zu einem anderen Zweck als zur Herbeiführung einer Schwangerschaft herstellt, wird somit gemäß § 51 I Nr. 3 BioEG mit Gefängnis bis zu drei Jahren bestraft.

Nach § 17 BioEG dürfen dagegen überzählige Embryonen nur bis zur Entstehung des embryonalen Primitivstreifens in vitro bei der Forschung zur Entwicklung der Unfruchtbarkeitsbehandlung bzw. der Kontrazeptionstechnik, bei der Forschung zur Therapie der Muskeldystrophie und überdies zur Behandlung seltener oder unheilbarer Krankheiten verwendet werden, die von den Durchführungsverordnungen des Präsidenten bestimmt sind oder bei der Forschung, die von den Durchführungsverordnungen des Präsidenten bestimmt sind.[1332] Eine medizinische Institution, die nach § 14 I BioEG Embryonen künstlich herstellen und nach § 18 BioEG die Forschung an überzähligen Embryonen durchführen will, soll dies außerdem dem Minister für Gesundheit und Wohlfahrt melden, und jede betroffende Institution soll nach § 9 I Nr. 1 und 2 einen „Institution Bioethik Beratungsausschuß (Institutional Review Board, im folgenden kurz „IBB")" einrichten, um die Belange der Bioethik beziehungsweise die Sicherstellung des Lebensschutzes im Bereich der Biotechnologie zu gewährleisten. Verstößt jemand gegen diese Pflichten bzw. diese Anordnungen, so wird er nach § 53 Nr. 1 und 3 BioEG mit Gefängnis bis zu einem Jahr oder mit einer Geldstrafe von bis zu 20 Mio. Won (etwa 13,000 Euro) bestraft. Des Weiteren soll nach § 6 I Nr. 2 ein „Nationaler Bioethik-Beratungsausschuss (National Bioethics Advisory Committee, im folgenden kurz „NBB")" unter der Federführung des Präsidenten eingerichtet werden, um die Art der nach § 17 Nr.3, die Art und den Gegenstand sowie den Umfang der zulässigen Forschung an überzähligen Embryonen zu überprüfen.

---

1330 Oh, in: Schreiber/Lilie/Rosenau/Tadaki/Pak, Globalisierung der Biopolitik, des Biorechts und der Bioethik?, S. 112f.

1331 Ebd., S. 112; Kim, Leben als Lebensgeschichte und subjektives Tatbestandsmerkmal bei der Präimplantationsdiagnostik, S. 143, 147.

1332 Kim, Leben als Lebensgeschichte und subjektives Tatbestandsmerkmal bei der Präimplantationsdiagnostik, S. 156.

## 3. Regelungen zur Stammzellforschung

Nach § 2 Nr. 10 BioEG versteht man unter einer Stammzelllinie die Zelllinie, die sich unter kultivierbaren Bedingungen weitergehend vermehren und sich zu verschiedenen Zellen differenzieren kann. Wenn jemand eine solche Stammzelllinie herstellt oder einführt, soll er dies gemäß § 20-2 I BioEG dem Minister für Gesundheit und Wohlfahrt melden. Außerdem darf eine nach § 20-2 I BioEG angemeldete Stammzelllinie zum Zweck der Forschung zur Diagnose, zur Vorbeugung oder zur Therapie von Krankheiten sowie zum Zweck der Grundlagenforschung an der Eigenschaft bzw. der Differenzierung von Stammzellen und überdies zum Zweck der Forschung, die von den Durchführungsverordnungen des Präsidenten durch die Diskussion des NBB bestimmt ist, in vitro verwendet werden.

## 4. Regelung zu reproduktivem und therapeutischem Klonen

Nach § 2 Nr. 4 BioEG wird unter dem somatischen ZKT verstanden, dass in eine entkernte Eizelle eines Menschen ein somatischer menschlicher Zellkern eingesetzt wird. Ebenso handelt es sich gemäß § 2 Nr. 5 BioEG bei einem durch eine somatische Zelle geklonten Embryo um einen Embryo, der durch somatischen ZKT hergestellt wird. Gemäß § 11 I BioEG darf niemand den durch den somatischen ZKT entstehenden Embryo im Uterus einnisten, eine so herbeigeführte Einnistung beibehalten und das sich daraus entwickelnde Kind zur Welt kommen lassen. Wer entgegen § 11 I BioEG eine solche Tat begeht, wird laut § 49 BioEG mit Gefängnis bis zu zehn Jahren bestraft, und selbst schon der Versuch ist strafbar.[1333] Nach § 12 II Nr. 2 BioEG ist außerdem die Implantation eines tierischen somatischen Zellkerns in eine menschliche entkernte Eizelle oder die Implantation eines menschlichen somatischen Zellkerns in eine tierische entkernte Eizelle untersagt.[1334] Wer entgegen § 12 II Nr. 2 BioEG eine solche Tat begeht, wird laut § 50 BioEG mit Gefängnis bis zu fünf Jahren bestraft. Allerdings ist nach § 22 I BioEG der somatische ZKT mit dem Ziel der Forschung für die Therapie von in § 17 Nr. 2 BioethikG geregelten seltenen bzw. schweren Krankheiten erlaubt.[1335] Wer nach § 23 I einen aus einem somatischen Zellkern

1333 Choi, Der Umgang mit überzähligen Embryonen in Deutschland und Südkorea, S. 144.

1334 Vgl. Oh, in: Schreiber/Lilie/Rosenau/Tadaki/Pak, Globalisierung der Biopolitik, des Biorechts und der Bioethik?, S. 113.

1335 Ebd., S. 112.

entstehenden Embryo erzeugen oder erforschen will, soll dies dem Minister für Gesundheit melden, und jede betroffene Institution soll nach § 9 I Nr. 3 einen IBB einrichten, um die Belange der Bioethik beziehungsweise die Sicherstellung des Lebensschutzes im Bereich der Biotechnologie zu gewährleisten. Verstößt jemand gegen diese Pflichten bzw. diese Anordnungen, so wird er nach § 53 Nr. 6 BioEG mit Gefängnis bis zu einem Jahr oder mit einer Geldstrafe von bis zu 20 Mio. Won (etwa 13,000 Euro) bestraft. Nach § 6 I Nr. 3 BioEG soll weiterhin das NBB unter der Federführung des Präsidenten eingerichtet werden, um nach § 22 II BioEG die Art, den Gegenstand und den Umfang der an dem somatischen Zellkernstransfer durchführbaren Forschung zu überprüfen.

## VI. Fazit

In Großbritannien, Frankreich, Japan und Süd-Korea sind die in-vitro-Erzeugung und -Nutzung menschlicher Embryonen grundsätzlich verboten. Jedoch ist die Verwendung von zur Behandlung der Unfruchtbarkeit erzeugten überzähligen Embryonen zu Forschungszwecken erlaubt, sofern die gesetzlichen Voraussetzungen für die Erteilung einer Genehmigung gegeben sind. Dabei ist in Großbritannien, Japan und Süd-Korea die Forschung mit menschlichen Embryonen, bei denen die Bildung des Primitivstreifens bereits begonnen hat, was zumindest nach 14 Tagen p.c. angenommen wird, absolut verboten, und es ist nur die Forschung an menschlichen Embryonen innerhalb der ersten 14 Tage zu bestimmten Zwecken erlaubt. Dagegen gibt es in Frankreich bei der Embryonenforschung eine Beschränkung auf den Zeitraum von maximal 7 Tagen nach der Befruchtung. In Frankreich, Japan und Süd-Korea ist außerdem durch ein einzelnes Gesetz die Erzeugung von Embryonen ausdrücklich untersagt, aber in Großbritannien dürfen menschliche Embryonen zu Forschungszwecken in vitro hergestellt werden, sofern die gesetzlichen Voraussetzungen für die Erteilung einer Genehmigung gegeben sind. Des Weiteren ist in Großbritannien, Frankreich, Japan und Süd-Korea auch die Forschung mit humanen embryonalen Stammzellen erlaubt. Demnach darf auch die Gewinnung von ES-Zellen aus menschlichen Embryonen unter bestimmten Voraussetzungen bewilligt werden.

Bis zu diesem Zeitpunkt gibt es keine Nation, die Klontechniken von Menschen uneingeschränkt erlaubt. Während das KfEK also in allen Ländern übereinstimmend abgelehnt wird, wird das KzET in einzelnen Ländern sehr unterschiedlich beurteilt. In Großbritannien, Japan und Süd-Korea ist das KfEK nicht ausdrücklich geregelt, sondern es ist lediglich untersagt, einen embryonalen Klon auf eine Frau zu übertragen, und damit will das Gesetz das KfEK verbieten; dagegen ist das KzET zulässig. Im Vergleich mit anderen Ländern ist jedoch Frankreich mit seiner derzeit geltenden gesetzlichen Regelung ebenso wie Deutschland noch den „strengen" Ländern zuzuordnen, in denen sowohl das KfEK als auch das KzET verboten sind.[1336] Also folgt Frankreich dem deutschen Konzept, das die Erzeugung eines Embryos mit der gleichen Erbinformation wie ein anderer Mensch (auch das therapeutische Klonen) verbietet.

In den USA ist jedoch die Forschung mit menschlichen Embryonen oder mit humanen embryonalen Stammzellen sowie zur Klonierung von Menschen bislang nicht explizit auf Bundesebene geregelt. Denn in den Vereinigten Staaten existieren viele unterschiedliche Kulturen mit- und nebeneinander, so dass auf nationaler Ebene in Bezug auf die Erreichung eines ethischen Konsens ähnliche Probleme wie in den Vereinten Nationen bestehen.[1337] Obwohl es keine national verbindliche Regelung gibt, verlangen die USA ebenso wie Großbritannien, Frankreich, Japan und Süd-Korea, die in vitro-Erzeugung und -Nutzung menschlicher Embryonen zu verbieten und nur unter bestimmten Voraussetzungen die Verwendung von zur Behandlung der Unfruchtbarkeit erzeugten überzähligen Embryonen zu Forschungszwecken zu erlauben. Des Weiteren verlangen die USA, dass sowohl das KfEK als auch das KzET ausdrücklich verboten sein sollen.[1338] Da in den USA keine explizite schriftliche bundesrechtliche Regelung derartiger Forschungen besteht, unterliegen jedoch nicht mit der Bundesregierung, sondern mit der Unterstützung von staatlichen oder von privaten Institutionen durchgeführte Forschungen keinen besonderen Restriktionen. Aufgrund des Fehlens einer bundesgesetzlichen Regelung regeln daher die einzelnen Bundesstaaten eigenmächtig das Humanklonen und die Embryonenforschung.[1339] Die zahlreichen in den USA bestehenden privaten Kliniken oder Institute bemühen sich aus diesem Grund vehement um die Entwicklung neuer Therapiemethoden ohne bundesgesetzliche Regelung, und solche Forschungen werden dabei durch das Bundesgesetz nicht eingeschränkt. Deshalb ist zu befürchten, dass bei einem nach rein marktwirtschaftlichen Prinzipien gesteuerten Vorgehen, wie es durch das Bestehen einer rechtlichen Lücke in der staatlichen Beschränkung ermöglicht wird, ungeahnte Folgen eintreten können.

---

1336 Taupitz, NJW 2001, S. 3439; Hirschmüller, Internationales Verbot des Humanklonens, S. 176.

1337 Hirschmüller, Internationales Verbot des Humanklonens, S. 187.

1338 Ebd.

1339 Ebd., S. 185.

# § 11 Internationale Regelungen

## I. Europäische Regelungen

### 1. Konvention des Europarats

#### *a. Entstehungsgeschichte der Bestimmungen und Geltungsbereich des Menschenrechtsübereinkommen zur Biomedizin (Übereinkommen zum Schutz der Menschenrechte und der Menschenwürde im Hinblick auf die Anwendung von Biologie und Medizin)*

Der Europarat ist eine am 05. Mai 1949 gegründete europäische internationale Organisation, die eingerichtet wurde, damit sie sich um eine allgemeine Zusammenarbeit der Mitgliedsstaaten zur Förderung des politischen, des wirtschaftlichen, des sozialen und des kulturellen Fortschritts bemühe. Diese Organisation steht allen europäischen Staaten offen,[1340] und sie umfasst heute 47 Staaten.[1341] Seit den 70er Jahren beschäftigt sich der Europarat mit der Frage des Menschenrechtsschutzes im Bereich der Biomedizin.[1342] Bei der rasanten Entwicklung in zahlreichen medizinischen Bereichen, insbesondere in der Humangenetik, der Embryologie sowie der Intensiv- und der Transplantationsmedizin benötigte die moderne Medizin ein tragfähiges normativ-ethisches Fundament[1343], und außerdem sollten dabei die verschiedenen Rechtsordnungen der Mitgliedsstaaten des Europarats im Bereich der Biomedizin, die eine Umgehung nationaler Regelungen durch Abwanderung in das benachbarte Ausland befürchten ließen, im Rahmen eines internationalen Abkommens zu einheitlichen Mindeststandards verbunden werden. Zu diesem Zweck forderten im Juni 1991 die Justizminister der EU-Mitgliedsstaaten einen völkerrechtlichen Vertrag für den Schutz des Menschen innerhalb der biotechnologischen Entwicklung. Daher wurde 1992 vom Europäischen Rat der Lenkungsausschuss für Bioethik „Co-

1340 Arndt, Biotechnologie in der Medizin, S. 12.

1341 Stand 12.06.2009.

1342 Taupitz, in: Taupitz, Das Menschenrechtsübereinkommen zur Biomedizin des Europarates, S. 1; Haßmann, Embryonenschutz im Spannungsfeld internationaler Menschenrechte, staatlicher Grundrechte und nationaler Regelungsmodelle zur Embryonenforschung, S. 5.

1343 Winter/Fenger/Schreiber, Genmedizin und Recht, S. 64.

mité Derecteur pour la Bioéthique" eingesetzt.[1344] Nach intensiver Diskussion wurde durch diesen Ausschuss in Sommer 1996 der letzte Entwurf vom „Menschenrechtsübereinkommen zur Biomedizin" (MRB) veröffentlicht[1345], und am 19.11. desselben Jahres nahm der Europarat einen Vertragsentwurf an, der dann vom Ministerrat des Europarats mit großer Mehrheit verabschiedet wurde.[1346] Schließlich war das Übereinkommen seit dem 4.4.1997 zur Unterzeichnung in Oveido ausgelegt.[1347]

Bei der Konvention des Europarats handelt es sich um einen völkerrechtlichen Vertrag, durch den die Unterzeichnerstaaten verpflichtet werden, die in ihm enthaltenen Regeln unmittelbar in innerstaatliches Recht zu überführen.[1348] Da die Konvention allerdings selbst keinen Gesetzgebungsakt darstellt und daher rechtlich nicht verbindlich ist, müssen die Staaten, die die Konvention unterzeichnet haben, diese für die Überführung in nationales Recht zunächst ratifizieren.[1349] Die Konvention ist am 1.12.1999 in Kraft getreten, nachdem die Slowakische Republik, San Marino, Griechenland, Slowenien und Dänemark ihre Ratifikationsurkunden in Straßburg hinterlegt hatten.[1350] Danach wurde sie bis Ende 2001 von 30 Staaten unterzeichnet und von zehn Staaten ratifiziert.[1351] Des

1344 Haßmann, Embryonenschutz im Spannungsfeld internationaler Menschenrechte, staatlicher Grundrechte und nationaler Regelungsmodelle zur Embryonenforschung, S. 7.

1345 Ebd., S. 8.

1346 Ebd., S. 9; Laufs, NJW 1997, S. 776; Berger, Embryonenschutz und Klonen beim Menschen, S. 140; Paul, Möglichkeiten und Grenzen der Forschung an embryonalen Stammzellen und des therapeutischen Klonens, S. 104.

1347 Taupitz, in: Taupitz, Das Menschenrechtsübereinkommen zur Biomedizin des Europarates, S. 1; Haßmann, Embryonenschutz im Spannungsfeld internationaler Menschenrechte, staatlicher Grundrechte und nationaler Regelungsmodelle zur Embryonenforschung, S. 9; Berger, Embryonenschutz und Klonen beim Menschen, S. 140; Winter/Fenger/Schreiber, Genmedizin und Recht, S. 64; Paul, Möglichkeiten und Grenzen der Forschung an embryonalen Stammzellen und des therapeutischen Klonens, S. 104

1348 Berger, Embryonenschutz und Klonen beim Menschen, S. 140; Arndt, Biotechnologie in der Medizin, S. 13; Taupitz, Rechtliche Regelung der Embryonenforschung im internationalen Vergleich, S. 3.

1349 Ebd.

1350 Winter/Fenger/Schreiber, Genmedizin und Recht, S. 64; Haßmann, Embryonenschutz im Spannungsfeld internationaler Menschenrechte, staatlicher Grundrechte und nationaler Regelungsmodelle zur Embryonenforschung, S. 9; Arndt, Biotechnologie in der Medizin, S. 13.

1351 Haßmann, Embryonenschutz im Spannungsfeld internationaler Menschenrechte, staatlicher Grundrechte und nationaler Regelungsmodelle zur Embryonenforschung, S. 9. Doch hat die Bundesrepublik Deutschland die Konvention bisher weder unterzeichnet noch ratifiziert, weil die anhaltenden öffentlichen Diskussion in Deutschen Bundestag, in den Medien und in kirchlichen Kreisen sowie Sozialverbänden weitergehend be-

Weiteren wurde am 6. 11. 1997 vom Europarat ein Zusatzprotokoll zum Verbot des Klonens von menschlichen Lebewesen (ZVKL) verabschiedet, und zwar als Ergänzung und Vertiefung zum MRB. Dazu wurden vom CDBI weitere Zusatzprotokolle zur Bioethikkonvention vorgelegt.

*b. Regelung der Embryonenforschung im MRB*

Die Bioethikkonvention enthält keine Definition des Begriffs „Embryo", und eine Regelung zur Forschung an menschlichen Embryonen ist in Art. 18 MRB normiert. Nach Art. 18 I MRB hat die Rechtsordnung einen angemessenen Schutz des Embryos zu gewährleisten, sofern sie Forschung an Embryonen in-vitro zulässt[1352], und das Erzeugen von Embryonen zu Forschungszwecken wird durch Abs. 2 ausdrücklich verboten.[1353] Also enthält das MRB kein ausdrückliches Verbot der Embryonenforschung, die nicht dem Wohle des Embryos dient, und man verankert in Art. 18 II MRB lediglich das Verbot der Herstellung von Embryonen für Forschungszwecke.[1354] Ist also die nationale Rechtsordnung für die Möglichkeit der Embryonenforschung entscheidend, so hat jede Nation mit ihrer nationalen Rechtsordnung für einen „angemessenen Schutz" des Embryos zu sorgen, sofern die Forschung mit Embryonen in vitro nach dem nationalen Recht zulässig ist.[1355] Doch bleibt der Begriff „angemessener Schutz" unbe-

steht. Daher entfaltet die Konvention mangels Unterzeichnung für Deutschland derzeit keine Rechtswirkungen.

1352 Ebd., S. 10; Winter/Fenger/Schreiber, Genmedizin und Recht, S. 76; Arndt, Biotechnologie in der Medizin, S. 19; Paul, Möglichkeiten und Grenzen der Forschung an embryonalen Stammzellen und des therapeutischen Klonens, S. 105; Taupitz, Rechtliche Regelung der Embryonenforschung im internationalen Vergleich, S. 4; Heyer/Dederer, Präimplantationsdiagnostik, Embryonenforschung, Klonen, S. 92.

1353 Haßmann, Embryonenschutz im Spannungsfeld internationaler Menschenrechte, staatlicher Grundrechte und nationaler Regelungsmodelle zur Embryonenforschung, S. 13; Paul, Möglichkeiten und Grenzen der Forschung an embryonalen Stammzellen und des therapeutischen Klonens, S. 106; Taupitz, Rechtliche Regelung der Embryonenforschung im internationalen Vergleich, S. 4; Heyer/Dederer, Präimplantationsdiagnostik, Embryonenforschung, Klonen, S. 92.

1354 Winter/Fenger/Schreiber, Genmedizin und Recht, S. 76.

1355 Haßmann, Embryonenschutz im Spannungsfeld internationaler Menschenrechte, staatlicher Grundrechte und nationaler Regelungsmodelle zur Embryonenforschung, S. 10; Taupitz, Rechtliche Regelung der Embryonenforschung im internationalen Vergleich, S. 4.

stimmt und wertungsoffen.[1356] Außerdem enthält das Übereinkommen keine Aussage zur Zulässigkeit der Forschung mit sog. überzähligen Embryonen.[1357] Wenn bei der IVF sog. „überzählige Embryonen" entstehen, die danach nicht mehr für eine Einpflanzung in die Gebärmutter benötigt werden, könnten damit diese ohne einen Verstoß gegen Art. 18 II MRB im Bereich der verbrauchenden Embryonenforschung eingesetzt werden, weil sie nicht „zu Forschungszwecken" erzeugt worden sind, sondern sich diese Möglichkeit erst nach der Erzeugung eröffnet hat.[1358]

### *c. Zusatzprotokoll des MRB über das Verbot des Klonens*

Das Zusatzprotokoll des MRB wurde am 06. 11. 1997 verabschiedet, um die wissenschaftliche Entwicklung auf dem Gebiet des Klonens von Säugetieren, insbesondere durch Embryoteilung und KT zu regeln und um den Zweck des MRB, nämlich den Würde- und Identitätschutz aller menschlichen Lebewesen zu gewährleisten.[1359] Seit dem 12. 01. 1998 liegt das ZVKL zur Unterzeichung in Paris auf und trat am 01. 03. 2001 in Kraft.[1360] Danach wurde es bis Ende 2006 von 21 Staaten des Europarates unterzeichnet und von elf Staaten ratifiziert.[1361] Nach Art. 1 des ZVKL ist jegliche Intervention verboten, die darauf gerichtet ist, „ein menschliches Lebewesen" zu erzeugen, das mit einem anderen lebenden oder toten menschlichen Lebewesen genetisch identisch ist, und der

---

1356 Haßmann, Embryonenschutz im Spannungsfeld internationaler Menschenrechte, staatlicher Grundrechte und nationaler Regelungsmodelle zur Embryonenforschung, S. 10f.; Taupitz, Rechtliche Regelung der Embryonenforschung im internationalen Vergleich, S. 5.

1357 Taupitz, Rechtliche Regelung der Embryonenforschung im internationalen Vergleich, S. 4f; Paul, Möglichkeiten und Grenzen der Forschung an embryonalen Stammzellen und des therapeutischen Klonens, S. 107.

1358 Arndt, Biotechnologie in der Medizin, S. 19; Taupitz, Rechtliche Regelung der Embryonenforschung im internationalen Vergleich, S. 5.

1359 Arndt, Biotechnologie in der Medizin, S. 21.

1360 Ebd.; Haßmann, Embryonenschutz im Spannungsfeld internationaler Menschenrechte, staatlicher Grundrechte und nationaler Regelungsmodelle zur Embryonenforschung, S. 15; Paul, Möglichkeiten und Grenzen der Forschung an embryonalen Stammzellen und des therapeutischen Klonens, S. 110; Berger, Embryonenschutz und Klonen beim Menschen, S. 144; Chart of signatures and ratifications – ETS no. 168, Treaty Office Website des Europarates; Schreiber, in: Festschrift für Claus Roxin, S. 903; Kienle, ZRP 1998, S. 186. Allerdings unterzeichnet bisher die Bundesrepublik Deutschland auch das ZVKL.

1361 Heyer/Dederer, Präimplantationsdiagnostik, Embryonenforschung, Klonen, S. 97f.

Artikel enthält auch eine Legaldefinition für das Begriffspaar „genetisch identisch", die für den Begriff darauf abstellt, ob zwei menschliche Lebewesen dasselbe Kerngenom gemeinsam haben.[1362] Weil hier nach der Erläuterung „genetisch identisch" ausschließlich auf das Genom des Zellkerns abgestellt wird, kommt es damit nicht auf die mitochondriale DNS an, die eine Übereinstimmung der Genome zu 100% verhindert.[1363] Außerdem wird in Art. 1 nicht auf den Erfolg der Erzeugung des Lebewesens abgestellt, sondern auf die mit diesem Ziel durchgeführte Intervention.[1364] Also kann das Verbot des Klonens solange nicht ein absolutes Verbot des Klonens menschlicher Embryonen darstellen, wie gem. Art. 1 des Zusatzprotokolls das Klonen nicht die Entstehung eines Menschen bezweckt. Daraus geht hervor, dass der Hauptgegenstand des Zusatzprotokolls nicht das KzET ist, sondern das KfEK.[1365] Aus diesem Grund werden im Gegensatz zu dem KfEK unterschiedliche Auffassungen zu der Frage vertreten, ob die Erzeugung eines Embryos mittels ZKT zu Zwecken der Stammzellforschung, das sog. KzET, vertretbar ist oder nicht.[1366] Also ist es problematisch, ob das Erforschen oder auch ein in Zukunft vielleicht möglicher Einsatz des KzET von dem Verbot des Art. 1 ZVKL erfasst ist.[1367] Ferner verwendet das Zusatzprotokoll nicht den Begriff „Embryo", sondern „menschliches Lebewesen", und daher hängt es von dem Begriff „menschliches Lebewesen" ab, ob auch das KzET erfasst sein soll oder nicht.[1368] Allerdings lässt das Zusatzprotokoll bewusst offen, ab welchem Entwicklungsstadium vom (verbotenen) Erzeugen eines kerngenom-identischen „menschlichen Lebewesens" zu sprechen

1362 Ebd., S. 96; Haßmann, Embryonenschutz im Spannungsfeld internationaler Menschenrechte, staatlicher Grundrechte und nationaler Regelungsmodelle zur Embryonenforschung, S. 15; Berger, Embryonenschutz und Klonen beim Menschen, S. 144; Arndt, Biotechnologie in der Medizin, S. 22; Paul, Möglichkeiten und Grenzen der Forschung an embryonalen Stammzellen und des therapeutischen Klonens, S. 110; Eser, Biomedizin und Menschenrechte, S. 124; Winter/Fenger/Schreiber, Genmedizin und Recht, S. 82; Taupitz, Rechtliche Regelung der Embryonenforschung im internationalen Vergleich, S. 5.

1363 Paul, Möglichkeiten und Grenzen der Forschung an embryonalen Stammzellen und des therapeutischen Klonens, S. 110.

1364 Ebd.

1365 Ebd., S. 111.

1366 Taupitz, Rechtliche Regelung der Embryonenforschung im internationalen Vergleich, S. 5.

1367 Paul, Möglichkeiten und Grenzen der Forschung an embryonalen Stammzellen und des therapeutischen Klonens, S. 111.

1368 Heyer/Dederer, Präimplantationsdiagnostik, Embryonenforschung, Klonen, S. 96.

ist[1369], und überlässt in Übereinstimmung mit dem MRB die Definition des Begriffs „menschliches Lebewesen“ dem einzelnen nationalen Gesetzgeber.[1370] Daher können unterschiedliche nationale Regelungen in Betracht kommen. Insofern somit nach innerstaatlichem Recht die Anwendung des sog. „KzET“ erlaubt ist und der Begriff „menschliches Lebewesen“ im Zusatzprotokoll von den einzelnen Ländern in verschiedener Weise interpretiert wird, kann dieses Klonen nach dem Zusatzprotokoll zum MRB nicht verboten sein.[1371]

## 2. Europäisches Parlament

Das Europäische Parlament[1372] hat sich bislang in mehreren Entschließungen gegen die Anwendung von Klonierungstechniken ausgesprochen.[1373] Am 15. Januar 1998[1374] bekräftigte es in einer Entschließung, dass das Klonen von Menschen stets unethisch sei und eine schwere Menschenrechtsverletzung darstelle.[1375] Ebenso müsse das Klonen von Menschen wegen des Individualrechts auf genetische Identität verboten bleiben.[1376] Allerdings hat diese Entschließung für die Mitgliedsstaaten keine rechtliche Bindungswirkung; insbesondere wird sie nicht als geltendes Gemeinschaftsrecht angesehen.[1377]

Am 07.09.2000 hat das Europäische Parlament ferner eine Entschließung zum Klonen von Menschen verabschiedet, u. a. im Hinblick auf die Bestrebun-

---

1369 Taupitz, Rechtliche Regelung der Embryonenforschung im internationalen Vergleich, S. 5.

1370 Paul, Möglichkeiten und Grenzen der Forschung an embryonalen Stammzellen und des therapeutischen Klonens, S. 111.

1371 Berger, Embryonenschutz und Klonen beim Menschen, S. 145.

1372 Das Europäische Parlament mit Sitz in Straßburg ist das Parlament der Europäischen Union. Es hat drei wesentliche Aufgaben: Gesetzgebung, Haushaltskontrolle und Kontrolle der Europäischen Kommission.

1373 Zum Beispiel Entschließung zur Klonierung menschlicher Embryos vom 12.03.1993, Abl. C 315/224 vom 22.11.1993; Entschließung zum Klonen von Tieren und Menschen vom 12.03.1997, Abl. C 115/92 vom 14.04.1997; Entschließung zum Klonen von Menschen vom 15.01.1998, Abl. C 34/164 vom 02.02.1998.; Berger, Embryonenschutz und Klonen beim Menschen, S. 145.

1374 Abrufbar unter: http://www.europarl.europa.eu/omk/omnsapir.so/pv2?PRG=DOCPV&APP=PV%

1375 Heyer/Dederer, Präimplantationsdiagnostik, Embryonenforschung, Klonen, S. 105.

1376 Ebd.

1377 Ebd.

gen der britischen Regierung, das KzET zuzulassen.[1378] In dieser Entschließung erklärte das Europäische Parlament ausdrücklich, dass „das therapeutische Klonen, das die Produktion menschlicher Embryonen allein zu Forschungszwecken impliziert, ein grundlegendes ethisches Dilemma aufwirft, eine nicht wieder rückgängig zu machende Grenzüberschreitung der Forschungsnormen darstellt und der öffentlich vertretenen Politik der Europäischen Union widerspricht".[1379] Somit wurde die britische Regierung vom Europäischen Parlament aufgefordert, ihre Position zum menschlichen Klonen zu überprüfen, von ihrer Gewissensentscheidung Gebrauch zu machen und gegen den Vorschlag zu stimmen, nach welchem die Verwendung von durch Zellkernübertragung produzierten Embryonen in der Forschung erlaubt sein soll.[1380] Außerdem richtet das Europäische Parlament an die Mitgliedsstaaten ein Ersuchen, Rechtsvorschriften gegen das Klonen von Menschen zu erlassen und strafrechtliche Sanktionen für Verstöße vorzusehen.[1381] So spricht sich das Europäische Parlament in seiner Entschließung klar gegen jegliche Form des menschlichen Klonens aus.[1382] Jedoch hat diese Entschließung des Parlaments keine verbindliche regulative Kraft, sondern ist nur eine Empfehlung an die legislativen europäischen und nationalen Organe.[1383]

Ferner bildete eine Entscheidung der EU-Kommission vom 09.07.2003 den Ausgangspunkt für die Förderung der Forschung zu den embryonalen Stammzellen und den menschliche Embryonen.[1384] Danach hat sich das Europäische Parlament am 19.11.2003 mit einer klaren Mehrheit von 298 zu 214 Stimmen für die EU-Förderung von Forschungen an überzähligen Embryonen und damit für die Herstellung neuer Stammzelllinien ausgesprochen.[1385] Jedoch war auch diese Entscheidung des Parlaments für den Ministerrat nicht bindend und gab diesem lediglich eine Richtung vor.[1386] Der Forschungsministerrat sprach sich am 26.11.2003 gegen die Förderung der verbrauchenden Embryonenforschung aus. Dagegen wurde am 03.12.2003 durch den Ministerrat die Förderung der

1378 Ebd., S. 106; Berger, Embryonenschutz und Klonen beim Menschen, S. 146; Arndt, Biotechnologie in der Medizin, S. 55; Paul, Möglichkeiten und Grenzen der Forschung an embryonalen Stammzellen und des therapeutischen Klonens, S. 115.

1379 Ebd.

1380 Heyer/Dederer, Präimplantationsdiagnostik, Embryonenforschung, Klonen, S. 106; Berger, Embryonenschutz und Klonen beim Menschen, S. 146.

1381 Berger, Embryonenschutz und Klonen beim Menschen, S. 146; Arndt, Biotechnologie in der Medizin, S. 55.

1382 Berger, Embryonenschutz und Klonen beim Menschen, S. 146.

1383 Ebd.

1384 Arndt, Biotechnologie in der Medizin, S. 55f.

1385 Ebd., S. 57.

1386 Ebd.

Forschung an bestehenden Stammzelllinien beschlossen.[1387] Darüber hinaus wurde vorgeschlagen, ab Anfang 2004 im Rahmen des 6. EU-Forschungsrahmenprogrammes Geld für die Herstellung neuer embryonaler Stammzelllinien bereitzustellen[1388], und im Jahr 2004 trat schließlich der Vorschlag der EU-Kommission in Kraft[1389].

## 3. Die Charta der Grundrechte der Europäischen Union

Am 7.12.2000 wurde in Nizza „die Charta der Grundrechte"[1390] der Europäischen Union (EU)[1391] verabschiedet.[1392] Sie besteht aus sieben Kapiteln; insbesondere regelt Kapitel 1 die Würde des Menschen.[1393] Hierbei werden in Art. 1 die Unantastbarkeit der Menschenwürde, in Art.2 das Recht auf Leben und in Art. 3 I das Recht auf körperliche und geistige Unversehrtheit bestimmt.[1394] Außerdem ist nach Art. 3 II, 4 Spiegelstrich ausdrücklich lediglich das reproduktive Klonen als Ausprägung oder Konkretisierung des Individualrechtes auf körperliche und geistige Unversehrtheit verboten[1395]; dagegen ist das KzET darin nicht erfasst[1396]. Diese Formulierung ist so zu verstehen, dass das therapeutische Klonen *per se* nicht ohne Weiteres gegen die Individualrechte verstößt.[1397] Somit bleiben den Mitgliedsstaaten ein Individualrechtsschutz bzw. Verbot des KzET

---

1387 Ebd.

1388 Ebd., S. 56.

1389 Ebd., S. 57.

1390 Ziel der Erarbeitung dieses Grundrechtskataloges war es u. a., der rasanten gesellschaftlichen, sozialen, wissenschaftlichen und technologischen Entwicklung beim weiteren Zusammenschluss der EU-Mitgliedsstaaten gerecht zu werden und ein unnachgiebiges Fundament gemeinschaftlicher Grundprinzipien als eine unerlässliche Voraussetzung für die Legitimität der Union zu schaffen.

1391 Die EU ist ein aus 27 europäischen Staaten bestehender Staatenverbund.

1392 Berger, Embryonenschutz und Klonen beim Menschen, S. 137; Arndt, Biotechnologie in der Medizin, S. 53; Heyer/Dederer, Präimplantationsdiagnostik, Embryonenforschung, Klonen, S. 107.

1393 Arndt, Biotechnologie in der Medizin, S. 53.

1394 Berger, Embryonenschutz und Klonen beim Menschen, S. 137f.; Paul, Möglichkeiten und Grenzen der Forschung an embryonalen Stammzellen und des therapeutischen Klonens, S. 118; Arndt, Biotechnologie in der Medizin, S. 53.

1395 Heyer/Dederer, Präimplantationsdiagnostik, Embryonenforschung, Klonen, S. 107; Berger, Embryonenschutz und Klonen beim Menschen, S. 138.

1396 Paul, Möglichkeiten und Grenzen der Forschung an embryonalen Stammzellen und des therapeutischen Klonens, S. 118.

1397 Heyer/Dederer, Präimplantationsdiagnostik, Embryonenforschung, Klonen, S. 107.

generell unbenommen.[1398] Der Bereich der Embryonen- und der Stammzellforschung wird von der Grundrechtecharta ebenso nicht erfasst, und somit bleiben auch diesbezügliche Regelungen den nationalen Gesetzgebern überlassen.[1399] Die Charta verfügt allerdings lediglich über den Status einer Deklaration und stellt mithin keine verbindliche, mit rechtsstaatlichen Instrumentarien durchsetzbare Regelung dar,[1400] so dass sie nur als ein Grundkonsens gilt, der letztlich auch verfassungsmäßige Mindeststandards des Grundrechtschutzes innerhalb der Mitgliedsstaaten widerspiegelt[1401].

## II. Internationale Abkommen und Empfehlungen

### 1. Weltärztebund: Deklaration von Helsinki

Der Weltärztebund wurde als Zusammenschluss nationaler Ärzteverbände zur Förderung der Zusammenarbeit der ärztlichen Organisationen der Welt im Jahr 1947 in London gegründet.[1402] Der Weltärztebund ist ein Verbund auf internationaler Ebene, der sich mit internationalen Fragen des Gesundheitswesens beschäftigt, ebenso wie die Weltgesundheitsorganisation (WHO). Jedoch setzt er sich, anders als die WHO, die eine Behörde der Vereinten Nationen ist, aus freiwilligen Mitgliedern zusammen und wird von diesen auch finanziert, so dass er nicht zwangsläufig politischen Einflüssen unterliegt.[1403] Der Weltärztebund verabschiedete auf seiner 18. Generalversammlung in Helsinki im Juni 1964 die Deklaration von Helsinki (DvH) und hat diese Deklaration in vollständig veränderter Form 1975 mit geringen Änderungen 1983, 1989 und 1996 wiederholt.[1404] Danach verabschiedete die 52. Generalversammlung des Weltärztebundes im Oktober 2000 in Edinburgh eine neue Fassung der DvH unter dem Titel „Ethische Grundsätze für die medizinische Forschung am Menschen (Ethical Principles for Medical Research Involving Human Subjects)“.[1405] Bei der DvH handelt

1398 Ebd., S. 107f.

1399 Berger, Embryonenschutz und Klonen beim Menschen, S. 138.

1400 Arndt, Biotechnologie in der Medizin, S. 53; Heyer/Dederer, Präimplantationsdiagnostik, Embryonenforschung, Klonen, S. 108.

1401 Heyer/Dederer, Präimplantationsdiagnostik, Embryonenforschung, Klonen, S. 107.

1402 Arndt, Biotechnologie in der Medizin, S. 27.

1403 Ebd.

1404 Ebd.; Berger, Embryonenschutz und Klonen beim Menschen, S. 152f.

1405 Arndt, Biotechnologie in der Medizin, S. 28; Berger, Embryonenschutz und Klonen beim Menschen, S. 152.

es sich um eine Erklärung zu ethischen Grundsätzen für die medizinische Foschung am Menschen, und hier werden die Empfehlungen und Selbstverpflichtungsregeln nicht nur für Ärzteschaft, sondern auch für alle Wissenschaftler geregelt, die in der biomedizinischen Forschung am Menschen tätig sind.[1406] Daher stellt die DvH kein völkerrechtliches Abkommen dar und ist auch keine Rechtsquelle.[1407] Obgleich sie so weder Rechtsverbindlichkeit besitzt noch eine Verpflichtung zur Übertragung in innerstaatliches Recht bedeuten kann, ist sie doch in wesentliche grundlegende Regelungswerke über den Umgang von Ärzten mit Versuchspersonen eingegangen.[1408]

Bei der Forschung am Menschen wird durch die DvH verlangt, dass die Sicherheit der betroffenen Personen am wichtigsten sei, indem zwischen Nutzen und Gefahren abzuwägen sei.[1409] Ebenso spricht die DvH lediglich von der Forschung am Menschen. Fraglich ist daher, ob auch der menschliche Embryo und der Foetus der Erklärung unterliegen.[1410] Auch legt die DvH keine ausführliche Auseinandersetzung mit verschiedenartigen Problemfeldern der Humangenetik und der biotechnologischen Forschung in Bezug auf entwicklungsfähige menschliche Zellen vor, und damit legt sie kein Verbot oder Moratorium zur Verwendung und Herstellung von humanen embryonalen Stammzelllinien für Forschungszwecke fest.[1411] Außerdem regelt sie nicht die Fälle der Embryonenforschung sowie die Anwendung von Klonierungstechniken auf den Menschen.[1412] Der Weltärztebund fordert in seiner Resolution zum Klonen vom November 1997 von Ärzten und anderen Forschern lediglich, sich beim KfEK Zurückhaltung aufzuerlegen, bis alle ethischen und rechtlichen Probleme gelöst sind und jegliche notwendige Kontrolle gesichert ist.[1413]

## 2. Weltgesundheitsorganisation (WHO)

Die Weltgesundheitsorganisation (World Health Organisation WHO) wurde am 7. April 1948 als rechtlich eigenständige Sonderorganisation der Vereinten Nationen mit Sitz in Genf gegründet und zählt gegenwärtig 193 Mitgliedsstaa-

1406 Berger, Embryonenschutz und Klonen beim Menschen, S. 153f.
1407 Ebd., S. 153; Arndt, Biotechnologie in der Medizin, S. 28.
1408 Ebd.
1409 Lilie, in: Klonen in biomedizinischer Forschung und Reproduktion, S. 210.
1410 Berger, Embryonenschutz und Klonen beim Menschen, S. 154.
1411 Ebd., S. 155.
1412 Ebd.
1413 Lilie, in: Klonen in biomedizinischer Forschung und Reproduktion, S. 211.

ten.[1414] Sie definiert in ihrer Verfassung den Begriff der Gesundheit als physisches, mentales und soziales Wohlbefinden, also nicht nur als Abwesenheit von Krankheiten, und bezweckt das Erreichen des größtmöglichen Niveaus der Gesundheit für alle Menschen.[1415] Am 14.05.1997 wurde anlässlich ihrer 50. Versammlung die Resolution 50.37 zum Einsatz von Klonierungstechniken in der menschlichen Fortpflanzung verfasst.[1416] Zum Zeitpunkt des Beschlusses wurde allerdings über das sog. KzET noch nicht diskutiert, und die WHO wollte sich in ihrer Resolution allein auf den Einsatz von Klonierungstechniken zu Reproduktionszwecken festlegen.[1417] In Nr. 1 der WHO-Resolution 50.37 wird das Klonen zur Replikation menschlicher Wesen als ethisch inakzeptabel und daher als mit den Grundsätzen menschlicher Integrität und Moralität unvereinbar bezeichnet.[1418] Die 51. Versammlung der WHO bekräftigte am 16.05.1998 die Resolution 50.37, in der das KfEK als ethisch inakzeptabel und als menschenunwürdig verurteilt wird.[1419] Zugleich werden wiederholt sowohl der potentielle Nutzen des Klonens für die medizinische Forschung betont als auch die Zusammenstellung einer Expertengruppe für die Ausarbeitung internationaler Richtlinien für diesen Bereich gefordert.[1420] Die Frage des Klonens wurde auch wieder bei der 52. Versammlung der WHO am 01.04.1999 diskutiert, wobei anders als früher für andere Form des Klonens zwar die Vorteile für die medizinische und die pharmazeutische Praxis anerkannt wurden, aber dennoch festgelegt wurde, dass die Weiter- und Neuentwicklung von Techniken überwacht werden und Sicherheitsmaßstäbe gesetzt werden müssten, die einzuhalten seien.[1421] Auf der 53. Versammlung der WHO im Mai 2000 wurde demnach der Fokus nicht mehr direkt auf das Klonen gelegt, sondern der Generaldirektor stellte vielmehr in einem Bericht fest, dass nunmehr, nach Jahren der Diskussion speziell zum The-

---

1414 Arndt, Biotechnologie in der Medizin, S. 11.

1415 Ebd.

1416 Kersten, Das Klonen von Menschen, S. 205; Berger, Embryonenschutz und Klonen beim Menschen, S. 152.

1417 Berger, Embryonenschutz und Klonen beim Menschen, S. 152.

1418 Kersten, Das Klonen von Menschen, S. 208; Heyer/Dederer, Präimplantationsdiagnostik, Embryonenforschung, Klonen, S. 99; Arndt, Biotechnologie in der Medizin, S. 12; Presseinformation WHA/10 vom 14.05.1997, abrufbar unter: http://www.who.int/archives/inf-pr-1997/en/97wha10.html

1419 Berger, Embryonenschutz und Klonen beim Menschen, S. 152; Kersten, Das Klonen von Menschen, S. 209; Arndt, Biotechnologie in der Medizin, S. 12; Agenda Punkt 20, Dokument-Nr.WHA51.10, abrufbar unter: http://www.who.int/gb/EB_WHA/PDF/-WHA51/ear10.pdf

1420 Berger, Embryonenschutz und Klonen beim Menschen, S. 152.

1421 Arndt, Biotechnologie in der Medizin, S. 12; vorläufiger Agendapunkt 13, Dokument-Nr.: A52/12, abrufbar unter: http://www.who.int/gb/EB_WHA/PDF/WHA52/ew12.pdf

ma des Klonens zukünftig Aktivitäten generell im Bereich der Bioethik entfaltet werden sollten.[1422] Die WHO entwickelt allerdings seit über 50 Jahren sog. soft-law,[1423] so dass ihre Resolutionen für die jeweiligen nationalen Gesetzgeber international-rechtlich keinerlei Rechtsverbindlichkeit besitzen[1424].

## 3. UNESCO: Allgemeine Erklärung über das menschliche Genom und die Menschenrechte (UNESCO-Deklaration)

### *a. Zur Entstehungsgeschichte der Bestimmungen der UNESCO-Deklaration und zu deren Geltungsbereich*

Die UNESCO (United Nations Educational, Scientific and Cultural Organization) ist eine zur Förderung der internationalen Zusammenarbeit durch die Verbreitung von Erziehung, Wissenschaft und Kultur sowie zur Kommunikation zwischen den Ländern gegründete internationale Organisation, der derzeit 193 Mitgliedsstaaten angehören.[1425] Der Generaldirektor der UNESCO berief im Jahr 1993 das aus interdisziplinären Experten verschiedener Herkunftsländer zusammengesetzte „International Bioethics Committee (IBC)“ ein, um in eine Debatte über ethische Probleme der biomedizinischen Wissenschaften einzutreten.[1426] Danach erarbeitete das IBC in der Zeit von 1993 bis 1997 eine Deklaration zum Schutz des menschlichen Genoms.[1427] Jedoch regelte diese Deklaration in ihren Entwurfsfassungen bis zum Dezember 1996 nicht das Verbot des Klonens von Menschen.[1428] Eine solches war von Mitgliedern des Rechtsausschusses vom IBC der UNESCO, die mit der Ausarbeitung der Erklärung betraut war, zwar ebenso gefordert worden wie ein Verbot der Keimbahnintervention.[1429]

---

1422 Arndt, Biotechnologie in der Medizin, S. 12; vorläufiger Agendapunkt 12.12, Dokument-Nr.: A53/15, abrufbar unter: http://www.who.int/gb/EB_WHA/PDF/WHA52/ew12.pdf.

1423 Arndt, Biotechnologie in der Medizin, S. 11.

1424 Kersten, Das Klonen von Menschen, S. 208; Heyer/Dederer, Präimplantationsdiagnostik, Embryonenforschung, Klonen, S. 99; Berger, Embryonenschutz und Klonen beim Menschen, S. 152.

1425 Winter/Fegner/Schreiber, Genmedizin und Recht, Rn. 503; http://de.wikipedia.org/wiki/UNESCO

1426 Arndt, Biotechnologie in der Medizin, S. 5f.; Berger, Embryonenschutz und Klonen beim Menschen, S. 148.

1427 Berger, Embryonenschutz und Klonen beim Menschen, S. 148.

1428 Kersten, Das Klonen von Menschen, S. 221f.

1429 Ebd., S. 222.

Deshalb konnte ein Klonverbot erst unter dem Eindruck der internationalen Diskussion um die Daten des im Frühjahr 1997 veröffentlichten Dolly-Experiments Aufnahme in die dann von der Generalversammlung der UNESCO beschlossene Erklärung finden.[1430] Schließlich wurde am 11.11.1997 von der 29. Generalversammlung der UNESCO in Paris offiziell die UNESCO-Deklaration beschlossen, in der die Staaten aufgefordert werden, die Menschenwürde und die fundamentalen Menschenrechte in Bezug auf die weitere Entwicklung in der Biomedizin zu schützen[1431] und auf nationaler sowie internationaler Ebene dafür Sorge zu tragen, dass die Achtung der in der Erklärung niedergelegten Grundsätze gewährleistet werde[1432], beschlossen[1433]. Die von der UNESCO verabschiedeten Deklarationen spielen zwar nur als bloße politische Absichtserklärungen ohne unmittelbare Rechtsverbindlichkeit für die UNESCO-Mitgliedsstaaten eine Rolle, sie können jedoch der Vorbereitung eines völkerrechtlichen Abkommens dienen.[1434] Die am 11.11.1997 beschlossene Deklaration kann mithin als Vorbild für ein noch ausstehendes rechtsverbindliches Völkerrechtsinstrument auf dem Gebiet der Bio-Ethik wie auch als Vorlage für die Gestaltung nationaler Rechtsordnungen in bioethischen Fragen dienen.[1435]

### *b. Regelung der UNESCO-Deklaration*

Das die gesamte Erklärung prägende Leitbild wurde in Art. 1 S. 1 UNESCO-Erklärung niedergelegt.[1436] Demnach liegt das menschliche Genom nicht nur der grundlegenden Einheit aller Mitglieder der menschlichen Gesellschaft sowie der Anerkennung der ihnen innewohnenden Würde und Vielfalt zugrunde,[1437] sondern es wird durch Art. 1 S. 2 UNESCO-Erklärung im symbolischen Sinne auch

---

1430 Ebd.

1431 Berger, Embryonenschutz und Klonen beim Menschen, S. 149.

1432 Heyer/Dederer, Präimplantationsdiagnostik, Embryonenforschung, Klonen, S. 100.

1433 Arndt, Biotechnologie in der MedizinS. 6; Berger, Embryonenschutz und Klonen beim Menschen, S. 148; Kersten, Das Klonen von Menschen, S. 220f.; Haßmann, Embryonenschutz im Spannungsfeld internationaler Menschenrechte, staatlicher Grundrechte und nationaler Regelungsmodelle zur Embryonenforschung, S. 32.

1434 Winter/Fegner/Schreiber, Genmedizin und Recht, Rn. 503; Heyer/Dederer, Präimplantationsdiagnostik, Embryonenforschung, Klonen, S. 100; Berger, Embryonenschutz und Klonen beim Menschen, S. 148.

1435 Kersten, Das Klonen von Menschen, S. 221.

1436 Arndt, Biotechnologie in der Medizin, S. 6.

1437 Ebd.

als Erbe der Menschheit dargestellt.[1438] Außerdem gebietet es gem. Art. 2 lit. b) UNESCO-Erklärung die Würde, kein Individuum auf seine genetischen Eigenschaften zu reduzieren, sondern vielmehr seine Einzigartigkeit und Vielfalt zu achten.[1439] Des Weiteren haben gemäß Art. 10 UNESCO-Erklärung ebenfalls die Forschung oder deren Anwendung, das menschliche Genom betreffend, keinen „Vorrang vor der Achtung der Menschenrechte, Grundfreiheiten und Menschenwürde von Individuen".[1440] Ebenso sollen nach Art. 11[1441] S. 1 UNESCO-Erklärung alle Praktiken, die der Menschenwürde entgegenstehen, wie etwa das reproduktive Klonen von menschlichen Lebewesen (human beings), nicht erlaubt sein.[1442] Hier ist jedoch zu bedenken, dass eine Abwägung der in Frage stehenden Grundsätze auch das KzET als eine Praktik, welche mit der Menschenwürde unvereinbar ist, erscheinen lässt.[1443] Denn als Beispiel wird ausdrücklich ausschließlich das „reproduktive Klonen" aufgeführt. Damit wollte die UNESCO-Erklärung den Unwert des Klonens in einer internationalen politischen Erklärung festhalten[1444], dagegen wird das sog. „KzET" nicht genannt.[1445] Dies liegt daran, dass einerseits bei der Beschlussfassung der UNESCO-Erklärung solche Praktiken, die erst zukünftig neu entwickelt werden würden, noch nicht bekannt waren, andererseits die Erklärung die Forschung mit menschlichen Embryonen gerade nicht ausschließen wollte.[1446] Damit erfasst das Verbot in Art. 11 S.1 UNESCO-Erklärung nur das Klonen von Menschen, nicht untersagt ist hingegen das Klonen menschlicher Zellen, soweit dabei kein Mensch erzeugt wird.[1447]

---

1438 Berger, Embryonenschutz und Klonen beim Menschen, S. 149.

1439 Kersten, Das Klonen von Menschen, S. 222f.

1440 Arndt, Biotechnologie in der Medizin, S. 6; Berger, Embryonenschutz und Klonen beim Menschen, S. 149.

1441 Art. 11 : Praktiken, die der Menschenwürde entgegenstehen wie etwa das reproduktive Klonen von menschlichen Lebewesen sollen nicht erlaubt sein. Die Staaten und die kompetenten Organisation sind zur Kooperation eingeladen, um solche Praktiken zu identifizieren und auf nationaler Ebene Maßnahmen zu ergreifen, welche garantieren, dass die in dieser Deklaration aufgestellten Prinzipen respektiert werden, abrufbar unter: http://www.unesco.de/445.html

1442 Arndt, Biotechnologie in der Medizin, S. 6f.; Berger, Embryonenschutz und Klonen beim Menschen, S. 149: Kersten, Das Klonen von Menschen, S. 222.

1443 Heyer/Dederer, Präimplantationsdiagnostik, Embryonenforschung, Klonen, S. 100.

1444 Arndt, Biotechnologie in der Medizin, S. 7.

1445 Heyer/Dederer, Präimplantationsdiagnostik, Embryonenforschung, Klonen, S. 100.

1446 Berger, Embryonenschutz und Klonen beim Menschen, S. 149.

1447 Ebd.; Kersten, Das Klonen von Menschen, S. 225.

An dieser Stelle ist es wiederum problematisch, dass der Begriff des „human being“ in Art. 11 S.1 UNESCO-Erklärung nicht abschließend definiert wird.[1448] Die UNESCO-Erklärung trifft keine Aussage darüber,[1449] ob und wie weit sich der Begriff des „human being“ auch auf vorgeburtliche Entwicklungsstadien des Menschen bezieht.[1450] Den Gesetzgebern der Einzelstaaten steht es also frei, ob sie den Bereich des KzET restriktiv regeln wollen oder nicht.[1451]

### *c. Bericht zum Gebrauch humaner embryonaler Stammzellen von IBC*

Nachdem ein Entwurf hinsichtlich der Verwendung von Stammzellen erst in der siebten Sitzung des IBC vom 7. bis 9. 11. 2000 in Ecuador diskutiert wurde, hat die *Extended Working Group on the Ethical Aspects of Embryonic Stem Cell Research* der UNESCO am 29. 01.2001 und 02.02.2001 ihren Bericht verfertigt.[1452] Danach hat das IBC im April 2001 eine Stellungnahme mit Empfehlungen zum Umgang mit humanen embryonalen Stammzellen unter dem Titel „The Use of Embryonic Stem Cell in Therapeutic Research“ herausgegeben.[1453] Das IBC erklärt hierzu in seinem Bericht, dass der menschliche Embryo in vitro ein Vorläufer des Menschen sei und daher nicht in seiner Entwicklungsfähigkeit gestört werden dürfe.[1454] Jedoch gelte dies nicht für einen überzähligen IVF-Embryo, der nicht mehr implantiert werden könne.[1455] Denn dieser, ebenso wie der durch ZKT erzeugte Embryo, der nicht zu reproduktiven Zwecken produziert wurde, hätten aufgrund des Fehlens einer Beziehung zum Mutterleib nicht die Möglichkeit, sich zu einem Individuum zu entwickeln.[1456] Daher sind sie nach Ansicht des IBC nicht als potentielle Menschen zu bewerten.[1457] Außerdem muss nach dem Bericht der IBC bei der Verwendung menschlicher Embryonen zu Forschungszwecken danach differenziert werden, ob es sich um Embryonen handelt, die zu Forschungszwecken produziert worden sind, oder um solche, die erst nachträglich überflüssig geworden sind.[1458] Ein ausschließlich zu For-

1448 Kersten, Das Klonen von Menschen, S. 228.
1449 Heyer/Dederer, Präimplantationsdiagnostik, Embryonenforschung, Klonen, S. 100.
1450 Kersten, Das Klonen von Menschen, S. 228.
1451 Ebd.
1452 Heyer/Dederer, Präimplantationsdiagnostik, Embryonenforschung, Klonen, S. 101.
1453 Berger, Embryonenschutz und Klonen beim Menschen, S. 150.
1454 Ebd.
1455 Ebd.
1456 Ebd.
1457 Ebd.
1458 Ebd.

schungszwecken erzeugter Embryo sei nicht zu seinem Selbstzweck, sondern immer allein für fremde Zwecke erschaffen worden.[1459] Deshalb geht es bei der Erzeugung menschlicher Embryonen zu Forschungszwecken gemäß der IBC lediglich um hochrangige Zwecke, wie dies bei medizinischem Nutzen der Fall ist.[1460] Der IBC fordert daher die Einzelstaaten auf, dafür zu sorgen, dass, wo immer Embryonenforschung erlaubt wird, diese unter den Rahmenbedingungen eines staatlich regulierten Systems stattfinde, um eine angemessene Einbringung ethischer Aspekte sicherzustellen.[1461]

## 4. UN- Resolution gegen das Klonen von Menschen

Seit Ende 2001 beschäftigt sich die Generalversammlung der Vereinten Nationen (UN) mit einer Konvention, die das Klonen von Menschen weltweit ächten soll.[1462] Hierbei wurden in die Diskussion vor die UN zwei Entwürfe eingebracht.[1463] Hierbei handelt es sich zum einen um einen Entwurf von Frankreich und Deutschland[1464], der für ein stufenweise gegliedertes Vorgehen warb, wonach zunächst das KfEK und zu einem späteren Zeitpunkt das KzET verboten werden sollten,[1465] zum anderen um einen Entwurf der Staaten Spanien, USA und der Philippinen[1466], der ein vollständiges und sofortiges Verbot enthielt, das sowohl das KzET als auch das KfEK umfassen sollte[1467]. Am 19.11.2001 wurde

1459 Ebd.

1460 Ebd.

1461 Heyer/Dederer, Präimplantationsdiagnostik, Embryonenforschung, Klonen, S. 102.

1462 Ebd., S. 103.

1463 Ebd.

1464 Arndt, Biotechnologie in der Medizin, S. 8; Der deutsch-französische-Entwurf ist bei den UN unter der Dokumenten-Nr. A/C.6/57/L.8 registriert, abrufbar unter: http://www.kritischebioethik.de/deutschland_news_uno_.html

1465 Arndt, Biotechnologie in der Medizin, S. 8; Diesem Entwurf schlossen sich Belgien, Brasilien, China, Dänemark, Deutschland, Finnland, Frankreich, Griechenland, Island, Japan, Kanada, Kuba, Lettland, Liechtenstein, Litauen, Luxemburg, Norwegen, Schweiz, Slowenien, Tschechien, Ungarn und Weißrussland an, siehe in: Heyer/Dederer, Präimplantationsdiagnostik, Embryonenforschung, Klonen, S. 103f.

1466Der Spanien-USA-Philippinen-Entwurf ist bei den UN unter der Dokumenten-Nr. A/C.6/57/L.3/Rev.I registriert, abrufbar unter: http://www.kritischebioethik.de/deutschland_news_uno.html

1467 Arndt, Biotechnologie in der Medizin, S. 8; Diesen Vorschlag unterstützten Antigua und Barbuda, Argentinien, Costa Rica, Dominika, Dominikanische Republik, El Salvador, Eritrea, Äthiopien, Fidschi, Georgien, Grenada, Honduras, Italien, Kasachstan, Kenia, Kirgisien, Lesotho, die Marshall-Inseln, Mikronesien, Nicaragua, Nigeria, Pa-

der von Frankreich und Deutschland gemeinsam eingebrachte Entwurf im sechsten Ausschuss (Rechtsausschuss) der 56. Generalversammlung im Konsens anerkannt, und am 12.12.2001 wurde er als Resolution 56/93 gegen das KfEK vom Plenum der Generalversammlung verabschiedet.[1468] Durch diese Resolution wurde danach ein Sonderausschuss – ein ad-hoc-Committee – eingesetzt, der allen Mitgliedsstaaten der Vereinten Nationen offenstand, um die Konvention inhaltlich zu erarbeiten und zu einer gemeinsamen Einstellung für die Ausarbeitung einer universalen Anti-Klon-Konvention der engagierten Staaten zu gelangen.[1469] Schließlich wurde jedoch über den Entwurf keine Einigung erzielt, und der Rechtsausschuss der 57. Generalversammlung beschloss am 7.11.2002, seine Beratungen über die Ausarbeitung einer Konvention für ein weltweites Verbot des Klonens zu unterbrechen und diese Beratungen in der nächsten, also der 58. Generalversammlung, ab dem 16.09.2003 fortzusetzen.[1470] Allerdings kam es auch in der 58. Generalversammlung nicht zu einem Klonverbot, und deswegen wurde im Rechtsausschuss am 6.11.2003 die Entscheidung zu den Verhandlungen über ein weltweites Klonverbot wiederum verschoben.[1471] Trotzdem erlangte der Entwurf auf der 58. Generalversammlung am 19. 11.2004 nicht die zum Erlass einer Resolution nötige Zwei-Drittel-Mehrheit, und ab Februar 2005 wurde folglich auf der Basis eines Kompromissentwurfes weiterdiskutiert.[1472] Demzufolge konnte schließlich auf der 60. Generalversammlung am 08.03 2005 nur die Resolution 59/280 „United Nations Declaration in Human Cloning“ [1473] mit 89 Ja-[1474], 34 Nein-[1475]Stimmen und 38 Enthaltungen[1476] verabschiedet werden, die rechtlich nicht bindend ist.[1477]

---

nama, Paraguay, Philippinien, Saint Kitts und Nevis, Santa Lucia, Saint Vincent und Grenadien, Spanien, Surinam, Tadschikistan, Osttimor, Tonga, Turkmenistan, Tuvalu, USA, Usbekistan und Vanuatu, siehe in: Heyer/Dederer, Präimplantationsdiagnostik, Embryonenforschung, Klonen, S. 103.

1468 Lilie, in: Schreiber/Lilie/Rosenau/Tadaki/Pak, Globalisierung der Biopolitik, des Biorechts und der Bioethik?, S. 91; Kersten, Das Klonen von Menschen, S. 278f.

1469 Kersten, Das Klonen von Menschen, S. 279.

1470 Ebd.; Arndt, Biotechnologie in der Medizin, S. 8.

1471 Arndt, Biotechnologie in der Medizin, S. 9.

1472 Heyer/Dederer, Präimplantationsdiagnostik, Embryonenforschung, Klonen, S. 104.

1473 Die Resolution 59/280 United Nations Declaration in Human Cloning ist bei den UN unter der Dokumenten-Nr. A/59/516/Add.1 registriert, abrufbar unter: http://www.un.org/Depts/german/gv-59/band3/ar59280.pdf

1474 Afghanistan, Albanien, Andorra, Äquatorialguinea, Äthiopien, Australien, Bahrain, Bangladesch, Belize, Benin, Bolivien, Bosnien und Herzegowina, Brunei Darussalam, Burundi, Chile, Costa Rica, Côte d'Ivoire, Demokratische Republik Kongo, Deutschland, Dominikanische Republik, Dschibuti, Ecuador, ehemalige jugoslawische Republik Mazedonien, El Salvador, Eritrea, Georgien, Grenada, Guatemala, Guyana, Haiti,

Die Resolution 59/280 über das Klonen von Menschen fordert die Mitgliedsstaaten auf, alle Formen des Klonens von Menschen zu verbieten, insoweit diese Formen mit der Menschenwürde und dem Schutz menschlichen Lebens unvereinbar sind.[1478] Sie fordert die Mitgliedsstaaten ferner auf, die Erzeugung von Menschenleben durch Klonprozesse sowie jegliche Forschung, die diesem Ziel dient, zu unterbinden, wobei die Menschenwürde unter allen Umständen respektiert werden müsse; insbesondere sollten Frauen nicht ausgebeutet werden.[1479] Des Weiteren fordert sie die Mitgliedsstaaten auf, sämtliche Maßnahmen zu treffen, die notwendig sind, um menschliches Leben bei der Anwendung der Biowissenschaften ausreichend zu schützen und die erforderlichen Maß-

---

Honduras, Irak, Irland, Italien, Kasachstan, Katar, Kenia, Komoren, Kroatien, Kuwait, Lesotho, Liberia, Liechtenstein, Madagaskar, Malta, Marokko, Marshallinseln, Mauritius, Mexiko, Mikronesien (Föderierte Staaten von), Monaco, Nicaragua, Österreich, Palau, Panama, Paraguay, Philippinen, Polen, Portugal, Ruanda, Salomonen, Sambia, Samoa, San Marino, São Tomé und Príncipe, Saudi-Arabien, Schweiz, Sierra Leone, Slowakei, Slowenien, St. Kitts und Nevis, St. Lucia, St. Vincent und die Grenadinen, Sudan, Suriname, Tadschikistan, Timor-Leste, Trinidad und Tobago, Uganda, Ungarn, Usbekistan, Vereinigte Arabische Emirate, Vereinigte Republik Tansania, Vereinigte Staaten von Amerika, abrufbar unter: http://www.un.org/Depts/german/gv-59/band3/ar59280.pdf

1475 Belarus, Belgien, Brasilien, Bulgarien, China, Dänemark, Demokratische Volksrepublik Korea, Estland, Finnland, Frankreich, Gabun, Indien, Island, Jamaika, Japan, Kambodscha, Kanada, Kuba, Laotische Volksdemokratische Republik, Lettland, Litauen, Luxemburg, Neuseeland, Niederlande, Norwegen, Republik Korea, Schweden, Singapur, Spanien, Thailand, Tonga, Tschechische Republik, Vereinigtes Königreich Großbritannien und Nordirland, Zypern, abrufbar unter: http://www.un.org/Depts/german/gv-59/band3/ar59280.pdf

1476 Ägypten, Algerien, Angola, Argentinien, Aserbaidschan, Bahamas, Barbados, Burkina Faso, Indonesien, Iran (Islamische Republik), Israel, Jemen, Jordanien, Kamerun, Kap Verde, Kolumbien, Libanon, Malaysia, Malediven, Mongolei, Myanmar, Namibia, Nepal, Oman, Pakistan, Republik Moldau, Rumänien, Serbien und Montenegro, Simbabwe, Somalia, Sri Lanka, Südafrika, Syrische Arabische Republik, Tunesien, Türkei, Ukraine, Uruguay, abrufbar unter: http://www.un.org/Depts/german/gv-59/band3/ar59280.pdf

1477 Heyer/Dederer, Präimplantationsdiagnostik, Embryonenforschung, Klonen, S. 104; Lilie, in: Schreiber/Lilie/Rosenau/Tadaki/Pak, Globalisierung der Biopolitik, des Biorechts und der Bioethik?, S. 94.

1478 United Nations General Assembly, Resolution 59/280 of 08.03.2005 b), abrufbar unter: http://www.nrlc.org/UN/UN-GADeclarationHumanCloning.pdf

1479 Heyer/Dederer, Präimplantationsdiagnostik, Embryonenforschung, Klonen, S. 104; United Nations General Assembly, Resolution 59/280 of 08.03.2005 d), abrufbar unter: http://www.nrlc.org/UN/UN-GADeclarationHumanCloning.pdf

nahmen zu treffen, um die Anwendung gentechnischer Verfahren zu verbieten, die der Menschenwürde möglicherweise widersprechen.[1480]

## III. Fazit

Europäische und internationale Gremien reagieren mit europäischen Regelungen oder internationalen Abkommen und Empfehlungen rasch auf neue wissenschaftliche Entwicklungen. Zuerst verabschiedete am 14.05.1997 die WHO die Resolution 50.37 und am 11. 11.1997 die UNESCO eine allgemeine Erklärung über das menschliche Genom und die Menschenrechte. Danach wurden am 06.11.1997 das Zusatzprotokoll zum Menschenrechtsübereinkommen zur Biomedizin des Europarates und am 07.09.2000 eine Entschließung zum Klonen von Menschen des Europäischen Parlaments angenommen. Des Weiteren wurde am 07.12 2000 von der Europäischen Union die Charta der Grundrechte und zuletzt von der UN-Generalversammlung am 12.12 2001 auf Initiative von Deutschland und Frankreich eine Resolution bewilligt.

Der Europarat verbietet in Art. 18 II MRB ausdrücklich die Herstellung von Embryonen zu Forschungszwecken, jedoch enthält das MRB kein explizites Verbot der Embryonenforschung. Also wird die Forschung an zu anderen Zwecken erzeugten Embryonen in vitro so wie an überzähligen Embryonen unter dem Vorbehalt zugelassen, dass die jeweilige nationale Rechtsordnung einen angemessenen Schutz der Embryonen gewährleisten müsse. Das IBC der UNESCO befasst sich in seinem Bericht zum Gebrauch humaner embryonaler Stammzellen ebenfalls mit dem Verbot der Embryonenforschung. Dieses Verbot gilt jedoch nicht für den überzähligen IVF-Embryo, der nicht mehr implantiert werden kann. Außerdem stimmte das Europäische Parlament durch den Vorschlag der EU-Kommission Forschungen an überzähligen Embryonen und damit der Herstellung neuer Stammzelllinien (verbrauchende Forschung) zu. Dagegen befasst sich die Europäische Union in ihrer Grundrechte-Charta nicht mit dem Bereich der Embryonen- und der Stammzellforschung und überlässt die diesbezüglichen Regelungen den nationalen Gesetzgebern. Ebenso verhalten sich die WHO und die Vereinten Nationen. Auch die Deklaration von Helsinki 2000 regelt nicht die Embryonenforschung.

Die Geburt des Klonschafs „Dolly" im Februar 1997 löste weltweit eine Diskussion über die Zulässigkeit des Klonens von Menschen aus, und diese Dis-

1480 United Nations General Assembly, Resolution 59/280 of 08.03.2005 a), c), abrufbar unter:
http://www.nrlc.org/UN/UN-GADeclarationHumanCloning.pdf

kussion dauert bisher noch immer an. Auf europäischer und auf internationaler Ebene gibt es zwar Stellungnahmen zum KfEK, jedoch ist eine klare Stellungnahme insbesondere zum Bereich des KzET nicht erkennbar. Das Zusatzprotokoll zum Menschenrechtsübereinkommen zur Biomedizin des Europarates verbietet das Klonen von menschlichen Lebewesen, und zwar sowohl in der Form des Embryosplittings als auch in der Form des ZKT, allerdings ist ersichtlich, dass der Hauptgegenstand des Zusatzprotokolls nicht das KzET ist, sondern das KfEK, das die Geburt eines Menschen zum Ziel hat. Ebenso erwähnt Art. 3 der Charta der Grundrechte der Europäischen Union in Abs. 2 das Klonverbot, enthält aber keine klare Stellungnahme zum KzET. Auch die UNESCO-Deklaration und die WHO verbieten lediglich das KfEK, nicht aber das KzET. Dagegen hat das Europäische Parlament in seiner Entschließung zum Klonen von Menschen nicht nur das Verbot des KfEK, sondern auch das ausdrückliche Verbot des KzET öffentlich erklärt. Auch die Generalversammlung der Vereinten Nationen befasste sich mit einer UN-Resolution, die das Klonen von Menschen weltweit ächten sollte. Dabei wurde jegliche Form des menschlichen Klonens als Verletzung der Prinzipien *prudence* (Umsicht) und *precaution* (Vorsicht) bezeichnet. Die Deklaration von Helsinki 2000 regelt jedoch nicht die Anwendung von Klonierungstechniken auf den Menschen.

Die oben erwähnten europäischen Regelungen, internationalen Abkommen und Empfehlungen besitzen allerdings lediglich den Status einer Deklaration oder einer Empfehlung, folglich kommt ihnen gegenwärtig (noch) keine Rechtsverbindlichkeit zu. Den Gesetzgebern der Einzelstaaten bleibt es somit überlassen, ob sie den Bereich der Embryonen- und der Stammzellenforschung sowie des therapeutischen und des reproduktiven Klonens restriktiv regeln wollen oder nicht. Das bioethisch relevante internationale soft law findet sein Substrat in weiteren rechtlich nicht verbindlichen Instrumenten (Erklärungen, Resolutionen, Stellungsnahmen, etc.) von Organen bzw. Einrichtungen der Europäischen Gemeinschaft und anderer internationaler Organisationen wie z. B. der Vereinten Nationen und deren Sonderorganisationen WHO und UNESCO.[1481] Sie können als Vorbild für ein noch ausstehendes rechtsverbindliches Völkerrechtsinstrument auf dem Gebiet der Bio-Ethik wie auch als Vorlage für die Gestaltung nationaler Rechtsordnungen in bioethischen Fragen dienen und besitzen in diesem Sinne eine große Bedeutung.

1481 Heyer/Dederer, Präimplantationsdiagnostik, Embryonenforschung, Klonen, S. 117, 118.

# 4. Kapitel: Neuerungsvorschläge

## § 12 Medizinische Alternativen zum KzET

Die Gewinnung von embryonalen Stammzellen durch Klontechniken zieht schwerwiegende medizinische, ethische und juristische Probleme nach sich. Deswegen muss für die Gewinnung von Stammzellen ohne Abstoßungsreaktion eine andere Methode gefunden werden, wie z. B. Gewinnung von Stammzellen aus adulten Stammzellen, aus Nabelschnurblut, aus primordialen Keimzellen oder aus fetalen Gewebezellen. Dazu wird hier geprüft, ob die Körperzelle zum Zweck der Therapie in embryonale Stammzellen oder in andere Körperzellen umgewandelt werden könnte.

### I. Adulte Stammzellen (AS-Zellen)

Weil die Erforschung der AS-Zellen heute von ethischen Fragen unabhängig sein könnte, werden zunächst die als Gegenvorschlag anstelle der embryonalen Stammzellen bzw. der durch Klontechniken erzeugten embryonalen Stammzellen, also des KzET, betrachtet.[1482] Jeder Mensch trägt Stammzellen in seinem Körper, z. B. in sogenannten Wechselgeweben wie dem Knochenmark, der Haut und den Schleimhäuten usw.[1483] Da diese AS-Zellen dem Patienten selber entnommen werden können, würde bei ihnen das Problem einer immunologischen Unverträglichkeit nicht auftreten, so dass die Notwendigkeit der Suppression der Immunreaktion entfiele.[1484]

Aber es heißt, die Anzahl von AS-Zellen sei zu niedrig, und es sei schwierig, die AS-Zellen auszusortieren.[1485] Auch weil sie schon nach kürzester Zeit in

---

1482 Haverich, in: Schreiber/Elsner, Was ist der Mensch?, S. 87; AS-Zellen werden als gewebsspezifische, somatische Stammzellen bezeichnet; sie können von geborenen Menschen gewonnen werden, siehe in: Sadler, Medizinische Embryologie, S. 54.

1483 Schöler, in: Dabrock/Ried, Therapeutisches Klonen als Herausforderung für die Statusbestimmung des menschlichen Embryos, S. 32.

1484 DFG, Stammzellforschung in Deutschland, S. 18.

1485 Schöler, in: Dabrock/Ried, Therapeutisches Klonen als Herausforderung für die Statusbestimmung des menschlichen Embryos, S. 40.

vitro ihre Vermehrungs-[1486] und Differenzierungsfähigkeiten[1487] verlören, sei es derzeit kompliziert, sie über längere Zeit in Kultur aufzubewahren. Hingegen könnten ES-Zellen über Jahre in Kultur aufbewahrt werden, ohne dabei ihr Potential einzubüßen.[1488] In der Vergangenheit wurden außerdem AS-Zellen vorwiegend innerhalb ihrer Gewebespezifität verwendet.[1489]

Nun aber könnten sich bestimmte Arten von AS-Zellen mit Hilfe von Wachstumsfaktoren im Labor in eine Vielzahl verschiedener Gewebetypen entwickeln und sogar annähernd über ein entsprechendes Entwicklungspotential wie ES-Zellen verfügten.[1490] Forschungsergebnisse lassen hoffen, dass AS-Zellen die Fähigkeit besitzen, sich in Haut-, Nerven-, Muskel-, Fett-, Epithel- und Leberzellen umzuwandeln. Unter geeigneten Kulturbedingungen sollen sich besonders mesenchymale Stammzellen in Knochen-, Knorpel-, Fett-, Skelettmyoblast- und möglicherweise auch in Herzzellen differenzieren können.[1491] Es konnte ebenso bereits nachgewiesen werden, dass sich Stammzellen von einem bestimmten Gewebe, wie z. B. dem Hirngewebe, in eine andere Gewebeform, wie z. B. Blutzellen, differenzieren können.[1492] Also können AS-Zellen sich nicht nur in „ihr" Ursprungsgewebe entwickeln, sondern auch zu anderen spezialisierten Zelltypen ausreifen.[1493] Diese Eigenschaft, über die die AS-Zellen verfügen, bezeichnet man als Transdifferenzierung. Darüber hinaus sind AS-Zellen in der Lage, dorthin zu wandern, wo sie gebraucht werden.[1494] Aus AS-Zellen könnten somit ES-Zellen hergestellt werden, die auf der einen Seite sämtliche Vorzüge von „normalen" ES-Zellen aufweisen, zum anderen aber den Vorteil der Individualspezifität besitzen.[1495] Aus diesem Grund müssen wir uns auf die Erforschung der AS-Zellen konzentrieren, denn diese ist von ethischen und ju-

---

1486 AS-Zellen könnten nicht in therapeutisch relevanten Mengen vermehrt werden, denn die Vermehrbarkeit dieser Stammzellen sei begrenzt und somit auch ihre Lebensdauer.

1487 AS-Zellen besitzen nicht ein solches Differenzierungspotential wie embryonale Stammzellen.

1488 Berger, Embryonenschutz und Klonen beim Menschen, S. 40; Sadler, Medizinische Embryologie, S. 55.

1489 Zum Beispiel wurde lange Zeit die Auffassung vertreten, eine Stammzelle aus dem Knochenmark könne nur noch Blutzellen bilden oder eine Stammzelle aus der Haut lediglich Hautzellen.

1490 Berger, Embryonenschutz und Klonen beim Menschen, S. 39.

1491 Ebd., S. 40.

1492 Ebd., S. 39.

1493 Sadler, Medizinische Embryologie, S. 54; DFG, Empfehlung zur Forschung mit menschlichen Stammzellen, S. 9.

1494 Sadler, Medizinische Embryologie, S. 55; K.Beyreuther/A.Ho, Ohne Embryonenopfer – Therapiehoffnung, FAZ vom 22.11.2001.

1495 Sadler, Medizinische Embryologie, S. 56.

ristischen Fragen verhältnismäßig unabhängig. Ein Vorteil dieser Methode läge ebenso in der Möglichkeit, Stammzellen von Patienten mit schweren Krankheiten zu gewinnen und an ihnen die Entstehungsmechanismen und Behandlungsmöglichkeiten der Krankheiten zu erforschen.[1496] Des Weiteren müssen wir durch Zusammenfügung der Gentherapietechnik die Nachteile der AS-Zellen ausgleichen.

Allerdings bestehen hier Unklarheiten über die einzelnen Mechanismen und Abläufe, die zu einer Transdifferenzierung oder Reprogrammierung führen.[1497] Eine Fremdspende von AS-Zellen birgt zudem immer die Gefahr von Infektionskrankheiten, und eine autologe Transplantation (Transplantation körpereigener Zellen) kann bei zahlreichen Krankheiten aufgrund des Krankheitsbefalles aller Zellen in den meisten Fällen nicht durchgeführt werden.[1498] Folglich handelt es sich beim derzeitigen Kenntnisstand bei den AS – Zellen noch um keine vollständige Alternative zum KzET.[1499]

Darüber hinaus lassen sich Stammzellen, bei denen es sich um eine besondere Form von AS-Zellen handelt, auch aus dem Nabelschnurblut Neugeborener gewinnen. Sie sind allerdings nicht pluripotent, sondern nur eine Alternative zu Knochenmarkstammzellen, mit dem Vorteil, dass im Falle einer nötigen Therapie wenige Abstoßungsreaktionen zu erwarten sind[1500].

## II. Umprogrammierung der Körperzellen oder der AS-Zellen

Im November 2007 ist es Wissenschaftlern aus Japan und den USA gelungen, menschliche Haut- und Bindegewebszellen in embryonale Stammzellen umzuwandeln.[1501] Die Forscher programmierten spezialisierte menschliche Haut- und Bindegewebszellen so um, dass diese beinahe sämtliche Merkmale embryonaler

1496 DFG, Stammzellforschung in Deutschland, S. 18.

1497 Sadler, Medizinische Embryologie, S. 55; Berger, Embryonenschutz und Klonen beim Menschen, S. 38.

1498 Berger, Embryonenschutz und Klonen beim Menschen, S. 39.

1499 Ebenso verfügt die Erforschung der ES-Zellen durch Klontechniken, wie die Erforschung der AS-Zellen, noch über verschiedene medizinische Probleme.

1500 Berger, Embryonenschutz und Klonen beim Menschen, S. 40f.

1501 Science 23 Nov. 2007: Vol. 318 no. 5854 pp. 1224-1225, DOI: 10.1126/science.318.5854.1224, abrufbar unter: http://www.sciencemag.org/content/318/5854/1224.full?sid=558e46ea-e5b7-4d1c-be3d-21557280fcf0.

Stammzellen aufwiesen.[1502] Dies könnte erstmals Forschung mit embryonalen Stammzellen ohne ethische Konflikte ermöglichen. Die Forscher berichten, dass sich die ursprünglich spezialisierten Zellen in einen sehr urtümlichen, undifferenzierten Zustand versetzen ließen.[1503] So glichen nach der Behandlung unter anderem ihr Aussehen, ihre Oberflächenstruktur und bestimmte genetische Marker denen von embryonalen Stammzellen.[1504] Diese sogenannten induzierten pluripotenten Stammzellen (iPS) wiesen sehr viele Eigenschaften der begehrten embryonalen Stammzellen auf und besäßen die Fähigkeit, sich zu verschiedenen Körperzellen zu entwickeln.[1505] Die Wissenschaftler berichten, dass sich die umgewandelten Hautzellen hinsichtlich ihres Aussehens und ihrer Wachstumseigenschaften nicht von gewöhnlichen Stammzellen unterschieden hätten. Die Aktivität der Gene sei jedoch nur ähnlich und nicht identisch.[1506]

Die Gruppe um Shinya Yamanaka von der Universität Kyoto nahm für ihre Versuche Hautzellen einer 36-jährigen Frau sowie Bindegewebszellen eines 69-jährigen Mannes, und es gelang ihr, aus Hautzellen iPS-Zellen zu gewinnen und diese zu Blutzellen zu entwickeln.[1507] Auf der anderen Seite wählten James Thomson und seine Kollegen von der Universität von Wisconsin fötale Bindegewebszellen aus der Lunge und Zellen aus der Vorhaut eines neugeborenen Jungen für ihre Studie.[1508] Die Wissenschaftler um Shinya Yamanaka von der Universität Kyoto und die Gruppe um James Thomson von der Universität Wis-

1502 Ebd.

1503 Science 23 Nov. 2007: Vol. 318 no. 5854 pp. 1224-1225, DOI: 10.1126/science.318.5854.1224, abrufbar unter: http://www.sciencemag.org/content/318/5854/1224.full?sid=558e46ea-e5b7-4d1c-be3d-21557280fcf0; Science, 21 December 2007: Vol. 318 no. 5858 pp. 1917-1920, DOI: 10.1126/science.1151526, abrufbar unter: http://www.sciencemag.org/content/318/5858/1917.full?sid=f0605e81-9927-4c7d-a4c9-b0716efe32ea.

1504 Ebd.

1505 Ebd. SPIEGEL ONLINE

1506 Ebd.

1507 Science 23 Nov. 2007: Vol. 318 no. 5854 pp. 1224-1225, DOI: 10.1126/science.318.5854.1224, abrufbar unter: http://www.sciencemag.org/content/318/5854/1224.full?sid=558e46ea-e5b7-4d1c-be3d-21557280fcf0.SPIEGEL ONLINE

1508 Science 23 Nov. 2007: Vol. 318 no. 5854 pp. 1224-1225, DOI: 10.1126/ science.318.5854.1224, abrufbar unter: http://www.sciencemag.org/content/318/5854/1224.full?sid=558e46ea-e5b7-4d1c-be3d-21557280fcf0; Science, 21 December 2007: Vol. 318 no. 5858 pp. 1917-1920, DOI: 10.1126/science.1151526, abrufbar unter: http://www.sciencemag.org/content/318/5858/1917.full?sid=f0605e81-9927-4c7d-a4c9-b0716efe32ea.

consin in Madison verwendeten dazu lediglich vier Gene, die sie mit Hilfe von Viren in die Zellen einschleusten.[1509] Beide Forschergruppen nutzen so genannte Retroviren als Zellprogrammierer, und sie bestückten die Viren mit je vier verschiedenen Genen, die die Umprogrammierung zur Stammzelle einleiten.[1510]

Allerdings hat diese Technik einen großen Nachteil: die Retroviren schleusen ihr Erbgut direkt in das Erbgut der befallenen Zelle ein, so dass diese Technik das Krebsrisiko erhöht, weil die Viren das Erbgut zerschneiden, wenn sie ihr eigenes einfügen.[1511] Daher können solche iPS-Zellen nicht für die Behandlung von Menschen eingesetzt werden, solange Viren nötig sind, um die Gene einzuschleusen.

Im Februar 2008 hat die Forschergruppe um Shinya Yamanaka von der Universität Kyoto Leber- und Magenzellen von Mäusen mit Hilfe von vier eingeschleusten Genen (Oct 3/4, Sox2, Klf4, and c-Myc) zu iPS-Zellen zurückprogrammiert.[1512] Die iPS-Zellen, die sie gewann, lösten keinen Krebs mehr aus, wenn sie sie in die Mäuse eingespritzt wurden.[1513] Jedoch ist unbekannt, warum bei dem Verfahren trotz der Übertragung von vier Genen kein Krebs entstand.[1514] Auch in diesem Experiment wurde das Erbgut der Viren, mit denen diese die Gene übertrugen, weniger häufig in das Erbgut der Leber- und der Magenzellen eingebaut.[1515]

Im Februar 2009 ist es Hans Schöler und seinen Kollegen vom Max-Planck-Institut für molekulare Biomedizin gelungen, adulte Stammzellen durch

---

1509 Science 23 Nov. 2007: Vol. 318 no. 5854 pp. 1224-1225, DOI: 10.1126/science.318. 5854.1224, ; abrufbar unter: http://www.sciencemag.org/content/ 318/5854/1224.fuql?sid=558e46ea-e5b7-4d1c-be3d-21557280fcf0.

1510 Ebd. Die Forschergruppe um Shinya Yamanaka verwendete vier Gene, also OCT3/4, SOX2, KLF4 und c-MYC, und Thomson und seine Kollegen nutzten ebenfalls zwei dieser Gene (OCT3 und SOX2), ersetzten jedoch die anderen beiden durch zwei weitere Steuergene (NANOG und LIN28).

1511 Science 23 Nov. 2007: Vol. 318 no. 5854 pp. 1224-1225, DOI: 10.1126/ science.318 .5854.1224, abrufbar unter: http://www.sciencemag.org/content/318/5854 /1224.full?sid=558e46ea-e5b7-4d1c-be3d-21557280fcf0; Science, 21 December 2007: Vol. 318 no. 5858 pp. 1917-1920, DOI: 10.1126/science.1151526, abrufbar unter: http://www.sciencemag.org/content/318/5858/1917.full?sid=f0605e81-9927-4c7d-a4c9-b0716efe32ea.

1512 Science 1 August 2008: Vol. 321 no. 5889 pp. 699-702, DOI: 10.1126/science .1154884, abrufbar unter: http://www.sciencemag.org/content/321/5889/699.full?sid=44e30c38-e32a-4bef-8bbc-8986ddb6b6e0.SPIEGEL ONLINE

1513 Ebd. SPIEGEL ONLINE

1514 Ebd.SPIEGEL ONLINE

1515 Ebd.

das Einschleusen nur noch eines einzelnen Gens zu iPS-Zellen umzuprogrammieren.[1516] Schöler und sein Team haben nicht irgendwelche Körperzellen, sondern adulte Stammzellen aus dem Gehirn der Maus in iPS-Zellen verwandelt, indem sie ein einziges Gen, und zwar Oct4, einschleusten. Daraus züchteten sie Herz-, Nerven- und Keimzellen sowie einen Fötus ohne Gefahr des Krebsausbruchs.[1517] Diese Studie zeigt, dass es sich bei Oct4 möglicherweise um ein Schlüsselgen für die Umprogrammierung handelt. Seine Funktion ist laut Schöler noch immer unverstanden.[1518] Hier ist zwar das Krebsgen c-Myc nicht mehr nötig, aber die Einbringung der Gene mittels Retroviren ist ein Nachteil, weil die Viren ihr eigenes Erbgut einbauen.[1519] Für eine therapeutische Anwendung beim Menschen muss die Umprogrammierung somit noch ohne Retroviren verfeinert werden. Außerdem ist die Verwendung von AS-Zellen aus dem Gehirn unpraktisch, denn wollte man diese Methode beim Menschen anwenden, müssten Patienten aufwendig aus dem Hirn Zellen entnommen werden.

Da die Einschleusung der Gene, wie bereits erwähnt, Krebsrisiken birgt, ist eine therapeutische Anwendung der Zellen nicht möglich. Riskant ist auch das Einbringen der Gene mittels eines Virus, denn lebenswichtige Gene könnten dabei beschädigt werden. Zudem bringt auch das Virus sein eigenes Erbgut mit in die Zelle ein. Im März 2009 verwendeten ein Forscherteam um Keisuke Kaji von der Universität Edinburgh in Großbritannien und eines um Andras Nagy vom Mount Sinai Hospital in Toronto für die Lösung dieser Probleme zum einen als Genfähre kein Virus mehr, sondern ein Transposonplasmid[1520], ein ringförmiges DNA-Molekül, für die Einschleusung der Reprogrammier-Gene.[1521] Diesen zwei Wissenschaftlerteams ist es also gelungen, Körperzellen ohne den Einsatz von Viren in iPS-Zellen zu verwandeln und anschließend eingeschleuste Gene wieder zu entfernen. In das Plasmid bauten die Wissenschaftler nebeneinander die vier Reprogrammiergene c-Myc, Klf4, Oct4, Sox2 ein, und dann brachten sie es in Hautzellen der Maus und des Menschen ein und konnten diese erfolgreich zu iPS-Zellen reprogrammieren.[1522] Nach der Umprogrammierung

---

1516 Cell Vol. 136, Issue 3 (6 Feb. 2009) pp 411-419; Doi:10.1016/j.cell.2009.01.023, abrufbar unter: http://www.sciencedirect.com/science/article/pii/S0092867409000713.

1517 Ebd.

1518 Ebd.

1519 Ebd.

1520 Plasmide, die unter anderem in Bakterien vorkommen, werden als Vektor in der Gentechnik verwendet, um Gene in Zellen einzuschleusen.

1521 Nature Vol. 458, 766-770 (9 April 2009) | Doi:10.1038/nature07863, abrufbar unter: http://www.nature.com/nature/journal/v458/n7239/full/nature07863.html.

1522 Ebd.

schnitten sie das eingebrachte Genstück wieder vollständig aus dem Erbgut der Zellen heraus.[1523] Demnach sind die iPS-Zellen theoretisch für einen therapeutischen Einsatz geeignet. Dennoch weist auch diese Methode ein Problem auf, das erst noch gelöst werden muss. Man kann nicht kontrollieren, wo im Erbgut das Plasmid eingebaut wird, und man hat daher keine absolute Gewissheit, dass alle Plasmide wieder herausgeschnitten werden. Genreste könnten also doch noch im Erbgut der Zellen verbleiben.[1524]

Für die Umgehung dieses Problems haben im März 2009 Forscher um James Thomson und Junying Yu vom Morgridge Institute for Research in Madison im US-Bundesstaat Wisconsin eine neue Methode entwickelt und angewandt, um menschliche Hautzellen in iPS-Zellen zu verwandeln, die frei von fremden Genen sind: Sie verwendeten für die Neuprogrammierung Genfähren, die sich nicht in die DNA der Gastzelle integrieren, sondern als sogenannte Episome frei im Zellinneren schwimmen.[1525] Dabei veränderten sie weder das Erbgut der Zellen, noch waren sie zur Entfernung der fremden Gene auf die Gentechnik angewiesen.[1526] Sie benutzten zur Reprogrammierung Genfähren, ein sogenanntes verändertes Plasmid des Epstein-Barr-Virus, das sich nicht in das Erbgut der Zelle integriert.[1527] In das Plasmid bauten sie die notwendigen Reprogrammiergene ein und gaben diese auf Fibroblasten[1528] aus der Vorhaut von Neugeborenen.[1529] Einige der Zellen nahmen hier das Plasmid auf und wurden zu iPS-Zellen umprogrammiert.[1530]

Bislang hatten die Genfähren, die zur Umprogrammierung der Zellen notwendig sind, in den neu erzeugten iPS-Zellen stets eigenes Genmaterial hinterlassen, und dadurch stieg das Risiko von unerwünschten Effekten. Die zur Umprogrammierung eingebrachten Gene lösten auch Krebs aus. Vor einem möglichen therapeutischen Einsatz muss daher gewährleistet sein, dass die so hergestellten Stammzellen keinerlei Risiken für den Patienten darstellen, und diesem

1523 Ebd. Die Reprogrammier-Gene werden in einem Stück ins Erbgut der Zelle gebracht und nicht einzeln.

1524 Ebd. SPIEGEL ONLINE

1525 Science 8 May 2009: Vol. 324 no. 5928 pp. 797-801, DOI: 10.1126/science.1172482, abrufbar unter: http://www.sciencemag.org/content/324/5928/797.full?sid=f0605e81-9927-4c7d-a4c9-b0716efe32ea.

1526 Ebd.SPIEGEL ONLINE

1527 Ebd.SPIEGEL ONLINE

1528 Diese Zellart ist besonders einfach zu kultivieren und steht daher in ausreichender Menge zur Verfügung.

1529 Ebd. Die Besonderheit des Plasmids, das sie verwendeten, ist, dass es sich nicht in das Erbgut der Zelle integriert.SPIEGEL ONLINE

1530 Ebd.SPIEGEL ONLINE

Ziel sind Thomson und seine Kollegen ein wenig näher gekommen. Diese beiden Risiken scheinen Thomson und seine Kollegen nun umschifft zu haben: Ihr Plasmid baute sich gar nicht erst ins Erbgut ein und ging von selbst wieder verloren, ohne dass die Forscher gentechnische Methoden anwenden mussten.[1531] Die iPS-Zellen, die das Plasmid verloren hatten, behielten trotzdem ihre Alleskönnerfähigkeiten bei, und das wiesen die Forscher nach, indem sie die Zellen in Maus-Embryonen injizierten.[1532] Aus einer Million eingesetzter Hautzellen konnten die Forscher allerdings nur drei bis sechs Stammzellkolonien gewinnen, zudem ist nicht klar, ob die Methode auf alle Zellen – beispielsweise die von alten Menschen – anwendbar ist.[1533] Bei alten Zellen wird zwar die Ausbeute wahrscheinlich noch geringer sein, aber das soll kein großes Problem sein, denn hat man einmal eine Handvoll umprogrammierter Zellen, dann ist das ausreichend, weil man diese unbegrenzt vervielfältigen kann.

Bisher mussten Wissenschaftler die Zellen immer erst in ein Embryonalstadium zurücksetzen, um neue Zelltypen herzustellen. Im Januar 2011 haben jedoch Ding und seine Kollegen vom Scripps Research Institute im kalifornischen La Jolla in einem Versuch mit Mäusezellen Hautzellen in elf Tagen ohne Umweg direkt in Herzzellen verwandelt. Das Verfahren nutzt eine bisher unbekannte Abkürzung.[1534] Hier schleusten die Forscher vier bereits bekannte Gene in die Zellen ein, die bisher zur Rückprogrammierung von ausgewachsenen Zellen genutzt worden waren, doch im Gegensatz zu bisherigen Experimenten deaktivierten die Wissenschaftler diese Gene lange bevor die Zellen sich in einen Embryonalzustand hätten verwandeln können.[1535] Dann gaben sie den Hautzellen ein Signal, sich in Herzzellen zu verwandeln.[1536] Das Team um Ding versucht gegenwärtig, die vier Umprogrammierungsgene zu ersetzen, deren Einsatz Krebs auslösen könnte.[1537]

Die Gewinnung pluripotenter Zellen aus Körperzellen ist nicht nur ethisch konfliktfrei, sondern hat zudem den Vorteil, dass theoretisch jeder Patient mit körpereigenen Ersatzzellen versorgt werden könnte. Außerdem könnten dadurch Abstoßungsprobleme bei Zell- oder Gewebetransplantationen gelöst werden. Nach Schölers Meinung wären die nach dieser Methode hergestellten iPS-Zellen

---

1531 Ebd.SPIEGEL ONLINE

1532 Ebd.SPIEGEL ONLINE

1533 Ebd.SPIEGEL ONLINE

1534 Nature Vol. 13, 215–222pp (2011), DOI: 10.1038/ncb2164, abrufbar unter: http://www.nature.com/ncb/journal/v13/n3/full/ncb2164.html.

1535 Ebd.

1536 Ebd.

1537 Abrufbar unter: http://www.spiegel.de/wissenschaft/medizin/0,1518,742514,00.html.

für einen möglichen therapeutischen Ansatz die sichersten.[1538] Solange die Sicherheit der Anwendung dieser Methode nicht nachgewiesen ist, ist es jedoch wohl noch zu früh, um von einem Ersatz für die embryonale Stammzellen zu sprechen. Also können die umprogrammierten Zellen aus technischen Gründen und wegen nicht kalkulierbarer Risiken noch nicht für die Behandlung von Krankheiten eingesetzt werden. Auch Kaji sagt: „Pluripotente Zellen zu haben, ist nicht genug. Wir müssen in der Lage sein, daraus Zelltypen herzustellen. Und wir brauchen Methoden, die Zellen dahin zu bringen, wo wir sie haben wollen.“[1539] Bei dem hohen Tempo, in dem die Stammzellforschung momentan voranschreitet, könnten die gentechnischen Schwierigkeiten allerdings schon bald überwunden sein. Sollte dies tatsächlich gelingen, dann könnten die umprogrammierten Zellen irgendwann möglicherweise jegliche Art von Körpergewebe liefern – genauso wie das KzET, allerdings ohne den Verbrauch von Embryonen.[1540] Die umprogrammierten Zellen könnten schließlich eine vielversprechende Alternative zu den embryonalen Stammzellen bzw. den durch Klontechniken gezeugten Stammzellen sein, da ihre Gewinnung ethisch unbedenklich wäre.[1541]

1538 Abrufbar unter: http://www.spiegel.de/wissenschaft/mensch/0,1518,druck-615343,00.html.SPIEGEL ONLINE

1539 Abrufbar unter: http://www.spiegel.de/wissenschaft/mensch/0,1518,610341,00.html.

1540 Als Testmaterial für Medikamente oder die Grundlagenforschung könnten die neuen Zellen allerdings schon jetzt ein hilfreiches Werkzeug sein.

1541 Das Ziel besteht darin, auf diese Weise irgendwann kranke Zellen oder zerstörtes Gewebe mit maßgeschneiderten Ersatzzellen aus dem eigenen Körper zu ersetzen.

# III. Primordiale Keimzellen

Als Alternative zum KzET werden primordiale Keimzellen empfohlen, die aus fünf- bis neunwöchigen abgetriebenen oder abgegangenen Föten gewonnen werden und Vorläufer der Ei- bzw. der Samenzellen sind.[1542] Sie werden im Labor zu embryonalen Keimzellen weiterentwickelt, sind pluripotent und weisen hinsichtlich ihres Differenzierungspotentials große Ähnlichkeit mit embryonalen Stammzellen auf, die aus einer Blastozyste gewonnen werden.[1543] Die Gewinnung von embryonalen Keimzellen ist allerdings kompliziert, denn das für die Isolierung gewonnene Gewebe von Embryonen stammt aus unterschiedlichen Entwicklungsphasen, jedoch lassen die Keimzellen sich nur während einer engen Entwicklungsphase gewinnen.[1544] Es gibt auch Hinweise, dass sich primordiale Keimzellen im Hinblick auf Genregulation und Differenzierung deutlich von anderen Stammzellen unterscheiden.[1545] Was Entwicklungs- und Vermehrungspotential der embryonalen Keimzellen betrifft, so liegen gegenwärtig noch keine genaueren Ergebnisse vor. Bekannt ist lediglich, dass die Vermehrungsfähigkeit begrenzt und eine Vermehrung auch erst dann möglich ist, wenn bereits ein gewisses Maß an Differenzierung eingetreten ist.[1546] Derzeit ist noch nicht klar, ob die embryonalen Keimzellen eine wirkliche Alternative zu ES-Zellen darstellen.[1547] Zudem ergibt sich bei ihrer heute schon praktizierten Verwendung bereits wieder die Verfügbarkeitsproblematik. Als Beispiel hierzu kann die Transplantation im Nervensystem im Gehirn bei Patienten, die an Parkinson erkrankt sind, angeführt werden, bei der für einen Patienten Zellen aus dem zentralen Mittelhirn von bis zu sieben menschlichen Feten benötigt werden.[1548]

1542 Berger, Embryonenschutz und Klonen beim Menschen, S. 37.
1543 Ebenso; Sadler, Medizinische Embryologie, S. 54.
1544 Sadler, Medizinische Embryologie, S. 54; DFG, Empfelung zur Forschung mit menschlichen Stammzellen, S. 8.
1545 Brüstle/Wiestler, Dt. Ärzteblatt 2000, S. 1673.
1546 Sadler, Medizinische Embryologie, S. 54; Bioethik-Kommission Rheinland-Pfalz, Stammzellen, S. 10.
1547 Sadler, Medizinische Embryologie, S. 54.
1548 Brüstle/Wiestler, Dt. Ärzteblatt 2000, S. 1669.

# § 13 Regelungsvorschläge

Das ESchG strebt ein umfassendes Verbot des Klonens von Menschen an. Allerdings hat die Entwicklung der Klontechnik, vor allem das Dolly-Experiment, zu Lücken im ESchG geführt. Das ESchG ist daher um einen speziellen Tatbestand zu erweitern, durch den generell untersagt würde, das Entstehen eines menschlichen Embryo zu bewirken, ohne dass es hierbei zu einer Befruchtung einer menschlichen Eizelle durch eine menschliche Samenzelle kommt. Damit der durch ZKT entstandene Klon in das Verbot einbezogen werden kann, müsste es ebenso zur Schaffung eines neuen Straftatbestands kommen, der das Klonieren durch ZKT erfasst. So scheint eine Neufassung des §§ 6 und 8 ESchG insbesondere hinsichtlich des Bestimmtheitsgebots aus Art. 103 II GG vonnöten zu sein.

## I. Neudefinition des Begriffs „Embryo" in § 8 I und II ESchG

Die Definition des Embryos im ESchG und diejenige im StZG sind nicht deckungsgleich. Gemäß dem ESchG handelt es sich bei geklonten Embryonen mangels Kernverschmelzung noch um keine Embryonen, und sie werden nicht geschützt, wohingegen sie sich nach dem StZG als schutzwürdiges menschliches Lebewesen erweisen. 1998 wurde daher in dem „Bericht zur Frage eines gesetzgeberischen Handlungsbedarfs beim ESchG" eine Änderung der erwähnten Definition des § 8 I vorgeschlagen, und zwar in der Richtung, dass auch für die Methode des KT der Zeitpunkt bestimmt werden soll, von dem frühestens von einem Embryo gesprochen werden kann.[1549] Trotzdem hat sich bisher eine derartige Änderung auf politischer Ebene nicht durchgesetzt.

Wenn ferner in Kürze aus beliebigen somatischen Zellen Menschen gebildet werden können, dann müssen schließlich alle entwicklungsfähigen somatischen Zellen als Embryonen betrachtet werden.[1550] Daraus ergäbe sich, dass es sich bei allen somatischen Zellen um einen Gegenstand des Menschenwürde- und des Lebensschutzes handelt, und auch die aus Stammzellen gezüchteten Organe wä-

---

1549 BT-Drucks. 13/11263, S. 13, 14, 26; interessanterweise nun auch von Bülow, in: Dt. Ärzteblatt 1997, S. 721; Voss, Rechtsfragen der Keimbahntherapie, S. 166; so auch DÄBl. 94 (1997), S. A-1655 [Heft 24]

1550 Hilgendorf, in: Staat, Kirche, Verwaltung - Festschrift für Hartmut Maurer zum 70. Geburtstag, S. 1162f.

ren in der Lage, sich aufgrund ihres Entstehens aus totipotenten Zellen und ihres Potentials erneut in den Zustand der Totipotenz zurückzuversetzen und dann immer noch als werdendes menschliches Leben zu gelten.[1551] Wenn also biologisch prinzipiell berücksichtigt werden kann, dass auch somatische Zellen (ohne ZKT) eine zur Totipotenz führende Reprogrammierung erfahren können, so wäre dies in seinen rechtlichen Konsequenzen auch für die Forschung mit adulten Stammzellen in Betracht zu ziehen: Wenn man annimmt, dass bei der Forschung mit adulten Stammzellen das Stadium der Totipotenz erreicht wird, dann müsste gemäß den Wertungen, auf denen das StZG basiert,[1552] dieses Verfahren konsequenterweise ebenfalls mit einem rechtlichen Verdikt (entsprechend § 6 ESchG) belegt werden.[1553] Für die Übernahme des neuen Embryobegriffs des StZG mit seiner Einbeziehung auch reprogrammierter somatischer Zellen in das ESchG hätte somit eine explizite Änderung des § 8 ESchG erfolgen müssen.[1554] Für den Begriff des Embryos muss hierin auch nicht allein an die Entwicklungsfähigkeit angeknüpft werden (wie es nun in § 3 Nr. 4 StZG geschieht), sondern mindestens ebenso große Aufmerksamkeit ist dem Entstehungsvorgang und dem verwendeten „Ausgangsmaterial" zu widmen.[1555]

Die Regelung des § 8 I und II ESchG wird wie folgt gefasst:

> (1) Als Embryo im Sinne dieses Gesetzes gilt bereits jede menschliche totipotente Zelle, die sich bei Vorliegen der dafür erforderlichen weiteren Voraussetzungen zu teilen und zu einem Individuum zu entwickeln vermag.[1556]
>
> (2) In den ersten vierundzwanzig Stunden nach der Herstellung eines Embryos, insbesondere durch Kernverschmelzung, Kerntransplantation, Embryonenspaltung und Reprogrammierung somatischer Zellen, gilt der Embryo als entwicklungsfähige, es sei denn, dass schon vor Ablauf dieses Zeitraums festgestellt wird, dass er sich nicht über das Einzellstadium hinaus zu entwickeln vermag.[1557]

---

1551 Ebd.

1552 Auf jeden Fall würden im Falle einer Reprogrammierung von somatischen Zellen zur Totipotenz Embryonen im Sinne des StZG erzeugt.

1553 Koch, in: Maio/Just, Die Forschung an embryonalen Stammzellen in ethischer und rechtlicher Perspektive, S. 111. Allerdings ist de lege lata die Reprogrammierung somatischer Zellen zur Totipotenz nicht als Verstoß gegen das ESchG strafbar.

1554 Ebd., S. 112.

1555 Ebd., S, 113.

1556 Hetz, Schutzwürdigkeit menschlicher Klone?, S. 579.

1557 Vgl. Ebd.

## II. Neudefinition des Begriffs „Klonen" in § 6 I EschG

Wird eines Tages die Klonierung aufgrund der weiteren technischen Entwicklung mit einer genetischen „Verbesserung" kombiniert, so tritt auch § 6 I ESchG gerade in einem solchen markanten Fall überhaupt nicht mehr in Kraft[1558] Je einschneidender die durch einen Gentransfer bewirkten Veränderungen der Erbinformationen der für das Klonen vorgesehenen Körperzelle sind, desto größer ist das Problem, im Sinne des § 6 I ESchG „gleiche" Erbinformationen vorauszusetzen,[1559] denn daraus ergibt sich ein Klonen nicht mehr mit der gleichen, sondern mit einer unter Umständen wesentlich veränderten Erbsubstanz. Demnach wird hier offenkundig, dass der Tatbestand des § 6 I ESchG als reformbedürftig zu bezeichnen ist.

Die Regelung des § 6 I ESchG wird wie folgt gefasst:

> (1) Wer jede Erzeugung entwicklungsfähiger Zellen, Zellgesamtheiten bzw. Embryonen künstlich bewirkt, die sowohl über die Erbinformation verfügen, die aus einem Embryo, einem Foetus, einem geborenen oder einem verstorbenen Mensch stammen, als auch die bei Vorliegen der notwendigen Voraussetzungen das Potential zur Entwicklung zu einem Menschen besitzen, wird mit einer Freiheitsstrafe bis zu fünf Jahren oder mit Geldstrafe bestraft.[1560]

---

1558 Schreiber, in: Festschrift für Claus Roxin zum 70. Geburtstag, S. 903; von Bülow, in: Dt. Ärzteblatt 1997, S. 721; Taupitz, NJW 2001, S. 3434.

1559 von Bülow, in: Dt. Ärzteblatt 1997, S. 718, 720

1560 Vgl. Hetz, Schutzwürdigkeit menschlicher Klone?, S. 578; Vgl. Berger, Embryonenschutz und Klonen beim Menschen, S. 210.

# Schlussbetrachtung

Bei der Kernfrage in der Embryonenforschung (durch die Klontechniken) handelt es sich nicht um die Frage der technischen Errungenschaften, sondern um die Frage, ob ein (geklonter) Embryo ein menschliches Individuum ist, denn es ist damit zu rechnen, dass angesichts des heutigen Fortschritts medizinisch-biotechnischer Innovation zukünftig derartige Schwierigkeiten überwunden werden können, so dass es zu kurz greift, daraus ein Verbot des Klonens abzuleiten. Der Embryo soll hier als Person angesehen werden, weil bei ihm ein Verwandtschaftsverhältnis mit Personen besteht, die ihn als ein „jemand" und nicht als ein „etwas" verstehen.[1561] Medizinische oder biotechnische Eingriffe zum menschlichen Embryo, bei dem es sich um Person-Sein handelt, könnten daher gerechtfertigt werden, falls diese Eingriffe nur therapeutisch sind; also könnte dies gerechtfertigt sein, sofern es zugunsten eingegriffenen Lebens vorteilhaft ist. Zum Wesen des Menschen gehören außerdem seine Unvollkommenheiten und Unzulänglichkeiten, aber auch zumindest die potentielle Fähigkeit, über die eigene Unvollkommenheit hinauszuwachsen.[1562] Es muss demnach abgelehnt werden, den Embryo wegen des fehlenden Ich-Bewusstseins nicht in den Schutzbereich der Menschenwürde einzubeziehen, da auch psychisch Kranke diese Fähigkeiten nicht besitzen, ohne dass damit gleichzeitig ein Verlust der Menschenwürde verbunden ist. Da Vernunft, Fähigkeit zur Selbstbestimmung und Ich-Bewusstsein keine Voraussetzungen für den Würdeschutz darstellen, sondern die von Anfang an im menschlichen Sein angelegten potentiellen Fähigkeiten für die Begründung von Menschenwürde ausreichen, kommt also dem Embryo von Anfang an Würde zu.[1563] Damschen und Schönecker erachten die tutoristische Erwägung als angebracht, Embryonen in dubio die gleiche Schutzwürdigkeit auf der Grundlage des Tötungsverbots zuzugestehen wie diejenigen, über die geborene Menschen verfügen.[1564] Soweit es um Menschenwürde geht, sollte ebenso die Extension der Mitglieder, denen diese Würde zugestanden wird, möglichst groß gehalten werden[1565] – „in dubio pro embryone".

Bei aller zugestandenen Unklarheit des Würdebegriffs kann die Würdeinhaberschaft nicht vom Zustimmungsurteil der Gesellschaft abhängig gemacht wer-

1561 Knoepffler, Menschenwürde in der Bioethik, S. 71.

1562 Benda, NJW 1985, S. 1730, 1732.

1563 BVerfGE 39, 1, 41; 88, 203, 252.

1564 Krohmer, in: Dabrock/Ried, Therapeutisches Klonen als Herausforderung für die Statusbestimmung des menschlichen Embryos, S. 145.

1565 Knoepffler, Menschenwürde in der Bioethik, S. 74.

den, sondern wird jedem Menschen bedingungslos zuerkannt, was gerade „die Pointe des Menschenwürdegedankens" ist, der Mensch also vor Instrumentalisierung geschützt werden soll. Jedem Menschen – auch wenn er noch nicht geboren ist – steht ebenso das Menschenrecht notwendigerweise zu, denn die empirische Bedingung, ob der Betreffende biologisch reif genug ist, hat hierbei keine Bedeutung. Also steht die Menschenwürde jedem Menschen zu und ist angeboren, nicht auf der Grundlage irgendeiner empirischen Tat, wie etwa der Geburt, sondern nur aufgrund seiner Bestimmtheit durch die Idee der Menschheit. Die bloße Zugehörigkeit zur Gattung Mensch muss deswegen genügen, damit die Menschenwürde in vollem Umfang begründet werden kann.

Zur Bioethikdebatte soll die betonte Pointe des Begriffs der Menschenwürde darin bestehen, den Würdeschutz in radikaler Weise der Abwägung gegen andere Rechtsgüter zu entziehen; deshalb kann das menschliche Lebewesen zu keinem Zeitpunkt seiner Existenz zur Disposition stehen. Hieraus scheint wiederum zu folgen, dass der Schutz der Menschenwürde dem Menschen als Menschen zukommt und somit dessen Beginn nicht von anderen Voraussetzungen abhängig gemacht wird als dem Beginn des Menschseins selbst. Aus diesem Grund erweist sich menschliches Leben immer und von Anfang an als personales Leben und verfügt somit über unveräußerliche Würde und Recht auf Leben. Das BVerfG stellt fest, dass es sich bei dem Nasciturus um ein individualisiertes, biologisch selbstständiges menschliches Wesen handelt, dem grundsätzlich der gleiche Lebensschutz garantiert werden muss wie allen geborenen Menschen.[1566] Er ist nach Art.2 II Grundgesetz bereits „Jeder" und auch „Mensch" im Sinne des Menschenwürdegrundgesetzes.[1567] Damit handelt es sich beim Embryo noch nicht um einen entwickelten Menschen, jedoch um ein Rechtssubjekt, dem die sich entfaltende Potentialität einer menschlichen Entwicklung innewohnt.[1568] Der Gesetzgeber wäre daher nicht nur verpflichtet, Würdeverletzungen des ungeborenen Lebens zu verhindern, sondern die Wissenschaft wäre selbst durch Art. 1 I 1 GG unmittelbar verpflichtet, Würdeverletzungen zu unterlassen.

In der deutschen juristischen Diskussion besteht die h. M., dass der Einsatz des künstlich erzeugten, geklonten Embryos diesen Embryo zum bloßen Objekt degradiert, so dass das Klonen von Menschen die durch Art. 1 I 1 GG als unantastbar geschützte Würde der so erzeugten Person verletzt und deshalb verboten werden muss.[1569] Die Erhaltung der Individualität des Klonierten und des Klons

1566 BVerfGE 88, 203, 251.

1567 Schreiber, in: Was ist der Mensch?, S. 240.

1568 Ebd., S. 243.

1569 Brohm, JuS 1998, S. 197, 204; Eser/Frühwald/Honnefelder/Markl/Reiter/Tanner/Winnacker, in: Ach/Brudermüller/Runtenberg, Hello Dolly? Über das Klonen, S. 240;

bildet außerdem als Bestandteil ihrer Menschenwürde ein Rechtsgut, das vom Gesetzgeber geschützt werden muss. Des Weiteren befindet sich die freie Entfaltung der individuellen Person mit der Wahrung der Struktur der natürlichen Reproduktion offensichtlich in solch einem engen Zusammenhang, dass der Würde der mit der menschlichen Gattung verbundenen natürlichen Reproduktion Respekt entgegengebracht werden muss.[1570] Folglich soll das Klonen von Menschen auch ohne Ausnahme verboten sein.

Ungeachtet der ethischen Debatte fällt ein Klon nicht unter den Begriff „Embryo" im Sinne von § 8 I ESchG. Ein neuer Straftatbestand müsste schließlich eingeführt werden, der sich explizit auf das Klonieren mittels Zellkerntransplantation eindeutig bezieht, wonach die Einbringung eines Zellkerns einer menschlichen Zelle in die Eizelle grundsätzlich verboten wäre. Weiterhin erhalten (möglicherweise) totipotente und entwicklungsfähige Entitäten, die aufgrund der Art ihrer Entstehung nicht als Embryonen im Sinne des ESchG anzusehen sind, den rechtlichen Embryonen-Status bei ihrer (allerdings auch de lege ferenda zu verbietenden) Übertragung auf eine Frau.[1571] Ihnen wird daher der für herkömmliche Embryonen vorgesehene Rechtsschutz (insbesondere durch §§ 218ff. StGB) zuerkannt, soweit sie (obgleich verbotswidrig) auf eine Frau transferiert wurden und diese schwanger geworden ist.[1572] Soweit der Embryo bereits existiert, stehen nämlich sein Lebensrecht und die körperliche Unversehrtheit hier unter einem umfassenden Schutz.

Des Weiteren behaupten die Befürworter der Embryonenforschung, dass der Schwangerschaftsabbruch im geltenden Strafrecht erlaubt sei; gleichzeitig sei die Embryonenforschung trotzdem verboten, worin ein Widerspruch bestehe. Jedoch gibt es einen wesentlichen Unterschied zwischen der Embryonenforschung und dem Schwangerschaftsabbruch: bei der Embryonenforschung geht es um die Frage der Instrumentalisierung des menschlichen Lebens, wohingegen der Schwangerschaftsabbruch die Frage nach dem Konflikt zwischen dem Rechtsgut des Embryos und dem Rechtsgut von dessen Mutter beinhaltet. Außerdem ist der Embryo ein unabhängiges Leben, das durch das Verfassungsrecht geschützt wird. Im Gegensatz dazu geht es bei dem Schwangerschaftsabbruch

---

Keller/ Günther/ Kaiser, Einf., IV, Rn. 22; Schröder, Kommissionskontrolle in Reproduktionsmedizin und Gentechnologie, S. 141.

1570 Eser/Frühwald/Honnefelder/Markl/Reiter/Tanner/Winnacker, in: Ach/Brudermüller/Runtenberg, Hello Dolly? Über das Klonen, S.235; Schröder, Kommissionskontrolle in Reproduktionsmedizin und Gentechnologie, S. 141; v. Münch/Kunig, Grundgesetz-Kommentar, Art. 1 Rn. 8.

1571 Koch, in: Dabrock/Ried, Therapeutisches Klonen als Herausforderung für die Statusbestimmung des menschlichen Embryos, S. 206.

1572 Ebd.

um die Frage der sozialen Ebene, die durch Gesetzgebung geregelt wird, so wie es von den Mitgliedern der Gesellschaft gefordert wird.

Wenn das Forschungsziel nur unter Rückgriff auf (geklonte) Embryonen erreicht werden kann, so würde es sich bei einer Alternativlosigkeit in diesem Sinne um eine unabdingbare Voraussetzung für die Rechtfertigung von Forschungsvorhaben handeln, bei denen auf Embryonen zurückgegriffen wird.[1573] Jedoch kann in diesem Fall die Zulässigkeit der Aufopferung auf der Wertungsgrundlage des Gesetzgebers nicht gerechtfertigt werden, denn es wird weder ein konkretes Leben zugunsten eines anderen konkreten Lebens verbraucht, noch besteht eine unausweichliche Notlage, in der die Rettung anderer Leben erforderlich ist. Wenn mit adulten Stammzellen, primordialen Keimzellen oder umprogrammierten Körperzellen ähnliche Ergebnisse wie durch das KzET erzielt werden könnten, erscheint es zudem relativ einfach, sich aufgrund der durch diese Verfahren eröffneten Heilungschancen gegen das KzET auszusprechen und damit die Notwendigkeit der Erzeugung eines Embryos zu therapeutischen Zwecken zu umgehen. Außerdem erweist sich der Fall der Transplantation nach der Entnahme der Organe aus Hirntoten als eine Methode der Therapie, durch die das Leben Anderer gerettet werden kann; dagegen ist es Wissenschaftlern niemals gelungen, mit aus (geklonten) Embryonen gewonnenen Stammzellen Kranke zu heilen.

Darüber hinaus liegt ein Widerspruch in dem Umstand, dass insbesondere das StZG in seinem Tatbestand zum einen den „Verbrauch“ von Embryonen innerhalb Deutschlands zu Forschungszwecken verhinderte, jedoch zum anderen eine Einfuhr des aus solchen „verbrauchten“ Embryonen gewonnenen Zellmaterials nicht weiter reglementierte. Aus diesem Grund ist ohne Ausnahme die Einfuhr gewonnener Stammzellen aus gezeugten Embryonen zu dem Zweck der Herbeiführung der Schwangerschaft einer Frau zu verbieten, und daher ist das StZG außer Kraft zu setzen, das die Voraussetzungen regelt, unter denen die Einfuhr und die Verwendung embryonaler Stammzellen zu Forschungszwecken ausnahmsweise zugelassen sind. Dazu sollte im ESchG ein Paragraph zum Verbot der Erzeugung, der Einfuhr und der Verwendung derjenigen Stammzellen neu geregelt werden, die durch einen (geklonten) Embryo gewonnen werden.

Außerdem soll bezüglich des Schicksals kinderloser Ehepaare das geltende Adoptionssystem intensiviert werden.

Bei der Entscheidung innerhalb des rechtlichen Rahmens hat der Gesetzgeber die Implikationen auf die Gesellschaft ebenso zu beachten wie seine internationalen Verpflichtungen, einen bestehenden moralischen Konsens in der Be-

---

1573 Clausen, in: Dabrock/Ried, Therapeutisches Klonen als Herausforderung für die Statusbestimmung des menschlichen Embryos, S. 137.

völkerung genauso wie das Menschenbild, das der Verfassung zugrunde liegt.[1574] Wenn die Zerstörung des Embryos (durch Klontechniken) die Verletzung des menschlichen Lebensrechts und der Menschenwürde nach sich zieht, kann demnach diese Tat durch therapeutische oder reproduzierende Ziele nicht gerechtfertigt werden. Mit der bio- bzw. gentechnischen Forschung, die sich auf menschliches Leben bezieht, soll der Grundsatz der Freiheit und Verantwortung gleichzeitig einhergehen. Daher handelt es sich bei dem Leben überhaupt nicht um den Gegenstand, der Wissenschaftlern zur Disposition steht. Die Handlungsfreiheit ist nur möglich, insoweit ihr der Gedanke der Verantwortung zugrunde liegt.

1574 Beck: Dabrock/Ried, Therapeutisches Klonen als Herausforderung für die Statusbestimmung des menschlichen Embryos, S. 231.

# Anhang A

## Gesetz zum Schutz von Embryonen (Embryonenschutzgesetz - ESchG) vom 13. Dezember 1990 (BGBl. I S. 2746)

### § 1 Mißbräuchliche Anwendung von Fortpflanzungstechniken

(1) Mit Freiheitsstrafe bis zu drei Jahren oder mit Geldstrafe wird bestraft, wer

1. auf eine Frau eine fremde unbefruchtete Eizelle überträgt,
2. es unternimmt, eine Eizelle zu einem anderen Zweck künstlich zu befruchten, als eine Schwangerschaft der Frau herbeizuführen, von der die Eizelle stammt,
3. es unternimmt, innerhalb eines Zyklus mehr als drei Embryonen auf eine Frau zu übertragen,
4. es unternimmt, durch intratubaren Gametentransfer innerhalb eines Zyklus mehr als drei Eizellen zu befruchten,
5. es unternimmt, mehr Eizellen einer Frau zu befruchten, als ihr innerhalb eines Zyklus übertragen werden sollen,
6. einer Frau einen Embryo vor Abschluss seiner Einnistung in der Gebärmutter entnimmt, um diesen auf eine andere Frau zu übertragen oder ihn für einen nicht seiner Erhaltung dienenden Zweck zu verwenden, oder
7. es unternimmt, bei einer Frau, welche bereit ist, ihr Kind nach der Geburt Dritten auf Dauer zu überlassen (Ersatzmutter), eine künstliche Befruchtung durchzuführen oder auf sie einen menschlichen Embryo zu übertragen.

(2) Ebenso wird bestraft, wer

1. künstlich bewirkt, daß eine menschliche Samenzelle in eine menschliche Eizelle eindringt, oder
2. eine menschliche Samenzelle in eine menschliche Eizelle künstlich verbringt, ohne eine Schwangerschaft der Frau herbeiführen zu wollen, von der die Eizelle stammt.

(3) Nicht bestraft werden

1. in den Fällen des Absatzes 1 Nr. 1, 2 und 6 die Frau, von der die Eizelle oder der Embryo stammt, sowie die Frau, auf die die Eizelle übertragen wird oder der Embryo übertragen werden soll, und

2. in den Fällen des Absatzes 1 Nr. 7 die Ersatzmutter sowie die Person, die das Kind auf Dauer bei sich aufnehmen will.

(4) In den Fällen des Absatzes 1 Nr. 6 und des Absatzes 2 ist der Versuch strafbar.

## § 2 Missbräuchliche Verwendung menschlicher Embryonen

(1) Wer einen extrakorporal erzeugten oder einer Frau vor Abschluss seiner Einnistung in der Gebärmutter entnommenen menschlichen Embryo veräußert oder zu einem nicht seiner Erhaltung dienenden Zweck abgibt, erwirbt oder verwendet, wird mit Freiheitsstrafe bis zu drei Jahren oder mit Geldstrafe bestraft.

(2) Ebenso wird bestraft, wer zu einem anderen Zweck als der Herbeiführung einer Schwangerschaft bewirkt, daß sich ein menschlicher Embryo extrakorporal weiterentwickelt.

(3) Der Versuch ist strafbar.

## § 3 Verbotene Geschlechtswahl

Wer es unternimmt, eine menschliche Eizelle mit einer Samenzelle künstlich zu befruchten, die nach dem in ihr enthaltenen Geschlechtschromosom ausgewählt worden ist, wird mit Freiheitsstrafe bis zu einem Jahr oder mit Geldstrafe bestraft. Dies gilt nicht, wenn die Auswahl der Samenzelle durch einen Arzt dazu dient, das Kind vor der Erkrankung an einer Muskeldystrophie vom Typ Duchenne oder einer ähnlich schwerwiegenden geschlechtsgebundenen Erbkrankheit zu bewahren, und die dem Kind drohende Erkrankung von der nach Landesrecht zuständigen Stelle als entsprechend schwerwiegend anerkannt worden ist.

## § 4 Eigenmächtige Befruchtung, eigenmächtige Embryoübertragung und künstliche Befruchtung nach dem Tode

(1) Mit Freiheitsstrafe bis zu drei Jahren oder mit Geldstrafe wird bestraft, wer

1. es unternimmt, eine Eizelle künstlich zu befruchten, ohne daß die Frau, deren Eizelle befruchtet wird, und der Mann, dessen Samenzelle für die Befruchtung verwendet wird, eingewilligt haben,

2. es unternimmt, auf eine Frau ohne deren Einwilligung einen Embryo zu übertragen, oder

3. wissentlich eine Eizelle mit dem Samen eines Mannes nach dessen Tode künstlich befruchtet.

(2) Nicht bestraft wird im Fall des Absatzes 1 Nr. 3 die Frau, bei der die künstliche Befruchtung vorgenommen wird.

### § 5 Künstliche Veränderung menschlicher Keimbahnzellen

(1) Wer die Erbinformation einer menschlichen Keimbahnzelle künstlich verändert, wird mit Freiheitsstrafe bis zu fünf Jahren oder mit Geldstrafe bestraft.

(2) Ebenso wird bestraft, wer eine menschliche Keimzelle mit künstlich veränderter Erbinformation zur Befruchtung verwendet.

(3) Der Versuch ist strafbar.

(4) Absatz 1 findet keine Anwendung auf

1. eine künstliche Veränderung der Erbinformation einer außerhalb des Körpers befindlichen Keimzelle, wenn ausgeschlossen ist, daß diese zur Befruchtung verwendet wird,

2. eine künstliche Veränderung der Erbinformation einer sonstigen körpereigenen Keimbahnzelle, die einer toten Leibesfrucht, einem Menschen oder einem Verstorbenen entnommen worden ist, wenn ausgeschlossen ist, daß

a) diese auf einen Embryo, Fötus oder Menschen übertragen wird oder

b) aus ihr eine Keimzelle entsteht, sowie

3. Impfungen, strahlen-, chemotherapeutische oder andere Behandlungen, mit denen eine Veränderung der Erbinformation von Keimbahnzellen nicht beabsichtigt ist.

## § 6 Klonen

(1) Wer künstlich bewirkt, daß ein menschlicher Embryo mit der gleichen Erbinformation wie ein anderer Embryo, ein Fötus, ein Mensch oder ein Verstorbener entsteht, wird mit Freiheitsstrafe bis zu fünf Jahren oder mit Geldstrafe bestraft.

(2) Ebenso wird bestraft, wer einen in Absatz 1 bezeichneten Embryo auf eine Frau überträgt.

(3) Der Versuch ist strafbar.

## § 7 Chimären- und Hybridbildung

(1) Wer es unternimmt,

1. Embryonen mit unterschiedlichen Erbinformationen unter Verwendung mindestens eines menschlichen Embryos zu einem Zellverband zu vereinigen,

2. mit einem menschlichen Embryo eine Zelle zu verbinden, die eine andere Erbinformation als die Zellen des Embryos enthält und sich mit diesem weiter zu differenzieren vermag, oder

3. durch Befruchtung einer menschlichen Eizelle mit dem Samen eines Tieres oder durch Befruchtung einer tierischen Eizelle mit dem Samen eines Menschen einen differenzierungsfähigen Embryo zu erzeugen, wird mit Freiheitsstrafe bis zu fünf Jahren oder mit Geldstrafe bestraft.

(2) Ebenso wird bestraft, wer es unternimmt,

1. einen durch eine Handlung nach Absatz 1 entstandenen Embryo auf
a) eine Frau oder
b) ein Tier
zu übertragen oder

2. einen menschlichen Embryo auf ein Tier zu übertragen.

## § 8 Begriffsbestimmung

(1) Als Embryo im Sinne dieses Gesetzes gilt bereits die befruchtete, entwicklungsfähige menschliche Eizelle vom Zeitpunkt der Kernverschmelzung an, ferner jede einem Embryo entnommene totipotente Zelle, die sich bei Vorliegen

der dafür erforderlichen weiteren Voraussetzungen zu teilen und zu einem Individuum zu entwickeln vermag.

(2) In den ersten vierundzwanzig Stunden nach der Kernverschmelzung gilt die befruchtete menschliche Eizelle als entwicklungsfähig, es sei denn, daß schon vor Ablauf dieses Zeitraums festgestellt wird, daß sich diese nicht über das Einzellstadium hinaus zu entwickeln vermag.

(3) Keimbahnzellen im Sinne dieses Gesetzes sind alle Zellen, die in einer Zell-Linie von der befruchteten Eizelle bis zu den Ei- und Samenzellen des aus ihr hervorgegangenen Menschen führen, ferner die Eizelle vom Einbringen oder Eindringen der Samenzelle an bis zu der mit der Kernverschmelzung abgeschlossenen Befruchtung.

**§ 9 Arztvorbehalt**

Nur ein Arzt darf vornehmen:

1. die künstliche Befruchtung,
2. die Übertragung eines menschlichen Embryos auf eine Frau,
3. die Konservierung eines menschlichen Embryos sowie einer menschlichen Eizelle, in die bereits eine menschliche Samenzelle eingedrungen oder künstlich eingebracht worden ist.

**§ 10 Freiwillige Mitwirkung**

Niemand ist verpflichtet, Maßnahmen der in § 9 bezeichneten Art vorzunehmen oder an ihnen mitzuwirken.

**§ 11 Verstoß gegen den Arztvorbehalt**

(1) Wer, ohne Arzt zu sein,

1. entgegen § 9 Nr. 1 eine künstliche Befruchtung vornimmt oder
2. entgegen § 9 Nr. 2 einen menschlichen Embryo auf eine Frau überträgt,

wird mit Freiheitsstrafe bis zu einem Jahr oder mit Geldstrafe bestraft.

(2) Nicht bestraft werden im Fall des § 9 Nr. 1 die Frau, die eine künstliche Insemination bei sich vornimmt, und der Mann, dessen Samen zu einer künstlichen Insemination verwendet wird.

**§ 12 Bußgeldvorschriften**

(1) Ordnungswidrig handelt, wer, ohne Arzt zu sein, entgegen § 9 Nr. 3 einen menschlichen Embryo oder eine dort bezeichnete menschliche Eizelle konserviert.

(2) Die Ordnungswidrigkeit kann mit einer Geldbuße bis zu zweitausendfünfhundert Euro geahndet werden.

**§ 13 Inkrafttreten**

Dieses Gesetz tritt am 1. Januar 1991 in Kraft.

# Anhang B

**Gesetz zur Sicherstellung des Embryonenschutzes im Zusammenhang mit Einfuhr und Verwendung menschlicher embryonaler Stammzellen (Stammzellgesetz - StZG) vom 28. Juni 2002 (BGBl. I S. 2277)**

## § 1 Zweck des Gesetzes

Zweck dieses Gesetzes ist es, im Hinblick auf die staatliche Verpflichtung, die Menschenwürde und das Recht auf Leben zu achten und zu schützen und die Freiheit der Forschung zu gewährleisten,

1. die Einfuhr und die Verwendung embryonaler Stammzellen grundsätzlich zu verbieten,
2. zu vermeiden, dass von Deutschland aus eine Gewinnung embryonaler Stammzellen oder eine Erzeugung von Embryonen zur Gewinnung embryonaler Stammzellen veranlasst wird, und
3. die Voraussetzungen zu bestimmen, unter denen die Einfuhr und die Verwendung embryonaler Stammzellen ausnahmsweise zu Forschungszwecken zugelassen sind.

## § 2 Anwendungsbereich

Dieses Gesetz gilt für die Einfuhr von embryonalen Stammzellen und für die Verwendung von embryonalen Stammzellen, die sich im Inland befinden.

## § 3 Begriffsbestimmungen

Im Sinne dieses Gesetzes

1. sind Stammzellen alle menschlichen Zellen, die die Fähigkeit besitzen, in entsprechender Umgebung sich selbst durch Zellteilung zu vermehren, und die

sich selbst oder deren Tochterzellen sich unter geeigneten Bedingungen zu Zellen unterschiedlicher Spezialisierung, jedoch nicht zu einem Individuum zu entwickeln vermögen (pluripotente Stammzellen),

2. sind embryonale Stammzellen alle aus Embryonen, die extrakorporal erzeugt und nicht zur Herbeiführung einer Schwangerschaft verwendet worden sind oder einer Frau vor Abschluss ihrer Einnistung in der Gebärmutter entnommen wurden, gewonnenen pluripotenten Stammzellen,

3. sind embryonale Stammzell-Linien alle embryonalen Stammzellen, die in Kultur gehalten werden oder im Anschluss daran kryokonserviert gelagert werden,

4. ist Embryo bereits jede menschliche totipotente Zelle, die sich bei Vorliegen der dafür erforderlichen weiteren Voraussetzungen zu teilen und zu einem Individuum zu entwickeln vermag,

5. ist Einfuhr das Verbringen embryonaler Stammzellen in den Geltungsbereich dieses Gesetzes.

## § 4 Einfuhr und Verwendung embryonaler Stammzellen

(1) Die Einfuhr und die Verwendung embryonaler Stammzellen ist verboten.

(2) Abweichend von Absatz 1 sind die Einfuhr und die Verwendung embryonaler Stammzellen zu Forschungszwecken unter den in § 6 genannten Voraussetzungen zulässig, wenn

1. zur Überzeugung der Genehmigungsbehörde feststeht, dass

a) die embryonalen Stammzellen in Übereinstimmung mit der Rechtslage im Herkunftsland dort vor dem 1. Mai 2007 gewonnen wurden und in Kultur gehalten werden oder im Anschluss daran kryokonserviert gelagert werden (embryonale Stammzell-Linie),

b) die Embryonen, aus denen sie gewonnen wurden, im Wege der medizinisch unterstützten extrakorporalen Befruchtung zum Zwecke der Herbeiführung einer Schwangerschaft erzeugt worden sind, sie endgültig nicht mehr für diesen Zweck verwendet wurden und keine Anhaltspunkte dafür vorliegen, dass dies aus Gründen erfolgte, die an den Embryonen selbst liegen,

c) für die Überlassung der Embryonen zur Stammzellgewinnung kein Entgelt oder sonstiger geldwerter Vorteil gewährt oder versprochen wurde und

2. der Einfuhr oder Verwendung der embryonalen Stammzellen sonstige gesetzliche Vorschriften, insbesondere solche des Embryonenschutzgesetzes, nicht entgegenstehen.

(3) Die Genehmigung ist zu versagen, wenn die Gewinnung der embryonalen Stammzellen offensichtlich im Widerspruch zu tragenden Grundsätzen der deutschen Rechtsordnung erfolgt ist. Die Versagung kann nicht damit begründet werden, dass die Stammzellen aus menschlichen Embryonen gewonnen wurden.

**§ 5 Forschung an embryonalen Stammzellen**

Forschungsarbeiten an embryonalen Stammzellen dürfen nur durchgeführt werden, wenn wissenschaftlich begründet dargelegt ist, dass

1. sie hochrangigen Forschungszielen für den wissenschaftlichen Erkenntnisgewinn im Rahmen der Grundlagenforschung oder für die Erweiterung medizinischer Kenntnisse bei der Entwicklung diagnostischer, präventiver oder therapeutischer Verfahren zur Anwendung bei Menschen dienen und

2. nach dem anerkannten Stand von Wissenschaft und Technik

a) die im Forschungsvorhaben vorgesehenen Fragestellungen so weit wie möglich bereits in In-vitro-Modellen mit tierischen Zellen oder in Tierversuchen vorgeklärt worden sind und

b) der mit dem Forschungsvorhaben angestrebte wissenschaftliche Erkenntnisgewinn sich voraussichtlich nur mit embryonalen Stammzellen erreichen lässt.

**§ 6 Genehmigung**

(1) Jede Einfuhr und jede Verwendung embryonaler Stammzellen bedarf der Genehmigung durch die zuständige Behörde.

(2) Der Antrag auf Genehmigung bedarf der Schriftform. Der Antragsteller hat in den Antragsunterlagen insbesondere folgende Angaben zu machen:

1. den Namen und die berufliche Anschrift der für das Forschungsvorhaben verantwortlichen Person,

2. eine Beschreibung des Forschungsvorhabens einschließlich einer wissenschaftlich begründeten Darlegung, dass das Forschungsvorhaben den Anforderungen nach § 5 entspricht,

3. eine Dokumentation der für die Einfuhr oder Verwendung vorgesehenen embryonalen Stammzellen darüber, dass die Voraussetzungen nach § 4 Abs. 2 Nr. 1 erfüllt sind; der Dokumentation steht ein Nachweis gleich, der belegt, dass

a) die vorgesehenen embryonalen Stammzellen mit denjenigen identisch sind, die in einem wissenschaftlich anerkannten, öffentlich zugänglichen und durch staatliche oder staatlich autorisierte Stellen geführten Register eingetragen sind, und

b) durch diese Eintragung die Voraussetzungen nach § 4 Abs. 2 Nr. 1 erfüllt sind.

(3) Die zuständige Behörde hat dem Antragsteller den Eingang des Antrags und der beigefügten Unterlagen unverzüglich schriftlich zu bestätigen. Sie holt zugleich die Stellungnahme der Zentralen Ethik-Kommission für Stammzellenforschung ein.

Nach Eingang der Stellungnahme teilt sie dem Antragsteller die Stellungnahme und den Zeitpunkt der Beschlussfassung der Zentralen Ethik-Kommission für Stammzellenforschung mit.

(4) Die Genehmigung ist zu erteilen, wenn

1. die Voraussetzungen nach § 4 Abs. 2 erfüllt sind,

2. die Voraussetzungen nach § 5 erfüllt sind und das Forschungsvorhaben in diesem Sinne ethisch vertretbar ist und

3. eine Stellungnahme der Zentralen Ethik-Kommission für Stammzellenforschung nach Beteiligung durch die zuständige Behörde vorliegt.

(5) Liegen die vollständigen Antragsunterlagen sowie eine Stellungnahme der Zentralen Ethik-Kommission für Stammzellenforschung vor, so hat die Behörde über den Antrag innerhalb von zwei Monaten schriftlich zu entscheiden. Die Behörde hat bei ihrer Entscheidung die Stellungnahme der Zentralen Ethik-Kommission für Stammzellenforschung zu berücksichtigen. Weicht die zuständige Behörde bei ihrer Entscheidung von der Stellungnahme der Zentralen Ethik-Kommission für Stammzellenforschung ab, so hat sie die Gründe hierfür schriftlich darzulegen.

(6) Die Genehmigung kann unter Auflagen und Bedingungen erteilt und befristet werden, soweit dies zur Erfüllung oder fortlaufenden Einhaltung der Genehmigungsvoraussetzungen nach Absatz 4 erforderlich ist. Treten nach Erteilung der Genehmigung Tatsachen ein, die der Genehmigung entgegenstehen, kann die Genehmigung mit Wirkung für die Zukunft ganz oder teilweise widerrufen oder von der Erfüllung von Auflagen abhängig gemacht oder befristet werden, soweit dies zur Erfüllung oder fortlaufenden Einhaltung der Genehmigungsvoraussetzungen nach Absatz 4 erforderlich ist.

Widerspruch und Anfechtungsklage gegen die Rücknahme oder den Widerruf der Genehmigung haben keine aufschiebende Wirkung.

## § 7 Zuständige Behörde

(1) Zuständige Behörde ist eine durch Rechtsverordnung des Bundesministeriums für Gesundheit zu bestimmende Behörde aus seinem Geschäftsbereich. Sie führt die ihr nach diesem Gesetz übertragenen Aufgaben als Verwaltungsaufgaben des Bundes durch und untersteht der Fachaufsicht des Bundesministeriums für Gesundheit.

(2) Für Amtshandlungen nach diesem Gesetz sind Kosten (Gebühren und Auslagen) zu erheben. Das Verwaltungskostengesetz findet Anwendung. Von der Zahlung von Gebühren sind außer den in § 8 Abs. 1 des Verwaltungskostengesetzes bezeichneten Rechtsträgern die als gemeinnützig anerkannten Forschungseinrichtungen befreit.

(3) Das Bundesministerium für Gesundheit wird ermächtigt, im Einvernehmen mit dem Bundesministerium für Bildung und Forschung durch Rechtsverordnung die gebührenpflichtigen Tatbestände zu bestimmen und dabei feste Sätze oder Rahmensätze vorzusehen. Dabei ist die Bedeutung, der wirtschaftliche Wert oder der sonstige Nutzen für die Gebührenschuldner angemessen zu berücksichtigen.

In der Rechtsverordnung kann bestimmt werden, dass eine Gebühr auch für eine Amtshandlung erhoben werden kann, die nicht zu Ende geführt worden ist, wenn die Gründe hierfür von demjenigen zu vertreten sind, der die Amtshandlung veranlasst hat.

(4) Die bei der Erfüllung von Auskunftspflichten im Rahmen des Genehmigungsverfahrens entstehenden eigenen Aufwendungen des Antragstellers sind nicht zu erstatten.

## § 8 Zentrale Ethik-Kommission für Stammzellenforschung

(1) Bei der zuständigen Behörde wird eine interdisziplinär zusammengesetzte, unabhängige Zentrale Ethik-Kommission für Stammzellenforschung eingerichtet, die sich aus neun Sachverständigen der Fachrichtungen Biologie, Ethik, Medizin und Theologie zusammensetzt. Vier der Sachverständigen werden aus den Fachrichtungen Ethik und Theologie, fünf der Sachverständigen aus den Fachrichtungen Biologie und Medizin berufen. Die Kommission wählt aus ihrer Mitte Vorsitz und Stellvertretung.

(2) Die Mitglieder der Zentralen Ethik-Kommission für Stammzellenforschung werden von der Bundesregierung für die Dauer von drei Jahren berufen. Die Wiederberufung ist zulässig. Für jedes Mitglied wird in der Regel ein stellvertretendes Mitglied bestellt.

(3) Die Mitglieder und die stellvertretenden Mitglieder sind unabhängig und an Weisungen nicht gebunden. Sie sind zur Verschwiegenheit verpflichtet. Die §§ 20 und 21 des Verwaltungsverfahrensgesetzes gelten entsprechend.

(4) Die Bundesregierung wird ermächtigt, durch Rechtsverordnung das Nähere über die Berufung und das Verfahren der Zentralen Ethik-Kommission für Stammzellenforschung, die Heranziehung externer Sachverständiger sowie die Zusammenarbeit mit der zuständigen Behörde einschließlich der Fristen zu regeln.

**§ 9 Aufgaben der Zentralen Ethik-Kommission für Stammzellenforschung**

Die Zentrale Ethik-Kommission für Stammzellenforschung prüft und bewertet anhand der eingereichten Unterlagen, ob die Voraussetzungen nach § 5 erfüllt sind und das Forschungsvorhaben in diesem Sinne ethisch vertretbar ist.

**§ 10 Vertraulichkeit von Angaben**

(1) Die Antragsunterlagen nach § 6 sind vertraulich zu behandeln.

(2) Abweichend von Absatz 1 können für die Aufnahme in das Register nach § 11 verwendet werden

1. die Angaben über die embryonalen Stammzellen nach § 4 Abs. 2 Nr. 1,
2. der Name und die berufliche Anschrift der für das Forschungsvorhaben verantwortlichen Person,
3. die Grunddaten des Forschungsvorhabens, insbesondere eine zusammenfassende Darstellung der geplanten Forschungsarbeiten einschließlich der maßgeblichen Gründe für ihre Hochrangigkeit, die Institution, in der sie durchgeführt werden sollen, und ihre voraussichtliche Dauer.

(3) Wird der Antrag vor der Entscheidung über die Genehmigung zurückgezogen, hat die zuständige Behörde die über die Antragsunterlagen gespeicherten Daten zu löschen und die Antragsunterlagen zurückzugeben.

## § 11 Register

Die Angaben über die embryonalen Stammzellen und die Grunddaten der genehmigten Forschungsvorhaben werden durch die zuständige Behörde in einem öffentlich zugänglichen Register geführt.

## § 12 Anzeigepflicht

Die für das Forschungsvorhaben verantwortliche Person hat wesentliche nachträglich eingetretene Änderungen, die die Zulässigkeit der Einfuhr oder der Verwendung der embryonalen Stammzellen betreffen, unverzüglich der zuständigen Behörde anzuzeigen. § 6 bleibt unberührt.

## § 13 Strafvorschriften

(1) Mit Freiheitsstrafe bis zu drei Jahren oder mit Geldstrafe wird bestraft, wer

ohne Genehmigung nach § 6 Abs. 1

1. embryonale Stammzellen einführt oder
2. embryonale Stammzellen, die sich im Inland befinden, verwendet.

Ohne Genehmigung im Sinne des Satzes 1 handelt auch, wer auf Grund einer durch vorsätzlich falsche Angaben erschlichenen Genehmigung handelt. Der Versuch ist strafbar.

(2) Mit Freiheitsstrafe bis zu einem Jahr oder mit Geldstrafe wird bestraft, wer einer vollziehbaren Auflage nach § 6 Abs. 6 Satz 1 oder 2 zuwiderhandelt.

## § 14 Bußgeldvorschriften

(1) Ordnungswidrig handelt, wer

1. entgegen § 6 Abs. 2 Satz 2 eine dort genannte Angabe nicht richtig oder nicht vollständig macht oder
2. entgegen § 12 Satz 1 eine Anzeige nicht, nicht richtig, nicht vollständig oder nicht rechtzeitig erstattet.

(2) Die Ordnungswidrigkeit kann mit einer Geldbuße bis zu fünfzigtausend Euro geahndet werden.

**§ 15 Bericht**

Die Bundesregierung übermittelt dem Deutschen Bundestag im Abstand von zwei Jahren, erstmals zum Ablauf des Jahres 2003, einen Erfahrungsbericht über die Durchführung des Gesetzes. Der Bericht stellt auch die Ergebnisse der Forschung an anderen Formen menschlicher Stammzellen dar.

**§ 16 Inkrafttreten**

Dieses Gesetz tritt am ersten Tag des auf die Verkündung folgenden Monats in Kraft.

# Glossar

| | |
|---|---|
| Abort | Fehlgeburt, Ausstoßung der Frucht innerhalb der ersten 28 Wochen der Entwicklung |
| Acetylierung | in der organischen Chemie: chemische bzw. biochemische Anlagerung einer Acetylgruppe als Acetylierung. Sie besteht im Austausch von Wasserstoffatomen durch die Acetylgruppe. |
| Adulte Stammzellen | Stammzellen im Organismus nach der Geburt (postnatales Stadium). Aus diesen Zellen werden während der gesamten Lebensdauer des Organismus neue spezialisierte Zellen gebildet. Adulte Stammzellen, die in Organen (besonders im Knochenmark, in der Haut, aber auch im Fettgewebe, in der Nabelschnur und im Nabelschnurblut, im Menstruationsblut, im Gehirn, der Leber oder der Bauchspeicheldrüse) zu finden sind, haben aber im allgemeinen in Zellkultur ein deutlich geringeres Selbsterneuerungsvermögen und ein eingeschränkteres Differenzierungspotential als embryonale Stammzellen. |
| Alzheimer-Krankheit | neurodegenerative Erkrankung, die in ihrer häufigsten Form bei Personen über dem 65. Lebensjahr auftritt.<br><br>Charakteristisch ist eine zunehmende Verschlechterung der kognitiven Leistungsfähigkeit, die in der Regel mit einer Abnahme der täglichen Aktivitäten, mit Verhal- |

| | |
|---|---|
| | tensauffälligkeiten und neuropsychologischen Symptomen einhergeht. |
| Anenzephalie | schwerste Fehlbildung eines Neuralrohrdefekts, entsteht vor dem 26. Tag der Schwangerschaft. Bei Kindern mit einem Anenzephalus hat sich die Schädeldecke nicht geschlossen und es fehlen in unterschiedlichem Umfang Teile des knöchernen Schädeldaches, der Hirnhäute, der Kopfhaut und des Gehirns. |
| Apoptose | Die Apoptose (griechisch απόπτωσις von apo „weg" und ptosis „Fall") ist eine Form des programmierten Zelltods. Es ist ein „Selbstmordprogramm" einzelner biologischer Zellen. Dieses kann von außen angeregt werden (etwa durch Immunzellen) oder aufgrund von zellinternen Prozessen ausgelöst werden (etwa nach starker Schädigung der Erbinformation). |
| asexuelle Vermehrung | Reproduktion von Lebewesen unter Erhöhung der Individuenzahl, bei der die Nachkommen ausschließlich die Gene eines Elternteils enthalten, und zwar – abgesehen von Mutationen – in identischer Kopie. Entscheidendes Merkmal der ungeschlechtlichen Vermehrung ist, dass die Nachkommen ohne Rekombination und nicht aus Geschlechtszellen – also nicht direkt aus einer Meiose oder Befruchtung – entstehen. |
| Befruchtung | mehrstufiger Prozess der Vereinigung von |

| | |
|---|---|
| | Ei- und Samenzelle zu einer befruchteten Eizelle, beginnend mit dem ersten Kontakt des Spermiums mit der äußeren Hülle der Eizelle bis zur Vereinigung der Vorkerne zu einem neuen genetisch einzigartigen Genom in Form eines diploiden Chromosomensatzes. |
| Blastomeren | durch Furchung der Zygote entstehende Zellen; teilen sich äquatorial und meridional ohne Wachstum, so dass die Zellen bei jeder Teilung kleiner werden. |
| Blastozyste | Keimblase, die sich etwa am 4. Tag nach der Befruchtung aus der Morula bildet. Sie ist aufgebaut in Blastozystenhöhle, äußere Zellschicht und innere Zellmasse; spezielles Entwicklungsstadium bei Säugern nicht zu verwechseln mit Blastulastadium. |
| Cardiomyozyten | Herzmuskelzellen, die im Regelfall einen Kern pro Zelle enthalten, in seltenen Fällen zwei, demnach stellen sie nur unter funktionellen Gesichtspunkten ein Synzytium dar. Besonderheiten sind die Verzweigung und die Verbindung der einzelnen Cardiomyozyten über Glanzstreifen. |
| Charta | = Carta; Charter: bezeichnet die für das Völkerrecht grundlegenden Urkunden. Dies sind z. B. die Magna Carta oder auch die Charta der Vereinten Nationen. |
| Chimäre | in den Naturwissenschaften Lebewesen, |

| | |
|---|---|
| | die aus der künstlichen Kreuzung zweier Arten entstehen und somit auch Merkmale beider Arten aufweisen (z. B. die Schiege, Mischwesen aus Ziege und Schaf). In der Gentechnologie werden dabei oftmals Mischwesen mit menschlichen und tierischen Genen bezeichnet, die z. B. durch die Einpflanzung einer menschlichen Körperzelle in eine tierische Eizelle entstehen. |
| Chorea Huntington | autosomal-dominant vererbte, neurodegenerative Erkrankung des Gehirns, die meist um das 40. Lebensjahr zu ersten Krankheitssymptomen – Bewegungsstörungen und psychische Symptome – führt. |
| Chromatin | Material, aus dem die Chromosomen bestehen. Es besteht aus der DNA, die um die Histone gewickelt ist, sowie aus weiteren Proteinen, die sich an die DNA anlagern. |
| Chromosomen | die im Zellkern enthaltenen Träger der genetischen Information. Beim Menschen enthält jede Körperzelle die Chromosomen in doppelter (diploider) Ausführung, darunter 22 Autosomenpaare und 2 Geschlechtschromosomen. Die menschlichen Keimzellen enthalten jedoch nur einen einzelnen (haploiden) Chromosomensatz. Die Anzahl und die Morphologie der Chromosomen sind für jede Spezies charakteristisch. |
| C-MYC | Protein, das von dem menschlichen Gen MYC codiert wird; es bindet an die DNA |

| | |
|---|---|
| | anderer Gene. Wenn MYC mutiert ist, wird C-MYC permanent exprimiert und kann so Tumore hervorrufen. |
| Cytosin | Derivat des Pyrimidins und eine der Nukleinbasen. Sie kommt sowohl in der Desoxyribonukleinsäure als auch in der Ribonukleinsäure vor. |
| Differenzierung | Prozess der Entwicklung einer einfachen Zelle während des Embryonalstadiums zur hochdifferenzierten, auf ihre Funktion speziell ausgerichteten Zelle im adulten Organismus. Eine ausdifferenzierte Zelle steht am Ende einer Reihe von Differenzierungsschritten. |
| DNA | (Desoxyribonucleic Acid) Desoxyribonukleinsäure, der chemische Grundbaustein der Erbsubstanz. |
| DNA-Methylierung | chemische Abänderung an Grundbausteinen der Erbsubstanz einer Zelle, hervorgerufen durch die Übertragung von Methylgruppen durch Enzyme (DNA-Methyltransferasen) auf Nukleobasen an bestimmten Stellen innerhalb der DNA. |
| Eileiter | Teil der Geschlechtsorgane weiblicher Wirbeltiere. Bei Säugetieren ermöglicht er den Transport der reifen Oozyte oder Eizelle vom Eierstock in die Gebärmutter. Im Eileiter erfolgt in Gegenwart von Spermien die Befruchtung der Eizelle. |

| | |
|---|---|
| Einnistung | → Nidation |
| Eizelle | weibliche Keimzelle, auch Oozyte genannt |
| Embryo | Lebewesen in der frühen Form der Entwicklung. Bei Tieren wird der sich aus einer befruchteten Eizelle neu entwickelnde Organismus als Embryo bezeichnet, solange er sich noch im Muttertier oder in einer Eihülle oder Eischale befindet. Nach Ausbildung der inneren Organe (Organogenese) – beim Menschen ab der neunten Schwangerschaftswoche – wird der Embryo als Fetus / Fötus bezeichnet. |
| Embryoblast | innere Zellmasse der → Blastozyste, aus der sich der Embyro entwickelt. Die enthaltenen Zellen sind pluripotent. |
| embryonale Keimzellen | Keimzellen, die aus primordialen Föten-Keimzellen isoliert werden. |
| embryonale Stammzellen | Embryonale Stammzellen können sich in Zellen aller drei Keimblätter sowie in Zellen der Keimbahn ausdifferenzieren und werden daher als pluripotent bezeichnet. Sie werden für experimentelle Zwecke – nach Befruchtung der Eizelle im Embryo-Entwicklungsstadium der Blastozyste – aus der inneren Zellmasse (Embryoblast) gewonnen. |
| Embryonensplitting | Klonierungstechnik – künstliche Verviel- |

fältigung von Erbgut durch Abspalten von totipotenten Zellen bzw. Zellgesamtheiten, so dass sich aus diesen theoretisch ein klonierter Mensch entwickeln kann.

embryopathische Indikation — Feststellung einer schweren Erkrankung bzw. Entwicklungsstörung (Embryopathie) des Ungeborenen in der Pränataldiagnostik oder die Anlageträgerschaft des Kindes für eine Erkrankung; beeinflusst die Entscheidung über einen Schwangerschaftsabbruch.

epigenetisch — bezogen auf Zelleigenschaften (Phänotyp), die auf Tochterzellen vererbt werden und nicht in der DNA-Sequenz (dem Genotyp) festgelegt sind. Epigenetisch sind danach alle Prozesse in einer Zelle, die als „zusätzlich“ zu den Inhalten und Vorgängen der Genetik gelten

Epimutation — fehlerhafte Chromatinzustände, die mit einem fehlerhaften Genexpressionsmuster einhergehen. Sie spielen eine wichtige Rolle bei bestimmten Erkrankungen wie zum Beispiel Krebs.

Episome — kleine, in der Regel ringförmige, autonom replizierende, doppelsträngige DNA-Moleküle, die in Bakterien und in Archaeen vorkommen können und sich in die chromosomale DNA des Wirtsorganismus integrieren können.

Epstein-Barr-Virus — humanpathogenes, behülltes, doppelsträngiges DNA-Virus aus der Familie der Her-

| | |
|---|---|
| | pesviridae. |
| Eugenik | Anwendung humangenetischer Erkenntnisse auf die Bevölkerungs- und Gesundheitspolitik, um den Anteil positiv bewerteter Erbanlagen zu vergrößern und denjenigen negativ bewerteter Erbanlagen zu verringern. |
| Eukaryonten | Lebewesen mit Zellkern. |
| Fertilität | Fähigkeit von Organismen, Nachkommen (d. h., Früchte) hervorzubringen. |
| Fetalperiode | Zeitraum vom Beginn des 3. Schwangerschaftsmonats. |
| Fibroblast | Zellen, die im Bindegewebe vorkommen und eine wichtige Rolle bei der Synthese der Interzellularsubstanz, der extrazellulären Matrix, spielen. |
| Fötus / Fetus | menschliche Leibesfrucht nach dem Embryonalstadium (ca. 9. Woche) bis zur Geburt. |
| Gameten | Geschlechtszellen; zusammenfassende Bezeichnung für männliche und weibliche Keimzellen. Gameten haben nach meiotischer Reifungsteilung nur einen einfachen Chromosomensatz und dienen der geschlechtlichen Fortpflanzung, wofür vor- |

| | |
|---|---|
| | wiegend zwei verschieden gestaltete Geschlechtszellen notwendig sind. Die männlichen Gameten werden als Spermien, Spermatozoen oder Samenzellen bezeichnet, die weibliche Gamete hingegen als Eizelle. |
| Gametogenese | Differenzierung der Gameten aus den Urkeimzellen, die in die Gonadenanlagen aus dem Darm des Embryos einwandern. Im weiblichen Organismus bilden sich im Rahmen der Ontogenese durch die Oogenese die Eizellen, im männlichen Organismus im Rahmen der Spermatogenese bzw. Spermiogenese die Spermien. |
| Gebärmutter | Teil der Ausführgänge der weiblichen Geschlechtsorgane der Wirbeltiere, in welchem die befruchteten Eizellen vor der Geburt zum geburtsreifen Fetus heranreifen. |
| Gebärmutterschleimhaut | Innenauskleidung der Gebärmutter, die im monatlichen Zyklus hormonell gesteuert auf- und abgebaut wird. |
| genetische Marker | eindeutig identifizierbare, kurze DNA-Abschnitte, deren Ort im Genom bekannt ist. |
| genetischer Code | Regel, nach der in Nukleinsäuren befindliche Dreiergruppen aufeinanderfolgender Nukleobasen – Tripletts oder Codons genannt – in Aminosäuren übersetzt werden, was bei der Bindung von Aminosäuren an |

| | |
|---|---|
| | verschiedene Transfer-Ribonukleinsäuren (tRNA) stattfindet, durch die die Aminosäuren für ihren Zusammenbau zu Proteinen angeordnet bzw. aktiviert werden. |
| Genexpression | im weiteren Sinne die Ausprägung des Genotyps zum Phänotyp eines Organismus oder einer Zelle, im engeren Sinne die Biosynthese von RNA und Proteinen (siehe Proteinbiosynthese) aus den genetischen Informationen. |
| Genom | uneinheitlich gebrauchter Begriff, hier: die Gesamtheit der DNA eines Individuums oder der genetischen Information einer Zelle. |
| Gen-Pool | Gesamtheit aller Genvariationen (Allele) einer Population, die alle diese Allele zur Verfügung hat, um sich ihrer Umwelt optimal anzupassen. |
| Gewebe | Verbund von differenzierten Zellen, die eine spezielle gemeinsame Funktion erfüllen. |
| hämatopoetisch | bezogen auf die Bildung der Zellen des Bluts (Blutkörperchen) aus blutzellbildenden Stammzellen. |
| Hepatitis | Entzündung der Leber. |

| | |
|---|---|
| Histone | basische Proteine, die im Zellkern von Eukaryoten vorkommen. Sie sind als Bestandteil des Chromatins für die Verpackung der DNA, aber auch für die Expression mancher auf ihr codierten Gene von essentieller Bedeutung. |
| Histonproteine | → Histone. |
| Homöostase | interdisziplinäres Modell zur Erklärung des Verhaltens natürlicher und technischer Systeme sowie ein selbstregulierendes, grundlegendes Funktionsprinzip lebender Organismen. Die Homöostase findet z.B. in der Physiologie des menschlichen und des tierischen Körpers fortlaufend statt. |
| Hybrid | = Mischling, Bastard, bezeichnet ein Lebewesen, das aus der Kreuzung verschiedener Rassen oder Arten hervorgeht. Der Begriff wird vornehmlich in der Pflanzenzucht verwendet, teilweise aber auch in der Tierzucht. |
| Hypoacetylierung | Fehlen von Acetylgruppen. |
| Implantation | Einnisten des Embryos in die Gebärmutterschleimhaut (Nidation) sowie das Einbringen von Ersatzmaterial in den Körper. |
| Imprägnation | Eindringen der männlichen Samenzelle in die weibliche Eizelle. |

| | |
|---|---|
| Imprinting | Phänomen, bei dem die Expression von Genen davon abhängen kann, von welchem Elternteil das Allel stammt. |
| Infertilität | Unfruchtbarkeit. |
| Inhibitoren | Substanz, die als Hemmstoff eine oder mehrere Reaktionen – chemischer, biologischer oder physikalischer Natur – so beeinflusst, dass diese verlangsamt, gehemmt oder verhindert werden. |
| In-vitro-Fertilisation | künstliche Befruchtung bzw. künstliche Samenübertragung einer durch Befruchtung entnommenen Eizelle mit entnommenen Samenzellen im Reagenzglas. |
| in vivo | Gegenteil zu in vitro |
| Intracytoplasmatische Spermainjektion | Methode der künstlichen Befruchtung, bei der die Samenzelle, das Spermium des Mannes, direkt in das Zytoplasma einer Eizelle eingespritzt. |
| IPS-Zellen, induzierte pluripotente Stammzellen | pluripotente Stammzellen, die durch künstliche Reprogrammierung von nicht-pluripotenten somatischen Zellen entstanden sind. Die Umwandlung wird durch von außen angeregte Expression spezieller Gene (Transkriptionsfaktoren) in der Körperzelle in Gang gesetzt. |

Keim

Stadium eines Lebewesens, aus dem sich das erwachsene Lebewesen entwickelt.

Keimbahntherapie

Verfahren der Heilung von vererbten Krankheiten, die auf einem Gendefekt beruhen, in der gesamten Nachkommenschaft eines Trägers des defekten Gens.

Keimblatt

erste Differenzierung eines Embryos in verschiedene Zellschichten, aus denen sich anschließend unterschiedliche Strukturen, Gewebe und Organe entwickeln. Die Keimblätter entstehen bei der Gastrulation aus der Blastula.

Keimzellen

→Gameten.

Klon

genidentische Kopie.

Klonen

Kopieren bzw. Vervielfältigen von genetischer Information.

Konjugation / Konzeption

Befruchtungsstadium, bei dem sich die Vorkerne verbinden und eine neue Erbinformation schaffen.

Kontrazeption

Empfängnisverhütung.

Kryokonservierung

Aufbewahren von Zellen durch Einfrieren in flüssigem Stickstoff, kann sowohl bei Pflanzenzellen als auch bei tierischen Zellen angewandt werden, beim Menschen zum Beispiel auch bei Spermien, Eizellen und Embryonen.

| | |
|---|---|
| Kumuluszellen | Zellen, die die Eizellen im Eierstock umhüllen. |
| Laktation | Milchabgabe von Säugetieren. |
| Leukämie | Erkrankung des blutbildenden Systems, zeichnet sich durch stark vermehrte Bildung von weißen Blutkörperchen (Leukozyten) aus. |
| Mehrlinge | zwei oder mehr Kinder einer Mutter und eines Vaters, die innerhalb derselben Schwangerschaft herangewachsen sind und in der Regel im Verlauf desselben Geburtsvorganges zur Welt kommen. |
| Menstruation | periodisch wiederkehrende Blutung aus der Gebärmutter. |
| Mesenchymale Stammzellen | Vorläuferzellen des Bindegewebes (Weichteilgewebes) mit einem hohen Proliferations- und Differenzierungspotential. |
| Metabolismus | Aufnahme, Transport und chemische Umwandlung von Stoffen in einem Organismus sowie die Abgabe von Stoffwechselendprodukten an die Umgebung. |

| | |
|---|---|
| Methyl | Die Methylgruppe ist eine der einfachsten Atomanordnungen in der organischen Chemie. Sie ist keine eigenständige chemische Substanz, sondern stets Teil eines größeren Moleküls. |
| miRNA | kurze, hoch konservierte, nicht kodierende RNA, die eine wichtige Rolle in dem komplexen Netzwerk der Genregulation, insbesondere beim Gen-Silencing, spielt. MiRNAs regulieren die Genexpression hochspezifisch auf der post-transkriptionalen Ebene. |
| Mitochondrien | Organe in jeder Zelle, die für die Zellatmung zuständig sind. Sie besitzen eine eigene DNA, die gewöhnlich ringförmig vorliegt und nur von der mütterlichen Seite über die Eizelle mitvererbt wird. |
| Mitomycin | Arzneistoff, wird als zytotoxisches Antibiotikum verwendet. |
| Mitose | Vorgang der Zellkernteilung bei Zellen eines eukaryotischen Lebewesens. |
| Morula | Entwicklungsstadium der frühen Embryogenese mehrzelliger Lebewesen, wie zum Beispiel des Menschen; kugeliger Zellhaufen aus 8 bis 32 Zellen (Blastomeren), der nach den ersten Teilungen aus der Zygote hervorgeht. Beim Menschen spricht man ab dem 16-Zell-Stadium und ungefähr vier Tage nach der Befruchtung von einer |

| | |
|---|---|
| | Morula. |
| mtDNA | zirkuläre, doppelsträngige DNA im Inneren (Matrix) der Mitochondrien. |
| Multiple Sklerose | chronisch-entzündliche Entmarkungserkrankung des zentralen Nervensystems. |
| Muskeldystrophie | Sammelbezeichnung für primär degenerative Muskelerkrankungen. Kennzeichen einer Muskeldystrophie ist eine fortschreitende, meist symmetrisch ausgebildete Muskelschwäche. |
| Nabelschnurblut | Blut, das sich nach der Abnabelung des Kindes noch in Nabelschnur und Plazenta befindet, reich an Stammzellen. |
| Nanog-Expression | Expression von Nanog, eines wichtigen Transkriptionsfaktors, der in die Steuerung der Selbsterneuerung von Stammzellen involviert ist. |
| Nanotechnik | Forschung in der Clusterphysik und Oberflächenphysik, Oberflächenchemie, der Halbleiterphysik, in Gebieten der Chemie und bisher noch im begrenzten Rahmen in Teilbereichen des Maschinenbaus und der Lebensmitteltechnologie (Nano-Food). |
| neonatale Stammzellen | Stammzellen aus Nabelschnurblut. |

| | |
|---|---|
| Neuralrohr | erste Entwicklungsstufe des zentralen Nervensystems der Chordatiere, insbesondere der Wirbeltiere, entsteht durch Einwölbung des Ektoderms des Embryos an der Rückenseite (Neuralplatte) nach innen. |
| Neuronen | Zellen, die auf Erregungsleitung spezialisiert sind, und bei Gewebetieren vorkommen, die alle mehrzelligen Tiere außer den Schwämmen und dem Trichoplax adhaerens umfassen. |
| Nidation | Einnistung der befruchteten Eizelle im Stadium der Blastozyste in die Gebärmutterschleimhaut. Die Nidation beginnt beim Menschen zwischen dem 5. und 6. Tag nach der Befruchtung der Eizelle. |
| Nukleosomen | erste Verpackungsstufe der DNA höherer Zellen, Komplex aus DNA und Histonen. |
| Nukleustransfer | Verfahren zur ungeschlechtlichen Vermehrung, bei dem der Zellkern einer Spenderzelle mit einer entkernten weiblichen Empfänger-Eizelle fusioniert wird. Der bei diesem Vorgang entstehende Embryo, dessen Erbmaterial identisch mit dem der Spenderzelle ist, wird dann in einer Leihmutter ausgetragen. |
| Oct-4 | ein Gen aus der POU-Familie der Transkriptionsfaktoren, das nur in Zellen mit einem höheren Entwicklungspotential als dem von somatischen Stammzellen aktiv |

| | |
|---|---|
| | ist. |
| Omnipotenz | Fähigkeit bestimmter Zellen oder Gewebe, sich in jeder genetisch möglichen Richtung differenzieren zu können, insbesondere zu einem kompletten Organismus. |
| Ontogenese/ Ontogenie | individuelle Geschichte der Entwicklung des einzelnen Lebewesens von der befruchteten Eizelle zum erwachsenen Lebewesen. |
| Oozyte | → Eizelle |
| Osteoporose | häufige Alters-Erkrankung des Knochens, die ihn für Brüche anfälliger macht; Abnahme der Knochendichte durch den übermäßig raschen Abbau der Knochensubstanz und -struktur. |
| Parkinson-Krankheit | langsam fortschreitende neurologische, degenerative Erkrankung des extrapyramidal-motorischen Systems, gekennzeichnet durch das vornehmliche Absterben von Nervenzellen in der Substantia nigra (einer Struktur im Mittelhirn) mit dem Botenstoff Dopamin. |
| Plasmid | kleine, in der Regel ringförmige, autonom replizierende, doppelsträngige DNA-Moleküle, die in Bakterien und in Archaeen vorkommen können, aber nicht zum Bakterienchromosom (Kernäquivalent) zählen, |

| | |
|---|---|
| | also extrachromosomal vorliegen. |
| Plazenta | Gewebe in der Gebärmutter, über das alle weiblichen höheren Säugetiere und manche Beutelsäuger bei der Schwangerschaft verfügen. |
| Plazentation | Anordnung der Samenanlagen am Fruchtblatt bzw. im Fruchtknoten. |
| Pluripotenz | Entwicklungs- und Differenzierungspotenzial einer Zelle zu einer Vielzahl von Zelltypen, nicht aber zu einem gesamten Organismus. |
| post conceptionem | bezeichnet die Dauer einer Schwangerschaft ab dem Tag der Empfängnis (Imprägnation). Das Schwangerschaftsalter wird in abgeschlossenen Entwicklungswochen und -tagen (p. c.) angegeben. |
| post menstruationem | bezeichnet die Dauer einer Schwangerschaft ab dem ersten Tag der letzten Regelblutung (Menstruation). Diese Rechnung wird in Mutterpässen und in der Klinik verwendet und ebenfalls in vollendeten Schwangerschaftswochen und -tagen angegeben. |
| Präimplantationsdiagnostik | zellbiologische und molekulargenetische Untersuchungen, die die Entscheidung beeinflussen, ob ein durch in-vitro-Fertilisation erzeugter Embryo in die Gebärmutter |

| | |
|---|---|
| | eingepflanzt werden soll oder nicht. |
| Pränataldiagnostik | Untersuchungen des ungeborenen Kindes und der Schwangeren. |
| pre-embryo | Embryo vom Zeitpunkt der Kernverschmelzung bis zur vollständigen Implantation in die Gebärmutterschleimhaut etwa am 14. Tag p. c. |
| Primitivstreifen | erstes Anzeichen der zentralen Körperachse, Merkmal aller höheren Wirbeltiere, ca. 15. Tag p. c.; Voraussetzung für die Bildung des Nervensystems. |
| Primordiale Keimzellen | Anlagen der Keimzellen, die bereits im Fetalstadium vorliegen und in einer Reihe von weiteren Entwicklungsschritten zu Keimzellen / Gameten werden. Sie verfügen wie alle anderen Körperzellen über einen diploiden Chromosomensatz. Sie unterscheiden sich von adulten und embryonalen Stammzellen durch Art und Ausmaß des DNA Methylierungsmusters (Imprinting), das für die Regulation der Genaktivität von Bedeutung ist. |
| Protein-Kinasen | Enzyme, die den Transfer einer Phosphatgruppe von einem Donor (meist ATP) auf die Seitenketten-Hydroxyl-(OH-)Gruppe einer Aminosäure katalysieren. |
| Replikation | Vervielfältigung des Erbinformationsträ- |

gers DNA einer Zelle nach einem semikonservativen Prinzip. Dabei handelt es sich in der Regel um eine exakte Verdoppelung der DNA.

Reprogrammierung — Rückführung einer bereits differenzierten Zelle in das Stadium der Pluri- oder Totipotenz.

Retroviren — große Familie behüllter Einzel(+)-Strang-RNA-Viren, die tierische Zellen infizieren. Ihre Erbinformation liegt als RNA vor und wird als DNA in das Genom der Wirtszelle eingebaut.

Samenfaden — → Spermium.

somatische Zelle — ausdifferenzierte Zelle mit einer ihr eigenen Funktion.

Spermium — männliche Keimzelle, die zu eigenständiger Bewegung fähig ist und der Befruchtung der weiblichen Keimzelle, der Eizelle, dient.

Stammzellen — Zellen, die in der Lage sind, sich selbst durch Zellteilung zu reproduzieren und sich zu Zellen unterschiedlicher Differenzierung zu entwickeln.

Superovulation — Ausstoßung der unbefruchteten Eizelle aus dem Eierstock, Voraussetzung für die Be-

| | |
|---|---|
| | fruchtung der Eizelle durch ein Spermium im Eileiter. |
| Synapsen | Kontaktstellen zwischen Nervenzellen und anderen Zellen (wie Sinnes-, Muskel- oder Drüsenzellen) oder zwischen Nervenzellen untereinander, Ort der Erregungsübertragung von einem Axon auf eine andere Zelle. |
| Telomere | die aus repetitiver DNA und assoziierten Proteinen bestehenden Enden der Chromosomen. |
| Teratom | angeborene, oft organähnliche Mischgeschwulst, die sich aus primitiven, omnipotenten Keimzellen entwickelt; Keimzelltumor, der sich in Richtung aller dreier Keimblätter entwickeln kann. |
| Teratokarzinom | bösartige Form eines → Teratoms. |
| Totipotenz | Fähigkeit der Zelle, sich zu einem ganzen, intakten Individuum entwickeln zu können. |
| Transdifferenzierung | Umwandlung von Zellen, die einem der drei Keimblätter angehören, zu Zellen eines anderen Keimblatts. |
| Transfektion | Einbringen von Fremd-DNA in eukaryotische Zellen. |

| | |
|---|---|
| Transplantation | Verpflanzung von organischem Material in der Medizin. |
| Transposon | DNA-Abschnitt von einer bestimmten Länge im Genom, der seine Position im Genom verändern kann. |
| Trophoblast | äußere Zellschicht einer Blastozyste, die diese mit der Gebärmutterwand verbindet. |
| Tumor | Zunahme eines Gewebevolumens, erhöhter Platzbedarf eines Gewebes. |
| Vorkern | angeschwollene Kerne der Gameten nach dem Eindringen des Spermiums in die Eizelle; Zustand kurz vor der Vereinigung der haploiden Zellkerne zu einem diploiden neuen Zellkern. |
| X-Chromosom | Bezeichnung für ein Geschlechtschromosom. |
| Xenotransplantation | Übertragung von lebens- und funktionstüchtigen Zellen oder Zellverbänden (einschließlich ganzer Organe oder Körperteile) zwischen verschiedenen Spezies. |
| Zellkerntransfer | Austausch des Zellkerns einer Zelle durch vorherige Explantation des Kerns und spätere Implantation einer somatischen Zelle oder eines Zellkerns. |

| | |
|---|---|
| Zona pellucida | Schutzhülle um die Eizelle, die von den kubischen Follikelepithelzellen des Primärfollikels gebildet wird. |
| Zygote | befruchtete Eizelle mit diploidem Chromosomensatz, die sich durch Furchung weiterentwickelt. |
| zytologisch | zellbiologisch. |
| Zytoplasma | gallertartiger Inhalt der Zelle mit Ausnahme des Zellkerns. Die meisten essentiellen Zellfunktionen und Stoffwechselvorgänge finden im Zytoplasma statt. Dem Zytoplasma kommt möglicherweise auch eine große Bedeutung für die Reprogrammierung differenzierter Zellen zu. |

# Literaturverzeichnis

*Ach, Johann S.:* Hello Dolly?. Biotechnik, Biomoral und Bioethik, in: Hello Dolly? : über das Klonen, hrsg. v. Johann S. Ach, Gerd Brudermüller und Christa Runtenberg, 1. Aufl., Frankfurt a. M. 1998, S. 177.

*Ach, Johann S.; Runtenberg, Christa:* Bioethik: Disziplin und Diskurs, in: Kultur der Medizin Bd. 4, hrsg. v. Andreas Frewer , Frankfurt a.M. 2002, S. 14f.

*Ackermann, Sibylle:* therapeutisches Klonen und Stammzellgewinnung, in: Forschung an embryonalen Stammzellen - Ethische und rechtliche Aspekte und der Dokumentation der 18. Jahresversammlung des Arbeitskreises Medizinischer Ethik-Kommissionen in der Bundesrepublik Deutschland am 25.11.2000 in Köln, hrsg. Gisela Bockenheimer-Lucius, Köln 2002, S. 27 – 31.

*Aldhouse P.:* Nature Medicine 14, 2008, S. 379 - 381, abrufbar unter: http://www.nature.com/nm/journal/vaop/ncurrent/abs/nm1732.html

Allgemeine Erklärung über das menschliche Genom und Menschenrechte, abrufbar unter: http://www.unesco.de/445.html

*Arndt, Melanie:* Biotechnologie in der Medizin: Recht und Praxis, München 2004, S. 1 - 57.

*Bahnsen, Ulrich:* Verfallsdatum überschritten – Das neue Stammzellgesetz ist bereits überholt, in: DIE ZEIT 33/2002, S. 23.

*Bartram, Claus:* Ein eindeutiges Ja, in: DIE ZEIT 01/2001, 28.12.2000, S. 36.

*Bauer, Axel W:* Klone zu Discountpreisen Interview mit dem Bioethiker und Medizinhistoriker Axel W. Bauer, in: DIE ZEIT vom 16. 09. 1999, S, 16.

*Baumgarnter, Hans Michael:* Am Anfang des menschlichen Lebens steht nicht der Menschen, in: Anfang und Ende des menschlichen Lebens, medizinethische Probleme, hrsg. Marquard, Odo und Staudinger, Hansjürgen, 1897, S. 40.

*Beck, Susanne:* Die Bedeutung der Wortbedeutung. Die Klondebatte und das Definitionsproblem, in: Therapeutisches Klonen als Herausforderung für die Statusbestimmung des menschlichen Embryos, hrsg. Dabrock, Peter und Ried, Jens, Paderborn 2005, S. 209 - 232.

*Beckmann, Rainer:* Embryonenschutz und Grundgesetz, in: Zone Routing Protocol 1987, S. 80 - 85.

*Beckmann, Rainer:* Wachsender Embryo - wachsendes Lebensrecht?, in: Zeitschrift für Biopolitik, Nr. 1, 2, 2003, S. 9 -13.

*Beckmann, Rainer:* Der Embryo und die Würde des Menschen, in: Der Status des Embryos: Medizin - Ethik - Recht, hrsg. Beckmann, Rainer und Löhr, Mechthild, 1. Aufl. Würzburg, 2003. S.201.

*Beckmann, Rainer:* Der „Wegfall" der embryopathischen Indikation, in: Medizinrecht 1998, Volume 16, Number 4, S. 155 – 156.

*Beier, Henning:* Zum Sinn des Klonens: die Erkenntnisse über natürliche und experimentelle Totipotenz ebnen den Weg für neue Perspektiven in der Transplantationsmedizin, in: Nova Acta Leopoldina, NF 83, 318, S. 37.

*Beitz, Ulrike:* Zur Reformbedürftigkeit des Embryonenschutzgesetzes: eine medizinisch-ethisch-rechtliche Analyse anhand moderner Fortpflanzungstechniken, Frankfurt a. M. 2009, S. 230.

*Benda, Ernst:* Verständigungsversuche über die Würde des Menschen, in: Neue Juristische Wochenschrift 2001, S. 2147 - 2148.

*Bethge, ph.; Blech, J.; Hildebrandt, T.; Lakotta, B.; Neubacher, A.; Schäfer, U.; Traufetter, G.:* Wir sind besser als Gott, in: Der Spiegel, Nr. 20, S. 248.

*Berger, Martin:* Embryonenschutz und Klonen beim Menschen - neuartige Therapiekonzepte zwischen Ethik und Recht : Ansätze zur Entwicklung eines neuen Regelungsmodells für die Bundesrepublik Deutschland ; unter besonderer Berücksichtigung der Rechtslagen in Großbritannien und der Schweiz sowie internationaler Regelungen und Vereinbarungen, Frankfurt a. M. u.a. 2007, S. 18 – 210.

*Birnbacher, Dieter:* Ethische Probleme der Pränataldiagnostik aus der Sicht eines Philosophen, in: Humangenetik - ethische Probleme der Beratung, Diagnostik und Forschung: Dokumentation der Jahresversammlung des Arbeitskreises Medizinischer Ethik-Kommissionen in der Bundesrepublik Deutschland, Köln 1991, hrsg. von Bettina Schöne-Seifert und Lorenz Krüger, Mit Beitr. von Dieter Birnbacher 2001, S. 40.

*Böckenförde, Ernst-Wolfgang:* Menschenwürde als normatives Prinzip: die Grundrechte in der bioethischen Debatte, in: Juristischezeitung 2003, S. 809 - 812f.

*Böckenförde, Ernst-Wolfgang:* „Dasein um seiner selbst willen", die Anerkennung der Würde des Menschen, wie sie das Grundgesetz ausspricht, ist auch auf die Anfänge des Lebens zu erstrecken, in: Deutsches Ärzteblatt 2003, Heft 19, A 1246, 1248.

*Boué, André:* Die ethisch-rechtliche Diskussion in Frankreich, in: Klonen in biomedizinischer Forschung und Reproduktion - wissenschaftliche Aspekte - ethische, rechtliche und gesellschaftliche Grenzen - Beiträge der internationalen Konferenz vom 14. - 16. Mai 2003 in Berlin, Ludger Honnefelder (hrsg.), Bonn 2003, S. 357 - 360.

*Bormann, Franz-Josef:* Forschungs- und Fortpflanzungsklonen beim Menschen, in: Zeitschrift für Medizinische Ethik, Hefte 2, 2004, S. 132 - 133.

*Braun, Kathrin:* Kapitulation des Rechts vor der Innovationsdynamik, in: Kritische Justiz 2000, S. 332 – 340.

*Braun, Kathrin:* Menschenwürde und Biomedizin: Zum philosophischen Diskurs der Bioethik, Frankfurt a.M. u.a.2000, S. 42 - 141.

*Breuer, Clemens:* Person von Anfang an? : Der Mensch aus der Retorte und die Frage nach dem Beginn des menschlichen Lebens, Paderborn u.a. 1995, S. 104 - 119.

*Brohm, Winfried:* Forum: Humanbiotechnik, Eigentum und Menschenwürde, in: Juristische Schulung 1998, S. 197 - 204.

*Brüstle, Oliver; Wiestler, Otmar:* Zellersatz aus embryonalen Stammzellen – Neue Perspektiven für die Transplantationsmedizin, in Deutsches Ärzteblatt 2000, S. 1666 – 1673.

*von Bülow, Detlev:* Dolly und das Embryonenschutzgesetz, in: Deutsches Ärzteblatt 1997, S. 718 - 725.

*Bundesminister für Forschung und Technologie(Hrsg.):* In-vitro-Fertilisation, Genomanalyse und Gentherapie, Bericht der gemeinsamen Arbeitsgruppe des Bundesministers für Forschung und Technologie und des Bundesministers der Justiz, München 1985, S. 66

*Choi, Min Su:* Der Umgang mit überzähligen Embryonen in Deutschland und Südkorea, Frankfurt, a. M. 2010, S. 144.

*Claasen, Claus Dieter:* Die Forschung mit embryonalen Stammzellen im Spiegel der Grundrechte, in: Das Deutsche Verwaltungsblatt 2002, heft 3, S. 141 - 146.

*Clausen, Jens:* Zum moralischen Sonderstatus von Kerntransferembryonen und seiner Bedeutung für das extrauterine Klonen, in: Therapeutisches Klonen als Herausforderung für die Statusbestimmung des menschlichen Embryos, hrsg. Dabrock, Peter und Ried, Jens, Paderborn 2005, S. 125 - 137

*Erich, Christina; Witteck, Lars:* Straf- und verfassungsrechtliche Gedanken zum Verbot des Klonens von Menschen, in: Medizinrecht 2003, S. 1 – 12.

*Damschen, Gregor; Schönecker, Dieter:* Argumente und Probleme in der Embryonendebatte - ein Überblick, in: Der moralische Status menschlicher Embryonen: pro und contra Spezies-, Kontinuums-, Identitäts- und Potentialitätsargument, hrsg. Damschen, Gregor und Schönecker, 1. Aufl., Berlin 2003, S. 1 - 3.

*Damschen, Gregor; Schönecker, Dieter:* In dubio pro embryone. Neue Argumente zum moralischen Status menschlicher Embryonen, in: Der moralische Status menschlicher Embryonen: pro und contra Spezies-, Kontinuums-, Identitäts- und Potentialitätsargument, hrsg. Damschen, Gregor und Schönecker, 1. Aufl., Berlin 2003, S. 190 - 263.

*Dederer, Hans-Georg:* Menschenwürde des Embryos in vitro? Der Kristallisationspunkt der Bioethik-dabatte am Beispiel des therapeutischen Klinens, in: Archiv des öffentlichen Rechts 2002, S. 2 - 5.

*Dederer, Hans-Georg:* Zur Straflosigkeit der Präimplantationsdiagnostik, in: Medizinrecht 2010, Heft 28. S. 819.

*Department of Health(Hrsg.):* Stem Cell Research: Medical Progress with Responsibility. A Report from the Chief Medical Officer's Expert Group Reviewing the Potential of Developments in Stem Cell Research and Cell Nuclear Replacement to Benefit Human Health, London 2000, S. 21f.

*Denker:* Embryonale Stammzellen und ihre ethische Wertigkeit, in: Jahrbuch für Wissenschaft und Ethik 5, Berlin u.a. 2000, S. 291 - 296.

*Deutsch, Erwin:* Embryonenschutz in Deutland, in: Neue Juristische Wochenschrift 1991, Heft 11, S. 721 - 725.

*Deutsche Forschungsgemeinschaft:* Stammzellforschung in Deutschland: Möglichkeiten und Perspektiven: Stellungnahme der DFG Oktober 2006, Weinheim 2007, S. 16 - 18.

*Deutsche Forschungsgemeinschaft:* Empfehlungen der Deutschen Forschungsgemeinschaft zur Forschung mit Stammzellen, 03.05.2001, Bonn, S. 7 - 10.

*Deutsche Forschungsgemeinschaft:* Humane embryonale Stammzellen, Stellungnahme vom 19. März 1999, in: dies., Humanforschung, hrsg. v. der Senatskommission für Grundsatzfragen, Mitteilung 2, Bonn 2000, S. 5.

*Deutsche Forschungsgemeinschaft:* Forschung mit humanen embryonalen Stammzellen - Research with human embryonic stem cells, Weinheim 2003, S. 31- 33.

*Deutsche Bischofskonferenz:* Der Mensch: sein eigener Schöpfer? : Wort der Deutschen Bischofskonferenz zu Fragen von Gentechnik und Biomedizin, 07.03.2001, hrsg. Sekretariat der Deutschen Bischofskonferenz, Bonn 2001.

*Deutsche Richterzeitung:* „Therapeutisches Klonen: Wirksame Hilfe oder Horrorvision?“ in: Deutsche Richterzeitung 2001, S. 213 - 215.

*Dravid, Gautam; Cheng; Hammond, Holly; Ye, Zhaohui; Shan, Xiangcan:* Human Adult Marrow Cells Support Prolonged Expansion of Human Embryonic Stem Cells in Culture, Stem Cells 2003;21, S. 131-142, abrufbar unter: http://www.jhu.edu/~gazette/2003/24mar03/24stems.html, http://www.hopkinsmedicine.org/press/2003/MARCH/030318.HTM

*Dreier, Horst:* Menschenwürdegarantie und Schwangerschaftsabbruch, in: Die öffentliche Verwaltung 1995, S. 1036 - 2038.

*Dreier, Horst:* Stufungen des vorgeburtlichen Lebensschutzes, in: Zwipf Rosenhagen Partnerschaft 2002, S. 377 – 383.

*Dreier, Horst; Bauer, Hartmut:* Grundgesetz – Kommentar, hrsg. von Horst Dreier, Bearb. von Hartmut Bauer, Bd. 1, Art 1 – 19, 2. Aufl., Tübingen 2004.

*Duttge, Gunnar:* Rezension zu: Barbara Böckenförde Wunderlich „Präimplantationsdiagnostik als Rechtsproblem“, in: Juristischezeitung 2003, S. 411 – 412.

*Dürig, Günter:* Der Grundrechtssatz von der Menschwürde, in: Archiv des öffentlichen Rechts 81 (1956), S 117 – 127.

*Düwell, Marcus; Steigleder, Klaus:* Bioethik: Eine Einführung, hrsg. v. Marcus Düwell und Klaus Steigleder, 1. Aufl., Frankfurt a.M., 2003, S. 21f.

*Dworkin, Ronald:* Die falsche Angst, Gott zu spielen, in: DIE ZEIT 38/1999, 16.09.1999, S. 17.

*Eberbach, Wolfram H.:* Forschung an menschlichen Embryonen: Konsensfähiges und Begrenzungen, in: Zone Routing Protocol (Zeitschrift für Rechtspolitik) 1990, S. 217 - 218.

*Eichnorn, Maria:* Wann beginnt menschliche Leben?, S. 1. abrufbar unter: http://www.bundestag.de/cgi-bin/druck.pl?N=parlament.

*Elsner, Norbert:* Woher wir kommen – Zur Naturgeschichte des Menschen, in: Was ist der Mensch?, hrsg. Hans-Ludwig Schreiber und Norbert Elsner, Göttingen 2002, S. 9 - 46.

*Enders, Christoph:* Menschenwürde und ihr Schutz vor gentechnologischer Gefährdung, in: Europäische Grundrechte Zeitschrift 1986, S. 241 - 246.

*Engels, Eve-Marie:* Philosophische und ethische Herausforderungen des Klonens beim Menschen, in: Klonen in biomedizinischer Forschung und Reproduktion: Wissenschaftliche Aspekte- Ethische, rechtliche und gesellschaftliche Grenzen, hrsg. v. Ludger Honnefelder und Dirk Lanzerath, Bonn 2003, S. 32 - 33.

*Ders.:* Konfliktfelder der embryonalen Stammzellenforschung, in: Das Magazin Wissenschaftszentrum Nordrhein- Westfalen 2001, S. 15 - 16.

*Enskat, Rainer:* Pro Identitätsargument: Auch menschliche Embryonen sind jederzeit Menschen, in: Der moralische Status menschlicher Embryonen: pro und contra Spezies-, Kontinuums-, Identitäts- und Potentialitätsargument, hrsg. Damschen, Gregor und Schönecker, 1. Aufl., Berlin 2003, S. 101 - 125.

*Erich, Christina; Witteck, Lars:* Straf- und verfassungsrechtliche Gedanken zum Verbot des Klonens von Menschen, in: Medizinrecht 2003, Heft 5, S. 258 – 262.

*Erich, Christina; Witteck, Lars:* Straf und verfassungsrechtliche Gedanken zum Verbot des Klonens von Menschen, in: Medizinrecht 2003, S. 2 - 8.

*Erich, Christina; Witteck, Lars:* Konfliktfelder der embryonalen Stammzellenforschung, in: Das Magazin Wissenschaftszentrum Nordrhein-westfalen 2001, S. 14 - 15.

*Eser, Albin:* Neuartige Bedrohungen ungeborenen Lebens: Embryoforschung und "Fetozid" in rechtsvergleichender Perspektive, Heidelberg 1990, S. 33 - 41.

*Eser, Albin:* Neuartige Bedrohungen menschlichen Lebens, Heidelberg 1999, S. 33 - 34.

*Eser, Albin:* Neuregelung des Schwangerschaftsabbruchs vor dem Hintergrund des Embryonenschutzgesetzes: Gedanken zur Vermeidung von Wertungswidersprüchen, in: Schwangerschaftsabbruch, auf dem Weg zu einer Neuregelung ; gesammelte Studien und Vorschläge, Albin Eser und Hans-Georg Koch, Baden-Baden 1992, S. 154 - 161.

*Eser, Albin; Frühwald, Wolfgang; Honnefelder, Ludger; Markl, Hubert; Reiter, Johannes; Tanner, Widmar; Winnacker, Ernst – Ludwig:* Klonierung beim Menschen, in: Hello Dolly? Über das Klonen, hrsg. Johann Ach, Gerd Brudermüller und Christa Runtenberg, Frankfurt a. M. 1998, S. 223-240

*Eser, Albin(hrsg.):* Biomedizin und Menschenrechte - die Menschenrechtskonvention des Europarates zur Biomedizin - Dokumentation und Kommentare, Frankfurt a. M. 1999, S. 124.

*Ewig, Santigo:* Stammzellforschung (I): Abschied von der Menschenwürde, in: Dt.Ärzteblatt 2000; 98, Heft 49, S. A-3268.

*Fechner, Erich:* Menschwürde und generative Forschung und Technik, in: Juristische Zeitung 1986, S. 253 - 660.

*Frankfurter Allgemeine Zeitung,* 26/27. 11. 2001, Nr. 275/276, S.1.

*Frankenberg, Günter:* Die Würde des Klons und die Krise des Rechts, in: Kritische Justiz 2000, S. 325 - 331.

*Fink, Udo:* Der Schutz des menschlichen Lebens im Grundgesetz – zugleich ein Beitrag zum Verhältnis des Lebensrechts zur Menschenwürdegarantie, in: Jura 2000, S. 210 - 216.

*Fischer, Andrea; Renesse, Margot von:* Niemand hat das Recht, über den Lebenswert eines Menschen zu entscheiden, in: Frankfurter Allgemeine Zeitung, 03.03.2001, Nr. 53, S. 11.

*Frankenburg, Günter:* Die Würde des Klons und die Krise des Rechts, in: Kritische Justiz 2000, S. 325 - 331.

*French A.J., Adams C.A., Anderson L.S., Kirchen J.R., Hughes M.R., Wood S.H.:* Development of Human cloned Blastocysts Following Somatic Cell

Nuclear Transfer(SZKT) with Adult Fibroblasts, Stem Cells 17. Jan 2008, abrufbar unter: http://stemcells.alphamedpress.org/cgi/content/abstract/2007-0252v1

*Frommel, Monika:* Die Menschenwürde des Embryos in vito, in: Kritische Justiz 2002, Heft 4, S. 411 – 425.

*Gerhardt, Volker:* Die Clownerie mit dem Klon, in: Zeitschrift für Biopolitik 2003, Nr. 1, 2. Jahrgang, S. 49 - 51.

*Giesen, Dieter; Poll, Jens:* Recht der Frucht / Recht der Mutter in der embryonalen und fetalen Phase aus juristischer Sicht, in: Juristische Rundschau 1993, S. 177.

*Giwer, Elisabeth:* Rechtsfragen der Präimplantationsdiagnostik, Schriftentum zum öffentlichen Recht, Bd. 859, Berlin 2001, S. 62 - 64.

*Glauben, Paul J.:* Embryonenschutzgesetz verbietet das Klonen von Menschen (Bundesjustizminister Schmidt-Jortzig im Bundestag), in: Deustsche Richterzeitung 1997, S. 305 – 309.

*Graf, Roland:* Der Embryo im Visier der Biomedizin, in: Der Status des Embryos, hrsg. v. Rainer Beckmann/ Mechthild Löhr, Würzburg 2003, S.15 - 19.

*Graf, Roland:* Ethik in der medizinischen Forschung rund um den Beginn des menschlichen Lebens, Darmstadt 1999, S. 74 - 82.

*Graumann, Sigrid:* Zur Problematik der Präimplantationsdiagnostik, in: Beilage zur Wochenzeitung „Das Parlament“ 29.06.2001, S. 20.

*Griffin, Harry:* Erfahrungen bei der Herstellung von Klontieren, in: Klonen in biomedizinischer Forschung und Reproduktion: Wissenschaftliche Aspekte- Ethische, rechtliche und gesellschaftliche Grenzen, hrsg. v. Ludger Honnefelder und Dirk Lanzerath, Bonn 2003, S. 113 - 114.

*Gröner, Kerstin:* Klonen, Hybrid- und Chimärenbildung unter Beteiligung totipotenter menschlicher Zellen, in: Fortpflanzungsmedizin und Humangenetik – Strafrechtliche Schranken?, hrsg. Hans-Ludwig Günther und Rolf Keller, 2. Aufl., Tübingen 1991, S. 293 - 325.

*Guardini, Romano:* Die Existenz des Christen, München u.a. 1976, S. 468

*Gurdon, John B.:* The development capacity of nuclei taken from intestinal epithelium cells of feeding tadpoles, in: Journal of Embryologie and Experimental Morpohology 10, Cambridge: Cambridge University Press, 1962a, S. 622 - 640.

*Gurdon, John B.:* Adult frogs derived from the nuclei of single somatic cell, in: Development Biology 4, 1962b, S. 256 - 273.

*Gurdon, John B.; Laskey, Ronald A.; Reeves, O. R.:* The development capacity of nuclei transplanted from keratinized skin cells of adult frogs, in: Journal of Embryology and Experimental Morphology 34, 1975, S. 93 - 112.

*Gutmann, Thomas:* Auf der Suche nach einem Rechtsgut: Zur Strafbarkeit des Klonens von Menschen, in: Medizinstrafrecht, hrsg. Claus Roxin/Ulrich Schroth, 2. Aufl., Stuttgart 2001, S. 325 - 374.

*Günther, Hans-Ludwig:* Strafrechtlicher Schutz des Embryos, in: Fortpflanzungsmedizin und Humangenetik – Strafrechtliche Schranken?, hrsg. Hans-Ludwig Günther/Rolf Keller, 2. Aufl., Tübingen 1991, S. 168.

*Günther, Hans-Ludwig:* Strafrecht und Humangenetik. Unter besonderer Berücksichtigung des genetischen Humanexperiments, in: Zeitschrift für die gesamte Strafrechtswissenschaft 102 (1990), S. 269, 289 f.

*Haßmann, Holger:* Embryonenschutz im Spannungsfeld internationaler Menschenrechte, staatlicher Grundrechte und nationaler Regelungsmodelle zur Embryonenforschung, Berlin 2003, S. 5 – 197.

*Hauskeller, Christine:* Die Stammzellenforschung – Sachtand und ethische Problemstellungen, in: Beilage zu der Wochenzeitschrift „Das Parlament“ 29.06.2001, S. 12.

*Haverich, Axel:* Der reparierte Mensch - Operiert, transplantiert, kloniert, in: Was ist der Mensch?, hrsg. Hans-Ludwig Schreiber und Norbert Elsner, Göttingen 2002, S. 83 – 87.

*Hegselmann, Rainer; Merkel, Reinhard(Hrsg.):* Zur Debatte über Euthanasie: Beiträge und Stellungnahmen, 1. Aufl., Frankfurt a.M. 1991, S. 7.

*Heinemann, Thomas:* Klonieren beim Menschen : Analyse des Methodenspektrums und internationaler Vergleich der ethischen Bewertungskriterien, Berlin u.a. 2005, S. 193, abrufbar unter:
http://books.google.de/books?id=IOzDFCYQbFwC&pg=PA193&lpg=PA193&dq=R.+P.+Laza+telomere&source=bl&ots=rVmdkxweX4&sig=DjlLTzciBFAlijt5kyQz5TZO0Us&hl=de&ei=R1qfSZqfG4SQ0AX2yYyWDQ&sa=X&oi=book_result&resnum=1&ct=result.

*Herdegen, Matthias:* Die Menschenwürde im Fluß des bioethischen Diskurses, in: Juristischezeitung 2001, S. 773 - 777.

*Hetz, Silke:* Schutzwürdigkeit menschlicher Klone?, in: Ethik und Recht in der Medizin Bd. 40, hrsg. v. Albin Eser und Eduard Seidler, Freiburg 2004, S.21 - 579.

*Hetz, Silke:* Schutzwürdigkeit menschlicher Klone?: eine interdisziplinäre Studie aus medizinrechtlicher Sicht, 1. Aufl., Baden-Baden 2005, S. 42 - 52.

*Heun, Werner:* Embryonenforschung und Verfassung – Lebensrecht und Menschenwürde des Embryos, in: Juristischenzeitung 2002, S. 517 - 524.

*Heuermann, Paul; Kröger, Detlef:* Lebensrecht für die menschliche Leibesfrucht (zu Hoerster JuS 1989, 172), in: Juristische Schulung 1989, S. 773.

*Heyer, Matin; Dederer, Hans-Georg:* Präimplantationsdiagnostik, Embryonenforschung, Klonen : ein vergleichender Überblick zur Rechtslage in ausgewählten Ländern, Freiburg im Breisgau 2007, S. 23 – 118.

*Hilgendorf, Eric:* Klonverbot und Menschenwürde: vom Homosapiens zum Homo xerox? Überlegungen zu §6 ESchG, in: Staat, Kirche, Verwaltung : Festschrift für Hartmut Maurer zum 70. Geburtstag, hrsg. von Max-Emanuel Geis, München 2001, S. 1147-1162.

*Hilgendorf, Eric:* Scheinargumente in der Abtreibungsdiskussion - am Beispiel des Erlanger Schwangerschaftsfalls, in: Neue Juristische Wochenschrift 1996, S. 761 - 785.

*Hillebrand, Ingo; Lanzerath, Dirk:* Klonen: Stand der Forschung, ethische Diskussion, rechtliche Aspekte, hrsg. Klaus Dietrich Wachlin, 1. Aufl., Stuttgart 2001, S. 13 - 52.

*Hillengruber, Christian:* Die verfassungsrechtliche Problematik der In-Vitro-Fertilisation, in: Zeitschrift für Lebensrecht 01/2002, S. 2 – 5.

*Hinrichsen, Klaus; Beier, Henning M.:* Humanembryologie: Lehrbuch und Atlas der vorgeburtlichen Entwicklung des Menschen, Berlin u.a. 1990, S. 4.

*Hirsch, G:* Zeugung im Reagenzglas – der Ruf nach dem Gesetzgeber wird lauter, in: Medizinrecht 1986, S. 229 - 238.

*Hirschmüller, Ann-Kathrin:* Internationales Verbot des Humanklonens : die Verhandlungen in der UNO, Frankfurt a. M. u.a. 2009, S. 34 – 186.

*Hoerster, Norbert:* Forum: Ein Lebensrecht für die menschliche Leibesfrucht?, in: Juristische Schulung 1989, S. 172 - 175.

*Hoerster, Norbert:* Ein „verringertes" Lebensrecht für die menschliche Leibesfrucht?, in: Neue Juristische Wochenschrift 1997, S. 773- 775.

*Hoerster, Norbert:* Forum: Ein Lebensrecht für die menschliche Leibesfrucht?, in: Juristische Schulung 2003, S. 529 – 530.

*Hofmann, Hasso:* Die versprochene Menschwürde, in: Archiv des öffentlichen Rechts 118 (1993), S. 353 - 376.

*Hofmann, Hasso:* Gentechnik, Gentherapie und Genmanipulation – Wissenschaft im rechtsfreien Raum?, in: Juristischenzeitung 1986, S. 253 - 258.

*Höfling, Wolfram:* Zygote-Mensch-Person, in: Frankfurter Allgemeine Zeitung 10.07.2001, S. 8.

*Höfling, Wolfram:* Die Unantastbarkeit der Menschwürde, Annährung an einen schwierigen Verfassungssatz, in: Juristische Schulung 1995, S. 857 – 859.

*Höfling, Wolfram:* Tötungsverbot und die Grenzen seiner Einschränkbarkeit aus verfassungsrechtlicher Sicht, in: Zeitschrift für Lebensrecht 2002, Heft 2, S. 34 – 37.

*Hofstätter, Heiko:* Der embryopathisch motivierte Schwangerschaftsabbruch - Recht und Rechtswirklichkeit, Frankfurt a. M. 2000, S. 78.

*Hösle, Vittorio:* Heilung um jeden Preis?, in: DIE ZEIT 10/2001, 01.03.2001, S. 36.

*Hong, Suk-young:* A study of Bioethics on the basis of Personalism, Seoul 2003, S. 137 - 138.

*Honnefelder, Ludger:* Pro Kontinuumsargument: Die Begründung des moralischen Status des menschlichen Embryos aus der Kontinuität der Entwicklung des ungeborenen zum geborenen Menschen, in: Der moralische Status menschlicher Embryonen: pro und contra Spezies-, Kontinuums-, Identitäts- und Potentialitätsargument, hrsg. Damschen, Gregor und Schönecker, 1. Aufl., Berlin, 2003, S. 61 - 76.

*Huber, Wolfgang:* Wir stehen nicht erst am Anfang des Diskurses, in: Frankfurter Allgemeine Zeitung 09.08.2001, Nr. 183, S. 44.

*Hueter, K.-A:* Stammzellen aus Nabelschnurblut, in: Frankfurter Allgemeine Zeitung, Nr. 203, 01.09.2000, S. 50.

*Hufen, Friedhelm:* Erosion der Menschenwürde?, in: Juristischenzeitung 2004, Heft 7, S. 313.

*Hügli, Anton; Lübcke, Poul:* Phänomenologie, Hermeneutik, Existenzphilosophie und kritische Theorie, Bd. 1, Reinbek bei Hamburg 1992, S. 135.

*Hwang, Kichul; Kim Young; Chang, Woochul; Kim, Daesung; Lim, Soyeon; Kang, Sangmoon; Song, Byeongwook; Ha, Hyeyeong; Huh, Yongjoon; Choi, Ingeol; Hwang, Dongyoun; Song, Heesang; Jang, Yanhsoo; Chung, Namsik; Kim, Sunghou; Kim, Songwook:* Chemicals that modulate stem cell differentiation, in: Proceedings of the National Academy of Sciences 14.05. 2008, vol. 105, no. 21, S. 7467, 7471, abrufbar unter: http://www. pnas.org/cgi/doi/10.1073/pnas.0802825105

*Iliadou, Ekaterini:* Forschungsfreiheit und Embryonenschutz : eine verfassungs- und europarechtliche Untersuchung der Forschung an Embryonen, 1. Aufl. Berlin 1999. S. 151.

*Ipsen, Jörn:* Der „verfassungsrechtliche Status“ des Embryos in vitro, in: Juristischenzeitung 2001, S. 989 – 996.

*Ipsen, Jörn:* Staatsrecht II - Grundrechte, 3. Aufl. Neuwied 2000.

*Ishizuka, Shinichi:* Das Verbot des Klonens menschlichen Lebens: Reproduktives und therapeutisches Klonen in Japan, in: Recht und Ethik im Zeitalter der Gentechnik, herg. Schreiber, Hans-Ludwig, Rosenau, Henning, Ishizuka, S und Kim, Göttingen 2004, S. 170 – 171.

*Ishizuka, Shinichi:* Die Stammzellgewinnung aus Embryonen: Das Klonverbot des menschlichen Lebens in Japan, in: Globalisierung der Biopolitik, des Biorechts und der Bioethik? : Das Leben an seinem Anfang und an seinem Ende, hrsg. Hans-Ludwig Schreiber, Hans Lilie, Henning Rosenau, Makoto Tadaki und Un Jong Pak, Frankfurt a. M. 2007, S. 75-80.

*Isensee, Josef:* Der grundrechtliche Status des Embryos, in: Gentechnik und Menschenwürde: an den Grenzen von Ethik und Recht, herg. Höffe, Otfried, 1. Aufl., Köln 2002, S. 59 – 60

*Isensee, Josef; Kirchhof,Paul:* Handbuch des Staatsrechts I – Grundlagen v. Staat und Verfassung, Heidelberg 1987.

*Jaenisch, Rudolf:* Die Biologie des Kerntransfers und das Potential geklonter embryonaler Stammzellen: Implikationen für die Transplantationstherapie, in: Klonen in biomedizinischer Forschung und Reproduktion: Wissenschaftliche Aspekte- Ethische, rechtliche und gesellschaftliche Grenzen, hrsg. v. Ludger Honnefelder und Dirk Lanzerath, Bonn 2003, S. 222.

*Jarass, Hans D.; Pieroth, Bodo:* Kommentar zum Grundgesetz, 5. Aufl., München 2000.

*Jarass, Hans D.; Pieroth, Bodo:* Lasst uns einen Menschen klonieren: Von der Eugenik zur Gentechnologie, in: Hans Joas, Technik, Medizin und Ethik: zur Praxis des Prinzips Verantwortung, 1. Aufl., Frankfurt a. M. 1987, S. 190.

Joerden, J. C.: Wessen Rechte werden durch das Klonen möglicherweise beeinträchtigt?, in: Jahrbuch für Recht und Ethik 7 (1999), S. 79 - 85.

*Jonas, Hans:* Grenzen der Verfügbarkeit, in: DIE ZEIT 08/2001, 15.01.2001, S. 38.

*Jonas, Hans:* Technik, Medizin und Ethik : zur Praxis des Prinzips Verantwortung, Frankfurt a. M. 1985, S. 188ff.

*Kant, Immanuel:* Kritik der praktischen Vernunft, Stuttgart 1961, S. 141.

*Lehmann, Karl:* Romano Guardinis Erbe für die Kirche der Gegenwart, 14. Oct. 1998, abrufbar unter: http://www.bistummainz.de/bistum/bistum/kardinal/texte/texte_1998/text_141098.html

*Kaufmann, Arthur:* Der entfesselte Prometheus, in: Gentechnologie 3, Genforschung Fluch oder Segen?, hrsg. Rainer Flöhl, München 1985, S. 258f.

*Keller, Rolf:* Beginn und Stufung des strafrechtlichen Lebensschutzes, in: Fortpflanzungsmedizin und Humangenetik – Strafrechtliche Schranken?, herg. Günter, Hans-Ludwig und Keller, Rolf, 2. Aufl., Tübingen 1991, S. 115.

*Keller, Rolf:* Klonen, Embryonenschutzgesetz und Biomedizin – Konvention; Überlegungen zu neuen naturwissenschaftlichen und rechtlichen Entwicklungen, in: Festschrift für Theodor Lencker zum 70. Geburtstag, hrsg. von Albin Eser, Ulrike Schnittenhelm und Heribert Schumann, München 1998, S. 447 – 494.

*Keller, Rolf; Günther, Hans-Ludwig; Kaiser, Peter:* Kommentar zum Embryonenschutzgesetz, Stuttgart, Berlin, Köln 1992.

*Kersten, Jens:* Das Klonen von Menschen: eine verfassungs-, europa- und völkerrechtliche Kritik, Tübingen 2004, S. 8 – 279.

*Kienle, Thomas:* Das Verbot des Klonens von Menschen, in: Zeitschrift für Rechtspolitik 1998, S. 186.

*Kim, Na-gyŏng:* Leben als Lebensgeschichte und subjektives Tatbestandsmerkmal bei der Präimplantationsdiagnostik (PGD) – nach deutschem Recht mit einem Exkurs zur Rechtslage in Südkorea, Frankfurt a. M. 2006, S. 140 – 156.

Kimura, Rihito: Ethisch-rechtliche Fragen zu Klonverfahren in Japan, in: Klonen in biomedizinischer Forschung und Reproduktion - wissenschaftliche Aspekte - ethische, rechtliche und gesellschaftliche Grenzen - Beiträge der internationalen Konferenz vom 14. - 16. Mai 2003 in Berlin, Ludger Honnefelder (hrsg.), Bonn 2003, S. 343.

*Kliemt, Hartmut:* Normative Probleme der künstlichen Geschlechtsbestimmung und des „Klonens“, in: Zeitschrift für Rechtspolitik 1979, S. 168.

*Kloepfer, Michael:* Humangenetik als Verfassungsfrage, in: Juristischenzeitung 9/2002, S. 418 – 427.

*Kluth, Winfried:* Der Embryo und das Recht auf Leben, in: Der Status des Embryos: Medizin - Ethik-Recht, Hrsg. Beckmann, Rainer und Löhr, Mechthild, Würzburg 2003, S. 208 – 216.

*Knoepffler, Nikolaus:* Forschung an menschlichen Embryonen: was ist verantwortbar?, Stuttgart u.a. 1999, S. 13 - 91.

*Knoepffler, Nikolaus:* Menschenwürde in der Bioethik, Berlin u.a. 2004, S. 51 - 70.

*Knoepffler, Nikolaus:* Menschliche Embryonen und medizinische Konfliktfälle, in: Menschenwürde und medizinische Konfliktfälle, hrsg. Knoepffler, Nikolaus und Haniel, Anja, Stuttgart [u.a.] 2000, S. 63.

*Koch, Hans-Georg:* Erzeugung und Verwendung ‚therapeutischer Klone' aus rechtlicher Sicht. Nationale Rechtslage-rechtsvergleichende Kontraste – rechtspolitische Optionen, in: Therapeutisches Klonen als Herausforderung für die Statusbestimmung des menschlichen Embryos, hrsg. Dabrock, Peter und Ried, Jens, Paderborn 2005, S. 184 – 206.

*Koch, Hans-Georg:* Vom Embryonenschutzgesetz zum Stammzellgesetz: Überlegungen zum Status des Embryos in vitro aus rechtlicher und rechtsvergleichender Sicht, in: Die Forschung an embryonalen Stammzellen in ethischer und rechtlicher Perspektive: Tagungen, veranstaltet vom Zentrum für Ethik und Recht in der Medizin, hrsg. Giovanni Maio und Hanjörg Just, Februar und Juni 2002, 1. Aufl., Baden-Baden 2003, S. 108 - 113.

*Kollek, Regine:* Klonen ist Klonen - oder nicht? Warum der erste Menschenklon nicht die Gestalt ist, an der sich die Utreilsfindung orientieren muß, in:

Hello Dolly? : über das Klonen, hrsg. v. Johann S. Ach, Gerd Brudermüller und Christa Runtenberg, 1. Aufl., Frankfurt a. M. 1998, S. 23.

*Korff, Wilhelm; Beck Lutwin; Mikat, Paul:* Lexikon der Bioethik, Gütersloh 1998.

*Kreß, H.:* Das Stammzellgesetz von 2002, in: Gynäkologe 2003, S. 590 – 594.

*Krohmer, Tobias:* Alle Embryonen sind gleich – oder? Zur moralischen Legitimierbarkeit des therapeutischen Klonens auf der Grundlage des Tötungsverbot, in: Therapeutisches Klonen als Herausforderung für die Statusbestimmung des menschlichen Embryos, hrsg. Dabrock, Peter und Ried, Jens, Paderborn 2005, S. 141 - 148.

*Lackner, Karl; Kühl, Kristian:* Kommentar zum Strafgesetzbuch, 24. Aufl., München 2000.

*Langer-Rock, Cordula:* Der strafrechtliche Schutz des überzähligen in-vitro-gezeugten Embryos, Bayreuth, Univ., München 1998, S. 29 - 61.

*Lanz-Zumstein, Monika:* Die Rechtsstellung des unbefruchteten und des befruchteten menschlichen Keimgut, München 1990, S. 256 - 286.

*Laufs, Adolf:* Fortpflanzungsmedizin und Menschenwürde, in: Neue Juristische Wochenschrift 2000, S. 2716 - 2717.

*Laufs, Adolf:* Das Menschenrechtsübereinkommen zur Biomedizin und das deutsche Recht, in: Neue Juristische Wochenschrift 1997, S. 776.

*Lennartz, Heribert:* Die elterliche Verantwortung – rechtsdogmatische Überlegungen zur Problematik des Schwangerschaftsabbruch, in: Medizinrecht 1993, S. 179 – 180.

*Lexikon des Arztrecht:* hrsg. v. Hans-Jürgen Rieger, 2.Aufl., Heidelberg 2001, S.2900.

*Lexikon der Bioethik:* hrsg. im Auftr. der Görres-Gesellschaf t von Wilhelm Korff, Lutwin Beck und Paul Mikat, Bd. 1 (A-F), Bd. 2 (G – Pa), Gütersloh 1998.

*Lexikon der Medizin:* hrsg. Zetkin, Maxim/Schaldach, Herbert/Ludewig, Thomas, 16. Aufl., Wiesbaden 1999. S 1088 - 1816.

*L'hoste, Sibylle H.:* Ambivalenz der Medizin am Beginn des Lebens: der Schwangerschaftsabbruch. Kann die Philosophie zu einer Lösung beitragen?, Münster 2004, S.115.

*Lilie, Hans; Albrecht, Dietlinde:* Strafbarkeit im Ungang mit Stammzelllinien aus Embryonen und damit in Zusammenhang stehender Tätigkeiten nach dem deutschen Recht, in: Neue Juristische Wochenschrift 2001, S. 1774.

*Lilie, Hans; Albrecht, Dietlinde:* Entwicklet sich eine globale Bioethik? Zum Scheitern der UN-Klonkonvention, in: Globalisierung der Biopolitik, des Biorechts und der Bioethik? : Das Leben an seinem Anfang und an seinem Ende, hrsg. Hans-Ludwig Schreiber, Hans Lilie, Henning Rosenau, Makoto Tadaki und Un Jong Pak, Frankfurt am Main u.a. 2007, S. 91-94.

*Lilie, Hans; Albrecht, Dietlinde:* Klonen als Humanexperiment – Forschungsethische und rechtliche Aspekte, in: Klonen in biomedizinischer Forschung und Reproduktion - wissenschaftliche Aspekte - ethische, rechtliche und gesellschaftliche Grenzen, hrsg., Ludger Honnefelder und Dirk Lanzerath, Bonn 2003, S. 210 – 211.

*Lockwood, Michael:* Moral dilemmas in modern medicine, Oxford, 1985, S. 126ff.

*Lorenz, Dieter:* Die verfassungsrechtliche Garantie der Menschenwürde und ihre Bedeutung für den Schutz menschlichen Lebens vor der Geburt, in: Zeitschrift für Lebensrecht 02/2001, S. 38, 44.

*Lorenz, Dieter:* Wissenschaft darf nicht alles! Zur Bedeutung der Rechte anderer als Grenze grundrechtlicher Gewährleistung, in: Festschrift für Peter Lerche zum 65. Geburtstag, hrsg. von Peter Badura und Rupert Scholz, München 1993, S. 267 – 280.

*Losch, Bernhard:* Lebensschutz am Lebensbeginn: Verfassungsrechtliche Probleme des Embryonenschutzes, in: Neue Juristische Wochenschrift 1992, S. 2927 - 2931.

*Lücke, U.:* Den Teufel wird man nicht erwischen, in: Frankfurter Allgemeine Zeitung, Nr. 193, 21.08.2000, S. 11.

*Luhmann, Niklas:* Grundrechte als Institution, Berlin 1965, S. 50 - 53ff.

*Markl, Hubert:* Rom liegt jenseits des Rubikons, in: Süddeutsche Zeitung 25.06.2001, S. 14.

*Maunz, Theodor; Dürig, Günther:* Grundgesetz - Kommentar, Bd. 1: Art. 1 – 11, Lieferung: 42 Feb. 2003.

*McCormick, A. Richard; J., S.:* How Brave a New World?, Washington D.C. 1981, S. 134.

*Merkel, Reinhard:* Contra Speziesargument: Zum normativen Status des Embryos und zum Schutz der Ethik gegen ihre biologische Degradierung, in: Der moralische Status menschlicher Embryonen: pro und contra Spezies-, Kontinuums-, Identitäts- und Potentialitätsargument, hrsg. Damschen, Gregor und Schönecker, 1. Aufl., Berlin 2003, S. 35 -47.

*Merkel, Reinhard:* Forschungsobjekt Embryo : verfassungsrechtliche und ethische Grundlagen der Forschung an menschlichen embryonalen Stammzellen, München 2002, S. 54 - 217.

*Merkel, Reinhard:* Früheuthanasie, Baden Baden 2001, S. S.503f

*Merkel, Reinhard:* Rechte für Embryonen?, in: DIE ZEIT 05/2001, 25.01.2001, S. 38.

*Merkel, Reinhard:* Rechte für Embryonen?, abrufbar unter: http://www.zeit.de /2001/05/Kultur/200105_embryonenschutz.html

*Merkel, Reinhard:* Das deutsche Embryonenschutzgesetz ist erbarmungslos, in: Das Magazin 02/2002, S. 20 – 21.

*Mildenberger, Elke H.:* Der Streit um Embryonen: Warum ungewollte Schwangerschaften, Embryonenselektion und Embryonenforschung grundsätzlich unterschiedlich behandelt werden müssen, in: Medizinrecht 2002, Heft 6, S. 293 – 294.

*v. Münch, Ingo; Kunig, Philip:* Grundgesetz-Kommentar, Bd 1, 5. Aufl., München 2000.

*v. Mutinus, Albert:* Der Embryo als Grundrechtssubjekt, in: Jura 1987, S. 109 - 110.

*Natoinal Bioethics Advisory Commission, „Executive Summary",* in: Cloning Human Beings, USA 1997, S. 22ff.

*Nationaler Ethikrat:* Klonen durch Zellkerntransfer: Stand der Forschung: Literaturauswertung im Auftrag des Nationalen Ethikrates, hrsg. vom Nationalen Ethikrat, Berlin 2005, S. 11 - 24.

*Nationaler Ethikrat:* Zum Import menschlicher embryonaler Stammzellen - Stellungnahme, Berlin 2002.

*Neidert, Rudolf:* Präimplantationsdiagnostik: Zunehmendes Lebensrecht, in: DÄBI 97 (2000), Heft 51-52, S. A-3484.

*Nida-Rümelin, Julian:* Wo die Menschenwürde beginnt, in: Tagesspiegel 03.01.2001.

*Niemann, Heiner; Lukas-Hahn, Andrea; Kues, Wilfried A.; Carnwath, Joseph; Wrenzyki, Christine:* Somatisches Klonen: Ein neues Instrumentarium in der biologischen Forschung und transgenen Produktion, in: Klonen in biomedizinischer Forschung und Reproduktion: Wissenschaftliche Aspekte-Ethische, rechtliche und gesellschaftliche Grenzen, hrsg. v. Ludger Honnefelder und Dirk Lanzerath, Bonn 2003, S. 131- 138.

*Nüsslein-Volhard, Christiane:* Wann ist der Mensch ein Mensch?, Heidelberg 2003, S. 24.

*Nüsslein-Volhard, Christiane:* Wann ist ein Tier ein Tier, ein Mensch kein Mensch?, in: Frankfurter Allgemeine Zeitung 02.10.2001, S. 55.

*Oh, Chonghan:* Vergleich zwischen der deutschen und der koreanischen Rechtslage zum therapeutischen Klonen durch Zellkerntransfer, in: Globalisierung der Biopolitik, des Biorechts und der Bioethik? : Das Leben an seinem Anfang und an seinem Ende, hrsg. Hans-Ludwig Schreiber, Hans Lilie, Henning Rosenau, Makoto Tadaki und Un Jong Pak, Frankfurt am Main u.a. 2007, S. 110 - 113.

*Ostendorf, Heribert:* Experimente mit dem Retortenbaby auf dem rechtlichen Prüfstand, in: Juristischezeitung 1984, S. 595 - 599.

Pak, Un Jong: in: Globalisierung der Biopolitik, des Biorechts und der Bioethik?: Das Leben an seinem Anfang und an seinem Ende, hrsg. Hans-Ludwig Schreiber, Hans Lilie, Henning Rosenau, Makoto Tadaki und Un Jong Pak, Frankfurt am Main u.a. 2007, S. 110 - 113.

*Pap, Michael:* Die Würde des werdenden Lebens in vitro – verfassungsrechtliche Grenze der extrakorporalen Befruchtung, in: Medizinrecht 1986, S. 229 - 233.

*Paul, Annekatrin:* Möglichkeiten und Grenzen der Forschung an embryonalen Stammzellen und des therapeutischen Klonens: eine Untersuchung der verfassungsrechtlichen und einfachgesetzlichen Aspekte, Bd. 16, Hamburg 2004, S. 24 - 140.

*Peter, Katrin:* Differenzierung von popdc2-defizienten embryonalenStammzellen zu Kardiomyozyten und mesothelialen Zellen, abrufbar unter: http://katrin.bierkandt.org/Bierkandt_Studienarbeit.pdf

*von der Pfordten, Dietmar:* Klonierung als Manipulation, in: Hello Dolly? : über das Klonen, hrsg. v. Johann S. Ach, Gerd Brudermüller und Christa Runtenberg, 1. Aufl., Frankfurt a. M. 1998, S. 212 – 215.

*Pieroth, Bodo; Jarass, Hans D.:* Grundgesetz für die Bundesrepublik Deutschland: Kommentar, 3.Aufl., München 1995.

*Pieroth, Bodo; Schlink, Bernhard:* Grundrechte - Staatsrecht II, 15-17 Aufl., Heidelberg 1999-2001.

*Prelle, Katja; Zakhartchenko, Valeri; Wolf, Eckhard:* Anwendung von Stammzell-Technologie und Kerntransfer im Tiermodell, in: Z. ärztl. Fortbild. Qual. sich.(ZaeFQ) 96, 2002/6-7, S.435.

*Raasch, Johanna:* Das Stammzellgesetz-ein beladenes Gesetzesvorhaben, in: Kritische Justiz 2002, Bd. 35, S. 293 – 294.

*Renard, Jean-Paul:* Begriffsbestimmung und Verfahrensweisen beim Klonen: Was wissen wir, was können wir tun?, in: Klonen in biomedizinischer Forschung und Reproduktion: Wissenschaftliche Aspekte- Ethische, rechtliche und gesellschaftliche Grenzen, hrsg. v. Ludger Honnefelder und Dirk Lanzerath, Bonn 2003, S. 42 - 44.

*Rendtorff, T.; Winnacker, E.-L.; Hepp, H.; Hofschneider, P.H.; Korff, W.; Knoepffler, N.; Kupatt, C.;* Haniel, A.: Das Klonen von Menschen – Überlegungen und Thesen zum Problemstand und zum Forschungsprozess, in: Menschenwürde und medizinethische Konfliktfälle, hrsg. Nikolaus Knoepffler und Anja Haniel, Stuttgart u.a. 2000, S. 11-18.

*Richter, Eva A.:* Stammzellgesetz – Tauziehen um Definitionen, in: Deutsches Ärzteblatt 12/2002, S. 760f.

*Richter, Eva A.:* Die Tür steht einen Spalt offen, in: Deutsches Ärzteblatt 18/2002, S. 1204.

*Rosenau, Henning:* Der Streit um das Klonen und das deutsche Stammzellgesetz, in: Recht und Ethik im Zeitalter der Gentechnik, herg. Schreiber, Hans-Ludwig, Rosenau, Henning, Ishizuka, S und Kim, Göttingen 2004, S. 135 - 159.

*Rosenau, Henning:* Reproduktives und therapeutisches Klonen, in: Strafrecht, Biorecht, Rechtsphilosophie, Festschrift für Hans-Ludwig Schreiber zum 70. Geburtstag am 10. 5. 2003, Heidelberg 2003, S. 761 - 766.

*Runtenberg, Christa; Ach, Johannes S.:* Homunklonus: Erst die Tiere, dann die Menschen? Dimensionen der Kritik des Klonens von Tieren und Menschen, in: Gene, Klone und Organe, hrsg. Painer Paslack und Hilmar Stolte, Frankfurt a. M. 1999, S. 97 - 99.

*Sachs, Michael:* Grundgesetz-Kommentar, 2. Aufl., München 1999.

*Sacksofsky, Ute:* Der verfassungsrechtliche Status des Embryo in vitro – Gutachten für die Enquete-Komission des Deutschen Bundestages, Recht und Ethik der modernen Medizin, Frankfurt a.M. 2001, S. 17 - 76.

*Sadler, Thomas W:* Medizinische Embryologie : die normale menschliche Entwicklung und ihre Fehlbildungen, begr. von Jan Langman. Dt. Übers. von Ulrich Drews, 10. Aufl., Stuttgart u.a. 2003, S. 25 - 121.

*Sass, Hans-Martin:* Hirntod und Heinleben, Bochum 1989, S. 160 - 172f.

*Scherbel, Andreas; Tremmel, Jörg:* Menschenwürde für Embryonen?, in: Generation Gerechtigkeit – Stiftung für Rechte zukünftiger Generationen, Ausgabe 4, Dezember 2001, S. 5 - 6.

*Schlehofer, Horst:* Die Menschenwürdegarantie des Grundgesetzes – absolute oder relative Begrenzung staatlicher Strafgewalt?, GA 1999, S. 357 – 364.

*Schlingensiepen-Brysch, Irene:* Wann beginnt das menschliche Leben? Zwei Zäsuren und eine Entwicklung, Ein Überblick zum Stand des medizinischen Wissens und zur ethischen Diskussion, in: Zone Routing Protocol 1992, S. 418 - 419.

*Schlink, Bernhard:* Aktuelle Fragen des pränatalen Lebensschutzes; Überarbeitete Fassung eines Vortrages, gehalten vor der juristischen Gesellschaft zu Berlin am 19.12.2001, Schriftenreihe der Juristischen Gesellschaft zu Berlin 172, Berlin 2002, S. 17.

*Schmidt-Bleibtreu, Bruno; Klein, Franz:* Kommentar zum Grundgesetz : unter Mitarbeit von Hans Bernhard Brockmeyer, Christoph Kannengießer, Rüdiger Sannwald, 9. Aufl., Neuwied u.a. 1999.

*Schmidt-Jortzig, Edzard:* Von Wert und Würde des Menschen - Eine der wichtigsten Debatten überhaupt, in: Süddeutsche Zeitung 01.06.2001, S. 7.

*Schmidt-Jortzig, Edzard:* Systematische Bedingungen der Garantie unbedingten Schutzes der Menschenwürde in Art. 1 GG, in: Die Öffentliche Verwaltung 2001, S. 925 – 927.

*Schnieke, Angelika E.; Kind, Alexander J.; Ritchie, William A et al.:* Human Factor IX transgenic sheep produced by transfer of nuclei from transfected fetal fibroblasts, in: Science 278 (5346) 1997, S. 2130 - 2133.

*Schockenhoff, Eberhard:* Pro Speziesargument: Zum moralischen und ontologischen Status des Embryos, in: Der moralische Status menschlicher Embryonen: pro und contra Spezies-, Kontinuums-, Identitäts- und Potentialitätsargument, hrsg. Damschen, Gregor und Schönecker, 1. Aufl., Berlin 2003, S. 11 - 34.

*Schockenhoff, Eberhard:* Die Ethik des Heilens und die Menschenwürde – moralische Argumente für und wider die embryonale Stammzellenforschung, in: Zeitschrift für medizinische Ethik 47 (2001), S. 235 - 246.

*Schockenhoff, Eberhard:* Wer denkt macht manchmal Fehler, in: Süddeutsche Zeitung 30.05.2001, S. 17.

*Schöler, Hans R.:* Das Potenzial von Stammzellen. Eine Bestandsaufnahme, in: Therapeutisches Klonen als Herausforderung für die Statusbestimmung des menschlichen Embryos, hrsg. Dabrock, Peter und Ried, Jens, Paderborn 2005, S. 32 - 40.

*Schöne-Seifert, Bettina:* Unter sensiblen Menschen, in: Süddeutsche Zeitung 30.05.2001, S.19.

*Schreiber, Hans-Ludwig:* Die Würde des Menschen – eine rechtliche Fiktion?, in: Was ist der Mensch?, hrsg. Hans-Ludwig Schreiber und Norbert Elsner, Göttingen 2002, S. 231 - 244.

*Schreiber, Hans-Ludwig:* Das Menschenwürdeprinzip in der Diskussion über Embryonenforschung, Klonen und Präimplantationsdiagnostik, in: Bochumer Beiträge zu aktuellen Strafrechtsthemen, herg. Bernsmann, Klaus und Ulsenheimer, Klaus, Köln 2003, S. 157 - 163f.

*Schreiber, Hans-Ludwig:* Die Würde des Menschen- Eine rechtliche Fiktion?, in: Medizinrecht 2003, Heft 11, S. 367 - 371.

*Schreiber, Hans-Ludwig:* Recht als Grenze der Gentechnologie, in: Festschrift für Claus Roxin zum 70. Geburtstag am 15. Mai 2001, hrsg. von Bernd Schünemann, Berlin u.a. 2001, S. 903.

*Schreiner, Regine:* Klonen durch Zellkerntransfer : Stand der Forschung ; Literaturauswertung im Auftrag des Nationalen Ethikrates, Berlin 2005, S. 17 - 54.

*Schroth, Ulrich:* Forschung mit embryonalen Stammzellen und Präimplantationsdiagnostik im Lichte des Recht, in: Juristischenzeitung 2002, S. 170 – 179.

*Schröder, Michael:* Kommissionskontrolle in Reproduktionsmedizin und Gentechnologie, Köln 1992, S. 134 – 141.

*Schulz, Stefan F.:* Die Reprogenetik auf dem Prüfstand von Verfassungs- und Volkerrecht, in: Medizinrecht 2002, Heft 8, S. 404.

*Schwarz, Kyrill:* Therapeutisches Klonen: ein Angriff auf Lebensrecht und Menschenwürde des Embryos?, in: Kritische Vierteljahresschrift, 2001, S. 182 - 209.

*Schwägerlm, Christian:* Vom Rubikon zum Labyrinth der Zivilisation, in: Frankfurter Allgemeine Zeitung 31.01.2002, S. 3.

*Sendler, Horst:* Menschenwürde, PID und Schwangerschaftsabbruch, in: Neue Juristische Wochenschrift 2001, S. 2148 - 2150.

*Simon, Jürgen:* Rechtliche Regulierung des Klonens von Menschen in Deutschland, Ländern der EU und den USA, in: Menschenwürde und medizinethische Konfliktfälle, hrsg. Nikolaus Knoepffler und Anja Haniel, Stuttgart [u.a.] 2000, S. 26f - 30.

*Singer, Peter:* Praktische Ethik, 2. Aufl., Aus dem Engl. übers. von Oscar Bischoff, Jean-Claude Wolf und Dietrich Klose, Stuttgart 1994, S. 82 - 219.

*Singer, Peter:* Practical ethics, 2. ed., Cambridge u.a. 1993, S. 55 - 169.

*Skottman, Heli; Hovatta, Outi:* Focus on Stem Cells - Culture conditions for human embryonic stem cells, abrufbar unter:
http://www.reproduction-online.org/cgi/reprint/132/5/691.pdf

*Sockel, Waltraud:* Lebensrecht für die menschliche Leibesfrucht(zu Hoerster JuS 1989, 172), in: Juristische Schulung 1989, S. 773.

*Spaemann, Robert:* Gezeugt, nicht gemacht, in: DIE ZEIT 04/2001, 18.01.2001, S. 37- 38.

*Spaemann, Robert:* Personen : Versuche über den Unterschied zwischen "etwas" und "jemand", 2. Aufl., Stuttgart 1998, S. 14 - 263.

*Spiekerkötterm Jörg:* Verfassungsfragen der Humangenetik, Frankfurt a. M., München 1989, S. 35 – 36.

*Starck, Christian:* Das Bonner Grundgesetz : Kommentar, begr. von Mangoldt, Hermann/Klein, Friedrich/Starck, Christian, hrsg. von Christian Starck, Bd. 1, Präambel, Art. 1 bis 19, 4. Aufl. München 1999 - 2001.

*Starck, Christian:* Der verfassungsrechtliche Schutz des ungeborenen menschlichen Lebens, in: Juristische Zeitung 1993, S. 816.

*Starck, Christian:* Der moralische Status des Embryos, in: Neue Zürcher Zeitung 14./15.04.2001 (online-Ausgabe).

*Starck, Christian:* Verfassungsrechtliche Grenze der Biowissenschaft und Fortpflanzungsmedizin, in: Juristischezeitung 2002, S. 1065 - 1069.

*Starck, Christian:* Die künstliche Befruchtung beim Menschen – Zulässigkeit und zivilrechtliche Folgen, 1. Teilgutachten: Verfassungsrechtliche Probleme, Gutachten A für den 56. Deutschen Juristentag, München 1986.S. 17.

*Steinvorth, Ulrich:* Kritik der Kritik des Klonens, in: Hello Dolly? : über das Klonen, hrsg. v. Johann S. Ach, Gerd Brudermüller und Christa Runtenberg, 1. Aufl., Frankfurt 1998, S. 90.

*Stoecker, Ralf:* Contra Identittsargument: Mein Bmbrzo und ich, in: Der moralische Status menschlicher Embryonen: pro und contra Spezies-, Kontinuums-, Identitäts- und Potentialitätsargument, hrsg. Damschen, Gregor und Schönecker, 1. Aufl., Berlin 2003, S. 129 - 138.

*Taupitz, Jochen:* Der rechtliche Rahmen des Klonens zu therapeutischen Zwecken, in: Neue Juristische Wochenschrift, Heft 37, 2001, S. 3433 - 3440.

*Taupitz, Jochen:* Angestufte Menschenwürde-Embryonenschutzgesetz, in: Pharmazeutische Zeitung, 2001, S. 2907 - 2908.

*Taupitz, Jochen:* Therapeutisches und reproduktives Klonen aus juristischer Sicht, in: Zeitschrift für ärztliche Fortbildung und Qualitätssicherung 2002, S. 452 - 453.

*Taupitz, Jochen:* Die Spielräume der Verfassung, in: Süddeutsche Zeitung 30.05.2001, S. 19.

*Taupitz, Jochen:* Import embryonaler Stammzellen, in: Zwipf Rosenhagen Partnerschaft 2002, S. 111 – 113.

*Taupitz, Jochen:* Stammzellen: Rechtliche Aspekte, in: Gentechnik und Recht 01/2002, S. 9 – 18.

*Taupitz, Jochen:* Rechtliche Regelung der Embryonenforschung im internationalen Vergleich, Berlin 2003, S. 3 – 216.

*Taupitz, Jochen:* Einführung in die Thematik - Die Menschenrechtskonvention zur Biomedizin zwischen Kritik und Zustimmung, in: Das Menschenrechtsüberein kommen zur Biomedizin des Europarates - taugliches Vorbild für eine weltweit geltende Regelung? = The convention on human rights and biomedicine of the Council of Europe, hrsg. Jochen Taupitz, Berlin 2002, S. 1.

*Thomson, JA.; Itzkovitz-Eldor, J.; Shapiro, SS; Waknitz, MA; Swiergiel, JJ.; Marshall, VS; Jones, MJ.:* Embryonic stem cell lines derived from human blastocysts. 1998, in: Science 282, S. 1145 - 1147.

*Tiedemann, Paul*: Lebensrecht für die menschliche Leibesfrucht (zu Hoerster, Jus 1998, S. 172), in: Juristische Schulung 1989, S. 773.

*Tinnefeld, Christoph*: Menschenwürde, Biomedizin und Datenschutz, in: Zeitschrift für Rechtspolitik 2000, S. 11.

*Traub, Thomas:* Schutz der Menschenwürde in stufen?, in: Zeitschrift für Lebensrecht 2003, Heft 4, S. 130 – 132.

*Tröndle, Herbert; Fischer, Thomas:* Strafgesetzbuch und Nebengesetze, 51., neu bearb. Aufl., München 2003.

*Türcke, Christoph:* Der schmale Grat der Demut, in: DIE ZEIT 07/2001, 08.02.2001, S. 37.

*Umbach, Dieter C.; Clemens, Thomas:* Grundgesetz Kommentar, Heidelberger Kommentar, Bd. I, Art 1 – 37 GG, Heidelberg 2003.

*United Nations General Assembly;* Resolution 59/280 of 08.03.2005, abrufbar unter: http://www.nrlc.org/UN/UN-GADeclarationHumanCloning.pdf

*Viebahn, Christoph:* Eine Skizze der embryonalen Frühentwicklung des Menschen, in: Der moralische Status menschlicher Embryonen: pro und contra Spezies-, Kontinuums-, Identitäts- und Potentialitätsargument, hrsg. Damschen, Gregor und Schönecker, 1. Aufl., Berlin 2003, S. 269.

*Vitzthum, Wolfgang Graf:* Die Menschenwürde als Verfassungsbegriff, in: Juristischezeitung 1985, S. 201 - 206.

*Vitzthum, Wolfgang Graf:* Gentechnologie und Menschenwürdeargument, in: Zwipf Rosenhagen Partnerschaft 1987, S. 33 - 36.

*Voss, Daniela:* Rechtsfragen der Keimbahntherapie, Hamburg 2001. S. 166.

*Wandtner, R.:* Erneuerung aus dem Eis, in: Frankfurter Allgemeine Zeitung, Nr. 126, 01.06.2001, S. 9.

*Weck, Monika Christine:* Vom Mensch zur Sache? Der Schutz des Lebens an seinen Grenzen, Aachen 2003, S. 65.

*Wehowsky, Stephan:* Instruktion über die Achtung von dem beginnenden menschlichen Lebens und die Würde der Fortpflanzung, in: Lebensbeginn und menschliche Würde : Stellungnahmen zur Instruktion der Kongregation für die Glaubenslehre vom 22.2.1987, Frankfurt a. M., Schweitzer, 1987. S. 7.

*Wendt, Rudolf:* Grundgesetz Kommentar, hrsg. Ingo von Münch, Philip Kunig, Bd. 1, Präambel bis Art. 19, 5. Aufl., München 2000.

*Werner, Micha H.:* Streit um die Menschenwürde, Bedeutung und Probleme eines ethischen Zentralbegriffs, in: Zeitschrift für medizinische Ethik 46 (2000), 259 - 269.

*Wieland, Wolfgang:* Pro Potentialitätsargument: Moralfähigkeit als Grundlage von Würde und Lebensschutz, in: Der moralische Status menschlicher Embryonen: pro und contra Spezies-, Kontinuums-, Identitäts- und Potentialitätsargument, hrsg. Damschen, Gregor und Schönecker, 1. Aufl., Berlin 2003, S. 149 - 154.

*Willadsen, Steen M.:* Nuclear transplantation in sheep embryo, in: Nature 320, 1986, S. 63ff.

*Wilmut, Ian; Campbell, Keith; Tudge, Colin:* Dolly-Der Aufbruch ins biotechnische Zeitalter, 2000, S. 362.

*Wilmut, Ian; Schnieke, Angelika E.; Mc Whir, J.; Kind, A.J.; Cambell, K.H.S.:* Viable offspring derived from fetal and adult mammalian cells, in: Nature 385, 1997, S. 769ff.

*Wilsm, J. -P.:* Stammzellengewinnung aus Nabelschnurblut, in: Frankfurter Allgemeine Zeitung, Nr. 86, 11. 04. 2000, S. 15.

*Winter, Stefan F; Fenger, Hermann; Schreiber, Hans-Ludwig (Hrsg.):* Genmedizin und Recht - Rahmenbedingungen und Regelungen für Forschung, Entwicklung, Klinik, Verwaltung, 1. Aufl., München 2001, S. ??? – 82.

*Witteck, Lars; Erich, Christina:* Straf- und verfassungsrechtliche Gedanken zum Verbot des Klonens von Menschen, in: Medizinrecht 2003, Vol. 21, Nr. 5, S. 258 - 262.

*Wolf, Eckhard; Schönfeld, Regine; Zakhartchenko, Valeri:* Erfahrungen bei der Erzeugung klonierter Tiere, in: Klonen in biomedizinischer Forschung und Reproduktion: Wissenschaftliche Aspekte- Ethische, rechtliche und gesellschaftliche Grenzen, hrsg. v. Ludger Honnefelder und Dirk Lanzerath, Bonn 2003, S. 117 - 120.

*Wormer, Holger:* "Unser Ziel ist es nicht, Babys zu klonen", in: Süddeutsche Zeitung 14/15.2, 2004, S. 5.

*Yoon, H.-S. et al.:* Establishment and Maintenance of Human Embryonic Stem Cell Lines on Human Feeder Cells Derived from Uterine Endometrium under Serum-Free Condition, Biology of Reproduction 72(1), 2005, S. 42 - 49.

*Zippelius, Reinhold:* Forum: An den Grenzen des Rechts auf Leben, in: Juristische Schulung1983, S. 65 - 66.

*Zunke, Christine:* Das Subjekt der Würde : Kritik der deutschen Stammzellendebatte, Köln 2004, S. 55 – 56.

*Zypries, Brigitte:* Rede: Vom Zeugen zum Erzeugen? Verfassungsrechtliche und rechtspolitische Fragen zur Bioethik, beim Humboldt – Forum der Humboldt – Universität zu Berlin, 29.10.2003, S. 4 - 5.

## Internetquellen

http://edoc.hu-berlin.de/dissertationen/buescher-kristina-2006-0920/HTML/chapter 2.html.

http://www.pnas.org/cgi/doi/10.1073/pnas.0802825105

http://katrin.bierkandt.org/Bierkandt_Studienarbeit.pdf

http://www.reproduction-online.org/cgi/reprint/132/5/691.pdf

http://www.jhu.edu/~gazette/2003/24mar03/24stems.html

http://www.hopkinsmedicine.org/press/2003/MARCH/030318.HTM

http://books.google.de/books?id=IOzDFCYQbFwC&pg=PA193&lpg=PA193&dq=R.+P.+Laza+telomere&source=bl&ots=rVmdkxweX4&sig=DjlLTzciBFAlijt5kyQz5TZO0Us&hl=de&ei=R1qfSZqfG4SQ0AX2yYyWDQ&sa=X&oi=book_result&resnum=1&ct=result

http://de.wikipedia.org/wiki/Omnipotenz

http://de.wikipedia.org/wiki/Allmacht

http://de.wikipedia.org/wiki/Omnipotenz; http://de.wikipedia.org/wiki/Allmacht.

http://de.wikipedia.org/wiki/Identit%C3%A4t_(Logik)

http://de.wikipedia.org/wiki/Individualit%C3%A4t

http://de.wikipedia.org/wiki/UNESCO

http://de.wikipedia.org/wiki/Dammbruchargument

http://www.bistummainz.de/bistum/bistum/kardinal/texte/texte_1998/text_141098.html

http://www.sueddeutsche.de/wissen/artikel/327/6321

http://www.dswonline.de/kopf1/newsletter00/b_n1002_10.html

http://www.dfg.de/aktuell/stellungnehmen/lebenswissenschaft/empfehlungstammzellen_03_05_01.pdf

http://www.spiegel.de/politik/Deutschland/0,1518, 1993654, 00html

http://www.bmbf.de/de/2657.php

http://news.naver.com/main/read.nhn?mode=LSD&mid=sec&sid1=140&oid=001&aid=0002940951

http://www.europarl.europa.eu/omk/omnsapir.so/pv2?PRG=DOCPV&APP=PV%.

http://www.who.int/archives/inf-pr-1997/en/97wha10.html.

http://www.who.int/gb/EB_WHA/PDF/-WHA51/ear10.pdf.

http://www.who.int/gb/EB_WHA/PDF/WHA52/ew12.pdf.

http://www.unesco.de/445.html

http://www.kritischebioethik.de/deutschland_news_uno_.html

http://www.un.org/Depts/german/gv-59/band3/ar59280.pdf

http://www.nrlc.org/UN/UN-GADeclarationHumanCloning.pdf

http://www.spiegel.de/wissenschaft/medizin/0,1518,742514,00.html

http://www.spiegel.de/wissenschaft/mensch/0,1518,druck-615343,00.html

http://www.spiegel.de/wissenschaft/mensch/0,1518,610341,00.html

Cell Vol. 136, Issue 3 (6 Feb. 2009) pp 411-419, Doi:10.1016/j.cell.2009 .01.023, abrufbar unter:
http://www.sciencedirect.com/science/article/pii/S0092867409000713

Chung Y., Klimanskaya I., Becker S., Li T., Maserati M., Lu S.-J., Zdravkovic T., Ilic D., Genbacev O., Fisher S., Krtolica A., Lanza R., Human Embryonic Stem cell Lines Generated without Embryo Destruction, Cell Stem Cell, Vol. 2, Issue 2, 113-117, 7 February 2008, Doi:10.1016 /j.stem. 2007.12.013, abrufbar unter:
http://www.cell.com/cell-stem-cell/abstract/S1934-5909(07)00330-X

Connor Steve, Cloning: a giant Step, The Independent , abrufbar unter:
http://www.independent.co.uk/news/science/cloning-a-giant-step-399961.html

J Byrne, D Pedersen, L Clepper, M Nelson, W Sanger, S Gokhale, D Wolf & S Miltalipov, Producing primate embryonic stem cells by somatic cell nuclear transfer. Nature 450, 497-502 (22 Nov. 2007), Doi:10.1038 /nature06357, abrufbar unter:
http://www.nature.com/nature/journal/v450/n7169/full/nature06357.html

Ian Wilmut & Jane Taylor, Primates join the club. Nature 450, 485-486 (22 Nov. 2007), Doi:10.1038/450485a, abrufbar unter:
http://www.nature.com/nature/journal/v450/n7169/full/450485a.html

Nature 458, 766-770 (9 April 2009), Doi:10.1038/nature07863, abrufbar unter:
http://www.nature.com/nature/journal/v458/n7239/full/nature07863.html

Nature Cell Biology Vol. 13, pp 215–222 (2011), Doi:10.1038/ncb2164, abrufbar unter:
http://www.nature.com/ncb/journal/v13/n3/full/ncb2164.html

Aldhouse P., Nature Medicine 14, 2008, S. 379, 381, abrufbar unter:
http://www.nature.com/nm/journal/vaop/ncurrent/abs/nm1732.html

Science 23 November 2007: Vol. 318 no. 5854 pp. 1224-1225, Doi: 10.1126 /science.318.5854.1224, abrufbar unter:
http://www.sciencemag.org/content/318/5854/1224.full?sid=558e46ea-e5b7-4d1c-be3d-21557280fcf0

Science, 21 December 2007: Vol. 318 no. 5858 pp. 1917-1920, Doi: 10.1126 /science.1151526, abrufbar unter:
http://www.sciencemag.org/content/318/5858/1917.full?sid=f0605e81-9927-4c7d-a4c9-b0716efe32ea

Science 1 August 2008: Vol. 321 no. 5889 pp. 699-702, DOI: 10.1126 /science.1154884, abrufbar unter:
http://www.sciencemag.org/content/321/5889/699.full?sid=44e30c38-e32a-4bef-8bbc-8986ddb6b6e0

Science 8 May 2009: Vol. 324 no. 5928 pp. 797-801, Doi: 10.1126 /science.1172482, abrufbar unter:
http://www.sciencemag.org/content/324/5928/797.full?sid=f0605e81-9927-4c7d-a4c9-b0716efe32ea

French A.J., Adams C.A., Anderson L.S., Kirchen J.R., Hughes M.R., Wood S.H., Development of Human cloned Blastocysts Following Somatic Cell Nuclear Transfer with Adult Fibroblasts, Stem Cells 17. Jan. 2008, abrufbar unter:
http://stemcells.alphamedpress.org/cgi/content/abstract/2007-0252v1

http://www.Zeit.de/2001/05/Kultur/200105_embryonenschutz.html

Zikant Kathrin, Die Klonprüfung, DIE ZEIT 46/2007, abrufbar unter:
http://www.zeit.de/online/2007/46/affen-klone-stammzellen

Die Reihe RECHT UND MEDIZIN wird von den Professoren Deutsch (Göttingen), Kern (Leipzig), Laufs (Heidelberg), Lilie (Halle a.d. Saale), Schreiber (Göttingen) und Spickhoff (Göttingen) herausgegeben. Ihre Aufgabe ist es, Monographien und Dissertationen auf dem Gebiet des Medizinrechts zu veröffentlichen. Dieses Gebiet, das an Bedeutung noch zunehmen wird, umfaßt auf der juristischen Seite sowohl zivilrechtliche als auch straf- und öffentlich-rechtliche Fragestellungen. Die Fragen können von der juristischen oder von der medizinischen Seite aus untersucht werden. Übergreifendes Ziel ist es, den medizinrechtlichen Fragen nicht etwa ein gängiges juristisches Denkschema überzuwerfen, sondern die besonderen Probleme der Regelung medizinischer Sachverhalte eigenständig aufzufassen und darzustellen.

Manuskriptzusendungen an die Herausgeber bitte per Brief- bzw. Paketpost. Die Adressen der Herausgeber sind:


Prof. Dr. Dr. h.c. Erwin Deutsch (Zivilrecht und Rechtsvergleichung)
Höltystraße 8
37085 Göttingen

Prof. Dr. Bernd-Rüdiger Kern (Zivilrecht, Rechtsgeschichte und Arztrecht)
Universität Leipzig
Juristenfakultät / Lehrstuhl für Bürgerliches Recht, Rechtsgeschichte
und Arztrecht
Burgstraße 27
04109 Leipzig

Prof. Dr. Dr. h.c. Adolf Laufs (Zivilrecht, Medizinrecht und Rechtsgeschichte)
Kohlackerweg 12
69151 Neckargemünd

Prof. Dr. Hans Lilie (Strafrecht, Strafprozessrecht und Medizinrecht;
federführender Reihenherausgeber)
Martin-Luther-Universität Halle-Wittenberg
Juristische Fakultät: Strafrecht
Universitätsplatz 6
06108 Halle a.d. Saale
hans.lilie@jura.uni-halle.de

Prof. Dr. Dr. h.c. Hans-Ludwig Schreiber (Strafrecht und Rechtstheorie)
Grazer Str. 14
30519 Hannover

Prof. Dr. Andreas Spickhoff (Zivil- und Zivilprozessrecht, Internationales und
Vergleichendes Medizinrecht)
Georg-August Universität Göttingen
Juristische Fakultät
Platz der Göttinger Sieben 6
37073 Göttingen

## RECHT UND MEDIZIN

Band 1 Erwin Deutsch: Das Recht der klinischen Forschung am Menschen. Zulässigkeit und Folgen der Versuche am Menschen, dargestellt im Vergleich zu dem amerikanischen Beispiel und den internationalen Regelungen. 1979.

Band 2 Thomas Carstens: Das Recht der Organtransplantation. Stand und Tendenzen des deutschen Rechts im Vergleich zu ausländischen Gesetzen. 1979.

Band 3 Moritz Linzbach: Informed Consent. Die Aufklärungspflicht des Arztes im amerikanischen und im deutschen Recht. 1980.

Band 4 Volker Henschel: Aufgabe und Tätigkeit der Schlichtungs- und Gutachterstellen für Arzthaftpflichtstreitigkeiten. 1980.

Band 5 Hans Lilie: Ärztliche Dokumentation und Informationsrechte des Patienten. Eine arztrechtliche Studie zum deutschen und amerikanischen Recht. 1980.

Band 6 Peter Mengert: Rechtsmedizinische Probleme in der Psychotherapie. 1981.

Band 7 Hazel G.S. Marinero: Arzneimittelhaftung in den USA und Deutschland. 1982.

Band 8 Wolfram Eberbach. Die zivilrechtliche Beurteilung der *Humanforschung*. 1982.

Band 9 Wolfgang Deuchler: Die Haftung des Arztes für die unerwünschte Geburt eines Kindes ("wrongful birth"). Eine rechtsvergleichende Darstellung des amerikanischen und deutschen Rechts. 1984.

Band 10 Hermann Schünemann: Die Rechte am menschlichen Körper. 1985.

Band 11 Joachim Sick: Beweisrecht im Arzthaftpflichtprozeß. 1986.

Band 12 Michael Pap: Extrakorporale Befruchtung und Embryotransfer aus arztrechtlicher Sicht; insbesondere: Der Schutz des werdenden Lebens in vitro. 1987.

Band 13 Sabine Rickmann: Zur Wirksamkeit von Patiententestamenten im Bereich des Strafrechts. 1987.

Band 14 Joachim Czwalinna: Ethik-Kommissionen - Forschungslegitimation durch Verfahren. 1987.

Band 15 Günter Schirmer: Status und Schutz des frühen Embryos bei der *In-vitro*-Fertilisation. Rechtslage und Diskussionsstand in Deutschland im Vergleich zu den Ländern des angloamerikanischen Rechtskreises. 1987.

Band 16 Sabine Dönicke: Strafrechtliche Aspekte der Katastrophenmedizin. 1987.

Band 17 Erwin Bernat: Rechtsfragen medizinisch assistierter Zeugung. 1989.

Band 18 Hartmut Schulz: Haftung für Infektionen. 1988.

Band 19 Herbert Harrer: Zivilrechtliche Haftung bei durchkreuzter Familienplanung. 1989.

Band 20 Reiner Füllmich: Der Tod im Krankenhaus und das Selbstbestimmungsrecht des Patienten. Über das Recht des nicht entscheidungsfähigen Patienten, künstlich lebensverlängernde Maßnahmen abzulehnen. 1990.

Band 21 Franziska Knothe: Staatshaftung bei der Zulassung von Arzneimitteln. 1990.

Band 22 Bettina Merz: Die medizinische, ethische und juristische Problematik artifizieller menschlicher Fortpflanzung. Artifizielle Insemination, In-vitro-Fertilisation mit Embryotransfer und die Forschung an frühen menschlichen Embryonen. 1991.

Band 23 Ferdinand van Oosten: The Doctrine of Informed Consent in Medical Law. 1991.

Band 24 Stephan Cramer: Genom- und Genanalyse. Rechtliche Implikationen einer "Prädiktiven Medizin". 1991.

Band 25 Knut Schulte: Das standesrechtliche Werbeverbot für Ärzte unter Berücksichtigung wettbewerbs- und kartellrechtlicher Bestimmungen. 1992.

Band 26 Young-Kyu Park: Das System des Arzthaftungsrechts. Zur dogmatischen Klarstellung und sachgerechten Verteilung des Haftungsrisikos. 1992.

Band 27 Angela Könning-Feil: Das Internationale Arzthaftungsrecht. Eine kollisionsrechtliche Darstellung auf sachrechtsvergleichender Grundlage. 1992.

Band 28 Jutta Krüger: Der Hamburger Barmbek/Bernbeck-Fall. Rechtstatsächliche Abwicklung und haftungsrechtliche Aspekte eines medizinischen Serienschadens. 1993.

Band 29 Alexandra Goeldel: Leihmutterschaft – eine rechtsvergleichende Studie. 1994.

Band 30 Thomas Brandes: Die Haftung für Organisationspflichtverletzung. 1994.

Band 31 Winfried Grabsch: Die Strafbarkeit der Offenbarung höchstpersönlicher Daten des ungeborenen Menschen. 1994.

Band 32 Jochen Markus: Die Einwilligungsfähigkeit im amerikanischen Recht. Mit einem einleitenden Überblick über den deutschen Diskussionsstand. 1995.

Band 33 Meltem Göben: Arzneimittelhaftung und Gentechnikhaftung als Beispiele modernen Risikoausgleichs mit rechtsvergleichenden Ausblicken zum türkischen und schweizerischen Recht. 1995.

Band 34 Regine Kiesecker: Die Schwangerschaft einer Toten. Strafrecht an der Grenze von Leben und Tod – Der Erlanger und der Stuttgarter Baby-Fall. 1996.

Band 35 Doris Voll: Die Einwilligung im Arztrecht. Eine Untersuchung zu den straf-, zivil- und verfassungsrechtlichen Grundlagen, insbesondere bei Sterilisation und Transplantation unter Berücksichtigung des Betreuungsgesetzes. 1996.

Band 36 Jens-M. Kuhlmann: Einwilligung in die Heilbehandlung alter Menschen. 1996.

Band 37 Hans-Jürgen Grambow: Die Haftung bei Gesundheitsschäden infolge medizinischer Betreuung in der DDR. 1997.

Band 38 Julia Röver: Einflußmöglichkeiten des Patienten im Vorfeld einer medizinischen Behandlung. Antezipierte Erklärung und Stellvertretung in Gesundheitsangelegenheiten. 1997.

Band 39 Jens Göben: Das Mitverschulden des Patienten im Arzthaftungsrecht. 1998.

Band 40 Hans-Jürgen Roßner: Begrenzung der Aufklärungspflicht des Arztes bei Kollision mit anderen ärztlichen Pflichten. Eine medizinrechtliche Studie mit vergleichenden Betrachtungen des nordamerikanischen Rechts. 1998.

Band 41 Meike Stock: Der Probandenschutz bei der medizinischen Forschung am Menschen. Unter besonderer Berücksichtigung der gesetzlich nicht geregelten Bereiche. 1998.

Band 42 Susanne Marian: Die Rechtsstellung des Samenspenders bei der Insemination / IVF. 1998.

Band 43 Maria Kasche: Verlust von Heilungschancen. Eine rechtsvergleichende Untersuchung. 1999.

Band 44 Almut Wilkening: Der Hamburger Sonderweg im System der öffentlich-rechtlichen Ethik-Kommissionen Deutschlands. 2000.

Band 45 Jonela Hoxhaj: Quo vadis Medizintechnikhaftung? Arzt-, Krankenhaus- und Herstellerhaftung für den Einsatz von Medizinprodukten. 2000.

Band 46 Birgit Reuter: Die gesetzliche Regelung der aktiven ärztlichen Sterbehilfe des Königreichs der Niederlande – ein Modell für die Bundesrepublik Deutschland? 2001. 2. durchgesehene Auflage 2002.

Band 47 Klaus Vosteen: Rationierung im Gesundheitswesen und Patientenschutz. Zu den rechtlichen Grenzen von Rationierungsmaßnahmen und den rechtlichen Anforderungen an staatliche Vorhaltung und Steuerung im Gesundheitswesen. 2001.

Band 48 Bong-Seok Kang: Haftungsprobleme in der Gentechnologie. Zum sachgerechten Schadensausgleich. 2001.

Band 49 Heike Wachenhausen: Medizinische Versuche und klinische Prüfung an Einwilligungsunfähigen. 2001.

Band 50 Thomas Hasenbein: Einziehung privatärztlicher Honorarforderungen durch Inkassounternehmen. 2002.

Band 51 Oliver Nowak: Leitlinien in der Medizin. Eine haftungsrechtliche Betrachtung. 2002.

Band 52 Christina Herrig: Die Gewebetransplantation nach dem Transplantationsgesetz. Entnahme – Lagerung – Verwendung unter besonderer Berücksichtigung der Hornhauttransplantation. 2002.

Band 53 Matthias Nagel: Passive Euthanasie. Probleme beim Behandlungsabbruch bei Patienten mit apallischem Syndrom. 2002.

Band 54 Miriam Ina Saati: Früheuthanasie. 2002.

Band 55 Susanne Schneider: Rechtliche Aspekte der Präimplantations- und Präfertilisationsdiagnostik. 2002.

Band 56 Uta Oelert: Allokation von Organen in der Transplantationsmedizin. 2002.

Band 57 Jens Muschner: Die haftungsrechtliche Stellung ausländischer Patienten und Medizinalpersonen in Fällen sprachbedingter Mißverständnisse. 2002.

Band 58 Rüdiger Wolfrum / Peter-Tobias Stoll / Stephanie Franck: Die Gewährleistung freier Forschung an und mit Genen und das Interesse an der wirtschaftlichen Nutzung ihrer Ergebnisse. 2002.

Band 59 Frank Hiersche: Die rechtliche Position der Hebamme bei der Geburt. Vertikale oder horizontale Arbeitsteilung. 2003.

Band 60 Hartmut Schädlich: Grenzüberschreitende Telemedizin-Anwendungen: Ärztliche Berufserlaubnis und Internationales Arzthaftungsrecht. Eine vergleichende Darstellung des deutschen und US-amerikanischen Rechts. 2003.

Band 61 Stefanie Diettrich: Organentnahme und Rechtfertigung durch Notstand? Zugleich eine Untersuchung zum Konkurrenzverhältnis von speziellen Rechtfertigungsgründen und rechtfertigendem Notstand gem. § 34 StGB. 2003.

Band 62 Anne Elisabeth Stange: Gibt es psychiatrische Diagnostikansätze, um den Begriff der schweren anderen seelischen Abartigkeit in §§ 20, 21 StGB auszufüllen? 2003.

Band 63 Christiane Schief: Die Zulässigkeit postnataler prädiktiver Gentests. Die Biomedizin-Konvention des Europarats und die deutsche Rechtslage. 2003.

Band 64 Maike C. Erbsen: Praxisnetze und das Berufsrecht der Ärzte. Der Praxisverbund als neue Kooperationsform in der ärztlichen Berufsordnung. 2003.

Band 65 Markus Schreiber: Die gesetzliche Regelung der Lebendspende von Organen in der Bundesrepublik Deutschland. 2004.

Band 66 Thela Wernstedt: Sterbehilfe in Europa. 2002.

Band 67 Axel Thias: Möglichkeiten und Grenzen eines selbstbestimmten Sterbens durch Einschränkung und Abbruch medizinischer Behandlung. Eine Untersuchung aus straf- und betreuungsrechtlicher Perspektive unter besonderer Berücksichtigung der Problematik des apallischen Syndroms. 2004.

Band 68 Jutta Müller: Ärzte und Pflegende, die keine Organe spenden wollen. Transplantatmangel muss nicht sein. 2004.

Band 69 Ihna Link: Schwangerschaftsabbruch bei Minderjährigen. Eine vergleichende Untersuchung des deutschen und englischen Rechts. 2004.

Band 70 Susann Tiebe: Strafrechtlicher Patientenschutz. Die Bedeutung des Strafrechts für die individuellen Patientenrechte. 2005.

Band 71 Jörg Gstöttner: Der Schutz von Patientenrechten durch verfahrensmäßige und institutionelle Vorkehrungen sowie den Erlass einer Charta der Patientenrechte. 2005.

Band 72 Oliver Jürgens: Die Beschränkung der strafrechtlichen Haftung für ärztliche Behandlungsfehler. 2005.

Band 73 Stephanie Gropp: Schutzkonzepte des werdenden Lebens. 2005.

Band 74 Clemens Winter: Robotik in der Medizin. Eine strafrechtliche Untersuchung. 2005.

Band 75 Barbara Eck: Die Zulässigkeit medizinischer Forschung mit einwilligungsunfähigen Personen und ihre verfassungsrechtlichen Grenzen. Eine Untersuchung der Rechtslage in Deutschland und rechtsvergleichenden Elementen. 2005.

Band 76 Anastassios Kantianis: Palliativmedizin als Sterbebegleitung nach deutschem und griechischem Recht. 2005.

Band 77 Ulrike Morr: Zulässigkeit von Biobanken aus verfassungsrechtlicher Sicht. 2005.

Band 78 Nora Markus: Die Zulässigkeit der Sectio auf Wunsch. Eine medizinische, ethische und rechtliche Betrachtung. 2006.

Band 79 Michael Benedikt Nagel: Die ärztliche Behandlung Neugeborener – Früheuthanasie. 2006.

Band 80 Regina Leitner: Sterbehilfe im deutsch-spanischen Rechtsvergleich. 2006.

Band 81 Martin Berger: Embryonenschutz und Klonen beim Menschen – Neuartige Therapiekonzepte zwischen Ethik und Recht. Ansätze zur Entwicklung eines neuen Regelungsmodells für die Bundesrepublik Deutschland. 2007.

Band 82 Amelia Kuschel: Der ärztlich assistierte Suizid. Straftat oder Akt der Nächstenliebe? 2007.

Band 83 Hans-Ludwig Schreiber / Hans Lilie / Henning Rosenau / Makoto Tadaki / Un Jong Pak (Hrsg.): Globalisierung der Biopolitik, des Biorechts und der Bioethik? Das Leben an seinem Anfang und an seinem Ende. 2007.

Band 84 Ralf Clement: Der Rechtsschutz der potentiellen Organempfänger nach dem Transplantationsgesetz. Zur rechtlichen Einordnung der verteilungsrelevanten Regelungen zwischen öffentlichem und privatem Recht. 2007.

Band 85 Sabine Lebert: Humanes Überschußgewebe – Möglichkeit der Verwendung für die Forschung? Analyse der rechtlichen, ethischen und biomedizinischen Voraussetzungen im Ländervergleich. 2007.

Band 86 Dietrich Wagner: Der gentechnische Eingriff in die menschliche Keimbahn. Rechtlich-ethische Bewertung. Nationale und internationale Regelungen im Vergleich. 2007.

Band 87 Britta Vogt: Methoden der künstlichen Befruchtung: „Dreierregel“ versus „Single Embryo Transfer“. Konflikt zwischen Rechtslage und Fortschritt der Reproduktionsmedizin in Deutschland im Vergleich mit sieben europäischen Ländern. 2008.

Band 88 Sebastian Rosenberg: Die postmortale Organtransplantation. Eine „gemeinschaftliche Aufgabe“ nach § 11 Abs. 1 S. 1 Transplantationsgesetz. Kompetenzen und Haftungsrisiken im Rahmen der Organspende. 2008.

Band 89 Julia Susanne Sundmacher: Die unterlassene Befunderhebung des Arztes. Eine Auseinandersetzung mit der Rechtsprechung des BGH. 2008.

Band 90 Martin Schwee: Die zulassungsüberschreitende Verordnung von Fertigarzneimitteln (Off-Label-Use). Eine Untersuchung vorwiegend im Bereich des Rechts der Gesetzlichen Krankenversicherung unter besonderer Berücksichtigung der sozialgerichtlichen Rechtsprechung. 2008.

Band 91 Jorge Guerra González: Xenotransplantation: Prävention des xenogenen Infektionsrisikos. Eine Untersuchung zum deutschen und spanischen Recht. 2008.

Band 92 Ulrike Beitz: Zur Reformbedürftigkeit des Embryonenschutzgesetzes. Eine medizinisch-ethisch-rechtliche Analyse anhand moderner Fortpflanzungstechniken. 2009.

Band 93 Dunja Lautenschläger: Der Status ausländischer Personen im deutschen Transplantationssystem. 2009.

Band 94 Annekatrin Habicht: Sterbehilfe – Wandel in der Terminologie. Eine integrative Betrachtung aus der Sicht von Medizin, Ethik und Recht. 2009.

Band 95 Ann-Kathrin Hirschmüller: Internationales Verbot des Humanklonens. Die Verhandlungen in der UNO. 2009.

Band 96 Henrike John: Die genetische Veränderung des Erbgutes menschlicher Embryonen. Chancen und Grenzen im deutschen und amerikanischen Recht. 2009.

Band 97 Christof Stock: Die Indikation in der Wunschmedizin. Ein medizinrechtlicher Beitrag zur ethischen Diskussion über „Enhancement“. 2009.

Band 98 Jochen Böning: Kontrolle im Transplantationsgesetz. Aufgaben und Grenzen der Überwachungs- und der Prüfungskommission nach den §§ 11 und 12 TPG. 2009.

Band 99 Stefanie Schulte: Die Rechtsgüter des strafbewehrten Organhandelsverbotes. Zum Spannungsfeld von Selbstbestimmungsrecht und staatlichem Paternalismus. 2009.

Band 100 Dorothea Maria Tachezy: Mutmaßliche Einwilligung und Notkompetenz in der präklinischen Notfallmedizin. Rechtfertigungsfragen und Haftungsfolgen im Notarzt- und Rettungsdienst. 2009.

Band 101 Annette Hergeth: Rechtliche Anforderungen an das IT-Outsourcing im Gesundheitswesen. 2009.

Band 102 Jussi Raafael Mameghani: Der mutmaßliche Wille als Kriterium für den ärztlichen Behandlungsabbruch bei entscheidungsunfähigen Patienten und sein Verhältnis zum Betreuungsrecht. 2009.

Band 103 Ocka Anna Böhnke: Die Kommerzialisierung der Gewebespende. Eine Erörterung des Resourcenmangels in der Transplantationsmedizin unter besonderer Berücksichtigung der Widerspruchslösung. 2010.

Band 104 Bernd-Rüdiger Kern / Hans Lilie (Hrsg.): Jurisprudenz zwischen Medizin und Kultur. Festschrift zum 70. Geburtstag von Gerfried Fischer. 2010.

Band 105 Ehsan Mohammadi-Kangarani: Die Richtlinien der Organverteilung im Transplantationsgesetz – verfassungsgemäß? 2011.

Band 106 Leonie Hübner: Umfang und Grenzen des strafrechtlichen Schutzes des Arztgeheimnisses nach § 203 StGB. 2011.